图 2-8　索尼降噪耳机

图 2-11　Sculpt 人体工学键盘

图 2-17　Delux Designer 设计师键盘

图 3-15　小米透明 OLED 电视

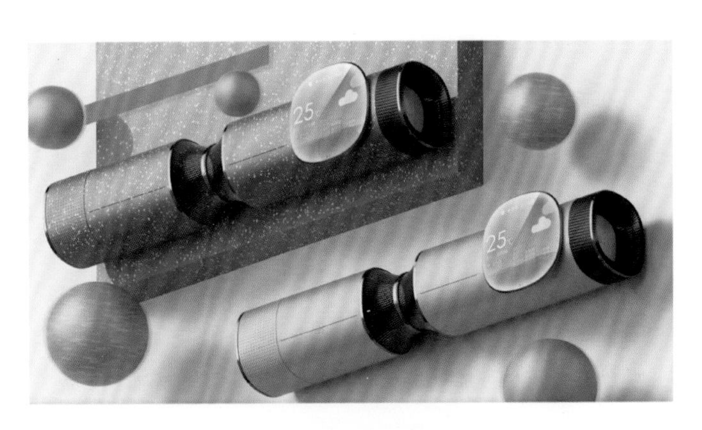

图 5-2　最终产品效果图

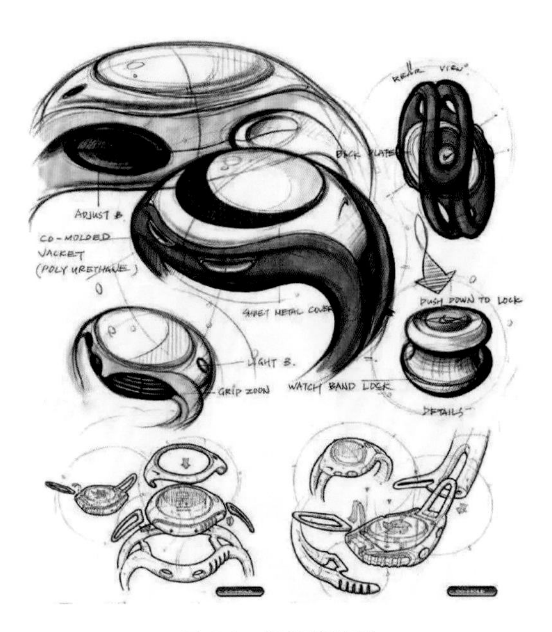

图 5-9　解释性草图

图 5-11　效果草图

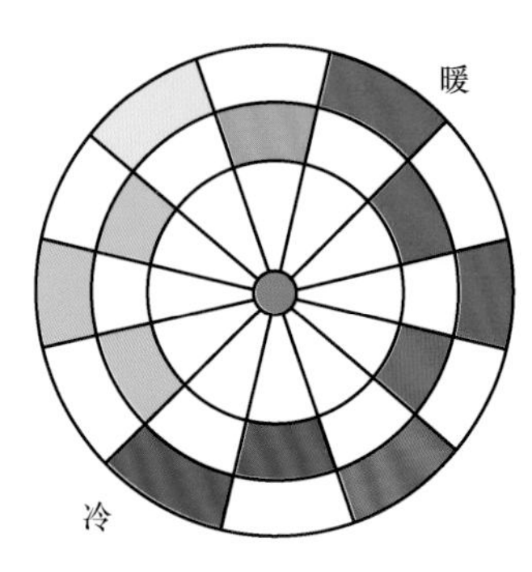

图 5-22　色彩心理冷暖分析图

图 5-23　zero 球形餐盒

图 5-24　头盔设计

图 5-28　逼真的渲染效果图

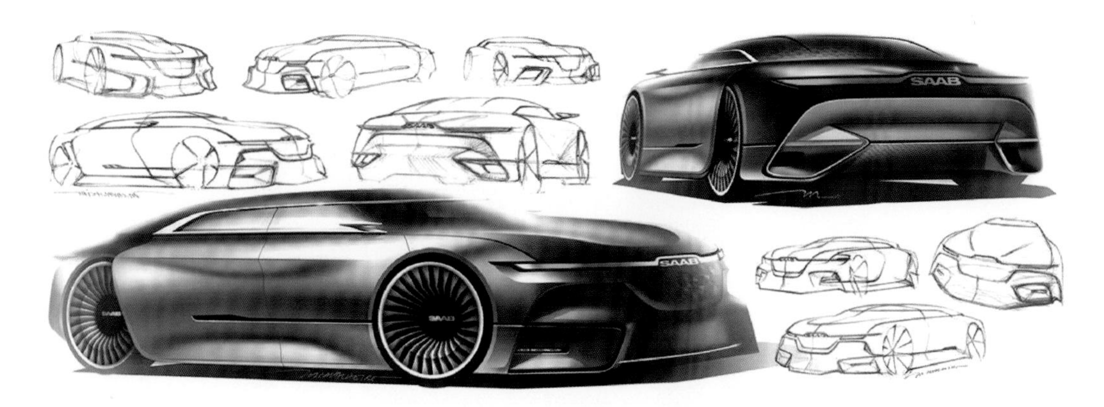

图 6-2　概念车设计稿与效果图

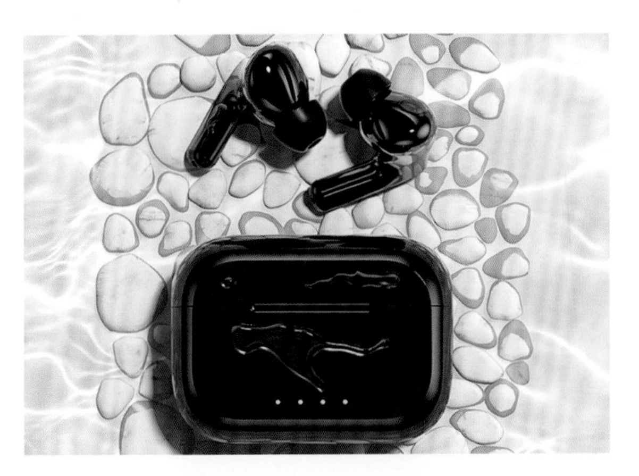

图 7-10　防水耳机设计

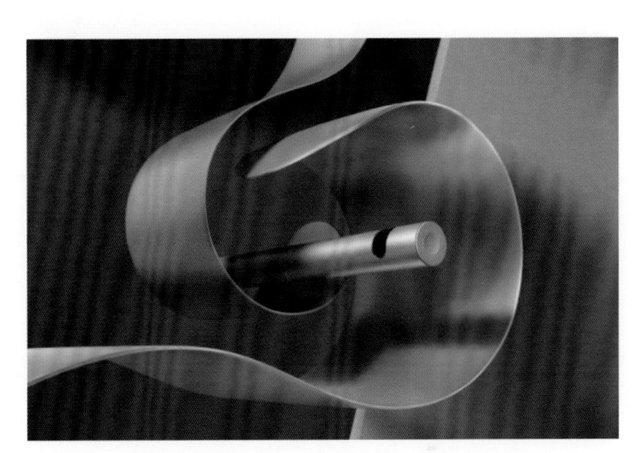

图 7-16　台灯设计采用阳极氧化工艺

图 7-20　免喷涂汽车内饰

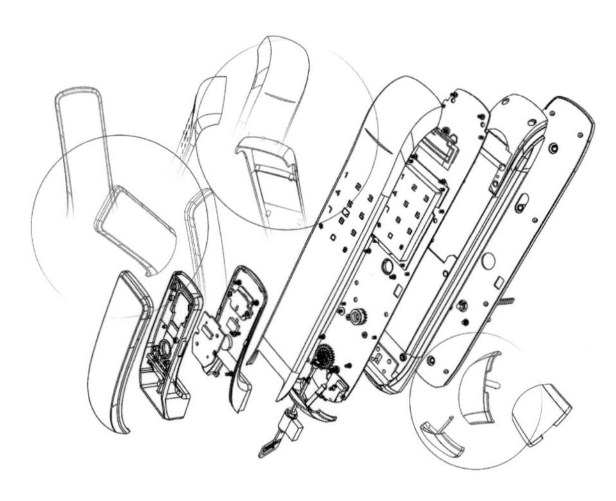

图 8-10　产品结构设计图

图 8-11　产品结构爆炸图

图 8-26　按摩仪色彩配置

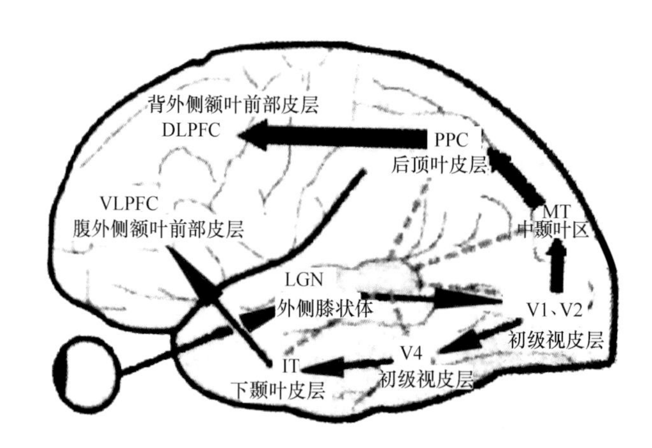

图 9-45　视觉系统中的两条通路

高等学校设计类专业教材

现代产品设计开发

主　编　金　涛　李淑江
副主编　王震亚　牛亚峰
参　编　孙　峰　冯德华　闫成新

机械工业出版社

本书基于产品设计开发的基础理论，结合形式丰富且互动性强的数字课程，力求从实际需求出发，通过对各种前沿知识与产品设计实践热点案例的剖析，对产品设计开发流程进行改进与优化，使其更符合21世纪企业竞争的需要，且便于个人和企业的操作使用。本书主要内容包括：绪论，产品创新方法，产品设计开发原理，产品调研分析阶段，产品设计开发阶段，产品生产准备阶段，CMF设计的材料与工艺，产品设计开发案例，人机界面的人因设计。

本书可作为普通高等院校设计类专业研究生、本科生教材，也可作为基层科研人员、产品设计人员及产品开发高层决策者的参考用书。

图书在版编目（CIP）数据

现代产品设计开发/金涛，李淑江主编. —北京：机械工业出版社，2022.12（2024.7重印）

高等学校设计类专业教材

ISBN 978-7-111-72203-8

Ⅰ.①现… Ⅱ.①金… ②李… Ⅲ.①产品设计-高等学校-教材 Ⅳ.①TB472

中国版本图书馆CIP数据核字（2022）第230848号

机械工业出版社（北京市百万庄大街22号 邮政编码100037）

策划编辑：赵亚敏　　责任编辑：赵亚敏

责任校对：梁 园 许婉萍　　封面设计：王 旭

责任印制：单爱军

北京虎彩文化传播有限公司印刷

2024年7月第1版第2次印刷

210mm×285mm · 16.25印张 · 2插页 · 507千字

标准书号：ISBN 978-7-111-72203-8

定价：58.00元

电话服务

客服电话：010-88361066

010-88379833

010-68326294

网络服务

机 工 官 网：www.cmpbook.com

机 工 官 博：weibo.com/cmp1952

金 书 网：www.golden-book.com

机工教育服务网：www.cmpedu.com

前　言

二十大报告指出："以中国式现代化全面推进中华民族伟大复兴""建成现代化经济体系，形成新发展格局，基本实现新型工业化、信息化、城镇化、农业现代化"。随着市场经济的发展和竞争的日益激烈，如何及时、有效地进行产品的设计与开发，生产出具有竞争力的优良产品，占领市场，从而实现新型工业化的目标，已经成为企业极为关注的问题。产品设计开发需要遵循严谨的程序及科学的方法和规律，根据工作进程层层递进。只有依靠科学的方法、程序和规律才能够提高工作效率和产品开发的成功率。从流程上看，产品设计开发反映设计行为的不同环节与各个节点上明确的阶段性目标；从总的进程关系上看，产品设计开发体现出递进规律和因果性成果。因此，按照产品设计开发的规律，优化设计方法和程序，对于企业参与市场竞争并赢得先机是不可或缺的。

本书基于产品设计开发的基础理论，结合形式丰富且互动性强的数字课程，建设静态纸质资源和动态数字资源相结合的线上线下资源（本书可结合**智慧树网"创意改变生活"**共享课进行学习或教学）本书力求从实际需求出发，通过对各种前沿知识与产品设计实践热点案例的剖析，对产品设计开发流程进行改进与优化，使其更符合21世纪企业竞争的需要，为高校教师、学生及设计师提供良好的操作指南，便于个人学习和企业操作指导使用。

本书力求以最通俗的语言方式并结合实例讲解和图例示意，对产品设计开发的核心思想、应用程序和方法进行讲解，避免大量过于专业化的乏味理论讲解，目的是使读者能够快速而轻松地了解产品设计开发的本质，并正确运用方法；同时，对产品设计开发的介绍紧紧围绕设计实践案例展开，希望读者能够理论结合实践，更好地理解知识点，从而牢固地掌握产品设计开发的重点知识，并形成深刻的认知和产生多角度的思考。

本书特色是以问题为导向引入相关理论，通过案例分析讲解理论知识及应用，讲述创新性、探索性、交叉性的知识。本书以产品设计开发流程为主线，介绍了产品设计开发原理、创新方法和开发程序的3大步骤（产品调研分析阶段、产品设计开发阶段和产品生产准备阶段）及15个子步骤，并与时俱进，增加了当下热门的CMF（C：Color，色彩；M：Material，材料；F：Finishing，工艺）设计与人机界面设计相关内容，既保持经典性与全面性，又兼顾时代性与先进性。本书采用线上线下教学相结合的新体系，部分章节以二维码形式融入拓展视频，形成纸质内容与数字化资源一体化的新形态教材，以适应多维度学习。

本书是一本具有一定理论高度，且具备一定指导性和实战性的产品设计应用图书，适合于从事产品设计和开发等相关工作的读者，尤其适合于基层科研人员、产品设计人员和高层决策者使用；同时，也能作为高等院校设计类相关专业研究生、本科生及高职院校学生掌握产品设计开发的方法和流程的参考用书。

本书编写分工情况如下：金涛、李淑江策划全书章节结构及基本内容，王震亚、牛亚峰负责全书内容的编辑与审核；金涛负责第1~4章及第8章的编写、课题时间分配、校对及修订；牛亚峰负责第9章的编写；孙峰负责第5章的编写；冯德华负责第6章的编写；闫成新负责第7章的编写。此外，以下7位同学分别参与了书稿的文字或图片整理工作：王文睿负责全书文字校对、图片整理与编辑加工；吕美玉负责第1、2章文字和图片的修正；夏玉婷负责第3、8章文字和图片的修正，以及全书图表的设计制作；闫嘉琦负责第4、5章文字和图片的修正；刘欣宇负责第6章文字和图片的修正，以及全书图表的设计配色；陈春朋负责第7章文字和图片的修正；刘晓旭负责第9章文字和图片的修正。

本书的编写得到了中国高等教育学会“十四五”规划专项课题《面向产业升级的多“1+1+N”产教融合育人体系构建研究》（课题编号21CJYB10）、教育部首批虚拟教研室项目“设计理论与整合创新课程虚拟教研室”的资助，在此表示感谢。

在本书的编写过程中，编者及时发现问题并不断完善内容，补充了很多新知识。虽然过程很艰辛，但在编写的过程中，既对以前的知识进行了总结和概括，接受了很多专业人士的指导，对每个存疑的地方进行了考究和咨询，又大幅提升了专业理论水平。同时，本书参考查阅了大量优秀的文献资料，非常感谢这些资料作者，使本书可以立足于巨人之肩。为了编写好此书，大到框架，小到细微的具体知识，都进行了细致的考察打磨，编写团队的每位成员尽其所能、保质保量地完成任务，确保本书达到了预期目标。

由于编写时间有限，书中难免存在不足之处，恳请广大读者予以指正。

编　者

目　录

第1章

绪　论

学习内容——产品设计开发与社会创新的关系，产品设计开发内容、流程、目的及意义。

学习目的——了解产品设计开发的相关知识及其对于推动社会发展的重要意义。

课题时间——2课时理论。

拓展视频：创意改变生活

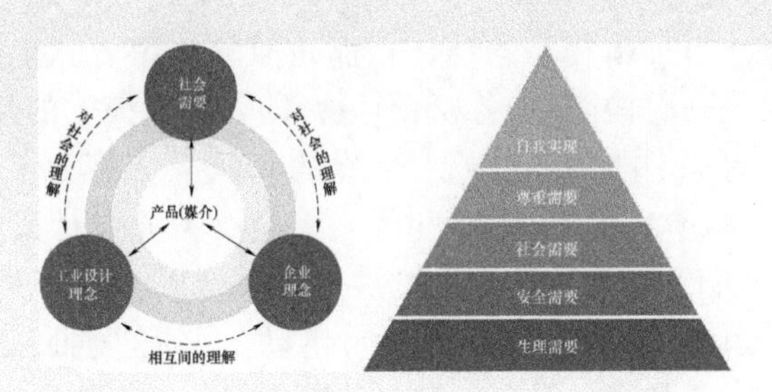

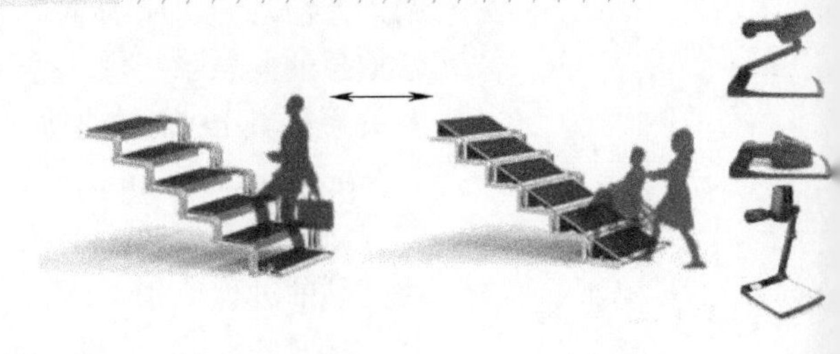

自20世纪后期以来，科学技术的发展和生产力水平的进步推动着人们生活方式和价值观念的不断更新。与需求的多样化对应的是产品功能扩展与产品造型的多样化，作为工业设计活动的核心内容——“产品设计”这一概念也逐渐被人们所熟悉。产品设计是产品开发工程最核心的内容，产品功能、造型、使用方式的组合与变化给消费者提供了多样化的选择。产品使用的操作性和灵活性成为产品设计的要点，产品形象符合消费者的生活方式、提倡消费者需求优先等诸如此类的提案型产品已经屡见不鲜。如今，制造高品质的产品，把主要着眼点放在消费者的多样化、个性化需求上已经成为产品开发者的共识。产品设计综合了艺术、科技与营销，是一门跨专业领域、凝聚知识与经验的学科，形于外的是增进产品（或标的物）的价值，其内在却是文化传承的精髓呈现，产品设计的相关知识如图1-1所示。

随着社会的发展，产品设计的内涵与理念也在不断发展，《日本工业新闻》在题为《符合人类复兴时代的产品制造》的报道中提到：“现在已经进入了一个产品充满市场的时代，社会的需求体现了文化性和人性化的状况。所以在追求商品开发和环境创造的过程中，产业界必须从重视功能性和生产性的产品开发姿态中转变过来，要站在使用者一方的立场上。根据他们的需求，用新技术来进行设计，这将成为一个不争的事实。”随着经济、物质、文化社会的快速发展，产品设计开发的重新定义和改进将成为今后发展不可缺少的课题。

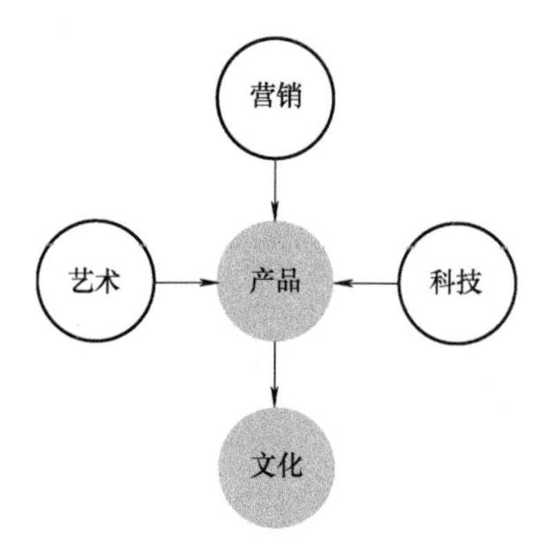

图1-1 产品设计的相关知识

经过多年的探索与借鉴，产品设计实践正在逐渐成熟，并成为企业创新不可或缺的一部分。产品设计如今成为21世纪热门的行业，好的设计赋予了产品新的诠释方式，让产品更有“竞争力”，也让消费者可以有更完善的体验。产品设计公司存在的意义就是解决企业、产品、用户的问题，随着高新技术的不断发展，产品质量不再是基本矛盾，成功抓住市场的重点是独立创新的设计，只有创新才可以促进企业及社会的不断发展。

1.1 工业设计与产品设计

产品设计涉及科学、技术、经济、政治、文化、艺术、思想、道德各个领域，是一门新兴的综合型应用学科。1970年，国际工业设计协会（现为世界设计组织）首次为工业设计下了一个完整的定义：“工业设计，是一种根据产业状况以决定制作物品之适应特质的创造活动。适应物品特质，不单指物品的结构，而是兼顾使用者和生产者双方的观点，使抽象的概念系统化，完成统一而具体化的物品形象，即着眼于根本的结构与机能间的相互关系，其根据工业生产的条件扩大了人类环境的局面。”2015年，世界设计组织（World Design Organization，WDO）第29届年度代表大会给工业设计又作了如下的定义：“（工业）设计旨在引导创新、促发商业成功及提供更好质量的生活，是一种将策略性解决问题的过程应用于产品、系统、服务及体验的设计活动。它是一种跨学科的专业，将创新、技术、商业、研究及消费者紧密联系在一起，共同进行创造性活动，并将需要解决的问题和提出的解决方案进行可视化，重新解构问题，并将其作为建立更好的产品、系统、服务、体验或商业网络的机会，提供新的价值以及竞争优势。（工业）设计是通过其输出物对社会、经济、环境及伦理方面问题的回应，旨在创造一个更好的世界。”而工业设计

的狭义含义就是产品设计。

1.1.1 工业设计的定义与产品设计的概念

工业设计目前被广泛采用的定义是由世界设计组织第 11 届年度代表大会为工业设计下的完整定义："就批量生产的工业产品而言，凭借训练、技术知识、经验以及视觉感受而赋予材料、结构、形态、色彩、表面加工以及装饰以新的品质和规格，该过程称为工业设计。根据当时的具体情况，工业设计师应在上述工业产品全部侧面或其中几个侧面进行工作，而且，当需要工业设计师对包装、宣传、展示、市场开发等问题付出自己的技术知识和经验以及视觉评价能力时，这也属于工业设计的范畴。"

产品设计不单是工程技术设计，也不仅是工艺美术设计，它是融美学与科学，合艺术与技术为一身的一门新兴的学科。著名设计师、理论家托马斯·马尔多纳多，曾任乌尔姆设计学院的院长，他真正使乌尔姆设计学院达到新的高度，并形成其严格系统化的设计体系。他更是从学术的观点提出了对产品设计的定义：产品设计是一种创造性的活动，目的是决定工业产品的正式品质，此正式品质包括外部的特质，主要结合生产者和使用者的观点，在结构和功能上的关联性形成一个连贯性的系统。产品设计在现代商品社会中的作用日趋重要，与人们日常生活、工作的联系越来越密切。科学技术的不断发展和人们的审美水平不断提高逐步发展和完善了产品设计。产品设计可以延伸到由工业化生产决定的各种人类环境。

现在更多的理论家和产品设计师认为：产品设计更重要的是创造一种人类生活、生存方式，以人为中心，以人和社会为起点，使人们生活得更加美好。

1.1.2 产品设计的主要工作内容

产品设计（Product Design）是工业设计的核心内容。各国产品设计发展历程不同，所覆盖的领域也有所不同。产品设计涉及衣、食、住、行这些较为广泛而又较受关注的领域，产品设计主要解决人与人造物之间的关系，是将科学技术成果转化为生活、生产中所需的物的过程，以满足人们不同层次的需要来达到人与物、人与人、人与社会的和谐。总体而言，产品设计是一个规划设想和解决问题的过程，是一个将人的某种目的或需要转换为具体的物理形式或工具的过程，是把计划、设想，通过具体的载体以美好的形式表达出来的创造性的活动过程。它通过多种元素，如线条、符号、数字、色彩等的组合把产品的形状以平面或立体的形式展现出来，其目的是通过产品的载体创造一种美好的形态来满足人的物质或精神需要。

产品设计的角色如下：

1）开发和设计符合市场需要的新产品，创造优质产品和企业，提高劳动效率和生活质量，为制造业提供服务和支持。

2）设计符合人机工程的工作和生活环境，创造更科学、更舒适的工作和生活条件。

3）促进科学、技术、艺术、经济间的横向结合，把先进的科学、技术、艺术成果尽快转化为生产力，转变成产品。

4）提高产品附加值，提升品牌形象，提高企业效益，增强企业竞争力，开拓国际市场。

因为形象的构成是产品设计的主要内容之一，所以产品设计的主要对象应是富有长久形象存在的产品。而没有固定形状的工业产品、消费品（如食品等）不应成为产品设计的主要对象。此外，工业产品按使用人群可分为：个人使用的产品；一组人群使用的产品；

群体使用的产品、设施（主要指公共设施）；远离人们日常生活、专业性强的产品（如机械设备、科学仪器等）。产品设计在这些领域中都发挥着重要作用。

虽然社会和科技发生了巨大的变化，但产品设计作为大工业时代的“产物”从产生至今，以“创造合理的方式来满足人们对使用功能和精神功能的需求”为核心的思想，依然是设计行为所要追求的目标。

1.1.3 作品、产品、商品、用品、废品

产品的价值生命周期共分为作品、产品、商品、用品、废品五部分。其中作品展现的是设计成果，并体现研究艺术价值。作品可以看作公司产品所具备的美感、艺术感和品牌价值。

由企业生产的东西通常用“产品”或“商品”这两个词汇来描述，然而这两个词的含义却完全不同。

从定义上看：商品是为了出售而生产的人类劳动成果，是人类社会生产力发展到一定历史阶段的产物，是用于交换的劳动产品。一般物品指的是实体的物质、物件或东西。产品指的是向市场提供的，引起注意、获取、使用或者消费，以满足欲望或需要的任何东西。

从属性上看：商品的本质属性是价值和使用价值。使用价值是指商品能够满足人们某种需要的属性，价值是指凝结在商品中的无差别的人类劳动。一般物品的属性指的是物品的形状、大小、软硬等物理特征或其他化学特征。产品属性是指产品本身所固有的性质，在未产生交换前不具备价值。

从用途上看：商品是用来交换的产品，商品的生产就是为了交换。产品的用途是为了满足需求或使用功能，在未发生交换时，仅为产品，不能称之为商品。而当一种产品经过交换进入使用过程后，就不能称之为商品；如果产品产生二次交换，那么处于交换的这段时间内，它又能被称之为商品。

对于消费者而言，市场上产品的价值要从两方面来看，即产品的机能与效益。所谓产品机能是产品本身所固有的属性，它是产品必备的客观条件。而产品企业获得的利益则是在产品的使用过程中所发挥能力的表现，即人们常说的“效果”如何，如使用某种产品过程中减轻了劳动强度，节约了时间，产生了轻松愉快的感受，获得了某种享受等。

消费者在购买产品时，所支付的不仅是产品本身所具有的机能价值，同时也支付了产品的效益价格及产品在流通领域中的费用，此时的产品便转变成为商品。而消费者对所购买商品的使用过程，将商品转换成了用品，即用品对应用户的使用环节，体现出为用户解决问题的使用价值。从企业角度而言，产品转化为商品的过程如图 1-2 所示。

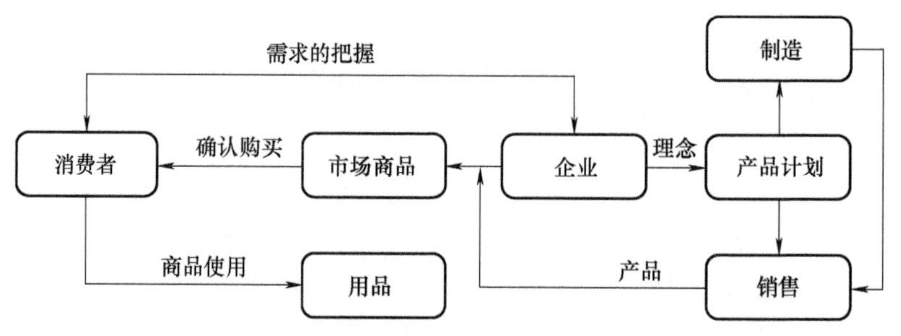

图 1-2 产品转化为商品的过程

废品，则源自更高层级的产品思维，体现其绿色环保回收等社会环境价值。当出售产品时，同时也应考虑生产、销售、客户使用的过程中会不会给整个人类环境带来更多的负面影响，并尽可能地想办法去减少甚至消除它们。设计者要站在让这个世界变得更美好

的角度，考虑产品或商品被替代、被淘汰的过程，做好回收工作。

1.1.4　商业分析

商业分析的本质是利用数据分析方法解决商业问题。数据分析是一个基础工具，可以运用在多个领域，当然也包括企业最关心的商业领域。正是“商业”二字，让数据分析有了完全不同的使用方法。商业分析的目的在于提升企业效益，获得最大的商业价值，再具体一点即是：是什么——量化展示商业经营状况，是多少——量化判断商业问题，为什么——从数据角度寻找问题原因，会怎样——利用数据预测商业趋势，又如何——利用数据综合判断经营效果。

企业应通过量化的分析、判断、预测、总结，提高决策效率，从而实现经营效益的提升。如今，企业面临着诸多竞争，因此商业分析就显得尤为重要。商业分析有以下三大要素：

1. 商业模式

根据销售对象的不同，商业模式可以分为 B2B（对上下游企业销售）和 B2C（对终端顾客销售）两种模式，还有一种通过在企业和终端顾客之间建立联系，来做中间商的 B2B2C 模式。只有理解了企业的商业模式，才可知道企业有何分析需求。

2. 行业类型

理解商业模式只是开始商业分析的第一步。具体到某一领域，还有行业、产品、用户群体的区别。每个领域间差异巨大，行业边界本身越来越模糊，具体形态也越来越多元化。脱离具体的商业模式和行业分类，就无法谈商业分析。因为在不同的行业和商业模式下，商业组织、商业目标、产品形态、经营方式、用户群体完全不同，此外数据的产生方式、数据类型、数据丰富程度也都不同。

因此设计时必须脚踏实地地思考某一领域所处何种行业和商业模式，面对何种需求和问题，有哪些数据可以用来分析。

3. 商业组织

除了商业模式和行业类型，还有第三种商业分析的必备要素——商业组织。商业组织是社会商品流通的主要承担者，从事商品经营是商业组织的主要活动特点，否则就不能称其为商业组织。企业都是按商业组织运行的，生产、营销、运营、供应链等部门共同合作，才能让企业运转正常。这里就有了责任、权利、分工的问题。虽然我们可以把所有人的问题统称为“商业问题”，但具体到某一个部门的某一个人，其思考的问题、解决问题的手段、想达成的目标都有所不同，特别是在分工复杂的大型集团企业中尤为明显。

1.1.5　敏捷会议与研讨会

1. 敏捷会议

敏捷会议就是快速响应、快速交付、用以提高客户的满意度和认可度的会议。随着社会经济的发展，客户了解度、参与度的加强，需求变化频率的加快，敏捷由此诞生。敏捷会议可以及时调整策略，降低成本，且成果显著，从而使得客户满意，投资回报高。敏捷会议包含 6 要素，分别为：

1）限定会议人数：汇报、宣传、告知类的会议，一次会议能解决的不要开两次会议。需要在短时间（1h 左右）内产生结论的会议，经验人数是不多于 6 个人。

2）拟定议题和选项：在会前，就应拟定议题，对可能的选择进行罗列，而不是到会议室再进行头脑风暴。

3）消除主要分歧：在会前，对于不同成员间可能存在的分歧要做好评估，做到事先沟通。在主要方向上要达成共识再开会。

4）聚焦议题：在会中，围绕罗列的议题和选项进行探讨，确认一项勾掉一项。

5）控制会议时间：在会中，要严格控制好会议时间，时间到了就结束会议。

6）跟进待办事项：对于达成共识的事项要做好会议记录，避免未来再反复确认。对于会上无法达成共识或者延伸出来的新问题，要做好跟进。

2. 研讨会

研讨会是专门针对某一行业领域或某一具体讨论主题在集中场地进行研究、讨论交流的会议，它对于制定政策、发展战略、改进方法措施都有巨大作用。研讨会主要针对行业领域或独特的主题召开，通常专业性较强，因此研讨会通常由行业或专业人士参加，针对面较窄，参加会议人员数量不太多。行业技术性研讨会的规模通常为 50~200 人，也有 20~50 人的小规模研讨会，通常小于 50 人的研讨会将采取圆桌式，便于公平交流。

研讨会的会议形式根据会议目的、参加对象不同而有所区别，通常有以下 3 种：

1）专家研讨会：这种研讨会是行业领域的专家群体因特殊事件或特殊话题聚集起来，针对具体问题展开公平、公开的讨论，实现观念交流分享，并商议对策和形成相关决定的一种会议形式。专家研讨会对场地的要求是相对封闭、安静、有利于保密。

2）行业演讲会或品牌技术研讨会：这种研讨会通常由一个利益主体组织，一家或数家参与品牌通过会议进行演讲，尽管以技术或产品交流为主线，但是以品牌宣传为主要目的，这类技术研讨会通常由品牌或行业媒体组织。品牌技术研讨会的规模通常为 100~200 人。品牌技术研讨会对场地的要求是会议场所条件好、配套服务佳、交通方便。

3）网上研讨会：这是随着互联网的普及出现的一种新的研讨会形式，能够在节省主办方成本的前提下，让更多用户和潜在用户获得研讨会内容，可以使主办方便利地进行推广和营销。网上研讨会的组织者通常是行业网站或品牌企业。

1.2 产品设计与企业创新

目前企业对产品设计的认知主要存在两种情况，即模仿和创新。

对其他企业产品一时的模仿能收获暂时的利润，但一味地模仿只能禁锢企业自身的发展。制造业是产品设计发展的基础，从前我国产品设计落后的根本原因在于制造业的落后。随着国家改革开放和经济建设的迅速发展，国内制造业已经走向了与信息产业结合、更新的阶段，但是国家工业未能完全脱离“加工型”的生产状况，多年来大多数企业的产品完全靠模仿推向市场，造成市场上经常出现品牌不同、款式一样的“新产品”局面。多年缺乏独立设计的企业，始终难以超越被模仿的品牌，更难成为市场潮流的引导者。虽然，产品设计在我国历史不短，但国内大多数企业仍然对产品设计缺乏足够的认识，不懂得如何运用产品设计的方式、程序去进行产品的创新。有些企业长期依赖模仿“洋货”、模仿名牌、模仿热销品而生存，这就会导致这些企业在国际市场上缺乏竞争力，更无法拓展自己的市场空间，结果只能在艰难的困境中苦苦挣扎。

随着社会生产力发展到一定阶段，人们消费需求的核心产生了变化，因此企业也越来越重视设计在市场战略中的核心地位和作用。也就是说，消费者需求的不再是商品实物，而是商品的设计和创意，正是这种产品的设计和创意使消费者获得了精神上的最大满足。不少发达国家早已把设计作为技术密集型产业的核心而列入国策，成为国家经济发展的战略性措施。正如撒切尔夫人所说：“优秀的设计是企业成功的标志，它就是保障，它就是价值。”

综上所述，只有依赖产品的设计创新，企业才能实现发展的目标。产品的工业设计水平是物质文明和精神文明的集中体现，它反映了一个国家的工业和科学技术水平，是直接影响产品整体质量的重要因素，也是该产品能否在市场上取得竞争优势的决定因素。企业求发展，不仅要靠企业的品牌产品去占领市场，更重要的是要以产品设计的创新理念去开拓市场、创造市场。产品设计是一种创造活动，它不仅能够为企业创造一个市场空间，还能够为社会创造一个品牌企业。而在科技飞速发展的今天，产品设计也必将为人类创造一种全新的生活方式。

1.2.1 产品设计与企业发展是相辅相成的关系

产品设计与企业发展有着不可分割的相互关系。企业的生产机构不仅包括企业的组织管理方式，还包括机构经营体制所具有的基本特点、产品的设计生产、销售流通中企业活动的目的及企业活动方式等。其中，企业对自身运营规律及运营过程的基本思考都围绕产品生产的全过程展开，并且产品设计与企业发展的联系也是以产品作为媒介表现出来的。产品作为联系媒介，一定程度上反映了企业在社会经济中具有的基本原则与立场，同时产品起到保障人们正常生活的重要作用，这使企业与社会建立共生关系变得尤为重要。在企业活动的基本方针中，产品设计的理念，可通过对人们生活的深入思考及生活哲理的不断再认识，以产品设计的形式表现其存在的重要性，产品与企业的关系如图 1-3 所示。

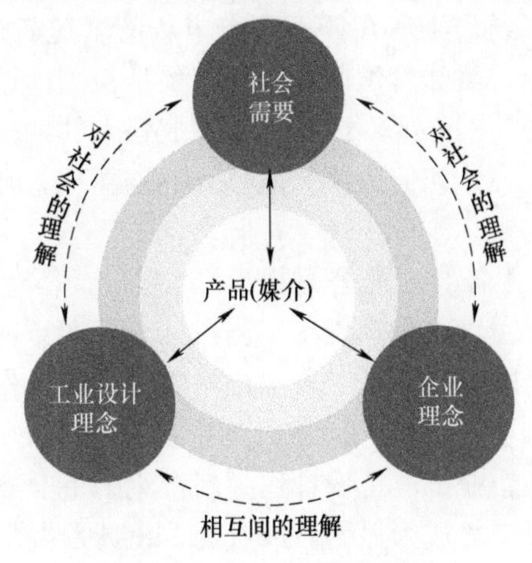

图 1-3 产品与企业的关系

1.2.2 产品设计是制造业转型升级的基础

产品设计是实现科技创新的最后阶段，也是产品创新、科技成果转化的重要支撑手段。2019 年，在北京举行的中国设计节上，许多与会人员希望把工业设计融入制造业产业链上下游的各个环节，进而做出系统性、战略性统筹布局，这实际上已经成为关系到制造业能否做大做强、能否再上一个新台阶的重要因素。围绕我国工业和信息化部出台的《制造业设计能力提升专项行动计划（2019—2022）》，许多参会嘉宾表示，制造业要转型升级、走向高端，实现高质量发展，工业设计的作用不可替代，且制造业领域的设计更是一个将技术转化为能满足消费者各种消费需求产品的过程。

1.2.3 产品设计在企业创新里的真实表现

最先感悟到产品设计价值的是国内沿海地区的企业家。他们把产品设计作为企业谋求市场竞争优势的有力武器并进行充分运用。产品设计不仅能为企业带来极大财富，还能帮助企业在国际市场竞争环境中再创新的辉煌。继“小天鹅”生产出国内第一台全自动洗衣机后，1989年，无锡小天鹅股份有限公司率先与日本松下公司合作，其先进的洗衣机设计很快占领国内市场，并且形成绝对优势，销量更是全国领先。与此同时，市场上还出现了一批依赖产品设计而生产产品的企业，如“金羚”“金鱼”“水仙”“荣事达”“申花”“威力”等企业，这些企业所生产的洗衣机产品产生了名牌效应。广东顺德新宝电器公司的一款早餐机，是由工业设计师主持创造的，把“多士炉”和“蒸蛋器”两件产品整合在一起，创造出兼具两种功能的全新产品——早餐机。在“早餐机”问世之前，新宝电器公司每出口一台多士炉的订单价是4美元，蒸蛋器是3美元，两件合计是7美元。但兼具这两款产品功能的“早餐机”出口价却达12美元！从成本角度看它只多出一根电线，可以说“早餐机”的设计为企业创造了5美元的净收益，这就是工业设计为企业带来的实实在在的价值。

国内名牌企业“小米科技公司”从2010年的智能手机设计开始，继而推出电视机、路由器、电视盒子、手环、平衡车、空气净化器等产品，其独特的设计品质和新颖的外观，使“小米科技公司”成为国内家喻户晓的企业。“小米科技公司”10多年来利用产品设计进行产品创新，并逐步走向国际市场，树立了令世人瞩目的“中国制造”的产品形象。市场调研机构Counterpoint发布了2021年印度智能手机市场报告，报告强调，小米手机在2021年继续保持了在印度智能手机市场中的领先地位，出货量占据24%的市场份额。更为亮眼的数据来自高端市场，小米在印度高端市场的增速高达258%，份额达到历史最高。市场竞争全球化的加剧，意味着国内企业不仅要站稳国内市场，还要走向世界。世界优秀企业产品进入中国市场，势必要对国内企业造成强大的冲击，而在这种环境下企业如何确保市场竞争的地位与实力，如何运用产品设计的创新理念开拓市场、创造市场，则是国内企业需要思考的战略问题。

20世纪80年代，日本著名的索尼公司提出“创造市场”新概念，并坚持独立创新、独立设计，力求以设计创新引导市场消费，用新设计、新产品占领市场。在设计与市场的关系中，设计既有对市场需求的适应，又有对市场需求的引导作用。换言之，设计不仅能适应市场需求，还能创造市场需求，从而使设计本身具有了更多的含义和价值。在21世纪的今天，无论是国家还是企业都应把设计作为新世纪的重要战略。良好的设计能够唤起消费者隐性的消费欲，从而使之成为显性。或者说，设计发掘了消费需要，乃至制造了消费需要。一个优秀的设计师必须具备敏锐的市场洞察力，及时地把握市场导向，并且善于运用自己设计的产品去引导市场消费，因此，设计师同时也应该了解市场需求，并积极地通过自己的设计去满足、引导市场需求。

1.2.4 产品设计受企业特点和经营理念的影响

要想使企业的理念和基本方针更为明确，就必须根据企业的实际情况，将组织行动思想加以具体化，并且形成企业自身的个性及特点，那么产品设计应明确以下几个方面：①企业本身及产品的类别；②企业的社会立场；③企业领导者的思想；④人员组成；⑤技术路线与内容；⑥企业的历史；⑦企业的规模。

对企业的特性、技术水平、设备、人员组成、组织形式、流通方式、网络等方面进行综合分析，在合理的条件下突出企业方针政策的重点，明确企业发展目标和内容。

为使企业发展政策能够顺利实施，不仅在产品设计开发中要贯彻企业的方针，也考虑以多种形式将企业理念非常明确地表现出来，其目的是使社会对企业理念产生共鸣，并转

化成一种热情。这就需要企业采取各种对策，适度地将企业理念渗透在企业的各类组织及活动中，由此提高企业及产品的知名度和企业的经营能力。产品设计和企业发展紧密而不可分割，设计犹如企业的翅膀，通过将产品设计融入企业并将其与企业理念相结合，从而实现产品设计带动企业的发展、壮大企业的规模等目标。产品概念的扩展已经使产品设计不仅仅是提供商品模型，还应是企业活动的重要组成部分。把产品的精神实质贯穿于设计中，既要优化产品形象，又要使产品成为企业盈利的利器。依靠产品设计的成功是企业获取长期利益的唯一手段。因此，企业和产品设计相依相存，共同进退。而"创新"是它们之间最密切的结合点，因为产品设计的创新可以拉动企业的营销，同时企业的新理念也可以激发新的产品设计，两者的结合是企业新产品开发获得成功的重要保证。在具体产品设计的实际操作中，在企业理念指导的前提下，在生产、设计、管理等部门协调一致共同制定出切实可行的产品计划的基础上，尽早实现产品开发的目标是产品设计开发的意义所在。

企业中产品设计开发的宗旨是：以体现企业本身固有的特性与产品设计开发思路相结合为基础，进一步突出产品的设计定位，追求产品的高品质，最终实现人们对产品及生产企业的信任。

如今，产品设计开发所体现的内容非常广泛。在产业领域中，由于企业个性的不同造成各方面均存在很大的差异，这里不可能全面地描述，因此仅从设计的方法论及设计观点的角度来看，产品设计开发所包括的是与整个产品及企业相关的全部设计内容，适用范围广，如产品开发的各环节及产品本身所具有的特性、原理、功能、结构、造型，产品的形象、宣传、媒体，产品的技术、工艺及企业形象，企业的自身环境等，都贯穿于设计，因此产品设计开发的计划是整个过程的主线。

产品设计开发的策划主体是以产品设计为中心，充分、完美地表达出企业的理念。产品是表现企业思考方法最典型的媒介，使用者也只有通过对产品的使用，基于产品给自己生活所带来的影响，才能全面地了解企业对使用者、人们生活方式及精神生活等方面的理解程度，以及对社会所承担的责任及带来的益处。

总之，产品设计开发所要达到的目标是：在实施条件具备的情况下，使企业的理念与设计思想融为一体，进而对产品设计开发起到指导作用，并最终使消费者及社会对企业或产品形成强烈的信任感。

1.2.5　产品设计创造企业形象

首先需要指出的是，生产出优质产品的必要条件是企业和设计师在产品设计开发过程中共同努力，并且需要不断地判断能否达到预期的产品设计开发目标；其次，要重视企业对产品设计的理解程度及企业在社会活动中给予人们的信任感。企业不仅要着重考虑产品设计的思考方法，还要将其融入企业的理念、方针和生产中，这样才能完成社会所赋予的使命。因此，产品设计与企业的结合点一方面取决于企业的社会责任，另一方面则取决于产品设计师以怎样的态度和姿态来承载社会所寄予的厚望。

产品设计是企业根据内部的经济技术条件和外部的市场需求与竞争环境等因素，基于对市场"货币选票"的分析，在确定"生产什么"和完成对概念性产品的技术研发和服务理念创新后，从多维度对产品形式进行工业设计和对服务标准进行新设计的过程。在企业全部的生产和营销链条中，产品设计虽然处于生产的上游阶段，但却是企业生产经营和内部信息反馈的聚焦点。在这一聚焦点上，企业内部对产品创意的改变、技术与生产流程的改进，以及产品成本的控制，对外部市场竞争环境与需求变化的应对等，都最终反映到产品设计中，正是这一基本逻辑决定了产品设计在创造企业形象中可以发挥重要作用。优秀的产品设计对一个企业的作用应在于，既能明显地将该企业与其他企业区分开来的同时，又能确立该企业明显的行业特征或其他重要特征，从而确保该企业在经济活动中的独立性和不可替代性。

1.2.6 产品设计创造企业价值

企业以产品为媒介，将社会需求与企业的利益和发展联系起来。在满足社会需求的同时，还在产品的流通中以商品的形式获得收益，维持再生产，同时支持产业经济的不断发展，完成企业应承担的社会责任。而企业所获得的社会评价结果往往反映其存在价值。那么当今社会中，企业要树立什么样的观念才能完成它的社会责任并体现其自身价值呢？企业作为产业经济的细胞，怎样思考和实践才比较贴近现实呢？这就要求企业依据社会经济的发展、产品市场、人们的生活方式、企业自身情况来确定相应的经营理念和一切活动的方针。而工业设计恰巧是基于对这些方面进行研究后，从事的产品设计开发工作。

1.3 设计师的任务与责任

随着科学技术的发展、产业经济的增长和物质文明的不断发展，人们的生活方式及内容都发生了很大的变化。伴随这些变化的不断推移，企业将以什么样的方式面对今后的物质世界呢？这就给以物质产品和人们生活方式为研究对象的产品设计提出了更广泛的思考内容。产品设计与企业产品生产之间的关系表现为产品设计师参与产品的设计开发活动。作为一个产品设计师，既要具有理性的思维能力，又要具有丰富的想象力，还要具有敏锐细腻的感受力，并且能够熟练地、创造性地解决问题。每个设计师的创造力都是无穷的，产生创意的方法可以“千方百计”，也可以“殊途同归”，只有做到持续的思维发散，才能永葆鲜活的激情与创造力。但是创造也要从实际出发，不能只是一味地异想天开，这样才能真正做到创造性地解决问题。只有具备了这些素质，才不枉费产品设计师被赋予的“造物者”的美称。

1.3.1 驻厂设计师

驻厂设计师，或称企业设计师，是指在工厂企业内专门从事产品设计、视觉设计及环境设计等工作的专业设计师。现代大中型企业一般都成立了设计部门，集中内部设计师进行设计工作。驻厂设计师一般具有明确的专业范围，容易成为专家。聘用驻厂设计师有利于企业新产品开发的保密，有利于企业提高产品设计专业水平与产品开发的深度，提高企业的市场竞争力。

驻厂设计师就是设计思维者，也可以适当延伸后称为商业设计师。加拿大著名商业思想家罗杰·马丁认为：要想成为设计思维者，必须培养出有利于运用设计思维的态度、工具和经验。态度即为世界观，以及对自己在世界上所扮演角色的认知；工具是用来理解世界和整理想法的模式或模型；经验则是随着时间演变，能够用来建立和培养自身技能及敏锐度的积累。驻厂设计师主要任务有：遇到问题积极寻找解决的方法，并采取行动；挖掘、总结经验；对得到的启发进行认真思考、仔细研究并付诸实施后，该启发会从一般的经验转换成为一种固定模式；形成程式化，从而进入操作层面。

驻厂设计师即企业设计师，是企业的灵魂，也是创业者、创造者、创新者，应承担相应的任务与责任，为企业的发展贡献自己的力量。

1.3.2　服务机构设计师

服务机构设计师，也称为独立设计师、自由设计师。自由设计师是指活跃于企业外部，接受企业委托，并独立开发设计产品的工业设计师。自由设计师在从事企业中的设计管理工作时，也被称为顾问设计师。自由设计师不一定是指单干的个体设计师，因为现代产品的复杂性和设计师的分工更加明确，这促使一部分自由设计师由过去单干的个体设计师，转变为处于设计的不同阶段工作的专家群体。

自由设计师一般不会被企业内部的自身条件所约束，因此在做产品设计时具有更广泛的灵活性与多样性，很容易构思出具有突破性的新创意。另外，自由设计师和顾问设计师一般都服务于很多家企业，经常设计不同类型的产品，所以他们会有处理不同问题的经验，对整个市场的需求和产品的流行时尚与潮流会有比较好的把握。

服务机构设计师需要发挥自身的优势，为企业带来本企业以外的新鲜设计思维和新的设计理念，为企业与产品带来创新的活力。

1.4　产品设计开发的基本类型

产品设计开发是整个企业生产和经营的先行工作，也是重中之重的基础建设。一个科技创新企业的核心竞争力就是产品的研发能力。从国外市场经济的发展过程可以看出，产品设计开发不可能一劳永逸，企业对于产品设计开发的方向在不断地变化。开发通常包括技术开发和产品开发两个阶段。技术开发是指新技术从创新构思中产生的过程，开发人员根据潜在需求，通过一定技术路线、适当的方法和手段，开发出更好地满足需求的新技术及新方法。产品开发就是将技术转化为产品的过程，主要基本类型如下：

1. 基于马斯洛需求层次理论的产品开发

马斯洛的需求层次结构如图1-4所示，基于该需求理论可衍生出产品设计开发的5个类型——功能型、稳定型、易用型、智能型与愉悦型。从需求结构发展而来的不同类型的产品往往是同时并存的，只是在不同的经济发展时期，某种类型会表现得更为突出。

2. 技术平台与产品平台

技术平台，是一套服务于研制应用产品的设计验证系统，包括相关文件、图样、知识库和资源管理应用体系。优秀的技术平台应该是合适的技术体系、技术架构，能充分发挥技术体系及技术架构的优势，提高新产品开发速度并保证质量；指导并规范新产品分析、设计、测试、量产等各阶段的工作，提炼用户真正需求，提升产品性能、可维护性、可靠性等的全系列工具。技术平台可有效降低公司的开发成本。技术平台，直接体现了一个公司的核心竞争力。

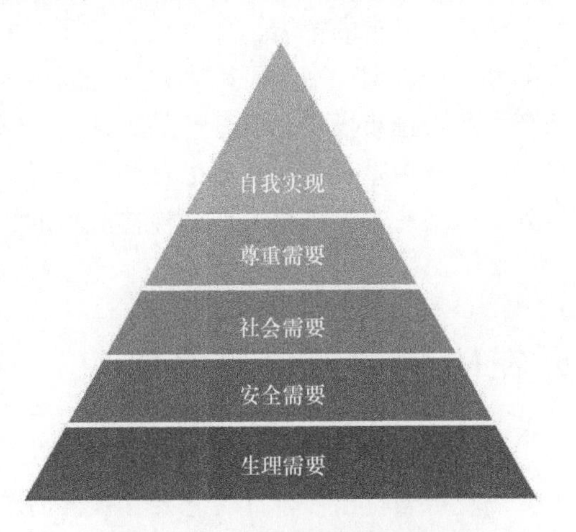

图1-4　马斯洛的需求层次结构

产品平台是为系列产品所共用和共享的，可以把产品平台定义为整个系列产品所采用的共同要素的集合，包括共用的系统架构、子系统、模块/组件、关键技术；为产品提供通用基础能力，平台为多产品配套、在多产品之间共享。例如，当客户定制新型号A时，通过组装当前公司技术货架上的技术，来实现快速搭建满足客户高度定制化的需求，可充分借用技术积累，减少重复设计，在满足客户定制化需求的同时，提高工作效率，从而达到节约资源、提高效率、降低成本的目的。

3. 全新产品开发

全新产品本质上存在更大的风险，但同时也是公司取得长期成功的依靠。全新产品是指应用科技新成果，采用新原理、新技术、新工艺和新材料制造的市场上前所未有的产品。全新产品一般是由于科技进步或为满足市场上出现的新需求而产生的产品，具有明显的新特征和新性能，甚至能改变用户或消费者的消费方式或生活方式。但全新产品的开发难度大、开发时间长、需大量投入成本、成功率低，即便成功，消费者和企业也需要有一个适应接受和普及推广的过程。

4. 已有产品改进

在已有产品的基础上进行改进，使产品在结构、功能、品质、款式等设计要素上具有新的特点和新的突破，使产品生产线跟上潮流并保持竞争力。改进后的新产品，其结构更加合理、功能更加齐全、品质更加优质，能更多地满足消费者不断变化的需求。已有产品的改进开发类型，也具有重要意义。一般来说，一个全新产品从构思到投入市场需要相当长的时间，企业需要为此承担很大的风险。因此，尽管新产品是市场中的佼佼者，但它毕竟是少数，而更多推向市场的产品都是在已有产品的基础上，不断改进、完善、提高而开发出的新产品。

5. 现有平台衍生品

已有产品平台的衍生品，则是用一种或多种新产品更好地占有相关市场。这类开发类型是在已有的系列产品基础上，对现有的产品进行改造，增加新型号的方法，所有不同的应用、减少成本或尺寸都被视为“增加的”项目。其范围可能比较有限，一般是在概念评估结束后进入开发流程。

在互联网行业，闪存（或U盘）是一个最成功的平台衍生品开发项目，而它的利润来源却几乎都来自其衍生品，即MP3和闪存录音机。这类开发类型一直存在并很少会涉及产品开发程序，属于企业的日常设计改进。由于大部分产品开发成本都平摊到了平台项目里，所以就大大降低了平台衍生品的成本。

6. 新产品平台的拓展

新产品平台的拓展，主要致力于在新的通用平台上开发新的产品系列，并将进入相关产品和市场领域。平台可用来开发全新系列的产品，或改变产品的主要内容。不断地开发新产品并根据市场需求改善产品，是企业保持创新特征并赢得竞争的关键。在新的市场环境中，企业可基于平台战略进行产品开发，在产品平台的基础上，开发出产品系列，从而达到既降低成本又满足用户多样化需求的目的。

1.5 产品开发的基本内容与流程

麦克可若提出：设计观念要从社会需求和技术可能性两者的综合中产生。对于技术水准的把握应该考虑到科技发展的情况和实际技术的接受程度；对于需求的把握除了要进行市场调研外还要顾及社会、经济和政治等方面的影响。产生设计观念后，下一步则过渡到设计研究阶段。在设计研究中，要考虑设计出的产品是否能实现所有必要的系统功能，以

及产品是否能满足人们的需求，即使设计的产品对于市场能适销对路。最后转入实施阶段，将产品投入生产并进行销售。

布鲁斯·阿彻尔在英国《设计》杂志中，提出了一种设计的系统方法。它是针对一般设计过程提出的，因而在不同的具体应用场合还需加以调整变更。设计的系统方法见表1-1。

表1-1 设计的系统方法

流程	思考方向及内容
1. 准备工作	输入质询
	对质询进行评议
	对预计的设计工作进行评估
	准备暂时性答案
2. 简单综合	输入指示性要求
	规定目标
	限定具体条件
3. 提出项目	归纳各种临界问题
	提出采取途径的建议
4. 收集数据与资料	集中所用数据
	对数据进行分类和储存
5. 分析	将问题分为若干子项
	依据目标对子项进行分析
	准备提出功能指标
	对本项目及其成本重新评估
6. 综合	依据目标解决各种问题
	提出协调指标中各项相互冲突的要求和方法
	从事解决原理问题的研制
	一般性整体解决方案
7. 研制	造型观念的确定
	建立基本模型
	针对子项目间的协调开展研制
	针对整体问题解决的研制
	方案评价
8. 传播	确定传播的要求
	传播媒介选择
	传播准备
	信息发布
9. 终结	课题终结
	文件终结

在上述设计程序中，规定目标实际上就是对产品进行功能定位。它是以社会需求、技术条件和生产成本等为基础并加以综合考虑而产生的结果。不同层次的消费者对于产品的品种有不同的功能要求，因而形成了如普及型、通用型、专用型、精密型、豪华型等不同的功能类型。目标确定以后即可提出具体设计项目，然后，在收集大量数据资料的基础上进行数据分析。例如，可将整个功能分解为若干子项，按其重要程度进行分类并排序，找出各项之间的相关性，并以此为基础将相互之间功能要求有冲突的子项进行必要的调整，从而最终确保整体功能的圆满实现。在处理实用、认知和审美三种功能之间的关系时，通常应确保实用功能占第一位。因为实用功能也会经过一定的过程，从而逐渐向认知和审美功能转化。实现产品的实用功能只是实现产品功能的一个方面，除此之外还需要通过符号学或产品语言的分析，以及审美变换等方式手段，使产品更具有充分的认知和审美功能，从而进一步提高产品的附加价值。值得注意的是，不要背离产品实用功能的取向，而单纯去追求某种外在的认知或审美功能，这样容易导致各种功能之间互不协调。

杰夫·坦南特在《六西格玛设计》一书中指出："理想的设计过程应该是一个反复进行的调研、设计、模拟、失效验证与评价的循环，直到设计完全满足设计概念、限定条件和评定准则。"简洁、科学、有效的设计程序意味着设计已经成功了一半。由此可以看出，现代设计是以立体、并行、系统、注重过程改进等为重要特征对生产和消费产生重要影响的。

生产性企业要想取得经济上的成功，则需要具备识别顾客需要并以低成本迅速制造出符合顾客所需产品的能力。要达到这样的目标，不仅是营销的问题，也不只是产品设计或制造的问题，而是一个包含所有这些职能的产品设计开发问题。这就需要不同开发方法的集合，而这些方法的最终目的就是提高交叉团队共同开发产品的能力。

在产品设计开发中设计师需要处理很多问题，要想理顺这些问题间的关系从而为设计打好基础，需要一定的程序和方法。这一节主要让读者初步了解产品设计的基本内容和程序。

1.5.1 产品设计开发的基本内容

产品开发流程是企业构想、设计产品，并使其商业化的一系列步骤或活动，它们大都是脑力的、有组织的活动，而非自然的活动。其流程就是一系列顺序执行的步骤，它们将一组输入转化为一组输出。然而，并不是所有组织都能够做到清晰界定并遵循一套详细的开发流程，有些组织甚至不能准确描述其产品开发流程。此外，每个组织所采用的流程与其他组织都会略有不同，甚至同一企业对于不同的开发项目也可能采取不同的流程。但是总体而言，不同的开发流程都包含同样的基本开发内容，产品设计开发各程序基本内容见表1-2。

表1-2 产品设计开发各程序基本内容

计划	产品概念开发	系统水平设计	细节设计	优化设计	产品推出
市场营销的计划：表述市场机会，定义细分市场	搜集客户需要，识别领先客户，识别竞争性产品	完善产品属性和扩展产品系列的计划	制定市场计划	改进和优化物料，便利性测试	向关键客户提供早期产品
设计的计划：考虑产品平台和系统结构评价新技术	调研产品概念的可行性，开发工业设计概念，建立并测试实验原型	常规替代产品体系结构，定义主要的子系统和界面，改进工业设计	定义零件设计图，选择物料，制定公差，完成工业设计控制文档	可靠性测试，产品寿命测试，性能测试，获得调整许可，实现设计更改	评估早期产品产量
制造的计划：识别生产限制，建立供应链策略	评估制造成品，评估生产可行性	识别关键部件的供应商，执行自制与外购分析，定义最终装配计划	定义零件生产流程，设计加工，定义质量保证流程，开始加工	改进和优化物料，便利性测试	开始整个生产系统的运作

在开发设计过程中，要对不同设计阶段参与人员的总和进行统计，表1-3为参与设计与开发人员在各个设计阶段的参与情况。

表1-3 参与设计与开发人员在各个设计阶段的参与情况

阶段	参与部门								
	工业设计	企划	结构	行销	管理	生产	品质管理	专案	其他
1. 设计企划	40	53	26	38	48	3	1	38	8
2. 工业设计	64	26	34	29	30	4	1	37	5
3. 结构设计	42	10	57	2	24	10	4	29	3
4. 制造生产	22	12	41	5	24	59	42	39	3
5. 品质管理	13	8	23	5	26	38	58	34	3
6. 行销企划	5	38	3	55	37	4	5	29	4
总计/人	186	147	184	134	189	118	111	206	26
排名	3	5	4	6	2	7	8	1	9

1.5.2 产品设计开发程序

产品设计开发的基本内容只是对产品设计开发的实践活动起指导性作用，而具体实施产品的设计活动则必须依靠具体的产品设计开发的工作程序。

在设计程序方面，存在着两种倾向——创造性设计法与逻辑性设计法。两者并不对立，而且各有各的特点。但对于开发前所未有的新品来说，往往需要创造性设计。同时面对复杂的设计问题，则需要有较强的逻辑步骤作为保障，使设计工作能够顺利完成。产品设计的基本程序如图 1-5 所示。

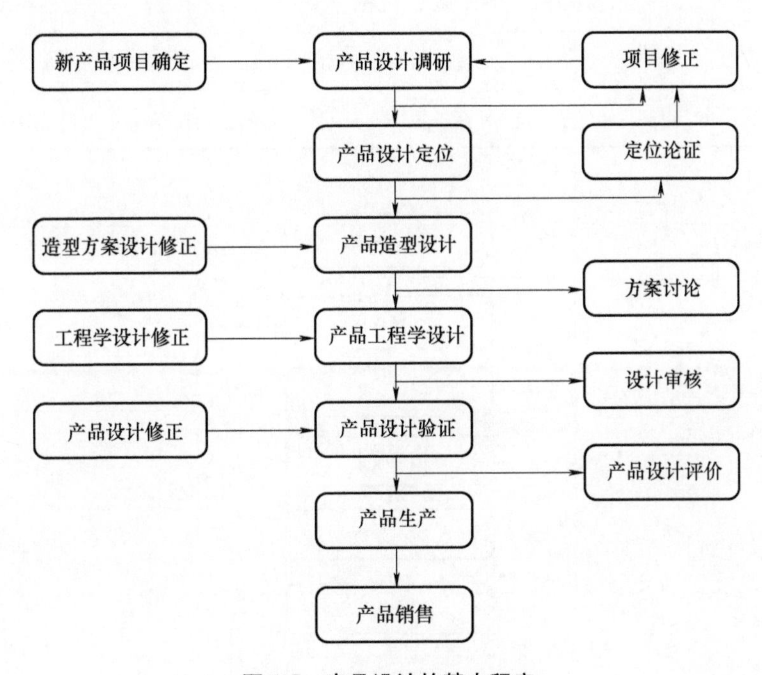

图 1-5 产品设计的基本程序

实际上，具体的设计步骤可能因人而异、因事而异，但基本内容是相似的。例如，英国著名设计方法学家和工业设计专家布鲁斯·阿彻尔的工业设计流程图，如图 1-6 所示。

该设计程序含有许多反馈，因为在进行实际的设计时，往往会遇到许多新问题，因此必须要有反馈到前面环节的步骤，重新修改、重新设计。产品设计不可能是一次就完成的，而是要通过在多方案之间进行选择比较，才能做出好的设计。

在第二次世界大战之前，产品设计的程序不太清晰，往往是一位设计师加一支笔就可以完成设计。而现代设计需要多方协作，因此设计程序也应运而生。产品设计需包含的内容见表 1-4。

表 1-4 产品设计需包含的内容

设计程序	内容
1. 准备阶段	① 认识需求（来自销售员、消费者的反馈，市场信息、生活研究成果等） ② 收集资料（需求分析、市场分析与预测、环境因素分析、历史与现状分析、竞争对手分析、设计趋势、产品分析、人机分析、问题分析） ③ 确定设计任务（与有关部门共同决策，制定设计目标：性能、价格、成本、目标市场、生产、营销、广告等） ④ 最终定义（新品设计条件、要求和目标、委托人、企业条件、签订合同）

（续）

设计程序	内容
2. 构思阶段	① 构思、设想、创意（概念设计草图、构想方案图、预想图、效果图、初步设计方案、初步模型、电脑设计图等） ② 选择方案、初审
3. 验证评估阶段	① 分析方案（功能、原理、强度、价值、款式、人机因素、模型、材料及制造条件分析，技术经济、社会需求、综合评估等） ② 试验（模型试验、技术试验、销售试验、民意测验等）
4. 设计定型	绘制最后效果图、编写说明书、制作定型模型等
5. 生产定型	绘制生产图、装配图、零件图、编写生产说明书，在组织生产中进一步验证设计
6. 商品化阶段	组织试销生产，按需求反馈使用信息以进一步修改设计，从而实现适销对路

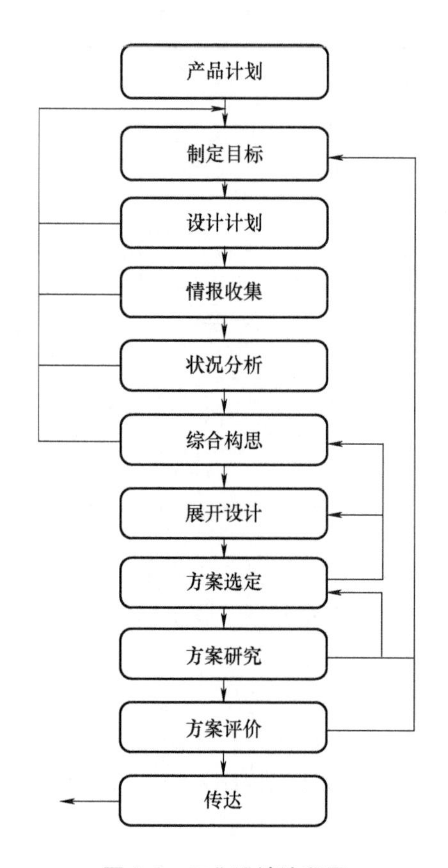

图 1-6　工业设计流程图

与表 1-4 中的内容相比，布鲁斯・阿彻尔的设计程序更加侧重概念设计，只完成了表中所列的准备阶段和构思阶段及验证评估阶段，而缺少后面 3 个环节。

不同国家、不同产品类别（机械、冶金、化工、电子、纺织等）、不同生产类别（大量、成批、单件），其产品的设计与开发过程都是不同的。其中最复杂但却最具有代表性的是全新型产品的独立自主设计开发过程。其产品设计开发程序可划分为战略阶段、战术阶段、战斗阶段和反省对策阶段 4 个阶段，并细分为 14 个程序，如图 1-7 所示。这同时也是一种典型的设计开发新产品的程序。

常见的装配性产品设计开发程序一般分为 6 个阶段，14 个程序，具体内容见表 1-5。

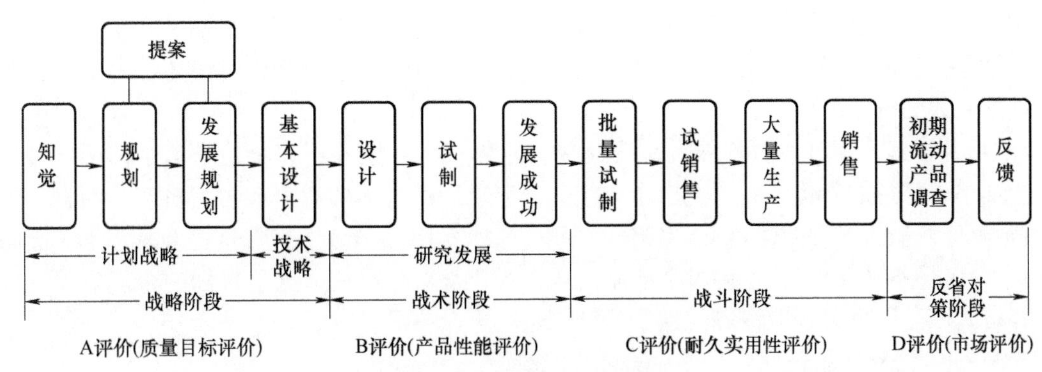

图 1-7 产品设计开发程序

表 1-5 装配性产品设计开发程序

阶段	程序号	程序内容
策划阶段	1	新产品构思，市场调研，收集质量信息和技术情报，识别质量
	2	投资预测，资金筹集，物资和人员的准备
	3	对采用的新技术、新材料进行先行试验
样品设计阶段	4	产品初步设计，即方案设计及可行性报告（评审）
	5	产品技术设计，即结构设计（评审）
	6	工作图设计，即施工图设计（完成全部设计图纸和技术资料的编制）
样品试制阶段	7	样品（机）制造（加工过程的跟踪和信息反馈）
	8	样品（机）试验，按规范全面试验，做数据分析评价
	9	样品（机）技术鉴定和评价（性能参数，设计的正确性）
改进设计阶段	10	新产品构思，市场调研，收集质量信息和技术情报，识别质量
小批试制阶段	11	小批试生产和投产鉴定（检查工装、工艺、材料和供应的准备工作）
	12	试销，加强用户服务，收集故障和用户意见的信息，反馈信息
批量投产阶段	13	批量投产，产品定型，鉴定和评价（生产流程到位），分供方定点
	14	指导技术服务，收集用户信息，质量跟踪，用户服务，信息反馈

1. 串行式产品开发

串行式产品开发模式是一种比较传统的模式，出现较早，至今一直被人们使用。此种模式，从新产品概念产生到设计与计划再开发至最终产品的形成，周期较长。此外，在该种模式下，下游的职能部门必须通过上游的相关文件或图样了解下一步的工作，部门之间缺少沟通，可能会造成下游部门对整个开发过程的认识不清，致使开发过程中出现返工现象，导致产品开发周期过长。传统的串行式产品开发存在以下弊端：

1）各部门之间缺乏沟通。

2）各下游开发部门所具有的知识局限使其难以加入早期设计。

3）各部门对其他部门的需求和能力缺乏认识。

该模式容易导致产品开发周期长、产品可制造性和可装配性差、产品成本高等。

2. 并行式产品开发

20 世纪 80 年代末，美国国家防御分析研究所提出了“并行工程”理论。其研究方向主要包括以下几方面：企业部门之间的团队合作、公司内部的项目组织机构等。理查德·阿多-滕科朗指出，随着市场环境的竞争越来越激烈，产品的开发周期对企业而言至关重要，成功的企业重视技术的研发并懂得如何有效管理时间。并行式产品开发过程的本质特点如下：

1）并行式产品开发过程强调面向过程和面向对象，且一个新产品从概念构思到生产出来是一个完整的过程。设计要面向整个过程或产品对象，因此它特别强调设计人员在设计时不仅要考虑设计本身，还要考虑与这种设计有关的工艺性、可制造性、可生产性、可维修性等，工艺部门的人也要同样考虑其他过程，此外设计某个部件时候还要考虑与其他部件之间的配合。

2）并行式产品开发过程强调系统集成与整体优化，它并不完全追求单个部门、局部过程和单个部件的最优，而是追求全局优化，追求产品整体的竞争能力。对产品而言，这种竞争能力就是产品的 TQCS 综合指标——交货期（Time）、质量（Quality）、价格（Cost）和服务（Service）。对每个产品而言，企业都对它有一个竞争目标的合理定位，因此并行式产品开发过程应该围绕这个目标来进行整个产品开发活动。

3. 一体化新产品开发

整合新产品开发（Integrated New Product Development，INPD），可称为一体化新产品开发。这种产品开发的方法，强调开发团队以用户需要、要求和愿望，以及其他相关者利益为基础的多专业结合。在从产品策划到项目批准的 INPD 程序中包括：确定产品机会、理解机会、基于产品机会形成产品概念及实现机会 4 个阶段。

该方法首先结合艺术与科学知识，综合分析并研究社会发展趋势、经济实力和先进技术三方面因素，发现大量产品机会缺口；然后针对代表性用户进行一系列的定性研究，了解用户需求和期望，进而将产品机会转化成产品属性和标准，进一步转化成产品开发新概念或对现有产品的优化改进；最后，通过构建产品概念模型，验证产品概念。好的产品机会可以将造型和技术完美结合，最终生产出美学和技术相结合的产品，并且该产品能与消费者喜好的转变相适应，使消费者体会到新产品的高价值。

传统产品设计模式下，市场、设计和工程技术人员相对独立，市场人员单方面定义产品准则，设计人员和工程技术人员则依据各自的专业知识进行产品开发设计，三类人员对产品的理解无法相互匹配，导致最终推出的产品常常无法达到预期的效果。

各种产品设计实践证明，以用户为中心的 INPD 理论对现代的设计工作有较强的指导意义，该方法可大量减少后续设计过程中可能出现的诸如零件整合、造型和功能特征等问题，提高工作效率，降低生产成本，从而提高产品的市场竞争力。突破性产品来自于造型和技术的合理结合，并且能为用户创造物有所值的消费体验。INPD 方法能更好地帮助创新性产品的开发。

1.6 产品设计开发的目的与意义

产品设计开发不仅包括企业为人们生活提供的全新产品，还包括对现有产品的改良、产品二次开发创新、产品系列化延伸等。

产品生命周期的理论告诉我们，企业得以生存和成长的关键在于不断地创造新产品和改进旧产品。创新是企业“永葆青春”的唯一途径。从短期看，新产品的开发和研制是一项耗费资金的活动；但从长期看，新产品的推出与企业的总销售量（额）及利润的增加成正相关。因此，有远见的企业常把新产品的开发看作是一项必不可少的投资。

1.6.1 产品设计开发的目的

产品的设计开发是一个系统过程，它对产品生命周期的各阶段进行预测分析，综合考虑市场、定位、设计、工程、制造、营销与形象宣传等各方面因素的影响，通过企业各部门的协调运作，在产品中贯穿了企业的设计战略路线和思想，以满足消费者需求并为企业

发展提供支持，最终实现品牌的可持续性发展。

企业进行产品设计开发是为了使本企业的产品与服务能满足使用者的某种需求，其目的如下：

1）创造新生活方式。

2）了解消费者的需求。

3）在维持固定客户的基础上获得新的客户。

4）使促销活动更为灵活。

5）获得新的产品订单。

6）将产品开发中的不确定因素及风险降到最低。

7）使产品开发中各类资源得到有效利用。

8）使产品开发中各部门相互关系更加明确。

9）使产品开发中各部门行动统一协调。

10）提高产品的技术、质量水平。

企业的产品设计开发是在市场观念的基础上建立起来的。如今，随着人们生活水平的不断提高，产品设计开发的方法不但要与人们的需求价值观、消费意识和新的生活方式等多方面相匹配，还要与新技术、新制造工艺、新材料及提高产品附加值等方面相适应。在明确目的时，新产品的设计开发计划内容要突出以下 5 个方面的作用：

1）提高市场竞争力。产品的竞争力是技术能力、成本控制与销售能力的综合体现。差别化、高附加值化是优化产品设计的重要因素。

2）针对消费者的需求进行产品开发。产品的功能、性能、价格与设计，将成为左右消费者需求的条件。

3）使产品开发灵活化。进行设计开发时，要从以技术为中心转变为以消费者为中心。

4）优化产品形象和企业形象。在运用销售战略优化企业形象的同时，也要注重通过设计体现积极向上发展的产品形象和企业形象。

5）提高产品开发的能力。为提高产品开发的能力，有必要依靠技术优势促进策划方案的实现。而在商品的企划中，也可以灵活运用设计开发。

1.6.2 产品设计开发的意义

正如唐纳德·诺曼在《设计心理学：日常的设计》中所说，大多数设计者把更多的注意力投向同事们的赞美而不是那些非专家消费者的真正需求。结果，他们的产品使得消费者在购买后不是因为缺少“计算机知识”而倍感焦躁，就是因为在使用过程中出现“人为差错”而导致整台机器的损坏。这种产品与使用者、技术与人类之间的不协调、不和谐，问题不在于不幸的使用者，而在于设计者不了解“消费者真正需要的是什么”，没有用技术与人类相互和谐的观点去指导开发设计产品的活动过程。

市场经济条件下的大规模工业化物质生产将产品设计的重要性提到了前所未有的高度，人们对物质和精神生活日益增长的高标准需求给产品设计提出了更高的要求。企业希望通过提高产品的设计水平以谋求在市场竞争中立于不败之地，与此同时，产品设计师在设计中对产品环境效应的考虑也会深刻地影响人与自然和谐发展的进程。具体来讲，产品设计的意义主要体现在以下 3 个方面：

1. 企业方面

随着现代工业的兴起而产生了产品设计，它是以工业产品为主要对象的综合学科，而企业又是现代工业兴起和发展的主体，那么产品设计和企业间就必然有着千丝万缕的联系。产品设计是企业内部的黏合剂，使各个部门的配合作用大于其简单的叠加，是企业的软动力。因为设计打破了企业中传统的专业上的边界，从而为企业各部门间建立更为密切的关系提供了机会。产品设计既增强了产品的竞争力，又提高了产品的附加价值，还为企业挣得了更多的利润。

另外，产品设计拥有对各方面和谐的不懈追求，而这种追求是此行业自发和与生俱来的。它是企业最具活力和创造力的活动，通过其不断的追求，可使企业发扬进取精神并保持活力，不断创造出新财富。

2. 消费者方面

消费者对产品设计的需求是与产品的基本功能和物质利益相联系的需求，当消费者为实用需求所驱动时，其选择行为一般比较理性，需求的偏好顺序可以很明确，对产品有实用性判断、价值判断等，例如，希望产品优质、可靠、便于维护和使用等。产品设计已经渗透到了人类生活的各个方面，正在潜移默化地影响着人们的生活。

3. 社会方面

社会发展的进步离不开产品设计，产品设计创造了社会物质财富和精神财富，但同时也带来了大量的污染，要通过绿色的产品设计系统有序地探索人类发展与社会文明的关系，有效合理地缓解高科技下工业化社会与生态环境的冲突。在产品设计中既要考虑新产品再生产全过程及使用全过程中对自然环境的影响，又要考虑产品废弃和处理的事实，尽可能有效地利用地球资源和能源。使“人—产品—环境”三者之间的关系趋于和谐。

本 章 小 结

产品设计是一种创造性的活动，其目的是为物品、过程、服务，以及它们在整个生命周期中构成的系统建立多方面的品质。就本质而言，产品是在有限的时空范围内和特定的物质条件下，人们为了满足一定的需求而进行的一种创意思维活动的实践产物。由于产品设计所涉及的内容与范围较广，不同产品设计的复杂程度相差也很大，因而其设计流程也有所不同，但无论何种产品，其设计的最终目标是服务于人，在产品的整个发展过程中都要受人们的生活观念、社会文化、科学技术、市场经济等因素的共同影响，因而产品表现中必然包含着创意性，而这也是企业走向成功的必经之路。

产品设计是企业内部的黏合剂，在现代市场环境中，产品设计对于企业的发展至关重要，且产品设计与企业的联系是以产品这种关系形式作为媒介表现出来的。产品作为这一联系媒介的存在状态，在一定程度上反映了企业在社会经济中所具有的基本原则与立场。在企业的理念和基本方针中，设计的思考方法是需要着重考虑的方面，并且要在共同的理念和方针基础上，完成社会所赋予的使命。产品设计必须始终以市场为导向，并服务于企业形象战略这个整体。在产品设计过程中，应用科学的设计方法可以提高设计的质量和效率，而对设计原则的把握则有利于体现设计的合理性。

企业通过产品设计统一规划产品的形象，通过在市场上产生很强的视觉冲击和统一性，从而使产品产生象征意义。现如今产品设计已经渗透到了人类生活的各个方面，它反映着一个时代的经济、技术和文化的情况。此外在企业的理念和基本方针中，设计创新的方法与程序是至关重要的，因此企业要对其拥有足够的重视。

本 章 习 题

（1）从产品设计师的社会责任谈谈产品设计开发的必要性。

（2）在企业的产品设计开发过程中，设计师如何发挥自身的作用？

（3）产品设计一般需要哪些基本程序？

第2章

产品创新方法

学习内容——产品设计开发过程中的创新类型、思维、方法。

学习目的——了解产品创新知识，能灵活地综合运用各种创新方法。

课题时间——3课时理论，1课时专项知识实践。

现代社会中，任何一种有竞争力的产品，都包含着优良的技术与优良的设计两种要素。其中，技术要素由于其价值的潜在性，必须通过设计才能使潜在价值转化为能满足人们需求的使用价值；而设计作为竞争的要素，是随着人们对产品这一物质功能载体所包含文化因子的日益迫切需求而显现的。产品设计以科学技术为支撑，为满足市场需求（即人的需求）而进行，设计就是将市场需求与技术可能科学地、巧妙地结合在一起的创造过程。一项技术的创新需要设计，一个技术产品的更新需要设计，设计既能推动技术的发展，又是技术成果转化的桥梁和纽带。通过设计，可以将技术的潜在价值发挥出来，使科技成果更贴近人们的生活，更好地为人类服务。产品设计的任务就是发挥创造性思维，在技术的功能内容与人的需求之间寻找一个合适的切入点，提出解决需求的方法并予以实现。因此，产品设计的实质是需求的现实化与技术的人性化的有机结合，如图 2-1 所示。

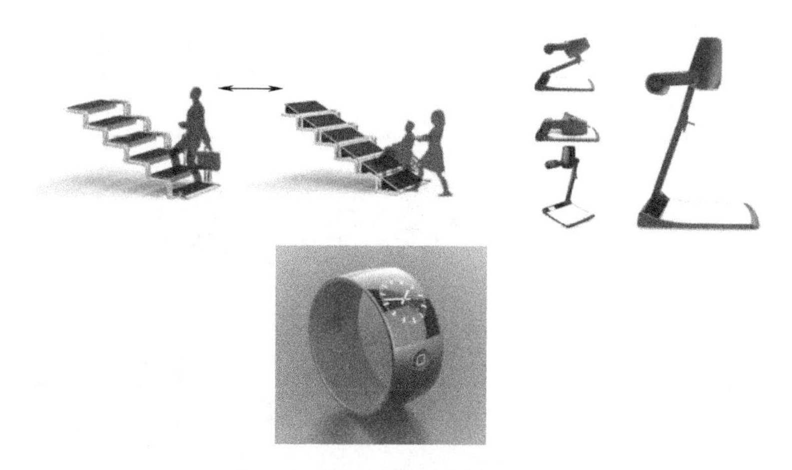

图 2-1　产品设计与人性化的结合

纵观各国企业，在激烈的市场竞争中，没有永远的胜利者，也没有永远的失败者。许多曾经声名显赫的大公司现今已失去了以往的活力，日趋衰败。而许多默默无闻的小企业却迅速崛起、生机勃勃。究其原因，关键在于企业创造性思维和创新性设计的能力。自主创新产业升级对企业来说至关重要，只有建立创造性思维模式，才能从根本上提高企业的创新能力，创造性地开展工作，推动企业的不断创新和持续发展。

创新是产品设计的灵魂。以知识为基础的产品创新竞争是 21 世纪初全球制造业竞争的核心，创新设计是工业设计研究的一项重要内容。一个新产品在功能、原理、布局、形状、结构、人机工程、色彩、材质、工艺等任意一方面的创新，都会直接影响产品的整体特性，从而影响产品的最终质量和市场竞争力。产品设计的创新主要表现在以下 4 个方面：

（1）功能性的创造　技术创新，只有赋予具有独创意义的设计并创造出新的产品，才能成为引导消费的先驱。虽然功能性的创造离不开技术设计，但产品设计对功能的创造与技术设计是不同的。产品设计是科学、技术、艺术、社会与经济相融的系统工程，与生活和生产有着紧密联系。产品设计是通过对技术成果的社会调整与重组，创造出新的功能，使其成为与社会相融的潜在的技术过程。而在技术设计的过程中，应着重于技术的可实现性，而并不是将关注点放在与人、与社会的关系上。因此，单纯的技术成果只是存在于纸上或实验室里的数据与文字记载中，仅停留在技术层面则无法满足人们生活生存的需求。产品设计是从人们的实际需求出发导出目标产品，根据目标产品导出实现这些需求的技术，最后再进行产品的研究与开发的过程。

（2）形式美的创造　人因其自身的社会性，对产品不仅有物质功能的需求，更有

审美情感的需求。单纯的技术成果往往不具备形式审美性，因此，这就需要通过产品设计来实现产品形式上的审美。当然这种形式美的创造过程并不能脱离产品本身的内在品质和功能。相反，产品设计的目的正是通过对产品内外品质的调整，最终使其趋于一致。而在高科技领域，这一现象则更为明显与普遍，这是由高科技产业自身的特点所决定的。现代高科技对非专业人员来说，具有巨大的技术屏障。未经设计的产品根本无法直接面对消费者。同样，如何让高科技产品体现其高科技内涵，并能够在同类产品中“鹤立鸡群”，也是需要通过产品设计加以解决和实现的。因此，对高技术产品形式美的创造设计需要解决两方面的问题：一是要使其形式能与人亲和，便于人们的操作；二是创造出高科技感，产品的形式美与其内在品质一致，使消费者对产品内在品质产生信心。

（3）结构的创新　从广义的角度来看，结构是指事物的各个组成部分之间的有序搭配和排列。从产品设计的角度来看，结构指的是产品中各种材料的相互连接和作用方式。结构创新的目的就是更好地实现产品的功能，以及产品的信息传递，进而增加产品的价值。随着人们生活水平的提高，消费者在购买一款产品时除了注重产品的功能之外，也逐渐开始侧重于产品结构的设计。产品的结构是功能和形态设计的承担者，结构的存在本身就会对产品产生一定的影响。在产品设计中我们往往会见到同一类的产品，虽然它们的功能是一样的，但它们实现功能的结构却不相同。结构设计无时无刻不在进行着创新，这种创新是必要的，它为我们更好地使用这类产品带来了极大的便利。

（4）新的生活方式的创造　从市场的角度出发，为使产品能顺利进入市场，并占有相当的市场份额，企业应当关注目标市场上人们的需求，找出现有生活方式中存在的不合理因素，以及造成这种不合理的产品因素。人们的生活方式依赖于相应的社会物质条件，对产品的设计，实际上是通过产品对人的行为方式的设计，这将直接影响人们的日常生活。而这样的改变对人的行为产生的影响是好是坏，就关系到新技术及新产品能否被社会认同。这种对社会生活方式的正确调适不仅会增强公众的科技意识，而且对形成技术发展的社会驱动力，顺利实现技术的接受和控制也会起到有益的作用。反之，则会使新技术在社会公众的心中产生恶劣影响，人们也会产生社会认同的障碍。在技术成果的转化过程中，若没有充分考虑产品对社会生活方式的影响，新技术的消极作用很有可能远远大于它所解决的问题的积极作用。因此，技术成果的转化必须通过产品设计创造出与公众价值体系相吻合的生活方式，通过灌输和引导，达到新技术新产品被社会认同的目标。

【案例1】通过产品创新而取得成功的“苹果公司”

史蒂夫·乔布斯有句经典名言：领袖和跟风者的区别就在于是否创新。从苹果公司的发展历程来看，每一次的飞跃发展都是由创新带动的。截止到2018年8月2日，苹果公司的市值突破1万亿美元，超越了“微软”“亚马逊”等，成为美国历史上第一个市值达到万亿的公司。而苹果公司仅仅又花了两年时间，便突破市值2万亿美元，2020年7月31日，苹果公司超过了沙特阿拉伯国家石油公司，成为全球最有价值的上市公司。但是早在2003年初，苹果公司的市值也不过60亿美元左右，一家大公司，在短短7年之内，市值增加了40倍，更是只用了15年时间便达到万亿市值，可以说这是一个企业发展史上的奇迹。

在20世纪末，个人计算机开始普及时，全世界的计算机都是矩形的屏幕和灰色的外壳，全世界都像是一个管理严格的会计师事务所。苹果公司的管理层却从中发现商机，首次推出色彩丰富的iMac计算机，这种糖果色的计算机一经推出便引起强烈的社会反响和

市场反应，给计算机行业带来了巨大的冲击，同时也体现了敢为天下先的创新精神。iMac的登场让当时深陷困境中的苹果公司走上了正轨，从1997年的亏损8.78亿美元变成了1998年的赢利4.14亿美元。当年《时代》杂志授予iMac“最佳电脑”称号，iMac更是被评选为年度全球十大工业设计第三名。

在科技迅猛发展的21世纪，苹果公司依然以其超前的创新意识引领着电子科技产品的潮流。2000年初推出的iPod数码音乐播放器大获成功，配合其独家的iTunes网络付费音乐下载系统，一举击败索尼公司的Walkman系列成为全球占有率第一的便携式音乐播放器。iPod的流行也推动了MP3播放器的普及，苹果公司看准商机，将iPod和iTunes软件绑定，并建立Apple Store，进行音乐的付费下载，取得了巨大的成功，更加巩固了苹果公司在商业数字音乐市场不可动摇的地位。iMac计算机上统一预装了Mac操作系统，通过简洁美观的界面和极高的执行效率成功打入操作系统市场，改变了人们使用计算机的理念，赢得了人们的喜爱。2007年，苹果公司进军手机市场，推出iPhone手机，时尚的外观和强大的功能，以及新奇简洁的操作立刻对手机市场形成巨大的冲击，从而引起了智能手机的潮流。2008年，苹果公司推出的上网本计算机MacBook Air以其时尚而又轻薄的设计引起了此后的热潮。2009年，苹果公司再接再厉，推出平板电脑iPad，开拓出一个全新的电子产品市场。2016年，苹果公司自主研发的无线蓝牙耳机AirPods一经上市，就迅速成为市场上热销的爆款产品。在美国《福布斯》评选的2018年度全球最具创新能力企业排名中，苹果公司继续领跑“微软”“亚马逊”等一众企业排名第一，事实上从2005年开始，苹果公司就以其强大的数字化创新能力一直雄踞该榜单榜首。

苹果公司这种快速推出新产品的能力与其企业的设计思维和创新体系密不可分。早在2000年，史蒂夫·乔布斯就提出了“Think Different”（另类思考）的广告语，借此告诉人们，苹果公司产品的特点就是：永远追求卓越，不断超越自我，不断进取和创新。这种“苹果式”的创新包括技术创新、产品创新、工艺创新和商业模式创新。在以技术快速更新、产品周期不断缩短为主要特征的互联网行业竞争中，创新是支撑苹果公司常年保持竞争优势的动力源泉，更是苹果公司具备核心竞争力和旺盛生命力的体现。苹果公司在几十年间产生了许多划时代的创新，例如：缔造家庭计算机市场的苹果Ⅱ型计算机，在计算机里使用图像用户界面，鼠标的使用，用硬盘而非闪存来制做MP3播放器，重量仅为1.36kg的MacBook Air超薄计算机。以上种种，几乎让“苹果”成了创新的代名词。

“苹果式”的创新，使得苹果公司真正成为当今电子科技产品企业中的佼佼者。

弗朗西斯·培根曾说：“没有一个正确的方法，就如在黑夜中摸索行走。”好的方法将为人们展开更广阔的图景，使人们认识到更深层次的规律，从而能更有效地改造世界。

创新引导消费，同时创新也创造着市场，创新更丰富着设计学科本身。产品设计应该借鉴创造学原理，并结合产品设计，最终形成设计的创新原理。对于老产品，创新构思应从不满意之处着手改进；对于现有产品，创新构思应采用综合方法完善；而对于那些尚未产生的产品，应采用类比法、联想法和分析法进行，产品创新方法如图2-2所示。

创新本身就是一门不断发展的学科。产品设计的创新更加具有新思维、新形象和新方法，并不断进行开拓和创新。图2-2所列的产品创新方法还在不断丰富、开拓和增加，而不是一成不变的。下面简单介绍常见的创新类型和创新方法。

图 2-2　产品创新方法

2.1　产品创新类型

产品设计开发中的创新有两层含义：①对于公司而言是新的，在这个层面上，公司从来没有制造或销售过该类产品，但其他公司也许做过；②对于市场而言是新的，或是革新产品，该类产品第一次进入市场。实际上创新类型仍可进行细分。在《产品经理认证（NPDP）知识体系指南》中列出了4种不同类型或是不同级别的新产品。

2.1.1 原型创新

原型创新是当今设计实践活动的一种造物方式，是设计师履行生态、伦理、历史的设计责任使命的具体体现，就原型创新的整体工作而言，它主要包含发生阶段、构思阶段、表达阶段、评价阶段，各个阶段不是单独孤立的，而是互为联系、相互制约的。通过各个阶段的相互渗透、相互影响来为原型创新注入活力，从而实现适应需求、满足社会，并有意义地创造，最终彰显原型创新的最大价值。

2.1.2 全新产品的设计开发

这类新产品是其同类产品的第一款，并创造了全新的市场。此类产品只占新产品的10%，如图2-3所示的方太水槽式洗碗机。水槽洗碗机是用来满足用户厨房清洗操作需求的，它不仅是一台洗碗机，而是承担了洗碗机、果蔬机、水槽三类产品功能的全新品类。水槽洗碗机是方太公司的创新产品，自2015年上市销售后，在厨房电器产品领域产生的影响非同小可。

2.1.3 新产品线的开发

这些产品对市场而言并不新鲜，但对于有些厂家而言是新的。厂家凭借这类产品初次进入一个久已建立的市场，例如，能量饮料，其概念源自日本。1962年，Taisho公司推出了力保健（Lipovitan D）能量汽水饮料。之后市场中更是出现了“红牛”“魔爪”等诸多能量饮料的品牌。近年来，可口可乐公司正在快速向全品类饮料公司转型，而能量饮料作为一个在全球市场快速增长的饮料种类，自然也吸引着这家饮料巨头公司。2019年4月，可口可乐公司推出了“可口可乐能量饮料”（图2-4），并举行了大规模市场宣传活动。这款新品的发布，体现了可口可乐的策略，旨在为消费者提供适用于不同场景和生活方式的饮料。随着消费者越来越意识到含糖饮料对身体的影响，可口可乐公司便开始想办法延伸品类，生产为消费者带来更多健康和功能性益处的产品。

图2-3 方太水槽式洗碗机

图2-4 可口可乐能量饮料

2.1.4 改良型产品创新

改良型产品开发设计是对现有产品的优化和改进。产品进入市场后，都会在一定程度

上暴露出缺点。改良性设计的任务就是及时地发现并修正这些缺点，以使产品更符合市场需求，增强产品的市场竞争力。

为适应产品市场变化，要求在制定产品设计开发内容时，尽可能地考虑目前正在设计开发的产品在今后改良的可能性。例如，设计者可以从以下 8 个方面来考虑：

1）材料结构——与产品相关的各种材料。

2）外观造型——产品的款式设计。

3）总体布局——产品的结构设计。

4）肌理色彩——产品的质感及色彩设计。

5）组合功能——产品的使用方式。

6）包装设计——产品的包装箱设计。

7）技术要求——生产技术及制造工程。

8）生命周期——维修、存放及回收方面。

改良型产品设计的一般方法是：分析现有产品存在的缺点，在这个过程中，经常采用“产品部件部位效果分析”的方法进行分析，该方法通过对产品各部位或部件的分别考察，清晰地、系统地了解产品各方面存在的缺点，该法主要从使用者、使用环境和使用方式等几个方面对产品进行分析。

1. 对已有产品的补充

该类新产品属于工厂已有的产品系列的一部分。但对市场而言，它们也许是新产品。惠普公司曾介绍它的一款适于家庭计算机使用的激光打印机 HP LaserJet 7P，该打印机具有结构紧凑、相对便宜的特点，该款激光打印机是惠普激光打印机中的新款，以体积小且价格低廉在市场上独树一帜。此类产品是新产品类型中占比较多的一类，约占所推出新产品的 26%。

2. 对现有产品的改进

该类产品从本质上说是企业老产品品种的替代产品。其性能相较于老产品有所改进，可以提供更多的内在价值。该类新改进的产品占推出新产品的 26%。例如，肯纳金属（Kennametal）是一家世界知名的耐磨刀具制造商，提供钻头（图 2-5）之类的产品。与此同时，该企业还对其产品进行不断地改进，以满足顾客不断变化的需求，对抗同行的竞争。

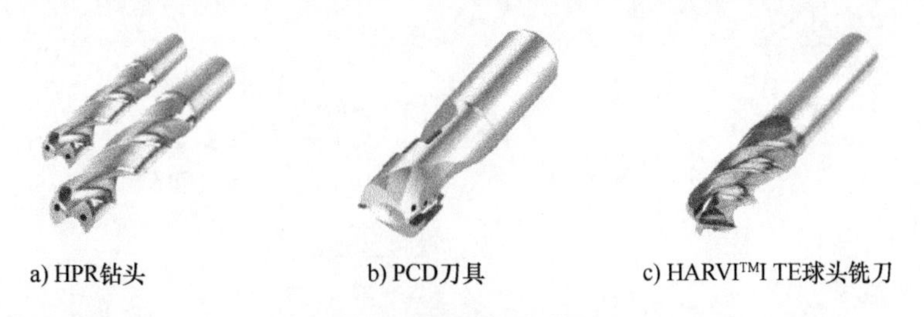

a) HPR钻头　　b) PCD刀具　　c) HARVI™I TE球头铣刀

图 2-5　肯纳金属刀具钻头

3. 重新定位的产品

该类产品适于老产品在新领域中拓宽应用，可以重新定位于一个新市场，或应用于一个不同的领域。麦当劳面临的更大困扰就是“品牌老化”的问题。受销售额下滑困扰的麦当劳为打造新产品品牌、制定新营销策略产生了一个新的营销主题——“我就喜欢”。“我就喜欢”把目标顾客定在了麦当劳流失得更快、公司更需要抓住的年轻一族，所有产品品牌主题都围绕着“酷”“自己做主”“我行我素”等年轻人推崇的理念。

4. 降低成本的产品

该类产品基本不能被称为新产品。它们被设计出来替代老产品，在性能和效用上没有

改变，只是通过改变生产技术、营销策略等方式降低了成本。从市场的角度来看，它们并不算新产品。但从设计和产品角度看，它们给公司带来了显著效益。此类产品占新产品的11%。

新产品分类如图2-6所示。

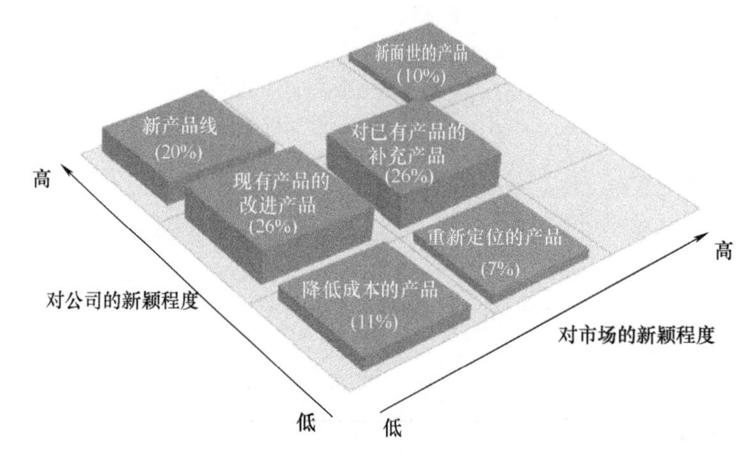

图2-6 新产品分类

产品要想获得成功，就必须让消费者迅速认为该产品是“有用的、好用的和希望拥有的”，这关键就在于产品拥有良好的功能和造型。

【案例2】插座的改良型创新

传统插座如图2-7 a）所示，存在插孔凌乱拥挤、利用率低、电线杂乱等问题，后来荷兰设计师经过改良设计，发明了如图2-7 b）所示的阿乐乐可魔方插座，它合理利用了空间，借助立方体的不同面，能避免不同尺寸的充电设备相互冲突，解决了同一平面上插座凌乱与拥挤的问题，更节省空间。

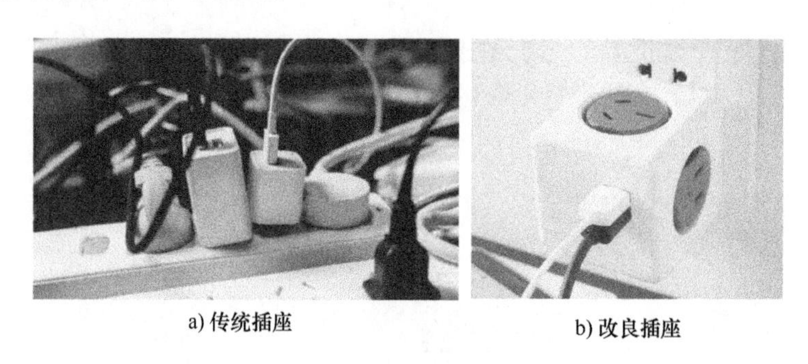

a) 传统插座　　b) 改良插座

图2-7 插座的改良型创新

【案例3】索尼蓝牙耳机的发展

21世纪后，随着智能手机的普及，耳机行业也迎来了重大的变革，各大电子厂商纷纷看准了人们对于时尚电子产品的购买欲望这一点，将无线蓝牙、降噪、生物膜等越来越多的技术投入耳机的研发中，迄今为止，索尼公司生产过非常多的经典耳机（图2-8），近年来推出的耳机中也都体现了索尼的“黑科技”。

在IFA（International Funkausstellung）2015展会上，索尼公司推出了以绚丽配色、时尚外观及无损音质为主打元素的h. ear系列音频产品线，系列一经发布后受到了不少青少年朋友的喜爱。在此之后索尼公司又趁热打铁，在CES（International Consumer Electronics Show）2016展会上为h. ear系列新增3种产品（图2-9），分别为h. ear in Wireless MDR-

EX750BT 无线耳机、h. ear on Wireless NC MDR-100ABN 头戴式耳机以及 h. ear go SRS-HG1 蓝牙音箱，这 3 种产品迅速抢占了蓝牙耳机、音箱市场。

图 2-8　索尼降噪耳机（见彩插）

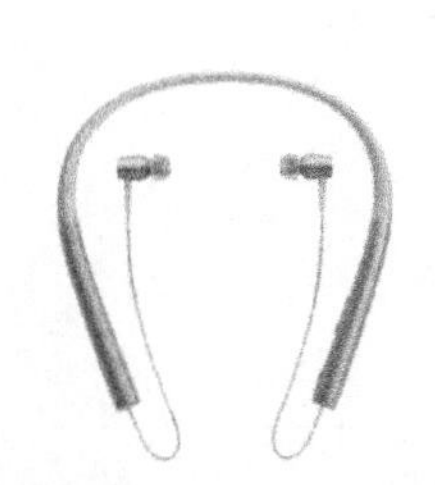

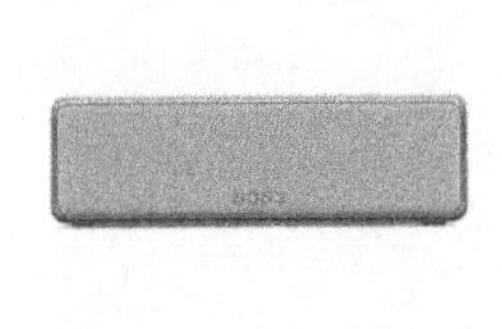

图 2-9　h. ear 系列产品

h. ear in Wireless MDR-EX750BT 无线耳机采用了时下极为流行的绕颈式设计，电池与主要电路结构、音量调整与接听键均被放置在颈环上，方便用户接听电话、控制音量及切换音乐，索尼公司还为其加入自家独有的高音质无线传输技术 LDAC 以及 NFC 快速连接功能，搭配使用同样具备 LDAC 功能的 Walkman 播放器或是 Xperia 手机时，可实现无线 Hi-Res 的收听；h. ear on Wireless NC MDR-100ABN 头戴式耳机则属于之前推出的 MDR-100AAP 头戴式耳机的无线版，其保持了简洁流畅的极简机身造型及绚丽多彩的配色，并在此基础之上将连接方式由原来的有线连接改为了无线蓝牙连接，让用户使用起来更加轻松，携带也更加方便，此外该耳机还增添了主动降噪的功能，用户将享受到更优质的听觉体验。除此之外，索尼公司也没有顾此失彼，同样也为 MDR-100ABN 头戴式耳机采用了高音质无线传输技术 LDAC 以及 NFC 快速连接功能。

2018 年，索尼公司又推出了索尼无线耳机 Xperia Ear Duo（图 2-10），索尼公司凭此款产品将当年的红点设计大奖收入囊中。在无线降噪耳机竞争激烈的市场环境下，索尼公司运用了逆向思维，对经典的圈铁耳机进行了重塑。耳机机身采用了具有金属质感的塑料，轻便的塑料有助于提升耳机的佩戴舒适度，耳机上面的手势控制触摸板则采用银色镜面塑料。由于优秀的人机工程学设计和轻质的机身，在正确佩戴后，Xperia Ear Duo 的舒适度和牢固性都非常值得称赞，用户长时间佩戴耳朵也毫无压力。与此同时，索尼公司也为这款耳机配备了独立的应用程序。

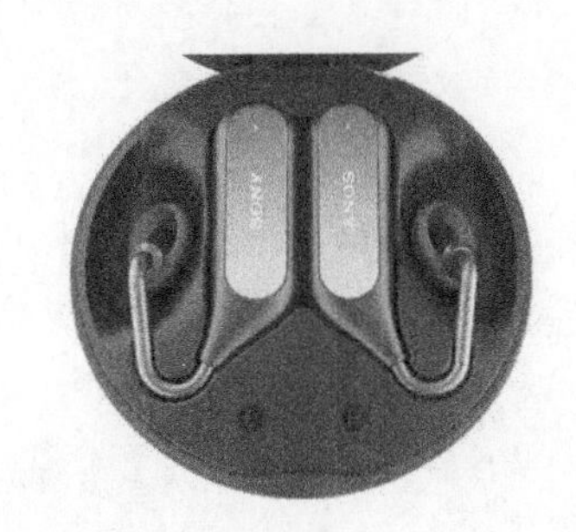

图 2-10　索尼无线耳机 Xperia Ear Duo

【案例 4】键盘改良设计

对于学生、游戏玩家、打字员、网吧用户，以及大量从事文字工作的个人用户而言，选择一款手感舒适、设计精美、坚固耐用且价格便宜的键盘并非易事。充斥于市面的很多键盘价格确实很便宜，但其劣质粗糙的做工和极不合理的工程设计，会导致在高频率使用情况下短时间内造成机件损坏的情况发生，更严重的甚至会造成使用者身体上的劳累损害。很多知名的键盘生产厂家都敏锐地注意到了这个问题，因此便加大了自身在中低端键盘产品上的研发投入。

Sculpt 人体工学键盘是微软推出的一款键盘，它基于人体工程学的原理并进行设计，这种设计能够方便用户输入，让他们用最舒服的姿势打字。另外，其前部所采用的有弧度的设计，可以在打字的时候让双手的手肘处于最舒服的姿势，以减少长时间打字带来的手部劳损，如图 2-11 所示。

Adobe 键盘是 Adobe Creative Suite 的设计师们设计的一款键盘，从图中也不难猜测出这是一款为设计师量身定制的键盘，目的就是节省在 Adobe 各个软件之间切换的时间，让设计师将更多的精力放在设计上。键盘上的四个背光按键可以帮助用户快速地在不同软件中切换，同时该键盘还支持多种快捷键组合，并具有精准调整数值的功能，如图 2-12 所示。

图 2-11　Sculpt 人体工学键盘（见彩插）

图 2-12　Adobe 键盘

Model-01 键盘（图 2-13）打破了键盘是一个整体产品的思维，这款键盘分为两个部分，并遵循人体工学的原理进行设计，其每个按键的分布不同于传统键盘，而是完全按照我们日常打字时候手指和手肘所在的位置和角度所设计的。但唯一不方便的是它需要两个手分开操作，需要用户花一段时间去适应。

图 2-14 所示的这款小巧轻薄的微软通用可折叠键盘是一款支持移动设备操作的键盘，该键盘可支持 Windows 平板、Windows 手机、iPad、iPhone 及 Android 设备，具有可折叠、超薄、轻便的特点，支持蓝牙 4.0 等功能，可快速连接移动设备。此键盘采用全尺寸键盘设计，包括数字键、方向键等。

图 2-13　Model-01 键盘

图 2-14　微软通用可折叠键盘

Logitech 平板键盘（图 2-15）是专为平板电脑设计的一款专用键盘，它可以让平板电脑瞬间变成笔记本电脑。它采用非常简单的设计，并没有多余的装饰，可完全适应并满足平板电脑用户的需求。该键盘通过蓝牙与平板电脑进行连接，连接之后将平板电脑放在插槽内即可使用。

Magic Cube 无线激光虚拟投影键盘（图 2-16）的造型与普通键盘完全不同，它的键盘造型为一个较方正的圆角长方体，小巧的造型，让即便是为便携设计的平板电脑键盘也望尘莫及。设备采用透明亚克力板箱进行包装，用户可以直接透过箱体上半部看到内部。它可以投影的最大三维尺寸为 75mm×38mm×30mm，用户只需轻松地在这个由红外线描绘的图像中敲击所需的字符按键，就可以一边享受高科技带来的愉悦，一边进行内容的录入。这款键盘除了可以支持 Windows 和 Mac 操作系统外，还支持安卓、IOS 等移动系统。

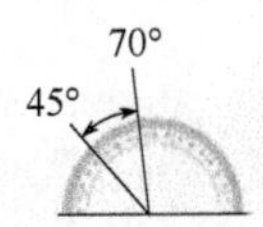

图 2-15　Logitech 平板键盘

Delux Designer 设计师键盘（图 2-17）采用特殊的 29 键配列，平直排布，按键预设功能有别于一般键盘，其顶部为四个模式切换按键，主键区可实现常规数字或自定义按键的输入操作，同时保留了常用的 Esc、Tab、Shift、Ctrl、Fn、Alt、Del、Enter 和空格键。其中，大拇指区增加大尺寸旋钮，采用金属材质外壳，搭配高光切边细节，且同样具备白光灯效。旋钮无法进行直接下压操作，必须通过中部的小圆键进行点击。得益于按键自定义功能，Delux Designer 单手机械键盘应用场景可以非常广泛，同时，旋钮按键的加入，在同类单手机械键盘中是很少见的，因其预设功能针对性强，所以备受图像设计师的青睐。

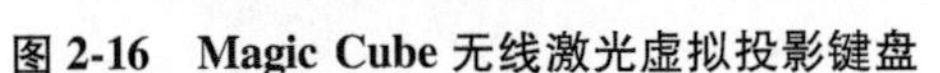

图 2-16　Magic Cube 无线激光虚拟投影键盘　　图 2-17　Delux Designer 设计师键盘（见彩插）

【案例 5】格兰仕微波炉改良设计

据了解，要使航天微波炉符合火箭发射与太空工作的要求，需要对其结构与核心部件进行重新设计和研发，最终做到在火箭发射升空过程中能够承受得住过载与高频振荡，此外航天微波炉还要做到快速加热、均匀烹饪，并且有严格的尺寸、质量和功耗限制。经过一次次对工程样机的严苛测试与改良，格兰仕航天微波炉项目团队逐渐摸清了研发思路，确定了改进方向。新推出的这款航天微波炉通过搭载特种磁控管、变频微波电源，采用紧固件、一体成型等创新工艺，可在火箭升空过程中承受过载与高频振荡，产品自身的体积、重量、功耗均达标，并且能效水平达到超一级，如图 2-18 所示。

实用化航天微波炉的创举对格兰仕而言既是一次尖端技术的突破，又是一次角度独特的跨界体验，参与航天项目的经验赋予格兰仕独特的视野，从而使其从航天微波炉的技术中提炼出多种代表未来“宇宙厨房”的概念。

DR 空气炸微波炉（图 2-19）是格兰仕立足其航天微波炉等新兴科技成果推出的太空

“黑科技”新品，承袭了航天微波炉“七分钟三人餐”的技术。其内部搭载了自主研发的磁控管及第四代变频器，可实现五档变频火力，精准匹配不同食材。在变频微波功能的基础上，它还增加了空气炸和立体烤的功能，不仅可以微波加热、烘焙、烘炸等，还可以烧烤各种美食，用户用一台机器即可解决三餐烹饪问题，能够满足各种人群的多元化烹饪需求。

图 2-18 航天微波炉

图 2-19 DR 空气炸微波炉

总体而言，创造性产品开发设计是一种针对人的潜在需求的设计。人生活的外部世界一直在不断地变化，在这样的环境下，人的需求也不是一成不变的，产品设计则更是在人的潜在需求不断被发掘和满足的过程中前进和发展的。新的技术、新的材料为产品的设计提供了更多的可能性，对人的需求的满足也就具备了更多可能的形式。在市场环境中，设计师如果能敏锐地觉察到某一群体的潜在需求，并通过具备合理和美的形式的产品予以满足，则会给企业带来更强的竞争力和更多的利润。

创造性产品设计一般来讲，有以下 3 种思路：

1）从分析使用者的需求入手，提出满足需求的若干方案，并对该产品提案的市场前景、投资回报率、技术可行性进行反复论证，最终选出最优方案。

2）以新技术的应用为出发点，考虑当前科学技术的新成果在产品中应用的可能性，使产品通过新的技术来满足人的需求，这些技术不仅包括实用新技术，而且包括高精尖的新技术和老技术的新用途等。

3）以新材料的应用为出发点，研究材料应用的新的可能性。不同的材料其特性有很多不同，具体体现在物理属性（如硬度、强度、磁性、黏性、绝缘性等）、化学属性（如耐高温、耐蚀性等）、质感、价格等方面。综合考虑不同材料的各项特性，并在设计中加以合理应用，便可以生成创造性的产品。

2.2 创造性思维

创造性思维活动是一种具有开创意义的思维活动，即开拓人类认识新领域，开创人类认识新成果的思维活动，它往往表现为发明新技术、形成新观念、提出新方案和决策，以及创建新理论。创造性思维是设计创造力的源泉，也是设计人才所需要具备的最重要的素质。

创新是企业家通过创造新的资源从而生产财富，或是重新组合已有资源，使这些旧的资源具有生产更多财富的潜力的方式。创造性思维的本质则是指突破传统思维习惯，运用非常规的方法或独特的视角来思考问题，提出与众不同的、有效的解决方案。对企业而言，创造性思维是企业发展的灵魂，也是企业获得竞争优势的推动力。创造性思维具有独创性、差异性、探索性和风险性等特点。

2.2.1　创造性思维的形式

产品设计是一个创新的过程，任何创新都是基于一定的创造性思维。一般认为，创造性思维具体表现为逻辑思维和非逻辑思维两种类型。

1. 逻辑思维

逻辑思维又被称为抽象思维，是认识过程中用反映事物共同属性和本质属性的概念作为基本思维形式，在概念的基础上进行判断、推理、反映现实的一种思维方式。

抽象思维中常用的方法主要有归纳和演绎、分析和综合、抽象和具体等。

1）归纳是指从特殊、个别事实推向一般概念、原理的方法。演绎则是由一般概念、原理推出特殊、个别结论的方法。

2）分析是在思想中把事物分解成各个属性、部分、方面，并分别加以研究。综合则是在头脑中把事物的各个属性、部分、方面结合成整体进行考虑。

3）抽象是指由感性具体到理性抽象的方法。具体则是指由理性抽象到感性具体的方法。

2. 非逻辑思维

这种思维包括联想、形象、灵感和顿悟等多种方式。直觉思维是对思维对象在一定程度的理性认识基础上的联想和组合。在大多数创造性思维的过程中，逻辑思维与非逻辑思维是共同发挥作用的。

创造性思维的活动过程一般包括酝酿期、豁朗期及验证期。其中酝酿期，主要依靠分析、综合、归纳、演绎、比较、外推、类比等逻辑思维，旨在对复杂的创新思维信息进行选择和整合。在豁朗期阶段，主要依靠想象、灵感、直觉及顿悟等非逻辑思维，对创造性思维目标进行突破。突破既是对旧的观念、理论与方法、手段之局限性的突破，也是对当前事物运动固定程序的突破。最后的验证期是创新的实现阶段，也是选择与突破的最终目标和归宿。

2.2.2　创造性思维的特征

创造性思维具有以下 5 个特征：

1. 独创性

独创性是创造性思维的基本特点。创造性思维活动是新颖的、独特的思维过程，它打破传统和习惯，不按部就班，对常规事物持以怀疑态度，否定原有的条条框框，锐意改革，勇于创新。在创造性思维过程中，人的思维积极活跃，能从与众不同的新角度提出问题，探索开拓别人没有认识或者没有被完全认识的新领域，以独到的见解分析问题，用新的途径、方法解决问题，善于提出新的假说、想象出新的形象，从而在思维过程中做到独辟蹊径、标新立异、革新首创。

例如，在世界科学史上具有非凡影响和重大意义的控制论的诞生，就体现了数学家诺伯特·维纳创造性思维的独创性。古典概念认为世界由物质和能量组成，而诺伯特·维纳则大胆提出新观点、新理论，认为世界是由能量、物质和信息这三种成分组成。尽管一开始他的理论受到许多人的指责，但是诺伯特·维纳的着眼点是对旧理论的突破，体现了新理论的高度和战略意义，而不在于对旧理论的修修补补。正是这种独创性，使诺伯特·维纳创立了具有非凡生命力的新学科——“控制论”。

在产品创新史上，任何一种独创产品诞生的背后都有一段艰辛的奋斗创造过程，大到宇宙飞船、航天飞机等，小到计算机、电话等电子产品，都离不开创造性思维。

2. 联动性

创造性思维具有由此思彼的联动性，这也是创造性思维所具有的重要的思维能力。联动方向有以下 3 种：

1）纵向，发现一种现象，就向纵深思考，探究其产生原因。

2）逆向，发现一种现象，则想到它的反面。

3）横向，发现一种现象，能联想到与其相似或相关的事物。

总之，创造性思维的联动性表现为由浅入深、由小及大、推己及人、触类旁通、举一反三，从而获得新的认识、新的发现，由此，可以运筹帷幄、决胜千里。

此外，例如，美国工程师斯潘塞在做雷达起振实验时，发现口袋里的巧克力融化了，原来是雷达电波造成的。由此，他联想到用它来加热食品，进而发明了微波炉。再如鲁班由于被茅草细齿拉破而想到用铁片锉出细齿造锯伐木，以及鲁班由妻子的翻头鞋想到造木船等，都体现了创造性思维的联动性。

3. 多向性

创造性思维思路开阔，善于从全方位提出问题，不受传统、单一思想观念的限制，能提出较多的设想和答案，选择面宽广。正所谓眼观六路、耳听八方，思路若受阻，遇到难题时，利用创造性思维能灵活变换某种因素，从新角度去思考，从一个思路跳到另一个思路，从一个意境进入另一个意境，并善于巧妙地转变思维方向，随机应变，产生适合时宜的新办法。创造性思维不墨守成规，不拘泥于一种模式，而是多方位地设想，善于寻优，选择最佳方案，机动灵活，可富有成效地解决问题。

爱因斯坦曾经说过："像我们这种工作需要注意两点，毫不疲倦的坚持性和随时准备抛弃我们为之花费了许多时间和劳动的任何东西。"创造性思维就是善于变化思路，不钻死胡同，机敏多变，适应形势，善于把握时机，思维受阻时能够灵活巧妙地转变方向，另辟路径，创造奇迹，即所谓"山重水复疑无路，柳暗花明又一村"。

例如，1945 年，美国有一家小工厂，厂长威尔逊获得了新式复印机的专利，于是便组织塞罗克斯公司生产。威尔逊给产品的定价故意超过国家法律许可范围，于是被禁止出售。人们不解其意。威尔逊揭示自己的决策：我的意思不是卖商品，而是开展复印服务。威尔逊的思维灵活善变，不是简单地卖复印机挣钱，而是生产复印机、发展服务业务挣更多的钱，他变换方式后，获利大大增加。这里体现了威尔逊创造性思维的多向性。大凡有作为的智者，往往具备多向性的优良思维品质，威尔逊思路开阔，善于奇思妙想，弃旧图新，最终获得了更大的胜利。

4. 跨越性

创造性思维的思维进程具有很明显的跳跃性，省略思维步骤，思维跨度较大。产品创新设计的过程中，经常会在其他行业、其他产品中得到灵感，或从别人不经意的一句话、一个动作得到启示，从而设计出出色的产品。Walkman 的发明者就是因为看到年轻人拎着体积庞大的放音机走在大街上，而发明了风靡世界的随身听。

5. 综合性

创造性思维能把大量的观察材料、事实概念综合在一起，进行概括、整理，最终形成科学的概念和体系。创造性思维能对已有的材料加以深入分析，把握其个性特点，再从中归纳出事物的规律。创造性思维善于选取智慧宝库中的精华，并巧妙地进行结合，获得新成果。这就是所谓"由综合而创造"的过程。

当今世界日新月异，每时每刻都有新事物出现，要想立于不败之地，就必须修炼创造性思维。

【案例 6】靠创造性思维取得成功的伊利集团

伊利集团作为中国乳业发展模式创新的领军者，创立并构建了“奶牛合作社”的核心内容及模式，那便是：建立牧场园区，免费让奶牛养殖户进驻饲养奶牛，同时提供饲料的配给、技术咨询、资金协调、病疫防治等服务，最终负责统一收奶、统一检制、统一交售；同时，伊利还和奶牛养殖户签订了保障合同，确保即使出现市场奶价暴跌的状况，也会以保护价来收购牛奶。因此，不但农业产业化经营在“奶牛合作社”当中得到了切实体现，而且依靠其完备的共赢模式，“奶牛合作社”带动农民脱贫致富的成效也非常显著。

在奶源基地的创新建设上，伊利集团实施了“三步走”的策略。20 世纪 90 年代，伊利集团在中国乳品行业首创“公司+奶牛养殖户”的奶源基地模式，使伊利集团与百万奶牛养殖户形成相互依托、同呼吸、共命运的鱼水关系。随着奶牛养殖业规模的不断扩大和中国乳业的快速发展，伊利集团于 2000 年创新基地建设新模式，实行“公司+牧场小区+奶牛养殖户”的养殖模式；2005 年顺应发展趋势，伊利集团又在行业内率先实行“公司+规范化牧场园区”的养殖模式。2006 年，伊利集团又提出了“四步走”的发展模式，即建立由奶牛养殖户、政府职能部门、奶站经营者等组成的“奶牛合作社”，从而进一步打通奶牛养殖户与企业之间的沟通渠道，保证高品质奶源的稳定供应。

依靠创新驱动，伊利集团经营业绩实现了行业领先，成就高端品质，也获得了消费者的一致认可。根据凯度消费者指数，2018 年伊利集团蝉联中国市场消费者首选十大品牌榜首，再度领跑中国快消品市场。2018 年财报数据显示，伊利集团实现营业总收入近 800 亿元，比上年实现百亿级增长（115 亿元），创历年最大增幅，实现净利润 64.52 亿元，同期增长 10.32%，再创亚洲乳业新高。“奶牛合作社”的成功和推广不但持续惠及数以万计的奶牛养殖户，同时为伊利集团的成长注入强大的动力，而且成为乳业推动新农村建设的实践典范，被越来越多的奶牛养殖户接受和推广。

“开放式创新”模式作为创新引擎所产生的全新动能，正在深刻改变着消费者的生活方式和消费模式，推动整个产业向着中高端、高质量发展。展望未来，伊利集团的开放式创新，值得我们更多的期待。

2.3　创新方法

创新过程是一个多重因素相互作用的非线性过程，创新方法的研究，是研究创新过程中有没有逻辑顺序、规则、方法，以及有什么样的逻辑顺序、规则与方法为宗旨的哲学研究。创新是产品设计开发的灵魂，更关系着产品项目开发的成功与否，下面将介绍在产品设计开发中常用的 10 种创新方法。

2.3.1　头脑风暴法

头脑风暴法是由美国 BBDO 广告公司的亚历克斯·奥斯本博士首先提出的一种创新方法，在启发创意方面比较有效。

1. 基本内容

针对要解决的问题，召集 6~12 人举行小型会议，与会者按一定的步骤和要求，在轻松融洽的气氛中敞开思想、各抒己见、自由联想、互相激励和启发，使创造性思想的火花产生碰撞，引起连锁反应，从而促使大量新设想的产生。

2. 两条基本原则

为达到以上目标，亚历克斯·奥斯本的头脑风暴法制定了如下两条基本原则：

（1）延缓判断　要求与会者自由地表达任何可能想到的想法，不怕标新立异，不用担心会遭到任何批评，在会上对意见既不进行评论也不进行批判。因为评判虽可完善想法，但却不利于与会者自由地发表意见。

（2）数量孕育着质量　亚历克斯·奥斯本认为，只有收集到大量的设想才能获得有价值的新设想，因此设想的数量越多越好。

3. 会议规则

根据这两条基本原则，头脑风暴法规定了几条会议规则，通常需要在正式开会前宣布。

1）禁止一切批评，即使有人提出了幼稚的想法，也不允许在会议上批评他人。

2）鼓励随心所欲，提倡独立思考，畅所欲言。

3）追求数量，以会议主题为中心，提出的设想多多益善，会议的最终成效按会议提出设想的多寡来判断。

4）追求综合性的改进，应鼓励每个与会者都倾听他人意见，以便使设想尽量达到开发或应用的程度；与会人员不分老幼，不分上级和下级，一视同仁。

5）不允许私下交谈和代人发言。

该类会议参加人员一般不超过 12 人，会议时间不超过 1h，议题应明确单纯，如碰到复杂的问题，应先进行分解，然后逐个地对每个级别的问题分别召开会议。

亚历克斯·奥斯本的头脑风暴法虽然能形成自由探讨、相互激励的局面，但也有其局限性。例如，设想的数量多并不一定就意味着质量好；由于个性的原因，一些创造力强但不善表达或喜欢沉思的人，难以在会上有所表现；会上表现力强的人，很有可能会干扰和影响到他人的设想等。

4. 改进形式

（1）头脑风暴循环　此法的核心在于强调谈话要有顺序，以便构成循环，使每个人在循环中扩展或修改前面人提出的设想。这样会促使会议以更有秩序的形式开展并使所有的参加者平等地发表意见。

（2）逆向头脑风暴　此法集中考虑产品所存在的弱点或问题，而不是解决问题和改进问题。讨论的重点在于发现产品的弱点或问题，然后再消除弱点或解决问题。

（3）设想建设法　此法要求与会者只能针对先前提出的设想进行扩展和深入，提出建设性的意见，进一步完善设想。

（4）查找漏洞法　这是一种反对延缓判断，鼓励即时批评的方法，要求每个参加会议的人都要找出前面设想中存在的错误，表达己见。

头脑风暴法的重点是积极思考、互相启发、集思广益。头脑风暴法应尽可能地发挥集体的智慧，这样才能有效地避免个人思维的局限性，并最终创造出新思维。

2.3.2　5W2H 法

5W2H 法也被称为设问法，是根据 7 个疑问词从不同角度检讨创新思路的设计思维方法。这种思维方法源于美国陆军最早提出和使用的 5W1H 法，从什么（What）、何时（When）、何地（Where）、何人（Who）、为什么（Why）、如何（How）这几个方面提出问题，考察研究对象，从而形成创造性的设想或方案。其宗旨是：归纳问题、抓住本质，包括客体本质（What），存在的时间形式（When），空间形式（Where），主体本

质（Who），存在的原因（Why），影响的程度（How）等。此后经总结和改进，将How分解成How to和How much，最终演变为如今的5W2H法。

设问法是实现设计预想目标的途径，其目的在于激发思维，形成解决问题的方案。设计工作不仅要求设计师有较强的创意表达和形象表达能力，还要求设计师能将现代科技与艺术结合，从而做出种种思考与探索，综合与设计相关的各种知识，从而激发创造力。在使用创新设问法时，不一定要深究其理论渊源，但要对它的基本原理、操作方法与步骤有明确的认识。

5W2H法作为一种常用的设问法，由以下7个具体问题组成：

（1）What　明确基本性质：是什么、做什么、条件是什么、重点是什么、目的是什么等。

（2）When　明确时间的条件与限制：何时开始、何时完成、何时最佳、何时停止，如新产品投入市场的时机。对于快速消费产品而言，其具有投产快、周期灵活、设计翻新周期短的特点，而汽车等产品则需要的时间更长一些。

（3）Where　明确空间的条件与限制：何地、从何处着手。要考虑不同国家、地区的人文、历史、风土人情、气候条件等因素。

（4）Who　明确对象因素：由谁承担、为谁决策、对谁有利等。

（5）Why　明确理由与前提：为什么这样做等。

（6）How to　明确方案因素：怎样实施、怎样提高、如何完成。明确了5W的要点以后，采用什么方法就显得至关重要。设计师要勇于打破常规的思维模式，敢于创造。

（7）How much　明确数量概念：成本、利润将达到什么水平，成效、遗留问题、成功可能性的量化分析等。

2.3.3 缺点列举法

任何产品在进入市场后都会暴露出一定的缺点，通过调查可以得到确切的有关同类产品的缺点。缺点列举法就是找出所有事物的缺点，将其一一列举出来，如不方便、不省力、不节能、不美观、不耐用、不轻巧、不省料、不安全、不省时、不便宜、寿命短等，然后再从中选出最容易下手、最有经济价值的对象作为创新主题。如果按照该法进行新产品的设计开发，就可以避免以往产品的缺点，从而获得比先前产品更好的适用性及更强的市场竞争力。

1. 缺点列举法的两个阶段

（1）列举缺点阶段　这是缺点列举法的第一个阶段，即召开会议，启发大家找出所需分析对象的缺点，如探讨技术政策的改进问题。会议主持者应就以下几个问题启发大家：现行政策有哪些不完善之处？哪些方面不利于科学技术进步和科技转化为生产力？科技劳动人员积极性不高与现行的技术政策有关吗？寻找事物的缺点是很重要的一步，缺点找到了，就等于在改进问题的道路上走了一半。

（2）探讨改进政策方案阶段　在这一阶段，会议主持者应启发大家思考存在上述缺点的原因，然后根据原因找到解决的办法。会议结束后，应按照“缺点”“原因”“解决办法”“新方案”等项列成简明的表格，以供下次会议或撰写政策分析报告用，也可从中选择最佳政策方案。

2. 缺点列举法的具体做法

召开一次缺点列举会，由5~10人参加，会前先由主管部门针对某项事务，选出一个需要改革的主题，然后在会上围绕这一主题，发动与会者尽量列举各种缺点，缺点越多越好，另请人将提出的缺点逐一编号，记录在小卡片上，然后从中挑选出主要的缺点，并围

绕这些缺点制定出切实可行的改进方案。一次会议的时间为1~2h，会议讨论的主题宜小不宜大，即使是大的主题，也要分成若干个小主题，分次解决，这样就能很大程度地保证原有的缺点不致被遗漏。

3. 缺点列举法的应用

缺点列举法的应用面非常广泛，它不仅有助于改进某些具体产品，解决属于“物”一类的硬技术问题，而且还可以应用于企业管理中，解决属于“事”一类的软技术问题。

2.3.4 仿生法

仿生学是从生物学衍生出的一门新学科。仿生法最早是由美国国家航空航天局提出的“从生物界的原理和系统中捕捉设计发明灵感”的类比构想法。仿生学是指模仿生物建造技术装置的科学，它是在20世纪中期才出现的一门新的边缘科学。仿生学研究生物体的结构、功能和工作原理，并将这些原理移植于工程技术之中，从而发明性能优越的仪器、装置和机器，还可用于创造新技术。从仿生学的诞生、发展，到现在短短几十年的时间内，它的研究成果已经非常可观。仿生学的问世开辟了独特的技术发展道路，它大大开阔了人们的眼界，显示出了极强的生命力。

仿生设计主要是运用艺术与科学相结合的思维与方法，从人性化的角度，不仅在物质上，更是在精神上追求传统与现代、自然与人类、艺术与技术、主观与客观、个体与大众等多元化的设计融合与创新，体现辩证、唯物的共生美学观。仿生学从仿生角度分为原理仿生和造型仿生两大类。

1. 原理仿生

原理仿生是指根据生物界生物的内在原理创造出新事物的设计方法。例如，早在20世纪40年代，人们根据对萤火虫的研究创造了荧光灯，使人类的照明光源发生了很大变化。近年来，针对萤火虫的研究中，科学家先是从萤火虫的发光器中分离出了纯荧光素，后来又分离出了荧光酶，接着又用化学方法人工合成了荧光素。由荧光素、荧光酶、ATP（三磷酸腺苷）和水混合而成的生物光源，可在充满爆炸性瓦斯的矿井中充当闪光灯。由于这种光没有电源，不会产生磁场，因而可以在生物光源的照明下，做清除磁性水雷等工作。

解剖学研究表明：动物或人的皮肤是具有多功能结构的典型智能生物材料之一，其具有可弯曲变形、调节温度、防水、阻止化学物质和细菌进入及自修复等功能，是复杂的层状组织。人们从中受到了启发，在一些高层建筑上，应用恰当的装饰材料，将风、光等对建筑产生负面影响的能量，转化为高层建筑环境所需能量的一部分，化害为利，变废为宝，创造出更富有活力的生存与行为环境，与此同时还能满足节能的要求。例如，比利时首都布鲁塞尔马蒂尼大厦的建筑师和工程师，通过模仿变色蜥蜴的皮肤对环境能做出反应的特点，在建筑外加装一层遮阳百叶作为双层皮，并将通风管道置于双层皮中。这种结构夏天可阻挡阳光，减少冷气负荷，冬天双层皮又可用作日光采集器，实现加热空气、预热空调的功能。这样既达到了装饰的目的，又实现了节能的要求，可谓是一举多得。

2. 造型仿生

造型仿生是指根据生物界生物的外形创造出新事物的设计方法，图2-20所展示的这款ROBO-SHARK潜水器就是根据鲨鱼的三关节尾鳍外形设计而来的，它的这种造型结构有利于完成多样化的水下任务。近年来，随着数字化技术的应用，仿生学领域也逐渐开始利用计算机进行数字化模型的分析与制造，越来越多的生物造型被模型化运用，这种趋势势必给这一领域带来全新的启示与发展契机。

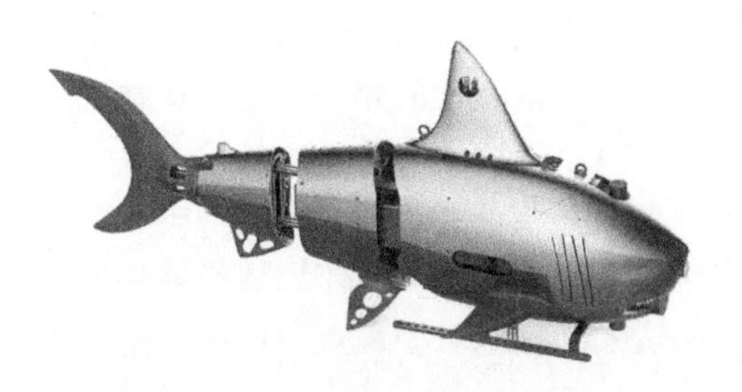

图 2-20 ROBO-SHARK 潜水器

2.3.5 奥斯本核检表法

检核表法是指由美国创造学家亚历克斯·奥斯本率先提出的一种创造技法。它几乎适用于任何类型和场合的创造活动，因此也被称为“创造技法之母”。这种技法的特点，就是根据需要解决的问题，或需要创造发明的对象，列出有关的问题，然后针对问题逐一核对讨论，以期引发新的创造性设想。这种方法可以有意识地为我们的思考提供步骤。表 2-1 是奥斯本制定的一个核检表。

表 2-1 奥斯本核检表

用途	有无新的用途？是否有新的使用方式？可否改变现有使用方式？
类比	有无类比的东西？过去有无类似问题？利用类比能否产生新观念？可否模仿？能否超过？
增加	可否增加些什么？附加些什么？可否提高强度、性能？加倍？放大？更长时间？更长、更高、更厚？
减少	可否减少些什么？可否小型化？是否可密集、压缩、浓缩？可否缩短、去掉、分割、减轻？
改变	可否改变功能、形状、颜色、运动、气味、声音？是否还有其他改变的可能？
代替	可否代替？用什么代替？还有什么别的排列、别的材料、别的成分、别的过程、别的能源？
交换	可否变换？可否交换模式？可否变换布置顺序、操作工序？可否交换因果关系？
颠倒	可否颠倒？可否颠倒正负、正反？可否颠倒位置？可否颠倒头尾、上下？可否颠倒作用？
组合	可否重新组合？可否尝试混合、合成、配合、协调、配套？可否把物体组合、功能组合、材料组合？

2.3.6 类比法

类比法是根据两个对象都具有的某些属性，并且其中的一个对象还有另外的某个属性，从而推出另一个对象也有某个属性的逻辑方法。例如，发明家富兰克林曾把天空中的闪电和地面上的电火花进行比较，发现它们很多特征都相同，例如，都发出同样颜色的光，爆发时都伴随有噪声，放射都呈不规则状，都是快速运动，都能射杀动物，都能燃烧易燃物等；同时又知地面上电动机的电可以用导线传导，由此推想出天空中的闪电也可以用导线传导，后来通过有名的风筝实验证实了这一点。类比推理的逻辑形式如下：A 有属性 a、b、c，又有属性 d；B 有属性 a、b、c；所以，B 也有属性 d。

类比法是以两个对象之间的类似性质、对象属性之间的相互联系和相互制约为基础的，但两个对象之间的类似性质不等同于两个对象的联系是必然的；对象属性之间不仅有相似性，还存在着差异性；对象中并存的许多属性，有些是对象的固有属性，还有些是对象的偶有属性。显然，类比推论属于或然性推论，它的结论只有一定程度的可靠性。因此，要提高类比的效能和可靠性，就要力求寻找所依据对象尽可能多的共同属性；被比较

对象的共同属性是最典型的、同它们的特殊属性密切联系着的属性；所依据两个对象的共同属性越是本质的，共同属性与类推属性的相关度越好；被用来进行比较的属性应具有多样性、任意性和随机性。

类比法在人们认识客观世界和改造客观世界的活动中具有十分重大的意义：它能启发人们提出科学假说、作出科学发现；可以被当作思想具体化的手段；为模型实验提供逻辑基础；除此之外它还是人们说明某种思想、观点的方法。企业可以用类比推理的形式来寻找商机，例如，康师傅方便面添加了健康元素，康师傅方便面归属于方便面类、食品类，运用类比法的话，就可以得出所有食品都可以添加健康元素的结论；再如，饮料可以推出健康饮料，薯条推出无油炸版，香肠推出鲜肉版。此外，方便面可以有儿童包、6 袋顶 7 袋、家庭包等，然后将这一思维再映射到其他食品是不是也可以呢？很多情况下都是相通的，可见运用类比法找到一个好的类比产品，进行产品的改良升级，可能有助于企业的整体产业发展。

设计师在工作过程当中经常自觉或不自觉地对于相关因素进行联想，利用拟人类比、象征类比、直接类比、空想类比等形式进行构想。类比法是一种把本质上相似的因素当作提示来进行设计构思的方法。

2.3.7 二元坐标分析法

二元坐标分析法是将两组不同的事物分别写在一个直角坐标系的 X 轴和 Y 轴上，然后通过联系将它们组合到一起。如果所组合的这个实物是有意义的、合理的，且为人们所接受的，那么这个组合就会最终成为一件件新产品。这一思考方法在新产品设计中应用更广，是一种极为有效的多向思考方法。

例如，在设计一种新式钢笔时，以钢笔为坐标原点，然后画出几条与设计钢笔有关联的坐标线，在坐标线上加入具体内容（坐标线索点），最后将各坐标线上的各线索点相互结合，与钢笔进行强制联想，则可以产生许多新设想。如将钢笔与历史结合，可以联想到设计一种带有历史图标或刻有历史名人字样的钢笔。将钢笔与圆珠笔结合，可设想开发一种不用抽水器的钢笔或不用笔帽的钢笔。将钢笔与“温度计”“笔杆”联系在一起，可以想到笔杆带温度计的钢笔等。

例如，汽车具有说话的功能，就是会说话的汽车；锁具有说话的功能，就是会说话的锁。如果这些组合都已经实现，那我们用“△”符号在图上表示出来。如果汽车和太阳能结合在一起，就成了太阳能汽车，并且这一组合是有可能实现的，但又存在一定的难度，于是我们用符号“·”表示。如果把锁和催泪弹结合在一起，可以用在保险箱上，这个组合的实现难度并不大，我们用符号“○”表示。但是如果把锁和游泳结合在一起，就没有什么意义了，所以我们用符号“×”表示。如图 2-21 所示，展示了二元坐标分析法的一个示例。

2.3.8 逆向思维方法

逆向思维也叫求异思维，它是对司空见惯的且似乎已成定论的事物或观点反过来进行思考的一种思维方式。敢于“反其道而思之”，让思维向对立面的方向发展，从问题的相反面深入地进行探索，树立新思想，创立新形象。当大家都朝着一个固定的思维方向思考问题时，而你却选择独自朝相反的方向思考这样的思维方式就叫逆向思维。例如，在可乐行业，长期以来都是可口可乐和百事可乐两雄独霸，其他品牌根本无力与它们争锋。1968

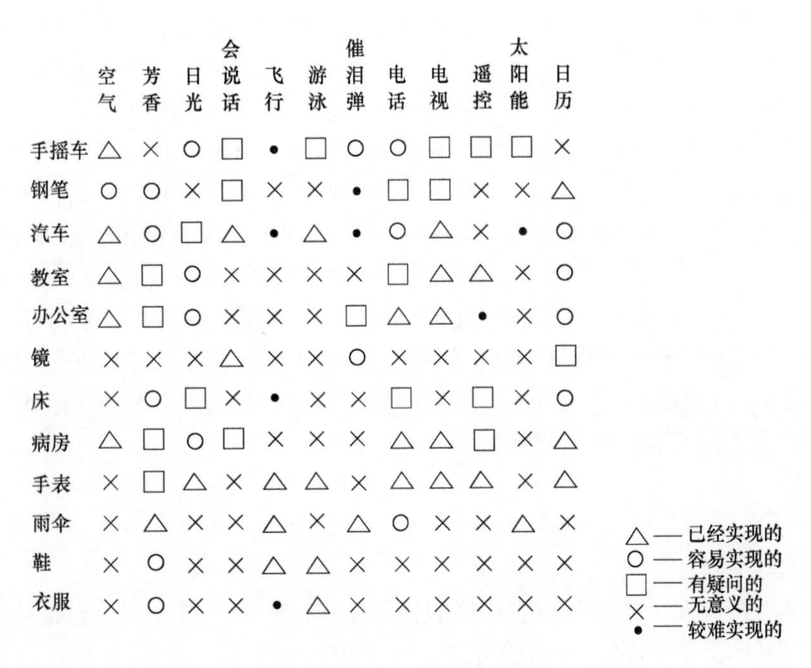

图 2-21 二元坐标分析法

年，七喜汽水通过将柠檬水重新定位为“非可乐”而获得巨大的成功。这里的秘密在于，一个成功的定位往往借助了竞争对手的强大力量而起飞，“非可乐”借用了可乐在顾客心智中的强大力量，当顾客偶然间不想喝可乐时，七喜汽水就成了首选。

与常规思维不同，逆向思维是反过来思考问题，是用绝大多数人没有想到的思维方式去思考问题。运用逆向思维去思考和处理问题，实际上就是以“出奇”达到“制胜”。因此，逆向思维的结果常常会令人喜出望外，获得意想不到的效果。

1. 逆向思维的特点

（1）普遍性　逆向性思维在各种领域、各种活动中都有适用性。由于对立统一是普遍适用的规律，而对立统一的形式又是多种多样的，因此一种对立统一的形式，对应一种逆向思维的角度，所以，逆向思维也有无限多种形式。如性质上对立两极的转换（软与硬、高与低等）；结构、位置上的互换、颠倒（上与下、左与右、前与后等）；过程上的逆转（气态变液态或液态变气态，电转为磁或磁转为电等）。无论哪种方式，只要从一个方面想到与之对立的另一方面，都是逆向思维。

（2）批判性　逆向是与正向比较而言的，正向是指常规的、常识的、公认的或习惯的想法与做法。逆向思维则恰恰与之相反，是对传统、惯例、常识的反叛，也是对常规的挑战。逆向思维能够克服思维定式，破除由经验和习惯造成的僵化的认识模式。

（3）新颖性　循规蹈矩的思维和传统解决问题的方式虽然简单，但容易使思路僵化、刻板，摆脱不掉习惯的束缚，最终得到的往往是一些司空见惯的答案。其实，任何事物都具有多方面的属性。但由于受过去经验的影响，人们容易看到熟悉的一面，而对另一面却视而不见。逆向思维则能克服这一障碍，得出的结果往往是出人意料的，且能给人耳目一新的感觉。

2. 逆向思维的应用

例如，日本索尼公司设计发明反图像电视机的过程，就是运用了这种逆向思维方法。其发明者在理发时看到镜中的图像是反的，由此得到启发，设计生产了反图。

再如，洗衣机脱水缸的转轴是软的，用手轻轻一推，脱水缸就东倒西歪。可是脱水缸在高速旋转时，却非常平稳，脱水效果很好。当初设计时，为了解决脱水缸的颤抖现象和由此产生的噪声问题，工程技术人员想了许多办法，起初先是加粗转轴，但无效果，后加硬转轴，仍然无效果。最后，通过逆向思维，弃硬就软，用软轴代替了硬轴，成功地解决了颤抖和噪声两大问题。这是一个利用逆向思维实现创造发明的典型例子。

又如，某公司的产品部总经理大卫·弗莱德格，每天上班时，他都要经过一家小型山地车行。他发现了一个现象：只要一下雨，这家车行就会关门歇业。一天，大卫特意进去询问其中的原因，山地车行老板告诉他这是为了节省开支，因为下雨天很少有人来买车。从山地车行出来后，大卫想：类似农场、剧院、室外游乐场等很多地方，他们的经营和收入都会跟山地车行一样，受天气影响很大。一个月后，大卫决定辞职，创办了一家“坏天气保险公司”。公司与农民等签订协议，如果在受保期发生了投保过的天气灾害，那么保险公司将对他们进行赔偿，以便将损失降到最低。如今，坏天气保险公司已经拥有了100多万名投保客户，涉及100多个行业领域。

2.3.9 焦点法

焦点法是美国人发明的“通过自由联想使设想飞跃”的思维方法。它是在强制联想法和自由联想法基础上产生的一种思维方法。该法以特定的设计问题为焦点，无限进行联想，并强制地把选出的要素相结合，以促进新设想的迸发。该法以一个事物为出发点（即焦点），联想其他事物并与之组合，形成新的创意。如玻璃纤维和塑料结合，可以制成耐高温、高强度的玻璃钢。很多复合材料，都是利用这种方法制成的。

1. 操作程序步骤

1）选择研究对象，并以此作为研究焦点。

2）选择任意一个物体为参考物。

3）列出参考物的各种特征，再由这些特征出发进行发散联想。

4）把由这一事物引起的联想与焦点联系，进行组合联想，并列出设想方案。

5）对设想方案进行评价和选择。

【案例7】应用焦点法提出新型白炽灯的设想方案

1）焦点：白炽灯。

2）参考物：苹果。

3）苹果的属性及由此进行的联想：

A：有香味的——香水——香水瓶。

B：甜的——糖——儿童糖果——米老鼠图案。

C：红绿两色——黄蓝两色——可变色。

4）将列出的各种具有启发性的特征与焦点白炽灯联系，并由此进行组合性联想。

选择A时：带香味的灯，各种香水瓶及其他瓶子外观的瓶灯。

选择B时：可以食用的生日蛋糕上的甜灯；像夜明珠一样闪光的夜明珠灯糖；儿童能玩又能吃的各色发光糖果；米老鼠及其他动物图案的玩具灯。

选择C时：双色灯、组合灯、变色灯。

挑选出其中较好的方案后，应进行市场调研，经初步分析可行后，即可进入研制开发阶段。

2. 思考过程

从思维形式上看，焦点法有两个思考过程：一是对所选的参考物进行发散思考；二是将发散思维所得结果向研究对象上进行聚焦，这一聚焦过程正是集中思维的过程，这也是将这种方法称为焦点法的原因。

3. 特点

这种方法的特点是思考的自由度较大。该法能在很短的时间内，使我们的思维进入想象过程。聚焦后提出的产品设想多数都具有奇特、新颖的特点，同时也具有浪漫色彩。这种方法尤其适用于日用品的产品开发，是一种提出产品设想的好方法。

2.3.10　偶然性联想法

偶然性联想法，由强制性联想出发，一步步引导人们去联想，进而将发散思维，此外该法能够使人们的思维逐渐发散，将大脑中的各种信息载体激活，从而不断释放出能量。这时的思维已经不再是纵向的、单维度的，而是横向的、多维度的，更加立体的。信息载体被激活的同时又将人们的思维整理出来，然后再进行综合联想，最终形成一个信息融合的过程。

本 章 小 结

在创新性设计过程中，我们很容易被一些思维定式或者经验惯性所左右。如果设计一开始就陷入一些具体的功能、结构细节中，那么，得出的方案很难带来创造性的突破。设计师必须学会将以物为中心的研究方法改变为以功能为中心的研究方法。实现用户所要求的功能，可有多种多样的方案，现在的方案不过是其中的一种，但并不一定是一种理想的方案。从需求与功能研究入手，有助于开阔思路，使设计构思不受现有产品方式和使用功能的束缚。设计师在理性分析与思考后，需要更为感性的创造性灵感与激情。产品设计的制约因素复杂多变，设计活动更是一种综合性极强的工作，这就要求设计师创造性地运用形式美法则去综合协调与解决设计目标系统内诸多矛盾的能力。

拓展视频

中国创造：笔头创新之路

本 章 习 题

（1）进行头脑风暴时，应该注意哪些问题？

（2）（实践练习题）思维练习：曲别针的用途有哪些？

（3）（实践练习题）应用焦点法提出对下列产品的改进意见，并形成初步产品的设想（对每种产品，其设想方案不少于20种）。

①毛衣（选森林为参考物）；②钢笔（选刷子为参考物）；③自行车（选一种儿童玩具为参考物）；④墨水（选花为参考物）。

第3章

产品设计开发原理

学习内容——产品设计开发特点、要求、原则及决策过程。

学习目的——初步了解产品设计开发基本原理和原则。

课题时间——2课时理论。

在商品生产中，产品设计一般是以市场定向的。也就是说，社会的实际需求决定了当今企业具体生产什么样的产品。而社会需求日趋复杂，因此设计会受到消费者不同职业、习惯、文化、民族、实际收入等诸多因素的影响。具体到每一个因素，都有它的层次性、多样性、共同性和需求的伸缩性，产品需求的变化和众多外部条件互相结合、相互作用，多层次影响，形成特定市场的消费环境。互补性和交替性此消彼长、相互转移。此外，社会环境紧随时代和科技的潮流变化，对产品的需求进行了由简单到复杂、由低级到高级、由单一到多样、由单调到个性化的转变。产品的研发必须尊重市场，积极挖掘市场的潜能。这是研发产品的基础，也是产品设计和开发的有效方法。

产品设计开发是一套系统的社会活动，从发现市场机会开始，到产品的设计、制造、销售，以及运送到消费者手中结束。本书主要集中讨论有形产品（非物质产品例外），如交通工具、科学仪器、消费性电器、运动器械等，如图 3-1 所示。

图 3-1　有形产品（音箱和摩托车）

设计程序是从概念到具体的实现过程，是应用于实际研发、生产过程的指导规范。设计程序是理性的逻辑思维过程，直接影响着问题解决的合理程度。企业进行新产品开发通常会受到企业计划和发展规划的制约，这是由于企业的产品开发计划主要是为市场竞争和企业发展制定的，企业要充分考虑新产品开发的成本和效益、开发前最大优势，以及新产品在企业产品线中的位置等内容。所以，企业新产品开发程序是一个严谨的系统性工程，其过程必须把多种相关因素纳入考虑的范围，并且要积极控制好各环节、协调各部门，以便保证最终开发产品的品质。例如，生活中简单的炒菜也需遵循一定的程序，每个环节的操作都直接影响菜品的味道与品质，因而程序的重要性是显而易见的。

产品设计的程序也是如此，只不过涉及的因素更多、更复杂，根据不同的产品设计对象，设计程序也有所不同、各有特点。尤其是在当下社会技术的背景下，设计置身于现代企业制度的综合环境中，已经不仅仅是一种单纯的工作，更成为质量管理与过程改进的核心，成为建立现代企业制度的有效利器。可以说，对于产品和服务在整个生存周期各个阶段上的成功，合理有效的设计活动程序和方法发挥着重大的作用，更能为公司和消费者带来重要价值：通过有效程序缩短设计周期，提高设计效率，降低设计成本；通过合理考虑生产问题降低生产成本；通过全面思考将来可能发生的问题降低适应成本或处理成本；通过设计调研瞄准顾客的需求和期望。

3.1　产品设计开发的目标、原则与影响因素

现代产品结构复杂、精度高，往往是技术密集型产品，它广泛采用了现代技术，对产品的可靠性、可维修性、安全性、成本效益等，都提出了更为严格的要求。产品设计开发对现代产品和传统产品的要求有很大差别，对生产和使用进行比较后可以看出，现代产品

丰富了传统产品，而不是完全替代了传统产品。

传统产品的设计开发工作，往往只是由企业少数科技人员和设计部门负责，形成“一家做主”、其他部门很少过问的局面。然而，在“现代产品”猛增的新形势下，传统产品设计开发的管理程序已经不能适应现代技术密集型产品的设计开发的要求。为了保证产品设计开发的工作质量，首要任务就是改革原有的产品设计工作程序和方法。

产品设计开发程序的改革，即管理方法的改革，其主要内容是划分产品设计开发的研制阶段，增加质量控制的环节；加强设计质量的评审工作；强调进行原理试验、样品试制与试验工作。改革目的是通过多次的评审、试验、鉴定等工作程序，及时发现故障，并对下一步工作提出预警，以杜绝前一阶段的设计或制造中的缺陷对下一步程序或以后的工作产生不良影响，防止重大的质量事故发生。我们称这种方法为早期预警或早期预警产品开发程序（系统）。

技术方法改革的主要内容是将一些重要质量指标进行定量化处理，并采用新的科学技术进行产品设计开发。在传统产品设计开发工作中，由于受到科学技术发展的限制，对一些重要的质量指标无法给出定量界限，也无法提出提高这些指标的有效技术。近几十年来，技术方法的改革成效显著，已经可以对产品的某些指标进行定量分析。例如，可靠性数据、可靠性设计、可靠性试验与制造技术，不仅可以预测系统、部件、元件的可靠性指标，而且可以验证是否能够达到这些指标，并能检查发现设计中易出故障的部分。同时，可维修性设计也可以进行分析，此外有些分析工作可在制造样品之前完成。

对于产品设计开发过程中不同类型的新产品，其差异性和复杂程度也相差很大，每一个设计过程不仅是解决问题的过程，更是创造的过程。产品设计所涉及的范围非常广泛，企业对设计工作的要求也不尽相同，加上其他诸多因素的影响，导致不同产品的工作程序有所不同。尽管如此，产品设计整个过程中仍然具有一定的规律性。其中全新产品的独立自主设计开发方式最复杂、最具有代表性，以下将依照其设计要素进行介绍。

3.1.1 产品设计开发的目标

企业在进行产品设计开发时，应该认真考虑以下 5 个问题。

1. 适用性

产品设计的对象如果是要批量生产的工业产品，不仅要求设计的产品品种款式多样化，功能特点鲜明化，有利于制造和生产，而且要求产品能参与并影响人们的生活方式，改善与提高人们的生活环境质量，使生活方便、舒适、安全、愉快。如图 3-2 所示的 Ikona 椅子，有可堆叠、重量轻、成本低的优点，它将典型的椅子优势与真正精致的美学相结合。

 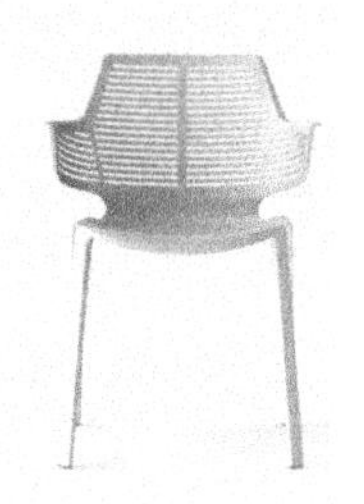

图 3-2 Ikona 椅子

2. 经济性

一般情况下，产品要想成本低且合理，在很大程度上取决于产品设计。在进行新产品

的设计时，应从使用环境、产品寿命和性能、产品质量等诸多方面研究，并掌握产品设计规律，使新产品以最少的物耗、能耗、工耗，求得最大的“价值”。图3-3所示为一款方便回收利用的酒架设计，用料少、结构简单、制造工艺简单，实现了快速、低成本的生产。

3. 通用性

在进行产品设计时，要力求简化产品的结构、形式、种类和系列等，尽可能做到设计标准化、产品系列化、零部件通用化，向国际产品先进标准积极靠拢，以达到同国际市场接轨的要求，提高产品和零部件的互换能力，以及与进口产品的替代性和互换能力，从而促进新产品较快地进入国内市场和国际市场。通用性设计成为企业的一种拓宽产品市场，节省开发人力、物力成本，有效提升产品竞争力的市场营销策略；它不仅是一种文明进步的体现，而且对增加企业经济效益、提升企业整体竞争力也具有相当重要的作用。如图3-4所示的踏板式电动车，整个车体都采用了标准件，只需要从专门的市场订购即可，研发部门需要做的重点在于其造型设计和人性化改进。

图3-3　酒架设计

图3-4　踏板式电动车

4. 继承性

国际上一些有名的大企业能很快推出新产品的重要原因之一，就在于能恰当地抓住和把握产品发展的继承性。在众多的产品开发中，有些产品的继承性可达50%~80%。为此，在新产品开发中要充分重视和吸收原有产品所值得保留的技术、工艺和生产装备的特点，以加快新产品设计投产速度，为推向市场创造条件。如图3-5所示的华为P系列手机，从P1款到现在的P50款整体造型设计保留了原有的特点（简洁与时尚），重点在于其不断改进突破原有外部造型的传统设计。

5. 时效性

对于一款新产品的上市，时效性是非常重要的。新产品制成后，在什么时间上市，在哪上市，都应进行一番研究和设计，保证产品在市场上的占有率。如图3-6所示的LUMIX数码相机，企业在短时间内发布了S5CGK与S5KGK两款数码相机，及时更新了LUMIX系列。

3.1.2　产品设计开发的原则

长期以来，新产品的开发和投资已经形成一套固定的模式：市场调研——产品计划——产品设计——试制样机——修改设计——工艺准备——正式投产。在该模式的“产品计划”和“产品设计”阶段，尽管设计人员也考虑到产品的制造问题，但这种考虑是零碎的、不系统的、非整体化的。对于批量大、寿命长的产品而言，设计师们侧重于考虑

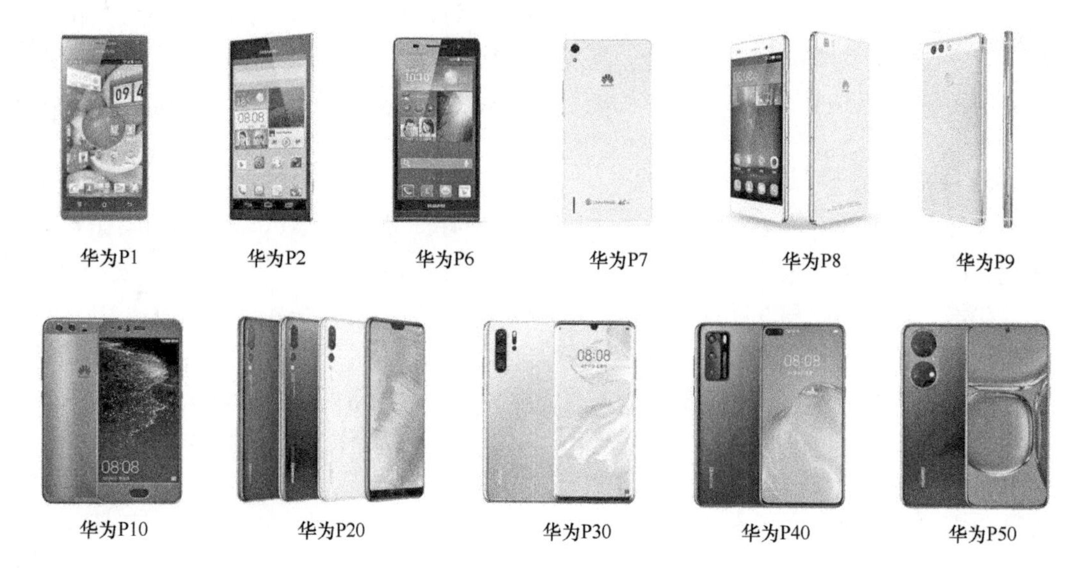

图 3-5　华为 P 系列手机

如何满足产品的功能问题。尽管这是一种行之有效的开发模式，但对于批量小、更新换代快的产品，这种模式远不能满足实际需要。

图 3-6　LUMIX 数码相机

从产品设计开发的角度出发，要想同时满足和适应各种现代化设计手段的要求，应对产品设计观念和原则加以更新，主要体现在以下 4 个方面。

1. 系统性

“系统”一词，来源于古希腊语，是由部分组成整体的意思。1937 年美国芝加哥大学召开的哲学讨论会上，美籍奥地利理论生物学家贝塔朗菲提出了系统论的概念，它是用于研究各种系统的共同特点和本质的综合性科学。系统论作为一种新的思维方法，给整个设计科学包括产品设计方法学，提供了新思路、新观点。

（1）系统概念　所谓系统，是一个抽象的概念，往往并非指特定的事务。如图 3-7 所示，产品系统和其他任何系统一样，宏观上是由物质、能量和信息组成的，而在存在方式和属性上却表现为要素、结构和功能 3 种因素，产品系统的核心，如图 3-8 所示。

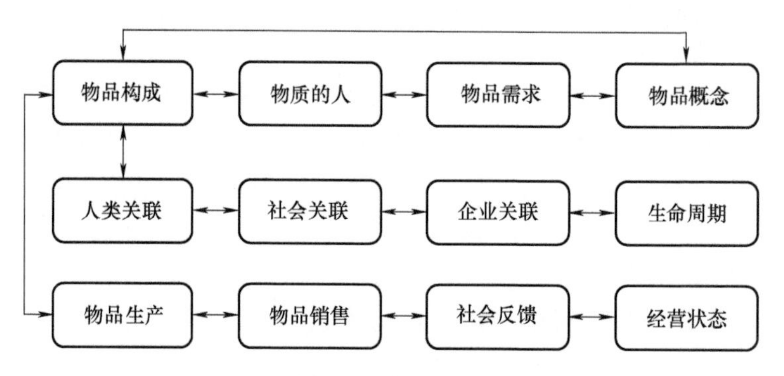

图 3-7　产品系统

一个大的系统可由若干个小的系统组成，这些小的系统被称为子系统。子系统又可由更小的子系统组成。系统本身也可以是其他系统的组成部分。

系统设计时，产品系统分为内部系统（闭环系统）和外部系统（开环系统），内部系

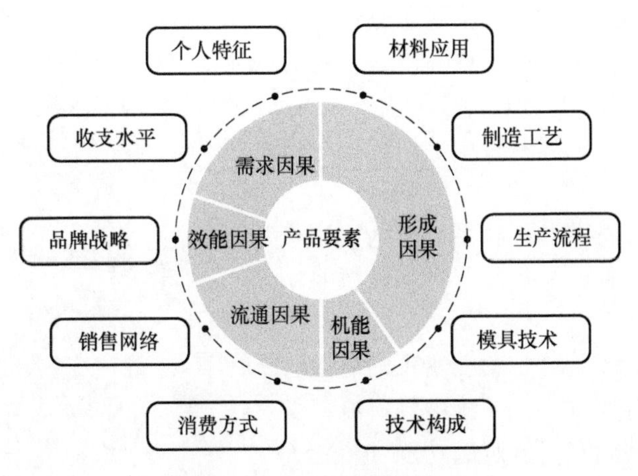

图 3-8　产品系统的核心

统指产品要素与结构之间的联系，外部系统指产品本身与外部环境之间的联系。二者相辅相成，统一于整个产品的生命周期中。把产品本身系统看作与周围环境无关的系统称为闭环系统，即内部系统。作为具有一定功能的载体，产品本身就具备多种构成要素（如材料、形态、构件、色彩等）和合理的结构与组织形式，即产品本身就是一个相对独立的闭环系统。当设计对象涉及的范围相对较广时，应将设计对象作为一个相对独立的系统进行设计与规划，重点分析系统内各子系统间的关系与作用，从而设计和谐有序的新系统。

内部系统设计与外部系统设计相结合是系统设计的特点，它可以使系统设计尽量做到周密、合理，避免不必要的返工和浪费，以更少的投资获取更高的效益。

系统设计的侧重点是系统，必须将系统看作一个整体来分析其所表现出的性能和工作状态。系统各组成部分的性质并不能代表整个系统的性质，整个系统的性质也不是它们的简单叠加，所以系统设计不能只关心系统各组成部分的性能和工作状态，必须考虑整个系统的性能和运行状态。

（2）产品系统设计　系统化设计观认为产品设计的研究对象是“人—产品—环境”系统，人、产品、环境是构成这个系统的三大要素。现代产品系统设计要求人们不再把设计对象看成孤立存在的个体，不能仅仅为设计物品而设计，而是将其置于系统之中，使产品设计不再局限于单一的设计对象，而应充分考虑产品本身与周围环境、与用户反馈之间的关系，以及系统环境中人的整体需求，从而使人与自然和谐共生，产品与人、产品与环境、人与环境之间也形成可持续发展的生态系统。以企业和人类社会的可持续发展为目标就是产品系统设计的思维方式。

新产品开发过程的系统化原则，主要是指协调整个设计活动的各个环节，从设计到生产，从选料到规范，多层次全方位地构建起一个统一有序的结构，提高产品开发的效率。

在产品设计过程中不仅要制作图样及其他设计资料，还要进行质量控制、成本核算、生成进度计划等工作，使其形成系统性。让设计人员懂得这一点，往往会得到意想不到的效果。例如，某电子零件制造厂家曾力图通过降低成本来战胜竞争对手，但未能奏效。尽管他们从工艺和技术方面采取了许多降低成本的措施，但这些措施对方也能做到。后来一个设计师提出，利用包装设计更好地保护海运零件，同时采取措施为买主减少用于开包和存储方面的费用，这一奇招立刻为产品带来了竞争优势。苏联研制的米格-25 喷气式战斗机就充分地利用了产品设计的系统化原则，尽管战斗机的许多零部件在质量、性能等方面都落后于美国，但因设计者考虑了整体性能，故能在升降、速度、应急反应等方面成为当时的世界一流。这就是著名的“米格-25 效应”，是成功运用系统论的经典案例。可见拓宽产品设计的观念非常重要。

在20世纪20年代以后，系统概念真正作为一个科学概念进入科学领域。20世纪40年代，美国在工程设计中运用了这一概念，到了20世纪50年代以后，才把系统概念的科学内涵逐步明确，让不同实践目的、思维方式、认识角度的专业科学领域，可以从整体上、实质上去把握它。机械手表中的摆轮游丝转动机构是典型的机械系统代表，如图3-9所示。

产品设计的系统思维方式和系统行为在当今日益复杂化的“人—社会—自然”的系统关系中具有重要的现实意义。

图3-9　机械手表中的摆轮游丝转动机构

系统设计是保证产品功能意义实现的有效方法，是形成产品的有效方式。系统中具有有机关系的若干事物会为共同实现特定的功能和目标而集合，并通过系统的整体协调行为实现系统功能。

系统论的思维和方法可以为设计创造提供一些必要的理性分析依据。在设计中只有把理性的系统化方法和感性的设计思维融合起来，才能生产出综合性能最优的产品。

系统设计在维护生态平衡，寻求“人—社会—自然”可持续发展的过程中提供了强有力的保证。产品设计的目的是为人类创造更合理的生活方式，生活方式必须依赖一定的自然、社会、文化环境，只有将自然、社会和人协调起来，才能实现和谐发展，共同进步。

上面通过各种具体的途径来描述系统设计，更重要的是描述系统设计的应用。

随着人们生活水平和欣赏水平的不断提高，社会上各行各业都已经离不开设计。然而，一个没有系统支撑的设计又怎么能在社会上立足呢？就产品制造商而言，设计已经成了他们赖以生存的关键，一个成熟、系统的设计方案是他们的产品能在社会上立足的基础。

例如，对于一个庞大的汽车系统设计而言，不仅要综合考虑人机工程、交通工程、制造工程、运营工程、管理工程，满足汽车作为交通工具最基本的运载功能，还要考虑其安全性能、生产成本、生产工艺、表面工艺，以及能源的使用效率。同时，作为汽车系统设计者，还要考虑汽车尾气、噪声对环境的污染，重视汽车使用中的经济性与环保性，从绿色设计的角度出发进行设计的整合。系统设计要求设计者不仅能够整合设计对象所包含的各种元件与元素之间的关系，同时也需要设计者能够协调各作业流程，采用包括绿色设计、价值分析、功能分析，以及计算机辅助设计等手段进行产品的设计与开发。而有些性能有时是相互矛盾的，要在给定的使用条件下协调各使用性能的要求，优选各使用性能指标，使汽车在该使用条件下的综合使用性能达到最优。离开了系统性设计这样一个整体概念，设计就完全不存在。

2. 并行性

传统的产品设计采用阶段性的工作流程，各阶段的工作按企业部门组织顺序进行，上层中的错误往往在开发工作的后期才会被发现，容易形成“设计—制造—变更设计—重新制造”的不良循环，造成产品开发周期长、成本高、质量无法保证等问题。为了改善这样的产品开发设计境况，并行工程的思想应运而生。

并行工程如图3-10所示，从产品设计一开始，就要考虑到产品整个生命周期中从概念形成到报废处理的所有因素，包括产品质量、制造成本、进度计划，充分利用企业内的一切资源，最大限度地满足用户的要求。设计组应以上述各方面的技术专家作为成员，成

为多功能设计组。这样，可以使产品设计从一开始就全面细致地研究各方面的问题，尽早发现后续过程中可能存在的问题，及时提出改进意见，避免设计中的片面性，防止重大的失误和返工，从而保证产品设计、工艺设计、制造的一致性。计算机、数据库、网络技术是并行工程不可缺少的支撑环境。并行工程的工作方式如图 3-11 所示。

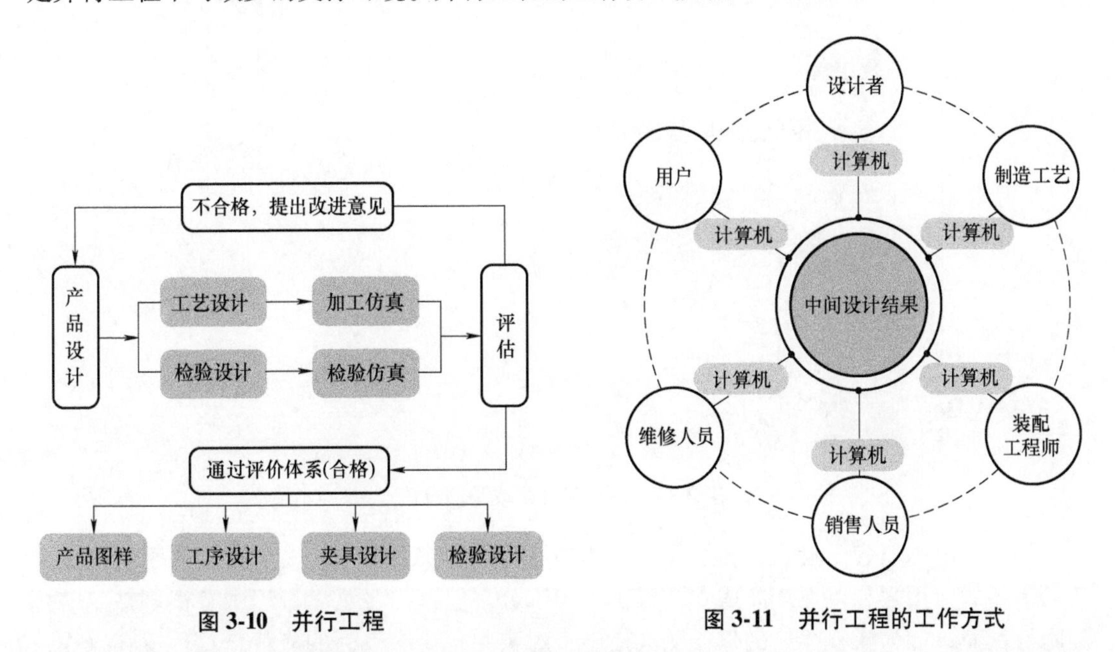

图 3-10 并行工程　　图 3-11 并行工程的工作方式

并行模式是对产品及相关过程（包括制造过程和支持过程）进行并行、一体化设计的一种系统化的工作模式。这种工作模式力图使开发者们从一开始就考虑到产品全生命周期（从概念形成到产品报废）中的所有因素，包括质量、成本、进度和用户需求。目前，并行工程的思想已经得到了很好的实践，国内的很多企业在该思想的指导下对传统的产品开发工作进行了改革，特别是在设计管理领域。

西安飞机工业（集团）有限公司在已有软件系统的基础上，开发支持飞机内装饰并行工程的系统工具，包括适用于飞机内装饰的 CAID 系统、DEA 系统和模具的 CAD/CAE/CAM 系统。例如 Y7-200A 飞机内装饰设计制造并行工程，采用了过程建模与 PDM 实施、工业设计、DFA、并行工程环境下的模具 CAD/CAM、飞机客舱内装饰数字化定义等技术手段。Y7-700A 飞机内装饰工程中，研制周期从 1.5 年缩短到 1 年，减少设计更改 60%以上，降低产品研制成本 20%以上。

产品设计过程的并行性有如下两方面的含义。

第一，在设计过程中通过专家把关，同时考虑产品寿命循环的各个方面。

第二，在设计阶段就同时进行工艺（包括制造工艺、装配工艺和检验工艺）过程设计，并对工艺设计的结果进行计算机仿真，直至用快速成型法生产出产品的样件。这种方式与传统的设计在设计部门进行、工艺在工艺部门进行已大不相同。

并行工程组成及信息流，如图 3-12 所示。

3. 经济性

对产品设计经济性的一般性要求是人们所共知的，这里着重阐述成本观念和产品属性与加工产品的作业或劳务之间的关系。

设计人员往往只注意到产品制造的显性成本，如一个产品的材料、工时和能源消耗等。事实上，在产品生产中还存在一部分占有相当大份额而又易被人们忽略的、由隐性作业或劳务所引起的隐性成本。对隐性成本的忽视恰恰是造成设计在经济性方面存在缺陷的主要原因。

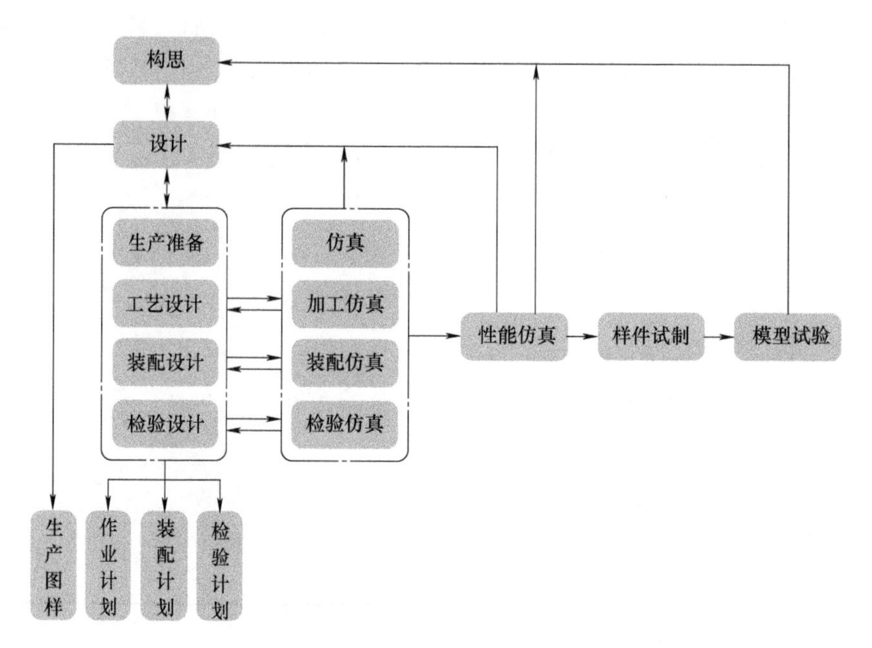

图 3-12　并行工程组成及信息流

例如，电冰箱表面喷涂作业。通常认为喷涂是一种次要作业，其成本不外乎是材料和劳动消耗的费用之和，在产品成本中只占一小部分。但是，在喷涂过程中有很多被忽略掉的隐性作业，如为涂料存储的保安防火措施；对某些不喷涂表面的掩蔽；对环境和操作人员的保护措施；在产品包装中对喷涂表面的保护等。另外，还有到用户场所重新修复被损伤的表面和拆除处置包装的费用。由此可见，一个喷涂作业所涉及的隐性费用是很多的，其隐性费用可能大大超过显性费用，不可忽略。

在产品设计中，“产品属性”和“投入产品的资源”是相互对立的因素，它们意味着材料、能源和工时的消耗，是以时间和金钱为代价的。因此，在设计时，力求“产品属性”极大而使“投入产品的资源”极小，也就是说尽可能以较少的投入获取较大的利益。这是增强产品经济性和产品竞争力的一条重要原则。

4. 超前性

产品设计的创新以求新为灵魂，具有超前性。创新的超前性，使得产品具有了引领性，可引导消费者的思维和行为，引导社会的发展。只有拥有超前的眼光，企业才能够先人一步得到属于“未来”的资源。而对于创新而言，能否率先获得资源、进行全新的尝试，往往决定了创新能否在短时间内得以实现，能否在快节奏的社会环境中占得先机。

要想避免在产品设计的过程中跟随已有产品进行设计的误区，真正让企业受用，首先，要认识到无论提出什么样的超前性建议，并没有对错之分。有些企业之所以想要跟随他人的脚步去模仿，很大一部分原因是害怕产生错误的结果。实际上创新本就是一种尝试，并没有什么对错之分。

其次，要能够区分借鉴其他的创新经验与盲目模仿之间的界限，积极发挥主观能动性。产品设计时不要盲目跟随，但并不是说不能去学习成功创新的经验，而是要从这些经验中找出普遍适用的道理，然后再依照实际情况加以改良。而如果在这其中并没有结合自身发挥主观能动性，那么借鉴就成了盲目的模仿。

产品的设计开发本来就需要具有原创的力量，是一种富有个性的创造，需要超前性的理念支撑。如果总是试图通过模仿来实现产品开发，那么模仿的程度越大，产品的创新性就越没有价值。

3.1.3 产品设计开发的影响因素

从投资者的角度来看，在以营利为主要目的的生产型企业中，产品设计开发成功与否的标准在于它生产和销售的产品可能获得回报比例的高低。但是，迅速且直接地评估产品的获利性是十分困难的。因此在研发产品时要紧跟市场，专注研发产品的特点和市场潜力。

通常应从以下 5 个方面来评估一项产品开发的绩效。

（1）开发投入 企业在产品开发活动中需要多少费用？通常产品开发成本在为获得利润而进行的投资中占有很大的比重。

（2）开发能力 团队和企业能否在以往产品开发经验的基础上更好地开发未来的产品？较强的开发能力是企业的一项重要资产，使企业可以在未来更有效、更经济地开展研发工作。

（3）开发时间 团队能够以多快的速度完成产品开发？开发时间决定了企业会对其他竞争力量和社会技术进步做出反应的程度，以及企业迅速从团队工作中得到回报的方法。

（4）产品成本 什么是产品的制造成本？产品成本应包括设备和工具的花费，以及生产每一单位的产品所增加的成本。产品成本决定了从特定销售量和特定价格中获得的利润。

（5）产品质量 开发出的产品有什么优越性？能满足顾客的要求吗？是否强韧可靠？

上述 5 个方面的良好表现应能帮助企业最终实现经济上的获利。同时，产品自身的特点也很重要。这些特点来自企业中其他利益相关者的倾向，包括开发团队的成员、其他雇员，以及产品制造所在社区的成员。产品开发团队的成员更倾向于创造一种本质上令人兴奋的产品；产品制造所在社区的成员更关心产品对于创造工作机会的能力和效果；生产工人和产品用户则认为，开发团队应对高度安全的标准负责，他们不关心这种标准是否符合企业严格获利的准则；至于其他个人，尽管他们可能与企业或产品没有直接的联系，也可能会从生态的角度对产品提出合理利用资源和减少危险性废品的要求。

3.2 新产品成功的因素

在竞争日益激烈的当今社会，一个公司想要在激烈的市场竞争中站稳脚跟，如果没有新产品的开发，就意味着公司只能以现有的产品去应付消费者不断变化的消费需求，去应付竞争者的挑战，它最终将会被市场淘汰。从企业的角度来看，开发新产品的意义重大，成功的新产品具有使企业复兴的能力。总体而言，新产品开发是企业赖以生存的关键。新产品将是企业求生存谋发展的重要源泉和动力。

尽管新产品的开发和创新对企业充满了诱惑，然而残酷的现实表明，新产品开发的成功率却不尽如人意，产品开发失败的例子更是不胜枚举。例如，英特尔公司花费巨资在中国兴建家庭无线网络的产品线 Anypoint，希望帮助用户更方便地使用无线局域网，却因为 Windows XP 系统在操作中安装了自动检测无线装置功能而使英特尔公司的努力付之东流。

新产品犹如企业生命的新鲜血液，成功的产品可以为企业带来新的机会，为企业增加新的利润增长点，为企业保持竞争优势。甚至很多企业因为新产品的问世而一举成名，然而更多的新产品却不能得到市场的认可，大多数都是昙花一现。更糟的是，相当多的新产品非但不能带来丰厚利润，反而可能导致重重灾难。更可怕的是，正因为新产品研发的高

失败率，导致很多实力不够强的企业不敢投入设计研发，而更多地采用模仿的方式。虽然模仿不用承担太大风险，也可以赚取一定的利润，但企业却无法在市场竞争中占据主动性，同时市场最大的利润总被拥有核心技术的企业取得，这些企业就有更大的实力来进行研发，长久以后将导致强者更强，弱者更弱。

因此，提高新产品研发项目的成功率，提升企业的新产品研发能力，能够让企业更有能力和信心进行新产品的研发创新，逐步进入研发—成功—再研发的良性循环。

是什么促成了一个新产品的成功？怎样才能提高新产品成功的可能性呢？在进行新产品设计开发时，以下 8 个因素对于新产品的成功是至关重要的。

1. 差异化

开发出一个独特的产品时，差异化的服务总能引发消费者的青睐。从企业营销的角度来讲，所谓的新产品并不仅仅是指靠纯技术的创新而推出的新产品，而是指从产品整体概念中任何一个层次的更新和变革，使产品有了新的结构、功能、品种或增加了新的服务，从而为消费者带来了新的利益和满足，新产品与原产品产生了差异。

差异化战略就是企业以产品的独特特性为顾客创造价值。企业的差异化战略是指企业对其生产或提供的产品和服务进行差异化以避开直接竞争，创造市场差别优势。由于差异化产品满足了顾客的特殊需求，因此采用差异化战略的企业可以为产品制定高价。要使此战略成功，企业的产品必须真正在某些方面独特或使顾客感到独特。差异领先战略要求企业就客户广泛重视的一些方面在产业内独树一帜，或在成本差距难以进一步扩大的情况下，生产比竞争对手功能更强、质量更优、服务更好的产品以显示经营差异。

差异化战略可以在很多方面实现：设计或品牌形象、技术特点、外观特点、客户服务、经销网络及其他方面的独特性。应当强调，差异化战略并不意味着公司可以忽略成本，但此时降低成本不是公司的首要战略目标。

2. 基于客户声音

未来产品发展的重要方向之一是满足客户的需求。在产品越来越同质化的今天，服务成为赢得客户支持的关键。因此，新产品的开发要以客户为中心。公司需要倾听客户的声音，产品需要解决客户的特殊需求或渴望。新产品不是由科学家和工程师来决定的，因为他们仅仅是在寻找可以展示自己最新技术突破的舞台，而不是通过技术来解决客户的确定需求。倾听客户声音需要通过焦点小组和专家小组的形式让客户参与到整个项目中，从而完成以市场为驱动并以客户为中心的新产品开发流程。

关注客户的需求是新产品得到消费者认可的关键。大企业在开发一个新产品时会充分权衡考量，站在客户角度思考利弊，做到“己所不欲，勿施于人”。企业要在各地与客户交流、倾听客户的声音，将客户的需求反馈到开发部门，形成产品开发的路标。

在分析客户需求时，需要完成整套客户流程仿真。把服务客户的全过程即接受、安装、使用、保持、维护列出来，分析每个环节中可能出现的问题，并认识这些问题的严重程度、产生根源，综合评估各种可能的风险，确定客户在此处的需求和想法，并在分析的基础上得出解决方案。经过这类分析，会将所有可能的风险降到最低。

3. 将前端工作嵌入项目

企业在项目前期的工作中就要充分考虑到可能引发项目风险的主要因素，做好充分的准备工作。在项目实施的前期，对项目进行系统分析（包括但不限于市场调查、商业分析、头脑风暴、创新等），对项目活动的全过程作预先的考察和设想，尽早发现可能出现的问题。项目中风险问题拖得越晚，公司付出的代价也就越大。从技术的应用和新产品被市场接纳的程度这两个方面来看，创新项目与生俱来就存在着风险。以前期为重的做法是指在创新项目前期就尝试识别风险因素，并且尽快实施对这些风险进行调研、降低的项目计划。

通过项目的前期准备工作，对项目过程可能出现的实施途径和发展方向进行科学分析，为决策提出多个可供选择的，甚至可以相互关联的实施方案。此外还要对每一个方案和每一个相应的有关政策进行评估论证，从而确定各种方案的预测投资成本和获得的效益，以及各项政策措施可能带来的影响和后果，进而为项目选择最佳方案和最优决策提供充分的科学依据。通过项目的前期策划，可以对项目实施过程中可能出现的种种情况进行全面系统的分析和预见，从而避免决策的片面性和局限性，以及项目决策可能遭遇到的风险因素。具体而言，项目前期策划的重要作用主要体现在以下3个方面：

（1）分析项目的赢利性　企业运作的目的在于赢利，为企业创造价值。能否赢利是评价项目是否具有价值的最基本的准则。赢利性对新产品项目具有更加重要的意义，赢利能力越强的项目也就具有更强的吸引力。在项目的前期策划中，需要从经济性方面，对项目的成本和预期收入进行分析，保证项目能够赢利。

（2）预测项目的成长性　由于新产品项目的复杂性和不确定性，企业一般都会将新产品项目视作企业整体战略的一部分。企业所需要的不仅仅是项目短期的赢利，企业更关注的是项目是否具有很好的成长性，是否能够为公司带来更好的发展机会。在前期策划中，需要通过对市场进行充分的调查和分析，预测项目的市场增长潜力。

（3）评估项目的风险性　正是由于新产品项目的高风险性，许多企业望而却步，但同时也有一部分优秀的企业脱颖而出。项目的前期工作，就是要对风险进行充分的评估，对可能发生的风险提前进行预防，将风险降到最低，进而保障项目的顺利进行。

4. 清晰的产品定位和项目定义

产品定位在产品开发活动中占有重要地位。产品是企业与消费者建立经济联系的媒介，消费者通过企业提供的产品满足自身需求，企业通过消费者购买产品获得利益，因此，企业的产品能满足消费者的需求是产品价值的核心。如今，市场产品同质化的压力不断增加，产品的准确定位对于产品或品牌形象的建立，以及赢得目标消费者都至关重要。

产品定位是在产品设计之初或在产品市场推广的过程中，通过广告宣传或其他营销手段使其在目标消费者心中占有一个独特的、有价值的位置的过程，简而言之，就是给消费者选择产品时制造一个决策捷径。对产品定位的计划和实施以市场定位为基础，受市场定位指导，但比市场定位更深入人心。产品不仅要具备消费者所需求的价值，而且要让消费者清楚地感受到该产品与竞争产品之间的差异，这是产品定位的竞争性表现。

在新产品的设计开发工作过程中，思维模式易偏向被动，从而偏离了真正重要的市场与用户。因此需要从被动转向主动，从市场及用户反向推导到日常的执行工作。同时，企业应尽早明确产品定位，只有产品定位确定了，才能让看似远离市场与用户的执行工作找到其方向性的价值。

5. 螺旋式开发

螺旋式开发是快节奏项目团队利用流动的、变化的信息处理动态信息的过程。尽管设计团队将产品推进到开发阶段时所面对的一些信息是易变的，甚至有一些信息是不可信的，但螺旋式开发可以帮助设计团队确保产品及产品定义是正确的（需注意的是，相比于低生产率公司，高生产率公司使用螺旋式开发的可能性是其5倍多）。

精明的设计团队和企业实施螺旋式开发时，一般采用一系列的迭代步骤或循环，将产品版本连续展示给顾客，从而寻求反馈和确认。这些循环是一系列的“创建—测试—反馈—修正”的迭代过程，这种形式被称为“螺旋式开发”。

事实上，螺旋式原则基于这样一个事实：顾客在发现需求或体验产品之前，并不知道他们在寻找什么。因此，企业要把雏形放在顾客面前，即使它离最终产品还很远，然后尽早开始介绍。之后，快速地寻求确定性的反馈，对产品做出必要的改变，以期拿出一个更接近最终版本的产品放在顾客面前，并进行新的迭代。要注意的是，不要过早地开发出完

整的产品，不要将真实原型过早地呈现给顾客。

需要指出的是，这些循环或螺旋常常是从前端阶段开始，经过开发阶段，最后进入测试阶段。

螺旋式开发就是在一系列快速循环中开发新产品或新服务。第一个循环是产品或服务的基本雏形，随后的每一循环都为产品或服务增加一些特点或精确度。然后再经由内部专家进行快速分析，如果可能的话，也会寻求客户的反馈。下一个循环建立在之前循环成功的基础上，纠正上一循环的缺点的同时增加额外的特征和精确度，如此循环直到完整的产品开发出来。这个做法能够确保产品或服务的可行性，并且可以更快得到客户的反馈。

从一组确定的需求开始螺旋式开发模型需要经过多次连续迭代，也就是建立操作原型，提出需求（在螺旋式开发实际开始之前），继而进行产品开发、测试、验证、确认，最后完成产品发布。螺旋式开发可以把产品开发的过程分成不同的阶段，每个阶段都有不同的目标，使得产品在开发早期无须详细定义所有细节，而是通过在每个阶段验收环节及时获取用户反馈，从而对开发过程进行动态调整，反复修正以确保产品正确。

在螺旋式开发模型中每次迭代需要完成以下工作：

1）评估或重新评估项目成功实施的条件对于利益相关方的意义与影响。

2）确定是否有其他方法可以确保项目实施成功。

3）评估所选方法带来的风险。

4）获得利益相关方的批准同意。

这对设计团队的能力提出了一定要求，如果设计团队采用了螺旋式开发模型，那么他们不仅需要在当前螺旋开发周期内进行开发实现，还需要对下一螺旋开发周期进行设计规划，同时还需要维持先前螺旋开发周期中已部署的需求。

螺旋式开发模式具备了很强的流程规范性，有利于整个设计项目的进度、成本把控，同时对实现目标进行了切分，兼顾迭代特征，使得产品开发的过程更加灵活。该方法注重风险的评估和识别，在每一个阶段确认目标后，需要根据实际情况进行各种评估，通过尽早地发现一些可能存在的问题，降低后续质量问题带来的不必要成本。

6. 世界级产品

在产品同质化越来越严重的今天，企业想打造有别于其他企业的竞争优势，就必须选择做开拓者，而不是跟随者。企业应该树立“大牌意识”，走上精品化之路，为消费者提供更多精而美、具有更多附加值的产品。

企业要形成“大牌意识”，打造核心竞争优势。大企业能够引领带动产业的趋势，这不仅源于产业发展的引导，也是对市场竞争的充分体现，尤其关键的是，它反映了消费市场的需求趋势。只有贴近消费需求，提供消费价值，切实为消费者带来高品质和真特色，才能真正俘获消费者的心。

打造世界级产品绝不仅仅是提高销售额或者改进产品的性能，也不仅仅是改善服务，更重要的是要使产品竞争地位发生改观，企业希望依据一种新的、更有利的某一点重新建立竞争优势。

要做到这一点，企业必须有建立长期竞争优势的技术创新战略。就像飞利浦公司的品牌文化是“感情与简约”，即从对顾客感情出发，使产品简单实用。为此，飞利浦还建立了“品牌战略智囊团”，科学定位飞利浦品牌，大大降低了新品上市的营销成本。

7. 完善的营销计划

一旦企业完成市场细分并选择了所要竞争的目标市场，就要进一步通过市场调查来了解顾客的需求，以便确定其目标顾客群体和所期望的市场位置。顾客需求是企业开发产品的起点，也是企业推出新产品的永续动力。为此，多数企业设立了不同层次的新产品开发小组，成员分别来自企业的各个部门（包括营销），群策群力完成开发任务。

好的营销策略可以帮助一个企业走出困境。市场营销计划对于企业生存和发展有着特别重要的作用。完善的营销准备工作与营销支持能够促进新产品的成功开发，还能帮助企业更好地组合利用资源，明确新产品较长时期内应该达到的目标，从而有利于根据战略需要，前瞻性地组织和配置企业有限的资源，使资源用到最需要和最恰当的地方，最终使同样多的资源发挥出更大的作用，对增强产品的综合竞争能力有巨大帮助。

同时，完善的营销计划还能帮助产品更好地获取市场竞争的胜利。由于战略的整体性和前瞻性，更由于营销计划的制定会充分考虑到行业状况和业内竞争对手的竞争态势，在营销计划中又制定出了针对竞争对手的战略措施，从而有利于企业在与竞争对手的市场竞争中获得竞争优势。

8. 加快开发进程

新产品的推出要考虑到竞争对手的新产品，假如本公司的新产品与竞争对手的新产品在某种程度上同质，那么抢先推出的一方将会获得更多的消费者关注。企业要加快开发进程，抢占市场先机。例如，波音飞机公司采用虚拟原型技术在计算机上建立了波音777飞机的最终模型，从整机设计、部件测试、整机装配到各种环境下的试飞都是在计算机上模拟进行的，这样使开发的周期从过去的8年缩短到了5年，从而抓住了宝贵的市场先机。

新产品的推出时机也应该考虑到老产品的销售情况，最好是在老产品进入衰退期之后推出，不然会加速老产品进入衰退期，造成企业损失。另外，新产品的推出时机也应该考虑产品的销售季节，最好是在应季推出，以吸引消费者的眼球，而且也可以不给竞争对手模仿甚至改进的时机，从而获得市场先机。

并不是说企业做到了这几点就一定能取得新产品开发的成功，但是，抓住了这几个成功的关键要素，能提高产品成功的可能性。企业面临的问题是必须开发新产品，但高失败率又令其望而却步。总之，要创造一个成功的新产品，企业就必须理解它的消费者、市场和竞争对手，并且开发能够向消费者传递优异价值的产品。在寻求和开发新产品的过程中，企业必须制订强有力的新产品开发计划，并建立一个系统的、以客户为导向的新产品开发流程。

3.3 产品设计开发决策过程

根据产品生命周期理论，绝大多数的产品都会经过引入期、成长期、成熟期和衰退期。企业为了避免产品退出市场的无奈，必须未雨绸缪，提早开发新产品。随着现代科学技术的迅猛发展，消费需求变化迅速，产品日新月异，个性化的需求日益增多，市场趋于分散、范围缩小，提早开发新产品成为必然。著名的摩尔定律告诉我们，芯片每18个月性能就要提高一倍，也就是说每18个月成本就会降低50%，而且这个周期还在缩短。美国麦金西管理咨询公司的研究结果表明，如果新产品在预算经费内开发完成，但比计划时间晚6个月出售，那么在开始的5年内，利润将大约减少33%；而如果产品在计划时间内及时推向市场，即使超出预算经费的50%，利润也几乎不受影响。

即使新产品历经磨难，终于研发成功，但也只是意味着脑海中的概念变成了实际的产品，并不代表着市场的唾手可得。例如，2020年某食品企业推出了奶茶店品牌，随着新式茶饮品牌的崛起，该企业也按捺不住，布局了自己的线下茶饮店，然而并没有得到很好的盈利，而是销量惨淡，持续遭遇市场的冷落。对于奶茶店而言，最重要的莫过于新品和主打款产品。而该品牌在产品推出上略慢，这也导致很多消费者因为没有自己喜欢的口味而失落离场。另外，依据其目前的菜单来看，多数奶茶款式的设定都与其他品牌大同小异，没有特别之处，无法与早前入市并且已经分得部分市场份额的奶茶品牌相比较。产品口味跟不上年轻人的喜好，品牌加盟达不到早前的目标，当所有的问题累计在一起，对于奶茶店品牌来说，无疑是致命的打击。

因此，新产品并不一定就能变成滚滚利润源。新产品开发失败的原因多种多样，主要可总结为以下两种：

1）技术与需求不匹配，没有现实需求。市场营销是有时间特性和空间特性的。但许多企业忽视了这一点，苦心研发出的技术要么过时，要么太超前。

因此，新产品开发前，如果不去了解消费者的需要，无异于闭门造车。中国的知名企业中相当多数至今仍没有进行系统的、深入的、定期的、专业的市场调研工作，没有专职调研部门和专项调研预算的企业比比皆是。相反，国外知名的企业很重视市场调研工作。以日本服装业之首的环球时装公司为例，从零售企业发展成日本有代表性的大企业，靠的主要是掌握侦探式销售调查获取第一手活情报。他们在全国 81 个城市顾客集中的车站、繁华街道开设侦探性专营店，陈列公司所有产品，给顾客以综合印象，售货员主要任务是观察顾客的采购动向；事业部每周安排一天时间全员出动，3 个人一组分散到各地调查，有的甚至到竞争对手的商店观察顾客情绪，向售货员了解情况，找店主聊天。调查结束后，当晚回到公司进行讨论，分析顾客消费动向，提出改进工作的新措施。全国经销该公司时装的专营店和兼营店均制有顾客登记卡，详细地记载每一个顾客的情况。这些卡片通过信息网储存在公司信息中心，只要根据卡片就能判断顾客眼下想买什么时装，今后有可能添置什么时装。侦探式销售调查，使环球时装公司迅速扩张，且其利润率较高，连日本最大的企业丰田汽车公司也很难比拟。

2）营销不利。新产品研制成功是为了推向市场，得到消费者的认可，但许多企业没能成功开拓市场甚至造成了严重的负面影响。

例如，2020 年，某借贷软件投放在地铁的一组广告被撤，乍一看文案没什么争议，可细拿其中几句来解读却觉得不适宜，“一家三口的日子再精打细算，女儿的生日也要过得像模像样”，大众认为这是将劳动者的辛酸历程作为营销赚取同情的戏码，滥用亲情营销。尤其是里面多句文案都传递了一种借贷软件使用人群多为奋斗阶层的错误观点。另外一点是，借贷消费本就是人们超前消费的渠道，而这种透支型的消费观念本就很敏感，其宣传文案大张旗鼓地告诉大家超前消费是一件很骄傲的事情，在价值观引导上是极具争议甚至是应该批判的。因此，在开展产品设计开发决策时，应准确分析市场，采用积极正面的营销手段，为产品打开市场。

3.3.1 准确的市场分析

开发新产品是为了最大限度地满足社会和人们的物质文化需要，尤其是要以尚未形成商品的潜在需要为出发点，提出产品设计开发的新构思，合理选择新产品的材质、结构、工艺、表面处理、包装、广告，以及营销策略等。同时，现代的市场观念已经进入个性化的时代，要想取悦所有的消费者是不可能的，因此产品消费群体的设定尤为重要。

从产品市场的需求结构来看，不同类型的消费层是并存的，只是在不同的经济发展时期，某种类型表现得更为突出。因此，作为生产者的企业，产品设计开发的方向需要不断地变化。从市场经济发展过程可以看出，不同的经济发展时期产品设计开发有以下 4 种形式。

1）以企业自身生产为目的的产品设计开发——根据企业自身技术及能力生产产品。在市场经济发展初期，生产者仅从自身产品生产角度出发考虑产品设计开发，大众化的消费社会还没有出现，只要产品被生产出来就能卖出去。这个时期的消费者无法充分发挥自

身的能动性，企业的着眼点只在自身的产品生产上，如果消费者没有特殊的反应，企业就会持续生产该产品。如我国改革开放前期与初期，企业的产品开发状况就是很好的例子。

2）以销售为目的的产品设计开发——追求大批量的销售。在这一时期，大众消费市场逐步形成，企业的产品生产能力和生产批量都达到一定的规模。企业强调市场份额的占有率，以获得大批量的产品订单为目标。产品设计开发从追求产品生产型转移到追求产品销量型。

3）以满足消费者需求为目的的产品设计开发——满足多样化消费需求。此时的社会经济处于调整增长时期，人们的生活水平有了很大提高，消费支出比例增加，大量的广告和产品介绍出现在人们的视野中，使得人们接受了大量的产品信息。消费者根据自己的情况选择产品，自由度扩大。因此，产品市场竞争激烈，企业针对大量的产品市场信息及消费者需求信息进行分析，制定满足不同消费要求的产品设计开发。

4）以创造新生活方式为目的的产品设计开发——创造新的生活方式引导消费。由于社会经济的发展，物质产品极大地丰富，人们生活水平达到了相当高的程度，这时人们在满足产品功能的同时不断追求精神上的满足，对于产品价值观的认识从功能方面逐渐地转移到生活效益上来。企业将面临多样化的产品市场。企业对于人们生活的各个领域多方面的关心与理解，以及通过新产品的设计开发引导人们追求更丰富的物质生活及美好的精神境界，将成为社会关注的焦点。

3.3.2　正确引用技术手段

在设计开发一款新产品时，对技术和质量的选择尤为重要。不要片面追求采用最新技术，最重要的是使新产品尽快上市并占领市场。

1. 功能性设计

随着物质生活水平的提高，人们对产品的功能要求越来越高，功能丰富、操作便捷是人们选择商品的一大标准。企业在开发新产品时，需要特别注意功能设计，以满足人们生活、情感的需要。只有做到这一点，产品才能赢得市场，具有竞争力。如图 3-13 所示为华为多设备智能无线充电板，可为华为手机、平板电脑、耳机、智能手表等支持无线充电的设备提供快充服务，轻松应对多品类设备充电需求。

2. 结构性设计

在产品开发中，结构的合理性关系到产品造型的美观性和使用的方便性，给人以最直观的感受。企业应注重产品的内在与外观两个方面的结构设计工作，如图 3-14 所示为外观与性能并行设计的戴森吹风机，使产品更适合于时代的进步、环境的协调，以及人们的追求。

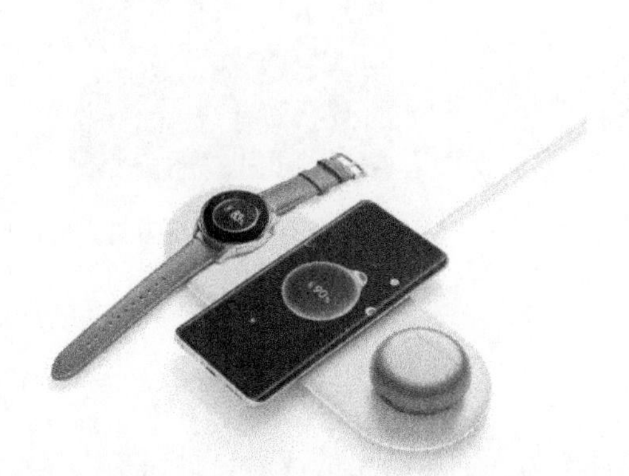

图 3-13　华为多设备智能无线充电板

图 3-14　戴森吹风机

3. 工艺性设计

先进的工艺设计，不仅能保证产品的质量，而且还关系到产品的经济效益，没有先进合理的工艺，新产品只能是新产品，而不能成为市场上需要的新商品。因此企业应把对工艺性设计的要求作为一项重要的工作予以充分重视。如图 3-15 所示为小米透明 OLED 电视，该产品利用 OLED 自发光技术，摒弃了传统背板，带来颠覆性的透明形态，是工艺革新手段的成功设计范例。

4. 包装性设计

包装设计是通过图形、文字、色彩等构成元素，结合平面构成、创意思维、视觉流程等艺术传达形式，在一定的设计理念、版式编排和印刷工艺下创作出具有美感的平面设计形式。包装设计采用了更加科学、严谨、美观的包装构成理论，将错综复杂的设计元素进行有特色、有规则、有韵律的排列，以形成具有艺术性、专业性的设计效果，创造出独具美感的包装设计艺术。近几年，企业逐渐重视产品的包装设计，如图 3-16 所示为农夫山泉包装设计，农夫山泉在瓶身上融入大自然的资产，将植物、美景与包装联系在一起，既展现了自然之美，又展现出品牌的人文情怀。

图 3-15　小米透明 OLED 电视（见彩插）

5. 营销性设计

在现代产品的设计和开发过程中，由于大量新技术的应用，使得产品变得丰富多彩，竞争更加激烈。因此，在产品设计开发时，不仅要注重功能、结构、包装等方面的设计，还要把产品的营销设计也列入新产品上市的全过程中加以重视。营销设计的内容决定着产品市场的占有率，包括广告、销售手段、推销方式，以及售前、售中、售后服务等，使产品设计开发达到一种永无止境的境地。

如图 3-17 所示，某刀具品牌通过食物的零碎与菜板的交错来突出产品锋利的特点，风格俏皮、极富视觉效果，迅速引起消费者的兴趣。

图 3-16　农夫山泉包装设计

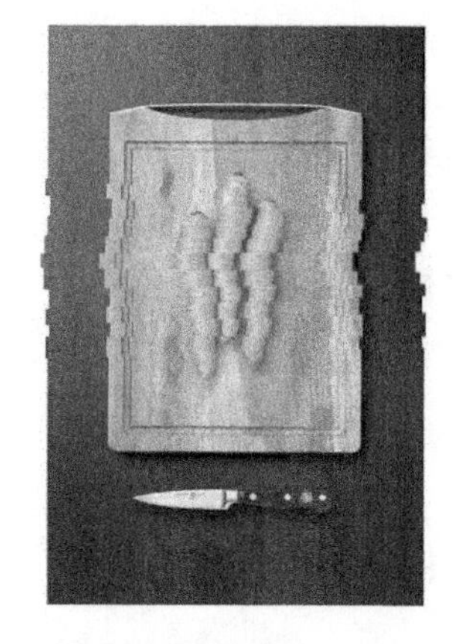

图 3-17　突出锋利特点的刀具广告设计

3.3.3　规划未来效益

设计开发一种新产品最重要的是将设计变为人们所需要的商品，进而扩大生产，形成规模，使企业得到良好的经济效益和社会效益。在开展产品设计时，要专注于新产品的投入效率和生产规模，因此开发工作不能仓促，为使新产品成功上市，必须针对不同阶段采

取相应的措施。

1. 新产品设计开发决策成功的要素

1）了解国家政策。通过投资长期研究，积累研发所需的资料，保证新产品的开发顺应国家产业政策的发展趋势。

2）调查尚未满足的市场需求和市场规模。要了解现有市场上是否有同类产品，优缺点是什么，是否有强有力的竞争对手。

3）估算开发周期。如果开发周期太长，将出现换代产品或替代品，导致开发成本大幅度增长；如果开发周期太短，开发技术不完善，会导致产品质量下降。

2. 产品的市场分析

为了最大限度地满足消费者的需求，可以灵活运用问卷调查法、线上投票调查法、上门调查法等多种方式进行市场分析。了解销售对象及他们能接受的产品价格和产品可能的市场地位等。

例如，国产品牌华为推出了 HDC2021“万物智联”（图 3-18），即“万物互联”加入 AI 技术，将所有设备联合起来，构成“超级终端”。由富士品牌推出的“拍立得”相机（图 3-19），可以在拍摄后让人们立刻拿到纸质照片，使人们随时随地记录生活中的点点滴滴。同时，针对女性使用人群，该相机设计色彩丰富，造型可爱，受到广大女性消费者的喜爱。

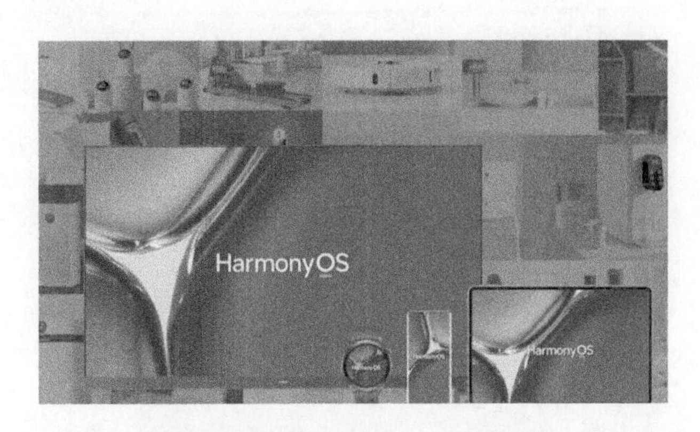

图 3-18　华为 HDC2021“万物智联”

图 3-19　“拍立得”相机

3. 新产品设计开发的原则

新产品设计开发要以“自动化、简单化、节能型、微型化、艺术化、多功能化”为原则，因为从消费者的角度看，他们都喜欢方便、省力、使用舒适、结实耐用、安全无害、节能环保的产品。

珠海格力电器股份有限公司成立于 1991 年，成立至今，公司一直坚持着上述理念，格力品牌空调是中国空调业唯一的“世界名牌”产品。2020 年公司实现营业总收入 1681. 99 亿元，净利润 221. 75 亿元，连续 9 年上榜美国《财富》杂志“中国上市公司 100 强”，2019 年上榜《财富》杂志“世界 500 强”。其业务遍及全球 160 多个国家和地区，如今已经成为行业全球第一。

4. 进行可行性分析

经过市场调研，了解市场需求和客户态度，在对这些资料进行整合分析得到系统全面的信息后需要对市场和产品设计进行可行性分析。可行性分析与研究是产品规划过程中极其重要的一部分。产品分析是否透彻、研究是否全面直接关系到产品开发设计的成败。但是可行性分析过程也不能太长，一个产品只要花时间总能寻找到更好一点的解决方案，一味追求完美有可能会痛失商机。因此在分析研究过程中，一定要找到设计目标与商业目标中的平衡点。

总之，只有对于完美商品的不懈追求，才能使许多梦想中的产品变为现实。产品从开发到上市，是一个环环相扣、稳扎稳打的过程。

本章小结

产品设计开发中需要做的工作很多，而理顺这些工作的关系为设计打好基础，需要一定的程序和方法。产品设计开发采用上述原则，并应用相应的设计手段，一定能大大缩短产品上市时间，提高产品质量，减少废品率，从而提高企业的竞争能力。

本书将产品设计开发分为3个阶段：调研分析阶段、产品设计开发阶段、生产准备阶段。接下来的第4~6章就按照这3个阶段详细介绍产品设计开发的一般程序及相关方法。

拓展视频

设计的原则

本章习题

（1）产品开发设计的要求是什么？

（2）简要阐述产品设计开发中的系统性原则和并行性原则。

第4章

产品调研分析阶段

学习内容——市场调研分析的相关知识。

学习目的——学会市场调研分析方法，能找出设计重点并把设计任务明确化。

课题时间——4课时理论，2课时专项知识实践。

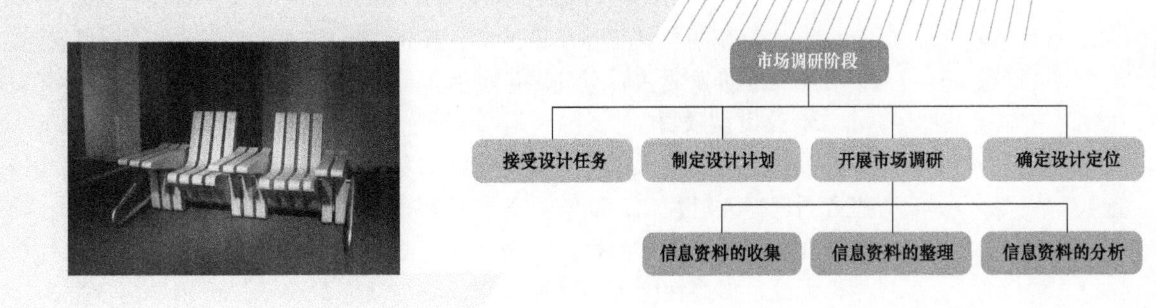

产品设计开发的第一个阶段是市场调研分析阶段（图 4-1）。设计的过程是解决问题的过程，解决问题的必要前提是对现有问题与潜在机会的认识分析。本阶段包括以下 4 部分：①接受设计任务；②制定设计计划；③开展市场调研（主要是信息资料的收集、整理和分析）；④确定设计定位。

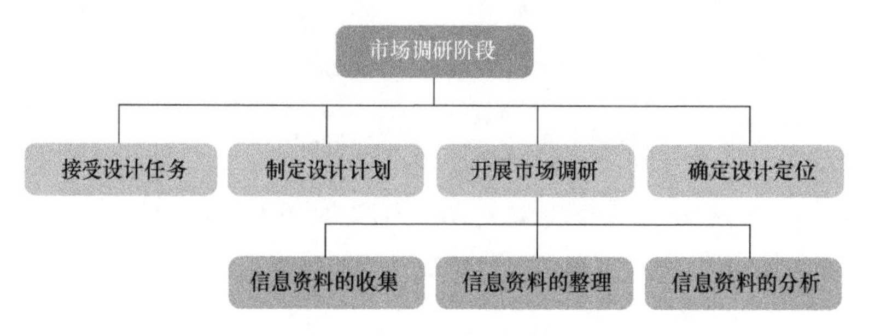

图 4-1　市场调研分析阶段

设计是为了解决问题，但设计更像是一种解决问题的策略。真正的设计师在开发新产品时并不是一味地追求从内而外的创新，而是综合考量市场现有产品、技术、用户习惯和市场趋势等方面对产品进行改善和开发。大多数的设计师更多的是针对性地解决问题，再考虑到市场前景和生产成本等，从而为企业产出一款最终能够盈利的产品。

4.1　任务的发布与接受

4.1.1　设计任务的类型

设计任务因企业需求不同有不同的类型，大概可以分为以下 5 种：

1. 预研项目

预研项目是指预算研发或预备研发项目的统称。一款产品的市场前景不明确，所需技术难度较大或者没有较好的解决方案，但该产品确实与企业战略目标一致时，产品进入预研阶段，也称产品预研。预研项目同样需要经过市场调研、技术分析等阶段，最终生成一份书面的项目计划书和可行性计划书。

2. 全新项目

全新项目是指市场上目前没有同类产品，企业将启用新原理、新技术、新结构和新材料发明创造出产品的项目。全新的产品一般研发时间长，难度较大，需要与目前的市场最新技术对接，甚至独立开发新技术，在整个研发过程中需要花费大量的人力和资金。与之相对应的是研发成功后一旦被市场所接受，企业将获得巨大的经济利润与市场地位。

3. 改良型项目

改良型项目是指在已知主要功能的基础上对其结构、材料、原理和技术等方面中的某些方面进行改进优化，能够显著改良目前产品的弊端或提升产品性能，提高产品的质量、效能和市场竞争力的项目。改良型项目需要基于目前产品在市场上的反馈针对性地设计产品，无论是提高性能还是增加或删减附加功能都要依托于用户的使用反馈。

4. 外观设计项目

外观设计项目是指配合产品功能，方便产品功能实现，为满足消费者视觉感受进行的产品外形设计，主要表现为造型、颜色、色泽、表面处理和功能实现等方面。外观设计并

不是仅凭借设计师个人能力和喜好天马行空地设计，而是要符合不同的国家、民族、社会阶层、年龄、性别、文化程度的人们的审美观念，适应流行色、流行型和其他时尚，同时外观还对功能的实现起到辅助的作用，引导用户正确使用产品。

5. 局部调整

局部调整是指在项目基本确定的前提下对某些功能、结构或外观进行调整或补充。局部调整既包含对目标的调整，也包括对方案的调整。局部调整是要在整体项目不变的情况下在正式生产前对产品进行调整改良，或根据产品在销售初期后的反馈进行后一步生产的调整。

4.1.2　委托方

委托方提供的需求更加完整、准确，设计方提供对的产品或者服务的设计成功的概率就越大。在进行任务描述时要对最终产品的成型标准、实现功能、交付物形态（例如：界面、软件、实物）等进行定性、定量的描述。为了避免因为背景差异而对描述任务时出现的差异，尽可能要进行书面或图片的展示与交流，在大方向确定的情况下进行下一步的交流。

一个产品的概念、设计、生产、销售和反馈不一定需要设计师进行全部的跟进，往往只需要参与一个或几个环节，所以在描述任务时一定要将设计师需要负责的工作内容进行明确界定，并在最终的合同中有所体现，责任分明，避免事后责任归属不明确。除设计本身外，设计师可能还需要与生产环节的技术部门进行配合，或者设计师还需要配合销售环节的营销，明确工作内容的同时还要明确各环节各部门之间的交流方式，避免部门之间对领导权的争论及僭越行为。

任务描述仅仅是简单地对产品的概念进行介绍，在这之后还需要对项目目标进一步介绍，包括但不限于功能、附加功能、外观、应用场景、市场定位等内容，这些细节会引导设计师进行针对性的设计。这个环节往往越详细越好，越明确的设计需求可以极大地提高设计师交付产品的满意度，同时还可以避免设计的返工，节约项目整体流程的时间。

4.1.3　设计方

相对于委托方，设计方在设计任务沟通时的角色更为重要。通常委托方会对产品提出大量的建议与要求，其中有合理的，也有在设计方看来存在明显问题的。对于合理的建议或要求应充分接纳并融入产品设计中。对于存疑的要求，作为设计方，应首先对建议或要求表现出充分的尊重，之后可与委托方深入交流，适度探究其提出该要求的原因，最终在确认存在问题后，对其进行耐心地引导，提供更加合适的解决方案，使其思路逐步进入合理的轨道，为以后的顺利工作奠定沟通的基础。

其中在对设计委托方建议和要求的探讨中，有一个致命的错误就是，千万不要认为设计方自己理解的就一定是委托方的意思，要确定设计方的理解是否与委托方的意思相同。因为每个人的理解都不一样，双方对同一个表述可能有着不同的看法，设计方通常认为自己已经充分理解了委托方的诉求，但真实情况往往并不是这样。此外不要认为跟委托方确定回答是一个多余的步骤，虽然委托方可能会觉得烦琐，但这个步骤非常重要，它直接决定着产品设计的走向。

在一些情况下，委托方与设计方在进行沟通时并不知道自己想要的方案具体是什么样子，可能委托方心中有一些模糊的概念或者想法，但通常无法用语言和文字精准地表达出来。在这种情况下，设计方要学会利用自己的方式去启发对方的思维，例如，从委托方偏好的色彩、风格等方面去挖掘喜好，再引导思考方向，在充分理解并满足设计构想的基础上，进而做出方案，这样往往能更加得到委托方的认同。

设计方除了通过交流了解委托方的要求与委托意向之外，还要对委托方的实力、技术设备状况及该产品现在的产销状况及问题进行询问。有条件的情况下，设计方应对委托方厂家进行实地考察，尽可能多地了解委托方及该项目的情况。

沟通与了解是双向的。我国工业设计产业不够发达，工业设计公司或设计事务所较少，设计的工作程序还不为大多数人所了解，因此在了解委托方的同时，设计方也需要向委托方展示以往的设计成果、设计文件，以及设计环境、设备、模型工作室等，并详细介绍自己的工作原则和工作程序，及时征求委托方的意见，通过展示自己的专业实力，增加委托方的信心。

关于设计方与委托方沟通的建议如下：

1）主动倾听和有效倾听。

2）通过提问、探询意见和了解情况，确保更好地理解。

3）开展引导，增加团队知识，以便更有效地沟通。

4）寻求事实，以识别或确认信息。

5）通过训练来改进沟通方式和取得期望结果。

6）通过协商，达成各方都能接受的协议。

7）解决冲突，防止破坏性影响。

8）概述、重述，并确定后续步骤。

在充分沟通并达成设计共识后进入商务谈判的程序。但如果此时委托方仍有犹豫，可能是委托方初次接触产品设计，对投入情况还需进一步了解。面对这种情况设计方可以采取边工作边谈判，暂且不谈价格的方式；也可以率先拿出一个《可行性研究报告》和《产品设计计划书》（详见 4.2 节）供委托方参考。

设计任务因委托方要求而异，要针对委托方提出的产品问题寻求正确的设计解决方案。因此在确定设计内容时，要收集大量的信息资料。这些信息资料与后期的分析设计定位等内容密不可分，影响到设计项目的成败。委托方的设计项目一般为全新设计和改良设计。设计方首先必须发掘现有产品的缺点和劣势，与客户进行交流，克服缺点，将创新点融入新产品中，使其与市场上现有产品相比存在优势。这是设计项目中尤为重要且必不可少的一步。

【案例 8】步步高家教机

步步高家教机是步步高教育电子有限公司旗下推出的一款辅助学习的工具。2019 年 6 月，步步高创新研发出“智慧眼”功能，将智能语音、智能图像识别及指尖定位技术应用于学习领域。孩子们可以用手指指着课本、练习册、试卷直接提问，哪里不懂指哪里。全国教材同步，一线名师视频讲解，孩子们在家安心学习，不用去辅导班。该产品还具有语文、英语智能语音听写功能，标准发音报读，可语音控制报读节奏，与学校老师听写方式一致，让孩子的听写作业不再依赖家长。该产品装有专属学习类应用商城，可兼容市面主流在线学习类应用，并对各省市中小学教学应用进行专门适配。此外该产品还有家长管理功能，家长下载手机应用绑定家教机后，随时随地可对家教机进行管理，掌握孩子使用情况。

【案例 9】方太水槽洗碗机

方太水槽洗碗机将水槽、洗碗机、果蔬净化机融合于一体的设计是出于对中国家庭厨房的洞察。大部分中国家庭厨房的空间都不大，但由于烹饪习惯，往往需要放置很多的锅碗瓢盆、瓶瓶罐罐。台面或台下空间的占用让本就不大的厨房显得更加拥挤，操作起来也

十分不便利。

同时可以发现，无论清洗什么，整个厨房的清洗中心都是围绕水槽展开的。那么如果将洗碗机也安置在水槽的位置，就不会占用额外的空间了。并且设计者观察到中国家庭虽然很多是双水槽的设定，但另一个水槽大部分的功能是用来过渡、沥干，使用率不高。通过这些观察，再加上中国人对于食材安全的考虑，让双水槽的其中一个水槽变成一个可以用来洗碗、洗果蔬，满足大部分情况下清洗需求的空间也就顺理成章。不仅如此，一些嵌入式洗碗机，安装条件相对比较苛刻，如果没有提前预留空间，可能安装相对麻烦，需要重新改造。

方太水槽洗碗机，则可以利用其水槽本身的特殊性，让安装变得相对简单，对于水电的改装要求也不会很繁杂。这就让更多的潜在消费者在具有购买欲望的同时可以很快购买，而不会因为重新装修的顾虑迟迟不能下手。

【案例 10】变形椅

椅子是世界上最主要的家具，与人类的生活、工作紧密相连，几乎所有的设计大师都对椅子设计情有独钟。普通家用椅通常只能满足特定环境下或配套设施齐备下的使用，在户外或者临时使用时就显得十分不便，对家用椅的改造是设计师钟爱的方向之一，如图 4-2 所示。

这款设计来自波兰设计工作室。它最初的设计灵感来自设计师的一个窘境。当他在花园中饮用咖啡的时候发现没有地方放咖啡杯或者报纸，于是这款利用中轴进行变形实现合理空间利用的 Coffee Bench 诞生了。

图 4-2　变形椅

该设计富有相应的功能变化及艺术的美感，符合追求生活品质及时尚前卫的青年使用。此变形椅造型简洁，别具一格，使用多样化，重视个性发展、关注人性化。其独特的桌椅组合满足了对自由个性生活的向往。

在设计实践中，设计的提出会有多种方式。企业中的设计师是从企业决策层以及市场、技术等部门的分析研究中获得设计任务；设计公司是受客户委托得到具体项目；自由设计师甚至可以直接通过对市场的分析预测找出潜在问题进行设计开发。无论设计任务是由谁提出的，最重要的是遵循科学的产品设计开发原则和流程。

具体的设计项目需要设计师与企业之间保持良好的沟通与协调。在此基础上，设计师才能明确企业开发产品的目的、意图与方向，制定出准确的设计目标，从而创作出优秀的产品。企业无论是作为客户还是雇主都应向设计师提供产品有关信息，包括产品的样机、使用方式、工作原理、基本装配、开发意图、目标客户群等。同时，设计师与企业之间应该相互了解，即设计师应了解企业自身所具备的条件、生产能力和未来可达到的生产技术能力，企业应了解设计师所拥有的设计能力及可提供的服务等。双方的相互信任和共同协作是产品成功开发的基础。

4.2　制定设计计划

完整全面的书面文件是设计的良好起点。书面文件应包括设计的商务合同协议、项目的技术要求，以及所要达到的预期目标等。其中一份详尽的产品设计计划书是极为重要且必不可少的一部分。设计计划是对以设计目标为指引的具体设计程序的规划，需要对整个设计研发过程中各个阶段的时间安排、人员分工、费用预算、方法手段、目标要求等一系列因素做统筹规划并尽可能量化的规范安排，以便于之后对项目的控制管理、验收评价与企业后续的生产和市场推广计划。

产品设计计划书应至少包含以下 3 个部分：①项目进度计划书，②市场调研计划书，③可行性计划书。

4.2.1 项目进度计划

根据委托方的时间要求制定时间进程计划，展示整个设计过程，具体过程可分为发现问题阶段、分析问题阶段、发展问题阶段和移交阶段。发现问题阶段是项目初始阶段，目的是明确项目主要针对的对象及问题；分析问题阶段就是对发现的问题进行细致的剖析，使得问题由笼统变得具体的阶段；发展问题阶段即针对性地解决问题，完善项目产出的阶段；最后将项目移交给整体项目的下一个负责部门继续项目的孵化。制定项目进度计划主要是为了合理地安排时间，有助于委托方统筹安排生产计划和销售计划，并确定生产投入规模与资金的阶段分配。

制定项目进度计划应注意以下 6 个要点：

1）明确设计内容，掌握设计目的。

2）明确该设计自始至终所需的每个环节。

3）弄清每个环节工作的目的及手段。

4）理解每个环节之间的相互关系及作用。

5）充分估计每一个环节工作所需的实际时间。

6）认识整个设计过程的要点和难点。

在制定项目进度计划过程中，可将设计计划的相关内容绘制成“项目总时间表”（表 4-1），以表格的形式展示，或绘制成甘特图（图 4-3），使设计计划更为直观和明了。

表 4-1　项目总时间表

内容		时间					
调研分析阶段	接受设计任务						
	制定设计计划						
	市场调研						
	设计定位						
产品造型阶段	设计构思						
	设计草图						
	产品工学设计						
	方案初审						
	方案优化						
	色彩方案						
	产品效果图						
生产准备阶段	绘制工程图						
	样机制作						
	试产及推广						
	设计评判						

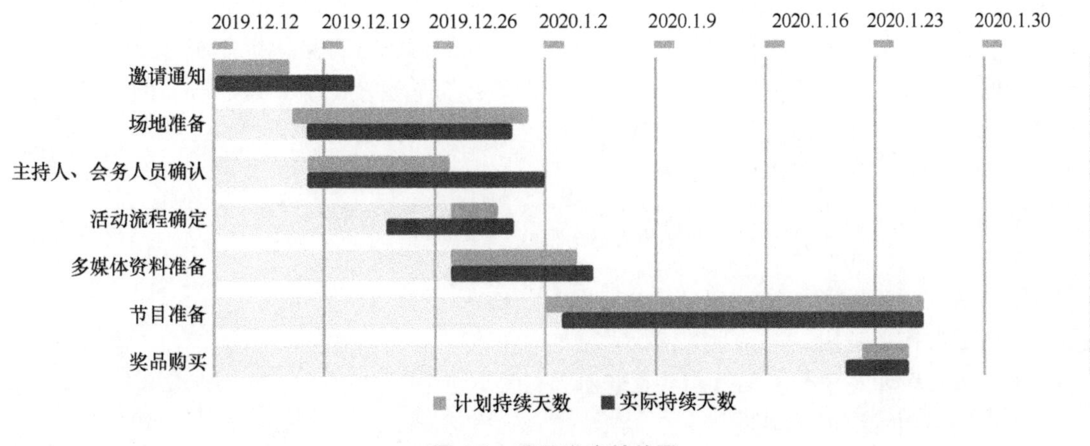

图 4-3　项目进度甘特图

4.2.2　调研计划制定

市场调研计划是指调查研究和调查类型的综合体，并在调研目标指导下，全面实施的评估战略。在确认调研计划目标后，可以为有效的调研计划提供标准，理解这些标准有助于设计方评价不同的调研类型，并从中选择最合适的调研类型。

设计调研的计划便是设计工作开展的方向，关乎设计工作的开展是否存在意义。不同的委托方，不同的产品也会存在一定的差异，因此不同的产品进行调研工作时的调研计划也会不同。调研工作中的调研计划，首先需要设计方整理总结企业产品或之前类似产品在销售过程中遇到的问题，挑选总结具有代表性的问题作为书写调研计划的参考。其次是分析企业产品的特性，不同的产品需要采取不同的调研方式，产品不同，企业所应对的市场也不同，因此调研计划也不同，把握企业产品特性是制定一份合理有效调研计划的基础。最后，尽可能在调研计划的最后起到宣传企业产品的作用，这样的调研不仅是一次信息收集分析与研究，更多的是了解产品所处的行业地位。

调研计划需要将定量方法和定性方法结合。定性用于明确调研问题的界限，可以为经验性的调研做好准备，同时它也为企业在解释资料和开拓进取方面提供了思路，定性研究的结果是设计定量研究方法的主要依据。定量经常用于描述消费者的性质、态度和行为，它的重要性体现在评价和改善产品及传递设计方面。它可以为企业提供大量数据，根据这些数据，企业可以对消费者群体进行广泛的推理论证，并以此为基础，进行消费者满意度、产品特性的重要性、产品质量差距、产品评价，以及与同业主要竞争者比较的定量研究。由此可见，有效的市场调研计划必须是定性方法和定量方法的有机结合。

此外还需满足消费者感知和期望的结合。消费者评价产品质量的基本原理是产品期望与实际感知之间的比较，因此要全面了解消费者评价产品质量的过程和结果，在调研中仅仅获得消费者感知产品质量的评估是不够的，还需要运用多种方法来评估消费者的期望。

4.2.3　可行性研究报告

可行性研究报告是在制定某一项目之前，对该项目实施的可能性、有效性、技术方案及技术政策进行具体、深入、细致的技术论证和经济评价，以求确定一个在技术上合理、经济上合算的最优方案和最佳时机而写的书面报告。

产品设计开发的可行性分析，则是根据甲方的要求，设计方经过市场调研，对与新产品相关的经济、法律、技术等条件有了一定认识，科学地分析产品设计的方向、潜在的市场因素、要达到的目的、项目的前景，以及可能达到的市场占有率、企业实施设计方案应当具有的心理准备及承受能力等问题。这一报告的目的是使设计师对目标产品的设计开发有深入的了解，以便明确自己实施设计过程中可能出现的问题与状况。

可行性研究报告的基本构架如下：

第一章：项目总论

第二章：项目环境分析

第三章：行业投资分析

第四章：市场分析

第五章：企业竞争分析与项目规模选择

第六章：项目组织与实施

第七章：投资估算与资金筹措

第八章：项目经济可行性分析

第九章：风险分析及规避

第十章：结论与建议

第十一章：附件

在可行性研究中，设计方应根据项目的特点，合理确定可行性研究的范围和深度，具体应按照下列步骤开展咨询工作。

1）了解甲方意图。

2）明确研究范围。

3）组成项目小组。

4）搜集资料。

5）现场调研。

6）方案比选和评价。

7）编写报告。

可行性研究报告的主要内容是以全面、系统地分析为主要方法，以经济效益为核心，围绕影响项目的各种因素，运用大量的数据资料论证拟建项目是否可行；对整个可行性研究提出综合分析评价，指出优缺点和建议。为了结论的需要，往往还需要加上一些附件，如试验数据、论证材料、计算图表、附图等，以增强可行性报告的说服力。

4.3 市场调查

市场调查（Market Research）就是指运用科学的方法，有目的地、系统地搜集、记录、整理有关市场营销的信息和资料，分析市场情况，了解市场现状及其发展趋势，为市场预测、产品设计和营销决策提供客观的、正确的资料。

4.3.1 市场相关调查

1. 市场环境调查

市场环境调查一般使用 PEST 分析法进行调查。PEST 分析法是指从政治（Politics）、经济（Economy）、社会（Society）、技术（Technology）4 类因素了解宏观环境的现状及变

化趋势，该法主要用于行业分析。进行宏观环境因素分析时，由于不同行业和企业都有自身特点和经营需要，分析的具体内容会有差异，但是一般都应对上述4类影响因素进行分析。

P：政治环境（Politics），通过政治环境分析，可以发现新的经营机会，或提前识别潜在的经营风险。当然，这些机会或风险往往难以通过数据模型进行量化分析，更多的是作为一种定性结论，为有远见的企业家提供趋势研判的参考依据。关于政治环境的分析方法，还可以结合企业内控工作，定期开展“合规性义务评审”，全面考查企业适用的法律法规和政策清单，针对清单上的年度更新内容，进行延展性应用分析。

E：经济环境（Economy），是指一个国家的经济制度、经济结构、产业布局、资源状况、经济发展水平，以及未来的经济走势等。构成经济环境的关键要素包括GDP的变化发展趋势、利率水平、通货膨胀程度及趋势、失业率、居民可支配收入水平、汇率水平、能源供给成本、市场机制的完善程度、市场需求状况等。

S：社会环境（Society），是指企业所在社会中成员的民族特征、文化传统、价值观念、宗教信仰、教育水平，以及风俗习惯等因素。构成社会环境的要素包括人口规模、年龄结构、种族结构、收入分布、消费结构和水平、人口流动性等。社会环境的变化，常常是从量变到质变的长期演化过程，所谓“冰冻三尺，非一日之寒”。分析社会环境，重在见微知著，及早发现趋势，及时评估影响，识别出外在的机遇和威胁。

T：技术环境（Technology），技术环境对行业的影响至关重要，尤其是对于叠加政治、经济、社会因素影响的技术变革趋势的影响较大，如“新基建”“数字中国战略”“中国制造2025”等，企业应当及早做出反应。在技术产业化的过程中，尚未形成稳定成熟商业模式的时候，就应当给予紧密的关注，必要时，应在企业内部设立相关的研发课题或项目。

2. 市场状况调查

无论是全新产品还是改进型产品都需要针对市场状况进行调查，主要包括总量和占有率两个方面。

市场总量是指该类产品在当前市场环境下的总销售额，某些情况下也包括未被开发出来的潜在销售额。知道市场总量就可以大概预测市场对该类产品的需求，进而得出产品的预计产量。

市场占有率也可称为市场份额，其定义为某一时间，某一个公司的产品（或某一种产品）在同类产品市场销售中占的比例或百分比。市场占有率是判断企业竞争水平的重要因素。在市场大小不变的情况下，市场占有率越高的公司，其产品销售量越大。同时由于规模经济的作用，提高市场占有率也可能降低单位产品的成本、增加利润率。

3. 市场趋势

市场趋势是指未来一段时间该类产品在市场中的销售价格的走向，对于设计师来说，不仅要关注产品价格的未来趋势，还要关注该类产品在未来是否会出现替代品，是否会因为某些原因不再需要该类产品或者未来该类产品是否会成为主流产品等方面。

4.3.2　产品情况调查

产品情况调查是针对市场中现有产品或技术的调查，大概从以下4个方向进行调查：同行业主流产品，主流竞争产品，前沿性产品，新材料、新技术、新原理。对于竞品的调查可以让设计师针对对方的竞争力来调整设计策略，提升现有竞争点或开发新的竞争点。对于前沿产品的了解可以帮助设计师了解该类产品的设计趋势和产品的未来走势，使得设计的产品不落后。对于新材料、新技术和新原理的了解可以帮助设计师更好地对产品进行创新，大大提升产品的性能和质感。

4.3.3 消费群体调查

消费者类型可按照性别、年龄、性格三方面来区分，这三种区分方法必然会产生交集。

1）按性别可以分为男性消费者和女性消费者。

男性消费者的需求十分明确并且决策迅速，他们大多以被动消费为主，主动消费的频率较低，在进行购买决策时理性大于感性，消费过程力求简单同时注重产品的实用性，但在某些场合由于好面子会产生冲动消费。而女性的消费偏好与男性有很大不同，女性的消费目标市场模糊不清，决策过程较为缓慢，她们的购买动机不强，往往会受到消费场景和周围人群的影响，并且女性容易情绪化，伴有冲动消费，女性常常追求自我体验，有更高的意愿展示自我，对产品外观较为敏感。

2）按年龄可以分为儿童、青少年、青年、中年和老年。

儿童消费者的出发点往往基于好奇和好玩，容易模仿周围人群，同时情绪化严重，易冲动消费；青少年的消费习惯除了与儿童在好奇心重、喜欢模仿等方面相同外，他们更追求个性的展现，会听取同龄人的意见，购买习惯会逐步趋于稳定；青年同样会追求时尚与个性，他们的消费缺乏理性，品牌意识较弱，对于品牌的忠诚度较低；中年人在一般情况下理性消费大于感性消费，并且往往有预算制约，更加注重产品的性价比和实用性，由于有一定的经济压力，他们的消费过程存在压抑状态；老年人较为重视产品的实用性，消费习惯稳定且理性，消费过程追求便利，喜欢被尊重的感觉。

3）按性格可以分为习惯型、理智型、经济型、冲动型、情绪型和不定型。

习惯型消费者属于忠实消费者，他们对某个品牌会比较忠诚，对单一品牌会存在重复购买行为；理智型消费者没有明确的消费观念，只有产品对当下自己产生价值时才会考虑购买，他们在购买产品的过程中一般都会深思熟虑，认真思考，喜欢做对比，比较冷静，情绪化购买欲望低；经济型消费者对于价格较为敏感，极为重视产品的价格，善于发现同质化产品的价格，品牌忠诚度低，易于更换产品；冲动型消费者经常会受到品牌、外观及周围人的影响，追求产品的美观、新产品等，比较喜欢满足自己的兴趣，不会太在意产品的用途、性能等，故容易受广告和别人推荐的影响；情绪型消费者购买决策往往受到情感的左右，易于情绪化，他们的情绪体验较为深刻，想象力比较丰富；不定型消费者没有固定偏好，购买随机，购买心理和行为难以测量。

4.3.4 市场调查类型

1. 按照调查目的分类

按照调查的目的可分为基础性调查与应用性调查。例如，“消费者口碑的扩散机制”属于基础性调查，“新产品的定价应该在 10 元以下吗?”则属于应用性调查。此外，也可分为辨别问题（What）与解决问题（How）。例如，“市场潜力测量”为辨别问题，“定价策略”则为解决问题。

2. 按照调查的方法分类

按照调查的方法可分为定性调查与定量调查。定性调查是指收集、分析和解释那些不能被量化的数据或不能用数字概括的数据。通常采用非结构询问或观察技术，并且只研究相对较少的受访者或单位。定性调查主要用于研究某个问题的最初洞察观点、意见或理解，而不是建议最终的行动路线。例如，对某产品的市场定位研究，在产品开发之初企业并不了解消费者对产品有哪些期待或有哪些需求，此时可用定性调查方法来对市场进行调

查，探究消费者对产品的功能、外观及质量方面有哪些期待或要求。

定量调查的特点则为更具有结构性、规模性和代表性的受访者样本。相比定性调查，定量调查是需要特定数据、能提供最终行动路线的情景服务，定量调查的主要作用是测试预感或假说。例如，对某产品的消费者期待程度、市场占有率、市场满意度，以及回购率等问题的调查就属于定量调查，可以用来对产品进行预期分析或售后反馈分析。

3. 按照调查的性质分类

按照调查的性质可分为探索性调查、描述性调查与因果性调查。

1）探索性调查是通过对一个问题或一些情况的探索和研究，达到对问题的进一步了解和理解，由此产生想法和思路。当对问题性质不能肯定时可选用探索性调查。这种调查有助于把一个大而模糊的问题表达为小而准确的子问题，并识别出需要进一步调查的信息。例如，某公司的市场份额去年下降了，公司无法一一查知原因，就可用探索性调查来发掘问题：是经济衰退的影响，是广告支出的减少，是销售代理效率低，还是消费者的习惯改变了等等。探测性研究经常用来定义问题。

2）描述性调查用于描述研究对象的特征或功能。当对有关情形缺乏完整的知识时可采用该方法。描述性调查是寻求对“谁”“什么事情”“如何”等这样一些问题的回答。它可以描述不同消费者群体在需要、态度、行为等方面的差异。描述的结果可用作解决营销问题所需的全部信息。例如，某商店了解到该店67%的顾客主要是年龄为18～44岁并且经常带着家人、朋友一起来购物的女性。这种描述性调查提供了重要的决策信息，使商店特别重视直接向该年龄段的女性顾客开展促销活动。

3）因果性调查是调查一个因素的改变是否引起另一个因素改变的研究活动，目的是识别因素之间的因果关系，进而分析因果关系存在的原因，寻找解决问题的途径。它要通过对多种因素的研究来确定产生问题的研究。例如，保持其他因素不变，改变某一个因素看它会导致什么样的结果，又如预期价格、包装及广告费用等对销售额的影响。

调查类型也可从收集资料过程中的下面两个角度入手。一是有关产品服务用户的资料调查，包括用户对产品的功能需求，消费者能够接受的产品价格，以及使用过程中产生的费用；可靠性及耐久性，产品操作上的方便程度和使用过程中的维修难度。二是有关市场方面的资料调查，包括市场对该产品的需求，市场上类似产品的销售情况，以及相关产品所占市场份额的比重。

例如，图4-4中的柱形图显示的是不同人群对于手机销售因素的关心程度，企业从中可以找到工作的重点。

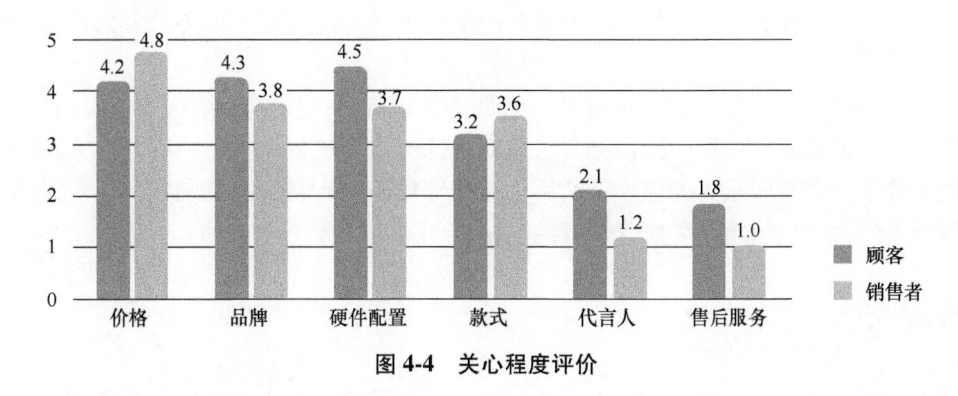

图4-4　关心程度评价

4.3.5　市场调查程序

产品市场调查分为如下8个步骤。

（1）确定调查的必要性　并不是在做出每一项决策时，都需要开展市场调查。在可用信息已经存在，没有足够的时间与资源或调查成本高于信息的价值等情况下，开展市场调查是不必要的。

（2）界定调查的问题　通过准确地定义调查问题，使研究者明确调查目的和具体目标，从而把握调查的方向，使研究结果真正为制订管理决策提供有效的信息。研究者可以通过与企业决策者讨论、访问行业专家，分析数据和开展定性研究等一系列手段来界定问题。确定问题的同时需要确定调查的具体目标，一个完整清晰的调查目标通常由调查问题、研究假设和调查范围三个部分组成。

市场调查问题的界定通常分解为两个步骤：①“宽泛的陈述”，用一两句话加以概括；②在此基础上再分解成“具体的组成部分”。

（3）设计调查方案　设计调查方案是关于数据收集、样本选择、数据分析、研究预算及时间进度安排等方面的计划方案，是研究过程中非常重要的指导性文件，通常表现为正式的市场调查计划书或合同书。调查问题明确之后，设计调查方案涉及一系列相互关联的决策，其中最重要的决策就是调查类型的选择，即决定研究者到底进行探索性调查、描述性调查还是因果关系调查。调查类型的选择也决定了调查方案中数据的收集方法、问卷设计、样本设计，以及时间和经费预算等一系列相关的决策。

（4）数据收集方法设计　确定收集数据的种类和来源，决定数据收集的方法。

（5）样本设计　首先是确定研究总体。其次是确定样本的元素，即我们选择哪些样本元素作为样本。最后是确定样本的容量，也就是我们抽取总体中的多少元素作为调查对象。样本的大小应以适中为宜。

（6）现场调查、收集数据　为保证所有的现场调查人员按照统一的方式工作，开展调查前需要就每一项工作制定详细的说明。执行现场调查的人员主要有访问员、督导员和调查部门的主管，在实施现场调查前，上述人员都要接受不同层面的培训，特别是对访问员和督导员的培训。培训分一般技能、技巧的培训和项目培训。为控制误差和防止访问员作弊，通常在人员访问完成后，督导人员会根据计划对受访者按一定比例进行回访，以便确认是否真正进行了调查，以及调查是否按规定的程序进行。

（7）分析数据、解释结果　数据分析工作包括数据的编辑、编码、录入、检查错误等准备工作，也包括各种统计分析，分析的目的是检验相关变量之间的关系，解释分析结果并提出结论和营销建议。

（8）沟通研究结果　一般来讲，研究报告从形式上分为书面报告和口头报告，书面报告又可分为一般报告和技术报告。在准备和提交报告时，认真考虑报告对象的性质是非常必要的。

对于报告的格式，没有统一的要求，但是通常也有一个基本的结构。在报告的开始，应有对研究问题和研究背景的概述，并对研究目标进行清楚和简略的说明，对采用的研究设计或方法进行全面而简洁的表述；其后，概括性地介绍研究的主要发现，以及对结果的合理解释；最后，提出结论和对管理者的建议。

4.3.6　市场调查方法

调查方法多种多样，根据调查重点的不同可采用不同的方法。常见的调查方法有文献调查法、访问调查法与问卷调查法等。调查前要制定调查计划，确定调查对象和调查范围，设计好调查的问题，使调查工作尽可能方便快捷、简短明了。通过科学全面地调查，收集到的资料才能为设计师分析问题、确立设计方向奠定基础。

1. 文献调查法

文献调查法是针对目前市场上已有的信息进行查询、收集，进而得到有助于此次市场调查及后续工作的调查方法。文献调查法几乎是所有市场调查开始时首选的方法，与其他实地调查相比，文献调查法有以下几个特点：

1）文献调查是查询、收集目前已经加工过的文案信息，而不是初步调查时收集到的原始数据。

2）文献调查主体是收集文献信息、历史资料，具体表现为此次调查之前的各种文献、调查报告、前人研究等。

3）文献调查的资料收集包括收集静态资料和动态资料两个方面。静态资料主要体现在前人对当前市场、产品的定义性描述；动态资料重点在于收集能体现市场动态变化的历史资料和现实资料，文献调查更偏重于对动态资料的收集。

2. 访问调查法

访问调查法是通过访问员与调查对象接触，收集有关资料的社会调查方法（图 4-5）。访问调查法可以分为结构式访问和无结构式访问。结构式访问是实现设计好的、有一定结构的调查问卷的访问。调查人员要按照事先设计好的调查表或访问提纲进行访问，要以相同的提问方式和记录方式进行访问。提问的语气和态度也要尽可能地保持一致。无结构式访问没有统一问卷，调查人员与被访问者进行自由交谈。它可以根据调查的内容，进行广泛的交流。例如，对商品的价格进行交谈，从而了解被调查者对价格的看法。

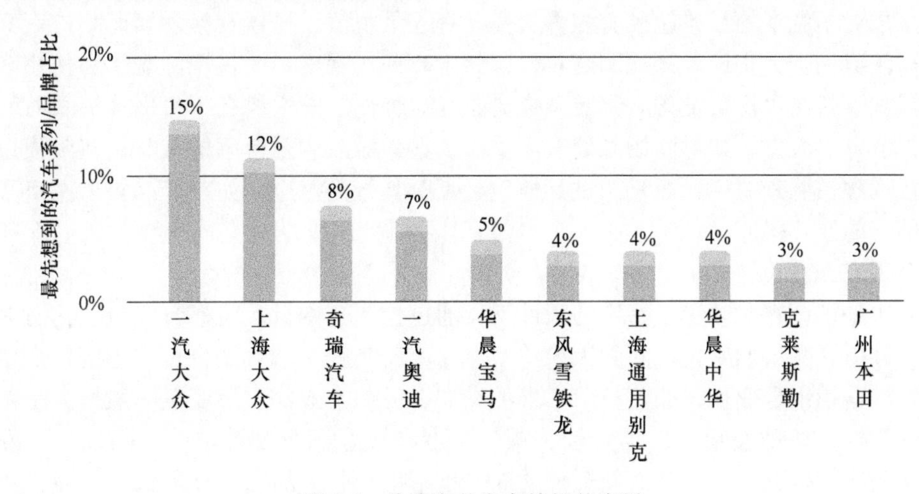

图 4-5　收集有关汽车的相关资料

访问调查的优点是搜集资料的完成率较高，提问方式较灵活，可以对一些问题作深度调查；缺点是访问质量取决于访问者的水平与能力，面对面访问实施费用较高，时间和人力花费也较大，无法使被访者完全匿名导致对其答题结果会有所影响。

3. 问卷调查法

问卷调查法是市场调查中最普遍、应用最广泛的一种方法。问卷调查需要根据调查目的和要求，将需要调查的问题具体化，使调查者能在回收问卷后得到必要的信息和资料并且便于之后的统计分析。一份较好的问卷对于问卷设计人员有较高的要求，需要设计人员具备统计学、社会学、经济学、心理学，以及调查内容相关知识。问卷调查法具有以下特点：调查方式实施方便，可以提高调查精度；通过问卷易于将得到的资料进行统计学处理和定量的分析；问卷的内容和问题较为确定，可以避免被调查者偏移主题，节省调查时间，提高调查效率。

问卷的一般结构如下：

（1）问卷标题　明确调查的主题，被调查者可以通过问卷的标题对即将回答的问题方向有一个大致的了解，标题要简单明了，避免表现得过于高深。

（2）问卷说明　一般放置于问卷开头，此处需要说明调查的目的、意义，以及问卷即将用于何处，部分问卷还需写明填表须知、提交时间和其他需要说明的问题。

（3）被调查者的基本情况　指被调查者与问卷内容或调查主题相关的基本信息，如性别、年龄、职业、学历层次等。

（4）调查主题内容　此处是问卷的核心部分，将调查者需要了解的内容以提问的方式呈现，引导被调查者说出答案。

（5）编码　在使用纸质问卷时，需要对问卷进行编码，方便后期进行统计整理。

4. 观察法

观察法是一种调查者直接对被调查对象进行观察的调查方法，调查者需要实地到现场进行观察记录来取得市场信息资料。观察法不需要也不能直接向被调查对象进行提问并获取回答，而是凭借调查者的直观感受或利用器材如实地记录现场状况，以此来获得被调查对象的活动信息和现场事实信息。

按照参与程度可分为完全参与观察、不完全参与观察和非参与观察。完全参与观察是指调查者长期生活在调查的环境中，甚至需要改变调查者的原有身份；不完全参与观察指调查者不改变身份，只在进行调查时进入被调查环境进行观察、取得信息；非参与观察指调查者不进入调查活动，只以旁观者的身份观察市场和发展情况，这种观察较前两种观察更加客观，但弊端是观察结果通常只停留于表面，无法了解深层原因和内部情况。

观察法对于观察的具体途径有多种选择，有人员观察、机器观察和实际痕迹观察。人员观察指派遣调查者实地观察被调查对象，如生产现场观察、销售现场观察和使用现场观察；机器观察指通过机器设备观察被调查对象，这种方法的优势在于可以连续长时间地进行观察，节省了人力，如对商场某处人流量的观察、对饭店翻台率的观察；实际痕迹观察指不直接观察被调查对象，而是通过其他途径了解其行为痕迹，如在产品售后网点了解产品不同部位的损坏率。

5. 实验法

实验法是把调查对象置于一定的条件下，通过控制自变量，观察自变量变化对因变量的影响，分析这些市场变量之间的因果关系。在市场调查中，自变量也称为解释变量，通常是典型的营销组合变量，如价格、广告的类型、促销方式等。因变量一般指的是衡量营销绩效的指标，如销售量、市场份额、顾客态度和顾客满意度等。在产品设计开发过程中，实验法比较常见的应用是将新开发的尚未批量生产的产品给被试者试用，或在小范围内试销，分析研究收集到的相关试用信息，对产品进行评价，及时发现产品可能存在的缺陷并提出合理的改进方案。实验法比较客观，富于科学性，但所需时间较长，成本较高。

在各个具体的设计调查中，调查对象的选择方式要根据实际情况而定。一般来讲，调查对象的选择方式主要有全面调查、典型调查和抽样调查 3 种方式。

（1）全面调查　是指全面性的普查。

（2）典型调查　是指以某些典型个体为调查对象，根据获得的有关典型对象的调查数据来推至一般情况。

（3）抽样调查　是指从调查对象的总体中，按照随机原则抽取一部分作为样本，并以样本调查的结果来推出总体的方法。抽样调查的特点是：抽取样本比较客观，推论总体比较准确，调查代价比较节省，使用范围比较广泛。

6. “焦点”访谈法

“焦点”访谈法，又称为小组座谈法，是调查者选择一组与此次调查相关的客户或者消费者，以会议的形式进行访谈，其中需要有主持人的主导，使得整个访谈就相关专题进行询问回答，进而更深入地了解被调查对象。该法与访问法的区别在于，“焦点”访谈法不是针对单个被调查对象进行，而是同时与多个被调查对象进行访谈。在访谈中多个被调查对象会相互影响，相互作用，进而对问题进行更深入的探讨。该调查方法对于访谈主持人的要求较高，需要熟练掌握访谈技巧，并且还要有驾驭会议的能力。

“焦点”访谈法的实施步骤如下：

（1）做好会前工作　确定会议主题、确定会议主持人、挑选与会人员、选择会议场所和时间、确定访谈会次数、准备会议所需的演示及记录用具。

（2）把控会议全过程　把握和围绕会议主题、做好与会者之间的协调工作、认真记录会议内容。

（3）完善会后工作　及时整理和检查会议记录，复盘会议过程，保证会议内容可靠，做好必要的补充调查，分析和讨论结果。

4.4　用户研究

拓展视频：用户调研

在进行设计之前往往要对目标用户进行研究，从而使得下一步的产品定位能够更加明确，其中常用到的方法有用户画像、情景地图和场景分析。

1. 用户画像

用户画像最早由交互设计之父艾伦·库伯（Alan Cooper）提出，是指使用虚拟化的用户来代表真实用户。虚拟用户是从一系列的实际数据中建立的用户模型，也是利用真实用户某些特征标签归纳总结出来的具象化模型，这些标签通常描述了用户的基本属性、社会特征、消费习惯和生活偏好等，如图 4-6a、b 所示。

用户画像的核心工作是为一个空白的虚拟用户贴标签。首先明确研究用户，针对目标用户进行大量的数据收集，然后归纳总结出这些目标用户的共同特征，最后将这些特征标签赋予虚拟用户，用标签使虚拟用户具象化。标签需要覆盖人物、时间、地点和行为 4 个要素，简而言之就是描绘清楚什么样的用户，在什么时间，在什么地点，做了什么事。

2. 情景地图

情景地图又称为同理心地图（如图 4-7a、b 所示），在设计过程的开始阶段，在用户研究之后，在需求和概念之前，情景地图是最有用的。在项目的早期阶段，它可以帮助指导角色的构建。情景地图一方面可以锻炼设计师的同理心，另一方面可以使设计师与团队就用户对产品的理解达成初步共识。情景地图的创造者戴夫·格雷最初称之为“大脑袋练习”。有时候我们可能会发现，用户自己都找不到深层次需求。如果说用户画像是对产品用户形象和需求的分类描述，那么情景地图就是挖掘用户深层需求的研究工具。

根据角色的不同可生成不同的情景地图，在确定当前角色并确定主要的应用场景后应完成以下步骤：

（1）看到了什么　在用户的世界里看到了与当前期望相关的哪些内容。

（2）做了什么　态度的表达或做的事情表达了态度。

（3）说了什么　发表意见、言论的具体内容。

（4）听到了什么　用户社交圈内的声音，媒体和广告上的信息获取。

（5）想了什么　感官上的获得必然会产生内心的活动。

3. 场景分析

场景分析的核心是对角色、场景和方案 3 个维度的梳理。需要分析用户在某种场景下产生的需求，能够满足该需求、解决该问题的方案、途径，以及对应的具体流程。角色指用户类型，场景指时间、地点和动机，方案指解决问题的方法、流程和途径。在产品设计中对于角色可以设定不止一类，也可以给不同类的用户进行分级，分析过程见表 4-2。

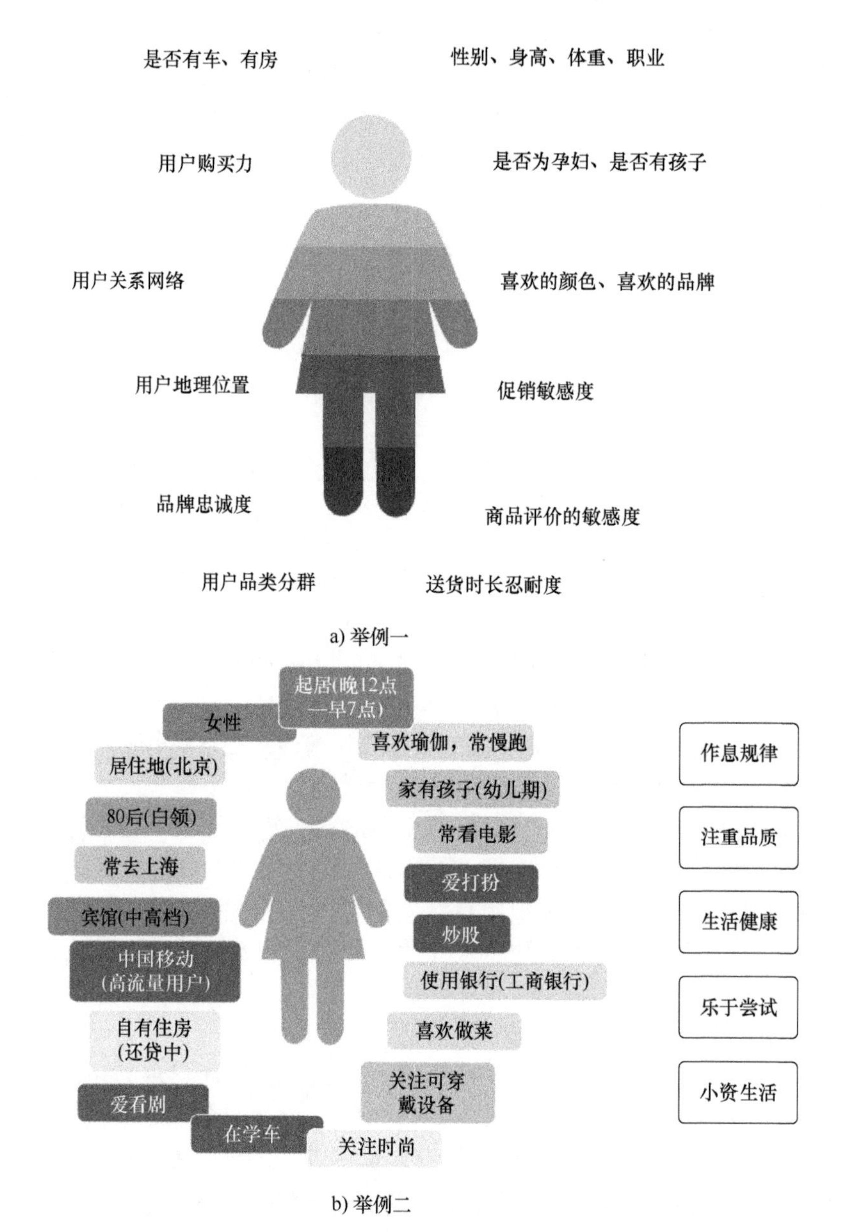

a) 举例一

b) 举例二

图 4-6　用户画像

表 4-2　需求场景分析表

角色	场景（时间、地点、动机）	方案	用户量占比	优先级
A 类用户	情况 1，要做事情 1（产生的需求）	方案 1：方式、流程 1 方案 2：方式、流程 2		
	情况 2，要做事情 2（产生的需求）	方案 1：方式、流程 1 方案 2：方式、流程 2		
B 类用户	情况 1，要做事情 1（产生的需求）	方案 1：方式、流程 1 方案 2：方式、流程 2		
……				

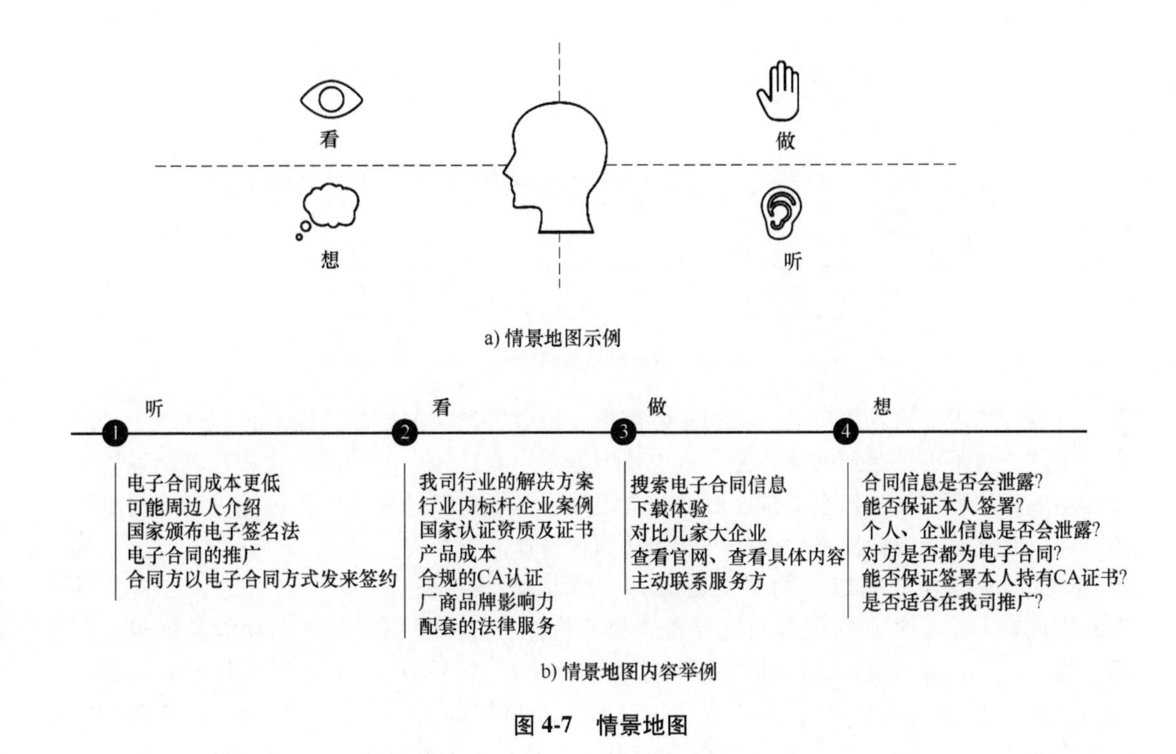

图 4-7　情景地图

4.5　产品定位

4.5.1　价值定位

当前，产品在销售市场上已经脱离了单纯的产品功能性的竞争，因为市场上同质化产品过多，消费者的选择标准不再统一，阻碍了购买决策。仅仅停留在卖产品的思维阶段依靠价格战、打折和促销已经不能充分地刺激消费者购买产品，目前市场低价产品不一定好卖，高价产品却往往一路畅销，其中的变化就是人们渐渐开始重视产品的价值定位。

产品的价值一方面体现在功能性和质量方面，但同质化严重的市场下，消费者开始注视到这两者之外的部分，即产品的附加值，如耐克乔丹系列球鞋给人以收藏价值，海尔的卡萨帝系列产品给人高端生活的感觉。这些在产品本身之外的东西使得消费者愿意在同质化的商品中花费更高的价格去购买这些产品。产品的价值定位是提升产品竞争力的一个有力手段，一方面价值定位要顾及产品及企业的业务定位和本源基因，另一方面定位需要给用户带来共鸣认同并以用户喜闻乐见的形式呈现。当一个产品带给消费者物质感受的同时还能带来精神层面的良好体验时，该产品就可以在众多同质产品中脱颖而出。产品价值定位如图 4-8 所示。

4.5.2　设计定位

1. 产品功能定位

产品的功能定位是基础定位，直接影响产品成品的生产、类别和竞争对象。针对功能

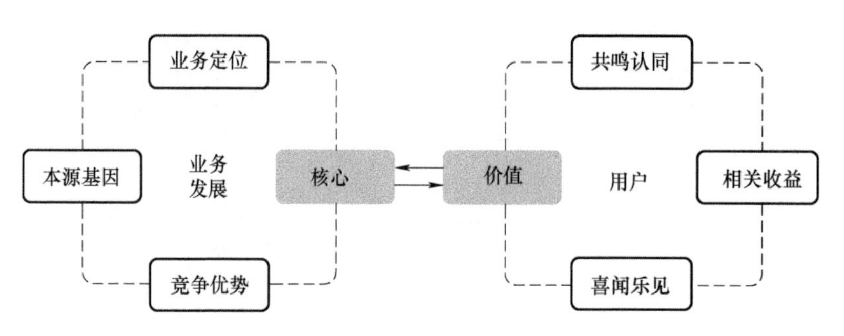

图 4-8　产品价值定位

定位，设计师需要清楚用户对产品的基础需求，用以区别类似产品。同时，虽然现今功能和品质的竞争不再是绝对的第一位，但也依旧处于中心地位。产品功能原理、功能设置和功能组成是产品设计的核心部分，好的功能设计也需要对产品提出更高的质量和人机界面要求，以此来综合设计出好的产品功能，从而提升产品竞争力。

产品是满足用户需求的物质功能载体，产品功能决定了产品可以满足什么样的需求，因此在对产品的功能定位时既要符合项目目标又要满足用户对产品功能的需求。例如，微信的功能定位是一款即时通信软件，因此微信软件的前两个主界面都完全服务于通信（微信与通信录界面），第三界面“发现”也间接与通信有关，虽然微信自诞生进行了多次更新，但界面的主要结构没有变更，也没有改变软件通信功能的地位。在产品设计过程中，设计者需要以产品功能定位为中心，无论何种附加功能和价值都不能影响其地位。

2. 产品形象定位

产品形象定位是基于消费者的感受，同时也是依靠设计师本身的审美和追求进行的系统设计，其最终目的是提升产品形象，增加销量。此外，产品形象定位的核心是给产品一个正确的符号定义，让用户通过符号快速反应其代表的意义和内容。

产品形象定位也需要依据企业形象综合考量，要结合企业的形象特征和企业的识别符号，这样新产品可以借企业的形象快速使消费者熟识，企业也可以借产品加深在消费者心中的印象。产品形象定位要同时考虑色彩、工艺及包装要求，均要符合企业整体形象。

3. 消费人群定位

产品在进入市场时通常会对消费人群进行定位，主要作用是用于辅助产品的精准性，具体划分方式可参照本书 4. 3. 3 节所述。细分产品消费人群能够方便设计师进行用户研究，针对用户特征进行用户建模，同时定位人群之后还可以得知产品的使用周期及售后时长。

在过去对消费群体的定位是比较宽泛的，大致按年龄区分即可，但随着市场的逐渐细分，这种宽泛的划分已不再适合。产品的多样化使得消费人群个性化越来越明显，单是同一年龄段就可以细分多种消费群体，所以现今的消费群体是叠加的且不断变化的。精准的定位首先应根据社会背景和社会经济形态的现状，例如，区分潮流和崇洋媚外；其次根据消费群体的心理需求和经济能力；最后根据消费群体的性格特征，综上得出精准的人群定位以进行产品设计和市场营销。

4. 5. 3　设计定位作用

设计定位就是整个设计活动的“基准”，无论是今后的草图方案，还是样机评价，

都要以此来作为评审依据。正如杰夫・坦南特在他的《新产品/新服务完美投放市场》一书中给“定位”赋予的含义：启动项目的关键在于创建一个概念性的定位，并通过对竞争对手的良好实践进行归纳来建立基准，同时通过对不同行业的调查研究建立基准，以此作为方案的补充。良好的设计将通过基准建立、能力评定、模拟和试用，以及消除风险与错误，逐渐形成并确定一个理想的解决方案。具体来说解决了以下5个方面的问题：

1）市场定位：产品归属哪个类别、产品销售的市场效果是什么样的？

2）目标客户：产品销售的目标用户群体是哪一类？

3）商品诉求：产品具体解决了哪些需求，满足了用户哪些期待？

4）性能特色：产品相较于竞品的优势在哪里，有哪些独有竞争力？

5）售价定位：针对目标用户的售价区间是什么？

产品设计定位的作用可总结为使产品设计活动按照一定的方向展开，消除无序、发散的无效设计行为；保证产品设计方案评价有依据；按照设计定位来检验产品设计存在的问题；促成生产、销售紧密配合，促成产品生产流程目标一致。

如果没有产品设计定位，设计活动就易造成混乱，浪费人力、时间，使产品后续工作产生一系列问题。没有产品设计定位，就不能反映企业想要什么，不能体现企业或客户的真正意图，会造成决策者的意愿在产品设计中不能得到全面体现。

4.5.4　设计定位方法

1. HMW法

HMW法的全称是“How Might We”，意为“我们可以如何”。HMW法可以帮助我们跳出固有逻辑和经验的思考限制，利用“HMW”系统进行发散性思考，可找到当前问题的更优解和创新点。HMW法分为以下5步进行：

（1）明确用户场景和问题　明确用户当前亟待解决的问题或痛点，透过问题看到用户内在的需求是什么，描述问题时要深刻透彻并保持中立，避免带入个人因素。

（2）分解问题　采用否定、积极、转移、脑洞和分解5种方法。“否定”指如何让用户不这样做也可以；“积极”指为用户提供好处和方便从而引导用户这样做；“转移”指引入第三方解决这个问题或辅助用户；“脑洞”指设计师个人提出尽可能多的方案（即使天马行空的方案也可以）；“分解”指拆解用户，出现问题时用户做了什么和没做什么。

（3）发散性思维头脑风暴　设计师以小组为单位讨论第二步拆解出的问题或提出的设想或方案，同样允许天马行空地想象，不对方案进行否定，要尽可能多。

（4）分类排序　根据用户量、频次、开发难度和见效快慢程度等方面对需求进行评估，对优先级进行排序，优先级排序应遵循以下顺序：基本型需求、期望型需求和兴奋型需求。

（5）流程与原型设计　在梳理产品需求流程中，设计师可以采用用户故事法来辅助对流程进行梳理，既能方便开发理解，又能帮助设计师更清晰地梳理出用户诉求，发现不足之处，从中抽象出流程图或数据模型，而当流程梳理完毕后即可进行原型设计。

2. 5W1H分析法

5W1H分析法（表4-3）也称为六何分析法，是一种思考方法，也可以说是一种创造技法，在企业管理、日常工作生活和学习中得到广泛的应用。1932年，美国政治学家拉斯维尔提出“5W分析法”，后经过人们的不断运用和总结，逐步形成了一套成熟的“5W+1H”

模式。5W1H分析法也是一种问题定义法，是针对选定的问题、程序或操作，从物（What）、人员（Who）、时间（When）、地点（Where）、原因（Why）和方法（How）6个方面提出问题并进行思考。这种简单直接的提问和思考方法可使思考的内容具体化、明确化。

表 4-3 5W1H 分析法

方面	思考方向及内容
What	问题是什么？要设计什么？关键点是什么？需具备哪些功能？限制条件、目标、准则是什么？
Who	该产品最相关的人有哪些？目标使用者或消费者是谁？他们的生活形态与个性如何？
When	该产品的设计、上市、安装、使用及报废的时间、时段或期限如何？
Where	该产品的展示陈列、安装、使用及报废的地点与环境如何？
Why	为什么需要该产品？为什么需要具备这些功能？为什么限制条件、目标和准则是这样？
How	该产品如何运输、组装、操作、使用、维修与拆解报废？

明确了问题的所在，就应了解构成问题的要素。一般方法是将问题进行分解，然后再按其范畴进行分类。问题是设计的对象，它包含着人机环境要素等，只有明白了这些不同的要素，才能使问题的构成更为明确。

3. KANO（卡诺）模型

KANO模型由东京理工大学教授提出，是对用户需求分类和优先级排序的一种工具，以分析用户需求对用户满意度的影响为基础来研究产品和用户满意度之间的非线性关系。KANO模型将用户需求划分为以下5类：

（1）必备型　需求满足时，用户不会感到满意。需求不满足时，用户会很不满意。

（2）期望型　需求满足时，用户会感到很满意。需求不满足时，用户会很不满意。

（3）兴奋型　该需求超过用户对产品本来的期望，使得用户的满意度急剧上升。即使表现得不完善，用户的满意度也不受影响。

（4）无差异型　需求被满足或未被满足，都不会对用户的满意度造成影响。

（5）反向型　该需求与用户的满意度呈反向相关，满足该要求，反而会使用户的满意度下降。

在进行KANO分析前需要对用户进行问卷调查，让用户对此功能进行正面和负面的评价，评价分为5个层级："非常喜欢""理应如此""无所谓""勉强接受""很不喜欢"，具体如图4-9所示。

1. 如果我们增加【功能1】，您的感受是：

○非常喜欢　○ 理应如此　○ 无所谓　○ 勉强接受　○ 很不喜欢

2. 如果我们不增加【功能1】，您的感受是：

○非常喜欢　○ 理应如此　○ 无所谓　○ 勉强接受　○ 很不喜欢

图 4-9 KANO 调查问卷

得到问卷结果后先进行数据整合，对层级进行赋分，对于正向问题（增加该功能）赋分依次为：2、1、0、-1、-2，对于反向问题赋分依次为-2、-1、0、1、2，计算每个问题的平均分后对照结果分类表（表4-4）得出每个功能对应的需求分类。根据以上结果，可以根据必备型>期望型>兴奋型>无差异型>反向型的顺序对需求进行排序，最终得到需求列表来指导设计师对产品功能的设计。

表 4-4　KANO 评价结果分类对照表

产品/服务需求	负向（如果产品不具备功能，您的评价是）					
正向（如果产品具备功能，您的评价是）	量表	非常喜欢	理应如此	无所谓	勉强接受	很不喜欢
	非常喜欢	Q	A	A	A	O
	理应如此	R	I	I	I	M
	无所谓	R	I	I	I	M
	勉强接受	R	I	I	I	M
	很不喜欢	R	R	R	R	Q

注：

A：魅力属性。

O：期望属性。

M：必备属性。

I：无差异属性。

R：反向属性。

Q：可疑结果（通常不会出现，除非问题本身有问题或用户理解错误）。

4. 质量屋（QFD）

质量屋（质量功能配置，Quality Function Deployment，QFD）是一个很具实用性的方法，此处只简单介绍质量屋的构成。

质量屋可以帮助一个产品从开发开始就得到市场顾客的需求反馈，再由需求转化成设计要求。质量屋是一种确定顾客需求和相应产品或服务性能之间联系的图示方法，具有非常强的可操作性，质量屋结构如图 4-10 所示，这个方法有 12 个步骤，通过完成这 12 个步骤就建造了一个质量屋，完成了从“需求什么”到“怎样去做”的转换。

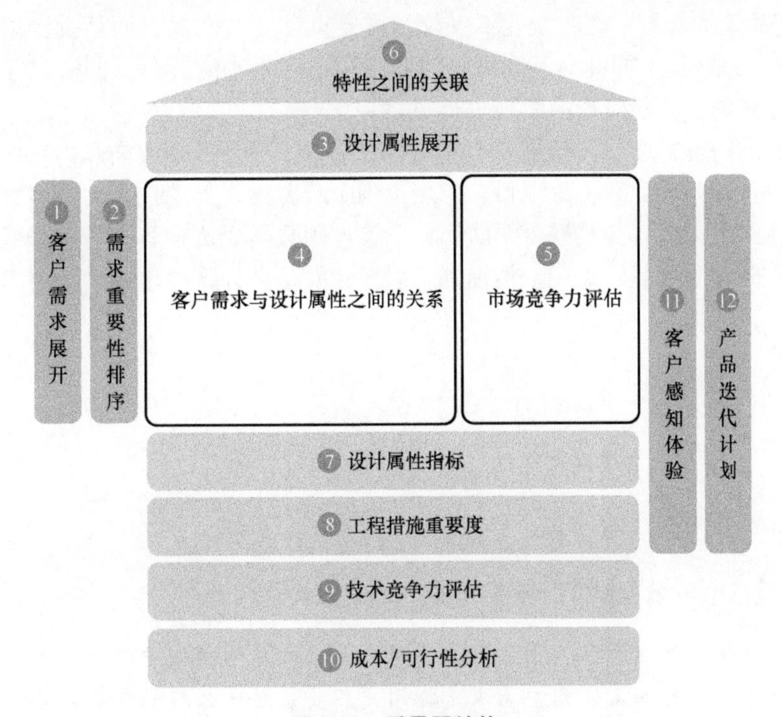

图 4-10　质量屋结构

（1）客户需求展开　了解用户的需求并用文本明确具体描述。

（2）需求重要性排序　对用户的每一种需求进行优先级评定，具体可参照上文提到的方法，最后按照重要程度从小到大排序。

（3）设计属性展开　此处设计属性可理解为产品功能。对产品功能进行提升或者创新，以此来满足用户的需求，并尽可能将功能量化表示。

（4）客户需求与设计属性之间的关系　产品设计是按照用户需求来的，但有时设计的产品功能可能和需求的匹配度并不高，这时要考虑需求和功能之间的关系：一个功能可否同时满足多个功能，什么样的需求需要特定的功能去解决。设计者要考虑整体的关系，优化产品结构。

（5）市场竞争力评估　从竞品角度看，相较于已有产品，评估新产品提升了哪些性能，创新点和提升点有哪些，相比之下用户满意度如何等。

（6）特性之间的关联　一个产品包含多个功能时，功能之间是否相互影响、干涉或相辅相成。

（7）设计属性指标　对于功能的改进或创新程度要量化表示，以此来评价是否达到预期目标，是否满足了用户需求。

（8）工程措施重要度　量化表示工程措施与用户需求之间的关系，以此体现一些工程任务和用户的关切程度。

（9）技术竞争力评估　在高新技术领域，产品设计各项技术指标的优越性体现了产品的竞争力，对技术需求要进行竞争性评估，确定技术需求的重要性和目标值等。

（10）成本/可行性分析　对功能设计成本、生产成本进行分析，在尽可能满足用户需求的情况下控制成本，必要时要对产品的功能进行调整，甚至删减。一味地追求高品质、高性能可能带来巨大的成本，这样的成本可能不仅企业无法承受，用户也可能同样无法承受对应商品的价格。

（11）客户感知体验　初步设计完成后，将原型产品对用户进行展示测试用户满意度，以此来获得用户反馈，进而验证产品可行性。

（12）产品迭代计划　有时企业不仅仅是需要设计一个产品，而是设计以某一产品为主的一个“产品系列”，即针对不同用户群体进行不同版本的拆分，同时也需要对产品未来的迭代做好规划，方便对产品系列进行更替。

在不同的书籍资料中，质量屋有不同的构成部分，但其基本方向和内容区别不大。质量屋适用于各种产品设计和工程项目，应用范围十分宽泛，其中包含的内容也并不是每一个都需要设计师去完成，而是需要团队协作，设计师只需要负责其中一部分或辅助完成一些任务即可。同时质量屋的每一项指标都可以量化并综合计算得出每一项需求或功能的得分，从而帮助设计师完成设计。

4.6　市场调研案例

【案例 11】Oppo 公司基于用户需求的产品定位案例分析

创造用户价值是商业的根本出发点，而用户需求又是创造用户价值的起点。明确用户需求是在市场中胜出的基石。用户需求是指用户想要完成什么样的任务，而不是获得什么产品。如用户买打孔机是想要获得墙上的孔，而不是打孔机。企业的产品定位需要聚焦某一类用户需求，做到极致，以产生差异化。

用户需求是商业起点，Oppo 手机如今十分畅销，正是其在用户需求上有独到的眼光和坚持的决心。面对小米首创的互联网营销法，如饥饿营销、粉丝经济、零毛利、线上销

售等，Oppo公司坚持做好原产品，走线下渠道。与华为、小米公司相比，Oppo公司在人才、组织、资金等方面都有不足，但在2016年Oppo手机问鼎国产手机销量第一名，2018年仍然持续增长。Oppo公司官网中介绍：在中国，更多的年轻人选择Oppo拍照手机，十年来，Oppo一直专注手机拍照技术的创新，开创了手机自拍美颜时代。Oppo公司对准年轻用户，瞄准并坚持“拍照”这个用户需求，就是Oppo手机逐渐崛起的答案。

【案例12】校园一卡通案例分析

1. 前期调查

校园一卡通是大学生和老师在校园生活的必备物品，其功能包括身份认证、校园消费等，但曾经充值一卡通对于学生和老师来说是一件十分不便的事，通常需要前往专门的充值机器结合银行卡进行充值，并且会排起长长的队伍，费时又费力，支付宝公司观察到这一现象后针对此问题展开了市场调查，并结合时代技术的发展以及硬件设施的普及推出了“校园一卡通”线上充值功能。

校园一卡通需求产生背景：①移动端普及率；②各公司线上消费培养；③时间长、效率低；④距离远。

支付宝公司针对校园一卡通问题的调查结果如下：首先，要清楚现在大学生移动端的普及率是每年不断升高的，大学生的资产可分为现金和银行账户中的存款，在移动支付的推广前提下，越来越多大学生开始使用移动支付。其次，充值校园一卡通时每每要等非常久的时间，费时又费力。最后充值校园一卡通的地方有时与学生宿舍相距较远，这些均使校园一卡通的充值非常不便。

2. 分析需求

场景一：

角色：在校学生。

场景：在宿舍。

路径：打开手机>充值饭卡>前去吃饭。

总结：在原先的时候充值校园一卡通的步骤太多，完成需求的步骤受天气和事件以及内心的影响（下雨、有事、孤独），而在支付宝软件中能更便捷地完成校园一卡通的充值需求。

场景二：

角色：在校学生。

场景：食堂。

路径：发现校园一卡通中钱不够>打开手机>充值校园一卡通>前去吃饭。

总结：在移动端充值校园一卡通可以给学生提供更多的使用场景，这使学生更方便地充值校园一卡通。

场景三：

角色：老师。

场景：办公室。

路径：发现校园一卡通中钱不够>线下充值饭卡>前去吃饭>发现校园一卡通中待存钱（未充到）

3. 总结

校园一卡通受到学校的服务器、充值地点等的影响，在没有线上支付的时代对学生来讲十分不便，增加线上充值可以同时减轻学生和学校双方的负担，符合时代趋势，此外还满足了多场景多身份对于充值的需求，目前校园中已基本没有采用线下充值的学生和老师。

【案例 13】欧莱雅错误的产品定位

小护士是我国知名化妆品牌，创立于 1992 年，曾经品牌认知度高达 99%，在 2003 年市场份额达到了 4.6%，是当时中国的第三大护肤品牌。在 2004 年，小护士迎来了它的转折点，欧莱雅集团为了踏足中国市场对小护士进行了全面收购，但保留品牌名。

收购小护士后，欧莱雅满怀信心地表示要让新小护士成为中国第一大护肤品牌。欧莱雅不仅要增加小护士产品新的系列，还要将欧莱雅成功的零售终端管理模式引入，并准备将小护士推广至一线城市。

但是突然之间被带上新高度的新小护士表现却不尽如人意，并没有给欧莱雅带来相应回报。在欧莱雅开拓的现代销售渠道中，如大型商场、超市这些原本小护士没有进入的领域，新小护士的市场份额确实有所增长；但是小护士曾经赖以生存并壮大的二、三线城市分销渠道，却因与欧莱雅掌控渠道的一贯做法不兼容，销量在不断减少。这种固有渠道的萎缩直接导致了新小护士市场份额的整体下滑。

曾经的小护士是以标榜“问题皮肤的解决专家”而闯入市场的，主打防晒护肤功能。除了进行市场细分和产品定位外，小护士的成功还有赖于深度分销和灵活的销售政策，全国二、三线城市的近三万个销售网点共同成就了小护士，让小护士一度成为我国第三大护肤品牌。可以说，小护士的成功是一种以数量取胜的成功，是一种符合国情的营销策略的成功。

被纳入欧莱雅体系后，新小护士与欧莱雅的大众消费品卡尼尔“牵手”，在产品种类和销售渠道上都进行了“欧莱雅式”的改造，新小护士的销售重心至此也慢慢出现了偏移。但是消费者眼光却没有跟着偏移。脱离了原来的群众基础，又得不到新市场的青睐，新小护士的处境一时尴尬，在很长一段时间内成了欧莱雅的收购之痛。

所以，每个产品都要清楚自己的用户究竟是谁，要通过什么方式到达消费者手中，自我认知和消费者认知的脱节会直接带来销售市场的错位，认可的消费者看不到产品，看到产品的消费者又不认可，最终断送了新品的销路。

【案例 14】Keep 公司精准的用户分析

“自律，给我自由”，熟悉吗？这是 Keep 公司的广告语。从 2015 年 2 月上线至今，Keep 软件用户已累计突破 2 亿、月活跃用户人数超过 3000 万。在用户积累的过程中，Keep 软件曾在 50 天的时间内积累了 1100 万用户，让整个行业刮目相看。从 2016 年 5 月开始，Keep 超越咕咚成为月活跃人数排名第二的运动软件，2018 年初超越悦动圈成为月活跃用户人数排名第一的运动软件。经过多伦融资，Keep 最终超越咕咚、悦动圈软件，成为健身领域的“领头羊”。

1. Keep 创建的用户场景

主要用户群体一：生活在大都市，每天出入各种高档写字楼，平时工作加班加点，没有时间，想在办公室利用碎片时间健身或者晚上回到家健身的上班族。

主要用户群体二：有时间，但没有经济能力的在校学生，渴望科学健身，但又没有经济能力请私教去健身房，渴望在宿舍或学校操场得到科学指导的学生。

主要用户群体三：看着体重秤日渐高涨的数字，愁眉苦脸，不知所措，想要减肥健身无从下手，一方面担心瘦不下来，另一方面担心不当的运动伤害身体，不知道该如何健身的健身“小白”。

2. Keep 的目标用户

根据 Keep 最新公布的数据，Keep 软件的用户中，女性用户占 58.5%，男性用户占 41.5%，30 岁以下用户占 76%，可以看到 Keep 主要用户为年轻人。

现在年轻女性对身材、健康有着较高的要求，常以减肥和塑形为主要目的。在Keep软件上，可以看到精心为女性准备的健身教程，如早安瑜伽、气质瑜伽、理疗瑜伽、时尚热舞、晚安瑜伽等课程，除了健身课程外，还有相应的饮食套餐和运动健身辅助食品等。

现在的年轻男性也开始对自己的身材、健康有所追求。Keep软件针对男性用户设置了暴汗搏击、腹肌锻炼等增肌课程，以及运动健身饮食推荐等。

3. Keep的健身分类

Keep分别从用户目标、内容品类（健身方式）、部位、阶段、时长、动作特定、热门需求、适合人群、场地限时等方面，为用户的需求匹配相应的课程。

由于每个人运动时的需求不是单一化，所以可以根据以上内容进行多项选择，该软件会根据选择的内容推荐合适的运动课程和计划。

在系统推荐的课程和计划中，Keep软件也推出了相应的付费会员机制和付费课程。

4. 总结

1）Keep软件的用户主要分为：青年上班族、在校学生、健身“小白”。

2）主要使用场景为：学校宿舍、户外、办公室、自己家中。

3）用户主要集中在北京、上海、广州、深圳等一线城市。

4）部分喜欢运动健身的用户对Keep软件黏性较高。同时对于学生和上班族来说，使用该软件可以避免由时间和场地因素而导致的运动中断情况。

5）针对运动“小白”用户，该软件则可以提供专业健身指导。

Keep软件精准的用户分析帮助企业牢牢抓住了目标用户的心，精准化的推送也为企业的付费内容带来了大量收益，同时用户也愿意将此款软件推荐给身边的人，使得Keep软件进入运营良性循环，不断地吸引新的用户加入，从而提升了市场份额，提高了收益。

本章小结

调研分析阶段是产品设计开发程序的起始阶段，也是关系产品设计成败的关键阶段。然而，很多同学并未重视调研分析的重要性，甚至认为可有可无，在设计实践中，凭主观臆断来编造数据。“磨刀不误砍柴工”，认真做好市场调研分析，可以降低新产品设计开发的风险、降低成本、提高成功率。大家要认真学习市场调查的方法，并将其灵活运用到产品设计的实践中去。更重要的一点是还要学会分析市场调查结果的科学方法，从大量调查资料中，通过定性、定量的方法找到设计“热点”，使设计问题具体化、明确化，并针对市场或产品的不足之处“对症下药”和“有的放矢”，从而进行准确的设计定位。

本章习题

（1）市场调查的内容、方法有哪些？怎样进行调查分析？

（2）设计定位有哪些方法？

（3）（实践练习题）针对某产品，进行市场调研（含市场调查表、市场调查方法、总结等），并制作可行性分析报告。

第5章

产品设计开发阶段

学习内容——提出产品创意、产品创意形象化的技能（如绘制设计草图、效果图及配色等），进行工学分析及方案初审等。

学习目的——掌握产品设计的各种方法，能使设计构思形象化、具体化。

课题时间——4课时理论，2课时专项知识实践。

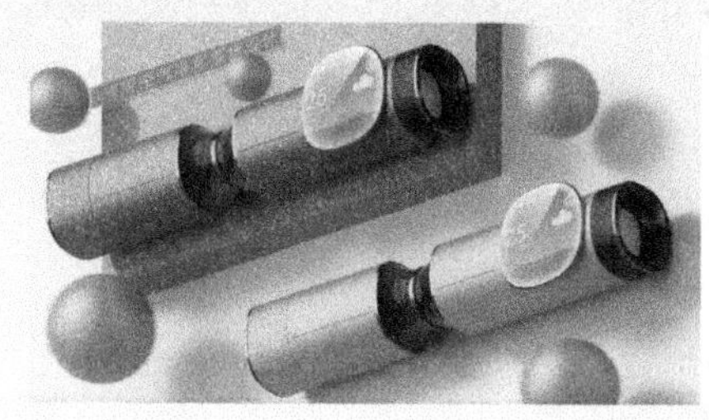

提出了设计概念，明确了设计方向和目标，产品设计流程就进入了设计的展开和确定方案阶段。依据前期的调研和结果分析，需要设计师将消费者在调查中表述的需求用具象化的形式表达出来，可以通过绘制草图、计算机建模和模型渲染等方式将设计师的构思直观地展现。初步设计构思是否符合企业和消费者的需求，通过绘制草图来评定是最简单的方式，如果构思初步通过并有进一步细化的必要，就可继续进行计算机建模，通过三维模型将产品更加立体直观地呈现给消费者或企业，此时还可以进行模型粗渲染，从而更加完整地表达设计师的思路。最后产品方案基本确定后就可以进行细致的渲染、3D 模型打印、实物呈现等，完整地表达设计方案，最终根据消费者和企业的满意度决定产品是否生产上市。整个产品设计过程是一个由抽象概念转变为具象方案的过程，也是由发散思维走向聚焦思维的过程。

设计的展开和确定方案阶段大致分为以下 4 个阶段：概念设计阶段、方案细化、工学分析和设计定案。

1）在概念设计阶段，设计师需要发挥自己的思维首先进行设计构思完成初步设计构想，接下来需要根据初步的设计构想完成设计草图（图 5-1），然后继续深化细化，使得一开始模糊的设计构想一步步具体化，这个过程可反复进行、不断迭代。在设计内容具体化后设计师便可以开始详细地表达他的设计，一般可使用设计效果图、草图绘制和计算机建模等方式完成初步设计，最后提交方案进行初审。

2）初审方案通过后设计师需要继续进行方案的细化，主要针对两个方面：合理性和完整性。此阶段完成后的方案应已具备落地的可能性，不再是概念性的或天马行空的。

3）细化后的方案需要进行工学分析，使其完全符合生产条件。此阶段包含结构分析、人机分析、原型样机制作和最终优化。经过工学分析阶段的产品方案应该已有完整的 3D 模型并完全具备生产可能，在工学分析通过后，产品主体及内部结构基本不再变动。

4）最后进行设计定案，主要进行 CMF 设计、样机制作和生成最终产品效果图（图 5-2）。CMF 设计关系到最终实物产品的外观展现，是产品能否抓住消费者眼球的第一要素；样机制作是为了确保实物产品的功能性完好，作为最终生产前最后一次的测试；生成完整的最终产品效果图可以帮助设计师和企业在宣传介绍时以最直观的方式呈现产品。

图 5-1　设计草图

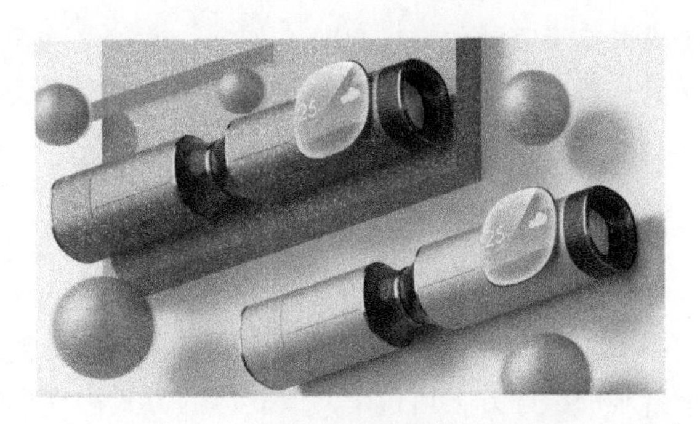

图 5-2　最终产品效果图（见彩插）

5.1　设计构思

设计构思是依据现有的设计要求去扩展思维，提出产品的设计初步方案，这一步不必考虑过多的生产细节，需要的是设计师提出创新性的构思，并将抽象的、模糊的想法具体化、明确化。设计的目的在于创新，无论是新产品开发还是对于已有产品的改良都需要从设计中体现与现有产品的不同之处，即差异化。设计这一行为本身也是以创新为基础的，在设计构思这一阶段，需要设计师充分地发散思维，不受固有思维的拘束，产生大量创新的想法去满足企业或消费者的需求，解决他们的问题。

设计构思是一种思维创造的过程，需要设计师充分发挥抽象思维和形象思维，设计构思时要充分结合这两种思维，使得产品既具有创新点又不至于太过天马行空而无法实现。思维是人类建立在感觉、知觉、表象等感性认识基础上的理性认识，设计师需要透过表象看到产品的本质，从而对事物内在的、间接的、联系的本质属性做出反应。具体到产品的某个外形、某个功能、某种材质，设计师需要看到这样的设计构思是否满足了消费者和企业的需求，进而可以考虑在自己的设计中为了满足这种需求是否还有其他方法可采用，并提出创新性的方案。设计构思需要寻找隐藏在外观、功能之下的深层需求，再通过一定的方式去满足需求，这也是设计师创造性思维的体现，设计构思要求勇于突破传统的思维框架，提出对产品的新见解，以及解决问题、满足需求的新方式。

【案例 15】Dolfi 洗衣设备

通过调查研究显示，无论是家用洗衣机还是便携式洗衣设备，其使用方式和产品外观几乎没有发生什么改变，都是在体型比较大的桶内反复搅动衣物。在便携式洗衣设备的设计中，我们是否可以改变产品固有的外观和使用方式？将洗衣机的概念抽象化，定义为“通过搅动水、衣物来揉搓衣物，并去除污渍的工具”，这样展开设计就不会拘泥于先前洗衣机的形式而无从下手。围绕这一点展开构思，运用头脑风暴法让思维发散，然后将所有想法以图的形式反映出来，汇总分析，综合考虑各个想法的可行性，从中筛选出几个有创造性的方案向下继续发展，最终确定一个既有创意又能实现的方案，Dolfi 轻量级洗衣设备如图 5-3 所示。这种洗衣设备外形小巧便携，使用新一代清洁技术代替手洗，通过强大的多频传感器创建精确调制的渐进超声波，在水中形成微小的高压气泡。这种微小的气泡破灭后，创造数以百万计的微喷射的液体流。通过这些无形而强大的液体流安全洗去织物上的污物，不仅对衣服没有摩擦拉扯和损坏的风险，而且还能去除顽固的污垢。

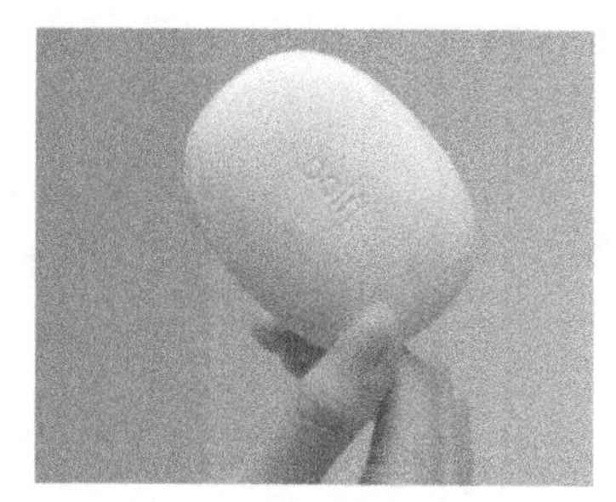

图 5-3　Dolfi 轻量级洗衣设备

产品设计是一项受多因素制约的综合性的设计行为和过程，好的产品，不仅表现在功能上的优越性，而且便于制造，生产成本低，从而使产品的综合竞争力得以增强。这既需要设计师有优秀的创造力和形式表达能力，又必须能理性分析产品性能和人机关系，还必须结合制造工艺和材料特殊性进行全面研究，选择最适合设计方案的材料、配色方案等，最后将合理的设计方案通过平面或立体的方式表现出来。此外，设计构思的灵感来源还可以从产品的一些属性特征中总结提炼，也可以借鉴自然形态进行仿生意象设计或者从委托企业的品牌产品中寻求答案，总之设计构思需要设计师发散思维，从各个可能的角度进行创作。

5.2　设计草图

设计快速表现是设计师的一门基本功，是在产品设计的想象阶段对方案进行研究思考的设计表现形式，也是设计师进行设计交流的重要工具。手绘设计表现可通过更便捷的表

达手段，准确地表达设计信息，是设计思维的最直接、最自然、最便捷和最经济的表现形式，可以在人的抽象思维和具象表达之间进行实时的交互和反馈，使设计师抓住稍纵即逝的灵感火花，从而培养设计师对于形态的分析、理解和表达能力。设计草图是设计快速表现的一种，是设计师在设计构思阶段抓住产品的形象、创意、特征，以快捷、简练的手法绘制的徒手画稿。草图便于表达设计师对产品形象的设想，从某种意义上讲，设计草图的数量和质量极大地影响着产品设计品质。因此，草图技术是衡量设计师构思、创意能力的重要标志。此外，优秀的设计效果图也具有很高的艺术审美价值，车展上很多美观的汽车手绘效果图就常常作为展览的一个重要部分展示给参观者，如图 5-4 所示，设计大师们精彩传神的设计草图更是经常被印制成书，具有很高的欣赏和学习价值。

图 5-4　汽车手绘效果图

在产品设计开发过程中，设计草图具有以下作用：

第一，快速表达构想。对于设计师而言，手绘就是在传达设计理念、设计构思，也是一种与委托方快速交流方案的工具。手绘作为一种表达方式不仅有向委托方传达设计的功能，还可以帮助设计师记录对方案的推敲过程及思考逻辑过程，在之后修改或者阐述方案时可以帮助设计师进行思维的整理。一个合格的设计师不仅要有良好的创造性思维，还要具有表达思维的能力，手绘能力就是表达能力的一部分，也是衡量一个设计师水平的标准之一。当前市场产品更新周期缩短，这对于产品开发的速度有了更高的要求，虽然产品的表达方式不限于手绘，但其他借用计算机辅助的方式手绘在表达速度上有着无可比拟的优势。完整细致的计算机建模一般需要几个小时至几天的时间不等，但一个手绘熟练的设计师可以在几分钟之内起稿，快速画出一个产品轮廓（图 5-5），完整表达所需时间也远远小于一个计算机建立粗模型的时间，所以在现今产品设计过程中，手绘这种传统方式依旧有着不可替代的作用。

第二，推敲方案延伸构想。作为一种创意活动，设计师可以随意想象、自由发挥，通过平面视觉效果图的绘制过程不断提高和改进原始的构思方案，对产品外形进行反复地变形和推演。这一过程不仅锻炼了思维想象能力，而且可以引导设计师不断修改、不断进步，探索、发展、完善新的产品形态，进而获得新的设计构思，记录设计的整个过程，此外还能享受沉浸其中不断探索的乐趣。洗碗器造型的推敲图如图 5-6 所示。

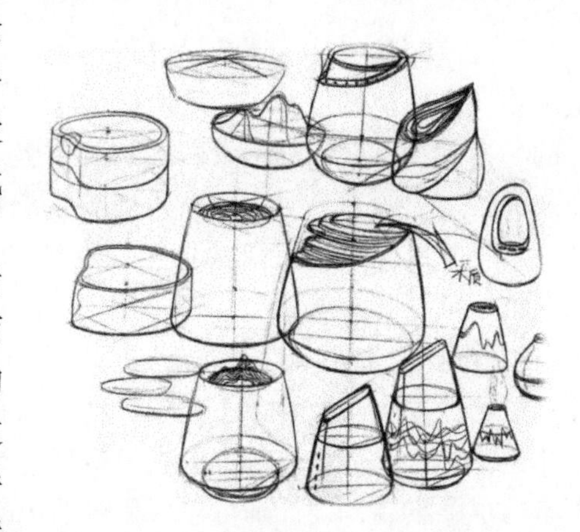

图 5-5　快速画出一个产品轮廓

第三，传达真实效果。设计师应用表现技法在平面图样上完整地展现所设计产品的有关功能、造型、色彩、结构、工艺、材料等信息，设计草图真实客观地展现了设计方案的实际面貌，如图 5-7 所示，便于设计师和参与设计开发的技术人员、消费者进行方案的沟通和后续的修改。

设计师需要根据设计主题着手设计，通过设计草图表达设计理念、记录设计构思、传递设计意图、交流设计信息，并在讨论之后进行方案的不断改进及定案后的制作，完成从

图 5-6　洗碗器造型的推敲图

图 5-7　设计方案的实际面貌

构想到实现的整个设计过程。在这个过程中，对自己的设计方案进行全方位地展示和详细地说明是每个设计师必须掌握的技能。

5.2.1　设计草图种类

设计草图是产品设计开发过程中的一个必要环节。深化对草图的认识是合理运用的关键。在产品设计过程的不同阶段，手绘产品设计草图的方式和重点也有所不同。在产品设计的早期阶段，设计师记录着头脑风暴得来的、最初的灵感和想法，此时，设计师不必考虑产品的透视关系、明暗关系、细节和绘制工具，而是主要通过线条来制定出产品的大体外观，不断地推演，进而选择可以继续的方案。设计草图可分为概念性草图、解释性草图、结构草图和效果草图。

1. 概念性草图

概念性草图以线为主，是设计师记录自己最初想法的最简单的草图。这种草图只是对整体造型感觉和基本思考方向进行概括描绘，是一种简化的图形表达方式（图 5-8）。通过简单的草图绘制，设计师可以保留合适的想法，不会丢失灵光一闪的构思。这种草图是面向设计师自身的，设计者本人理解即可，无须向他人传达。在反复展开造型设计时，设计师必须迅速捕捉潜藏在头脑中的任何构思，无须过多考虑细节部位的造型处理、色彩、结构、质感等。因此，在表现技法和材料的选择上没有特别要求，铅笔、圆珠笔、马克笔、签字笔都可以，尤以干性画材最为方便。

2. 解释性草图

如图 5-9 所示，解释性草图是具体准确表达设计方案的草图。这种草图以说明产品的使用和结构为宗旨，基本以线为主，附以简单的颜色或加强轮廓。草图中经常会加入一些说明性的语言，偶尔运用卡通式语言。草图可以有局部的变化，以便选择最理想的设计方案，多用于演示。可借助马克笔、水彩笔、色粉等工具表达。

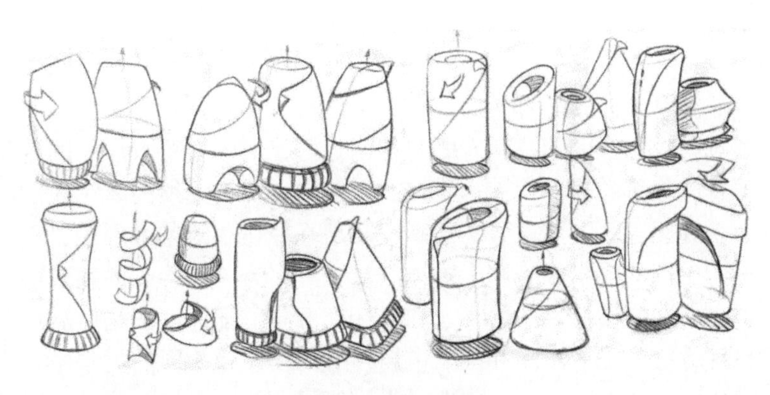

图 5-8 概念性草图

3. 结构草图

结构草图是为了表明产品的特征、机构、组合方式所画的草图，其多用于设计师之间的商讨，需要展示更多技术层面的构思。所以在结构草图上，需要更多绘制结构线，再辅以暗影表达，如图 5-10 所示，结构草图类似素描。

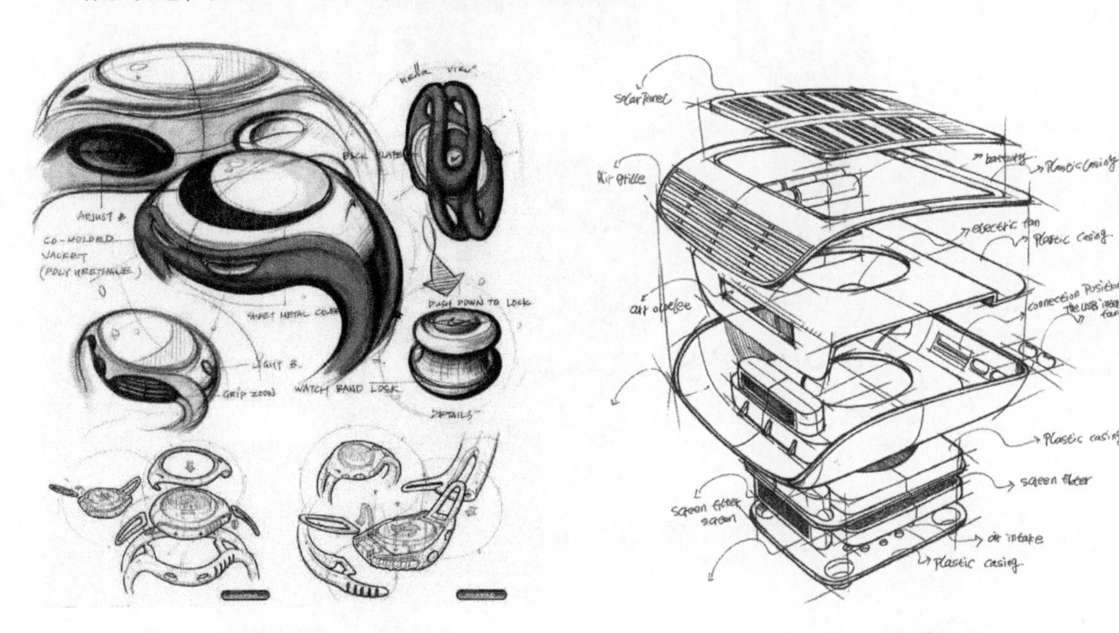

图 5-9 解释性草图（见彩插）

图 5-10 结构草图

4. 效果草图

效果草图多用于设计方案和设计效果的比较，要求更高，以表达清楚结构、材质、色彩，为加强主题还会顾及使用环境、使用者。如图 5-11 所示为一种水壶的效果草图。

图 5-11 效果草图（见彩插）

5.2.2 草图表现

设计草图表现与绘画中的速写两者既有相同之处，又各有特点。相同点是这两者都有时间的限制，要求在较短的时间内表达一定的主题和内容；无须太多深入的细节刻画，只需要记录整体效果和感觉。不同点是：绘画速写是一种独立的艺术形式，不是造型技术的基础，不需要考虑后期的批量加工和大规模制造，只作为一种绘画的表现形式，是感受生活和记录生活的方式；而设计草图的要求和目标则不同，设计草图是为后期服务的，最后需要将选定的设计方案加工成产品并推向市场，所以在设计草图的过程中，设计师们需要考虑与设计方案相匹配的制造工艺、制造材料、使用功能、人机关系等。因此，在产品设计表现中，不需要像绘画那样追求错落有致的线条、笔法，如飞笔、顿笔或颤笔等表现方法。设计草图在表现上一定要有制造感和流畅感（图 5-12），行笔要顺滑，使人理解形态的内容，并能表达产品的具体功能和制造工艺等。

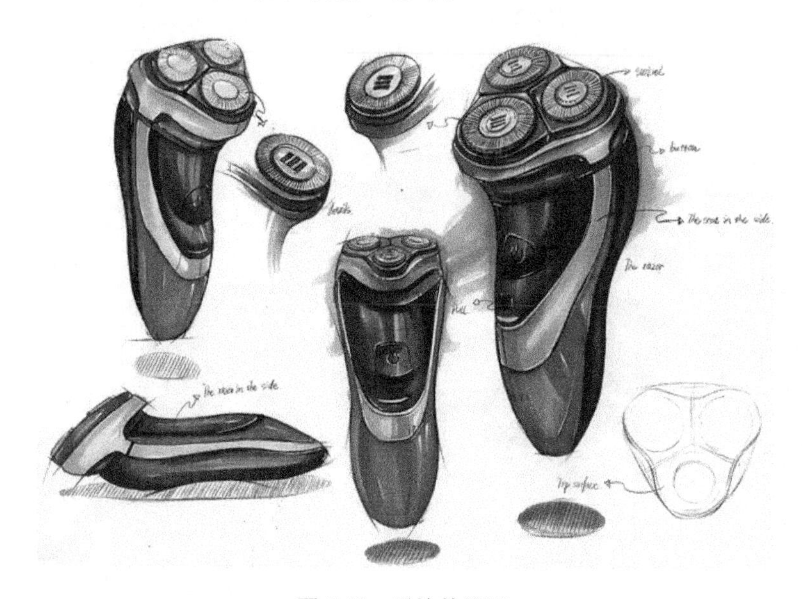

图 5-12　手绘效果图

5.2.3 深入设计方案

在综合设计构思后，应对最终的设计方案进行审查和筛选。在方案评审期间，设计师需要评估的主要内容是：方案的落地性、及时性、可行性和经济性。经过评估，选择可行性强的一个或几个方案继续进行深入的设计和开发。

在方案深化阶段，设计师应严格合理地根据产品尺寸、功能要求、结构限制、材料选择、生产成本、工艺条件等因素，舍弃构思方案中一些无法实现的设计，优化出能够满足限制条件的解决方案。随着设计方案的细化和明确，在众多构思中，收敛到在现有条件下可以实现的最佳方案。在深化阶段，设计师需要将产品功能设计与形态设计进行综合考量，还需要对产品系统原理图、初步造型图，甚至之后的渲染图进行设计，这样方案可以更清晰、准确地表达出产品设计的主要信息（外观形态特征、内部构造、制造工艺、材料选择等），必要时可以做出方案模型。设计师可以根据个人习惯选择熟悉的工具，如色粉、马克笔、签字笔、彩色铅笔等，也可以借助于各种二维绘图软件及数位绘图板等计算机辅助设计工具。通过这种严格的方案审议，一方面，设计师可以将最初的方案理念进行深度

延伸，方案可以通过平面视觉效果图的绘制过程不断得到改进和完善，这一过程不仅锻炼了设计师的思维和想象力，还引导他们探索、发展和完善新的形式，获得新的创意；另一方面，效果图可以有效地传达预期设计的真实效果（图5-13），这为计算机建模和实物生产研究奠定了基础。此外，在设计的深入阶段，可能会遇到一些新的问题，因为综合构思阶段的工作不可能完美，我们应该对设计方案进行必要的改进和补充，直到更理想为止。

图5-13　逼真的手绘效果图

通过最后阶段的分析研究和功能技术体系的建立，设计师可以得到具体的建模方案。因为产品造型有诸多限制因素，所以这一过程综合性极强。它不仅需要设计师具有艺术创造和运用形式规律的能力，还需要对人机关系进行深入地研究和分析。为保证设计的完整性，除分析人机交互方式和模式外，有必要对制造工艺和材料特殊性进行全面研究和分析，同时结合色彩研究和平面设计，对材质表现和色彩综合考虑以便制定合理的方案。

5.3　工学分析

当前提倡的设计理念是以用户为中心设计出满足目标用户需求的产品，其核心是“以人为本”。在初步确定设计方案后，设计师必须考虑方案的可行性，特别是在工学设计方面，需要思考结构是否合理有效，制造工艺能否达到，使用是否方便。

通过设计文件，审查各类产品工学设计的具体内容，主要是检查产品在使用便利、操作安全、功能可靠、结构尺寸、配合关系、结构合理性、机构合理性、工艺正确性、材料使用合理性、标准应用正确性、设计图样等方面是否符合标准。最终，进行产品工学设计上的确认，为产品设计开发后续工作打下良好的基础。

5.3.1　人机工程分析

人机工程学起源于欧洲和美国，它是在工业社会生产和使用大量机械设备时，通过探索人与机械之间的协调关系而形成的知识体系。经过几十年的发展，它逐渐发展成为一门系统的学科。人机工程学是一门涵盖多领域的交叉学科，研究方法和评价方法涉及心理学、生理学、医学、人体测量学、美学、设计和工程技术等多个领域。人机工程学的目的在于设计合适的机械，改善作业环境，提高生产效率，减少作业中的差错，最大限度地避免事故发生。这里所指的机械是广义的，泛指与生产活动有关的物品。

在产品的设计与评价中，人机工程学是影响产品体验的重要参考指标。高水平的人机工程学设计可以改善产品的安全、健康、舒适等特性。新产品的开发必须充分考虑到“人的因素”，基于人机工程学的产品设计需要考虑的主要因素包括人体尺度、人体结构、人类运动域（三维空间范围的人类活动）等，此处是指人体对产品频繁接触和可感知到的部分。例如，梳子的设计只需考虑头皮和手，台灯的设计只需考虑开关按钮和触摸面板，或眼睛对光线范围和色调的感知。使所设计的产品既能最容易地为人所操作，又能最大限度地发挥出机器的性能，这就是人机工程学所要研究的主要问题。在包含人机工程学设计产品的构思和建模阶段，设计师需要积极考虑舒适性。人机工程学设计需要兼顾身体舒适性和视觉舒适性，以便更好地发挥触觉和视觉的通感效应，提高产品的整体舒适性。

人机关系是造型设计的重要原则之一。考虑“人的因素”是产品美学中对机器设备进行艺术设计时的一个重要部分。当涉及产品的形状、结构和颜色的时候，产品美学与人机工程学的联系就特别明显和密切。对于产品造型，各个部件的位置、尺寸大小、色彩搭配、材质质量、按钮排列等因素都会不同程度地影响用户的操作心理，可能是愉悦感，也可能是压抑感，进而潜移默化地影响着产品的性能评价和使用体验。

人机工程学的一般设计原则包括如下几个方面：

1）必须有效地实现预定功能。

2）必须与使用者身体成适当比例，使人力作业效率最大。

3）必须按照使用者的力度和工作能力来设计，因此要适当考虑性别、年龄、训练程度、身体素质的差异性。

4）不应引起过度疲劳，即不应引起操作者采取不寻常的操作姿势或动作而消耗更多的体能。

5）必须以一些形式向其使用者提供一些感官反馈，如压感、振动、触感、温度等形式。

6）所需要的开发资本和维护成本应当是合理的。

绝大多产品必须通过人的操作才能达到其为人服务的目的，据统计，70%以上的事故与人为失误有关，所以要保证安全，最彻底、最有效的办法还是围绕人的操作和使用方式进行产品设计，从机械和环境方面解决问题。人机工程分析主要是结合产品使用情况，分析人机功能分配、人机匹配（包括正常作业时和特殊状态下人对周围机械和环境，如颜色、形态、大小等的辨别和反应能力）等问题，寻求最佳人机设置并提出改进方案。此方法是一种既可用于人—机—环境分析，也适用于个别产品分析的较为有效的方法。下面是使用人机工程分析法分析产品设计的一个例子。

【案例 16】戴森“Lightcycle”灯具的人机工程分析

英国高端家电品牌戴森在 2017 年推出的 Lightcycle 台灯（图 5-14、图 5-15），清楚地传达了作为灯具所应有的信息，充分体现了人机工程学的设计思想。

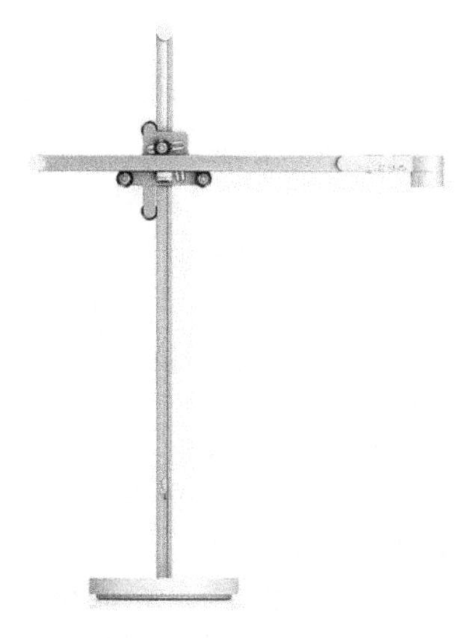

图 5-14　戴森 Lightcycle 台灯

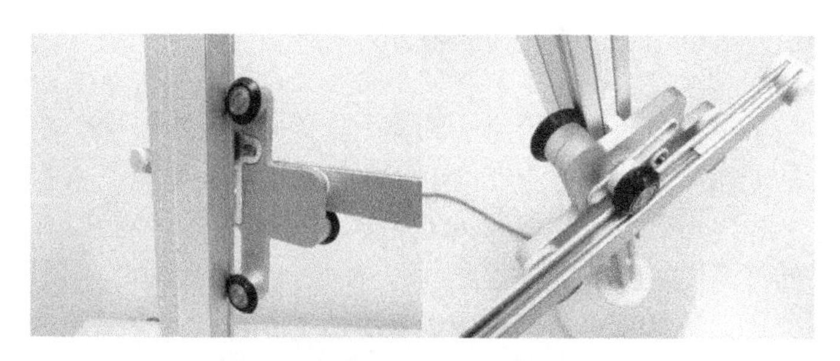

图 5-15　台灯细节设计

这款台灯的定位是工作台灯。以使用功能为主的工作用台灯要照亮桌面，避免炫光；远近高低可以任意调节，灯座、灯伞尽量少占用空间，灯具形式不要分散注意力，影响工作效率；同时还要安全可靠。

它是首款由戴森团队参与设计研发的一款台灯产品，外形极其简约，银白色的机身加上几个黑色的滑轮，充满极简工业美。它以精良的设计发挥了台灯的照明功能。这款台灯可以在20~70cm的高度之间随意调整，而50cm左右的灯臂长度，可以给使用者更多的调整空间，灯臂还能在360°范围内进行旋转。灯臂的结构没有采用弹簧或枢纽，不用担心灯臂下垂的问题。在灯头部分，Lightcycle台灯拥有3枚暖光和3枚冷光LED，色温在2700~6500K之间变化，亮度也可以从100~1000流明之间进行调整。这款台灯里装有32位微控制单元，利用独特的算法，基于时间、日期以及地理位置持续调节灯光的色温及照度，也就是台灯的灯光始终随着太阳的光线、周围环境光线的变化而改变亮度。

Lightcycle反映了戴森设计公司用科技来改变生活的理念，它能满足功能上的一切要求，让我们的生活变得大不一样。

总之，产品人机工程学设计的主要目的是：解决产品人机关系及环境关系，重点完成人机界面的信息反馈设计与操作控制设计，完成产品使用中对方便、准确等的设计需求，完成产品满足一定环境条件的设计，从生理、心理两方面实现人-机关系的协调。

5.3.2　结构设计分析

本书将产品的“骨骼系统”“皮肤与肌肉系统”称为产品的结构及机构，即产品外部壳体及连接结构、产品内部骨架及安装结构、产品运动机构等。产品结构是产品的主干，是产品功能的承担者，是实现产品功能的基本保障。产品结构对产品主要起到包装、支撑、安装、连接等作用，而产品机构主要起到完成运动、完成空间动作、产生功能等作用。产品结构分为以下3个层次：

1. 产品总体结构设计

在设计产品结构时，要先确定产品总体结构关系、总体空间尺寸、局部结构与整体结构关系、结构的原理与框架；研究了解产品部件的安装关系与拆卸维修关系；初步确定成形工艺、使用材料与表面处理的主要方法。图5-16所示的设计草图显示了产品的结构等。

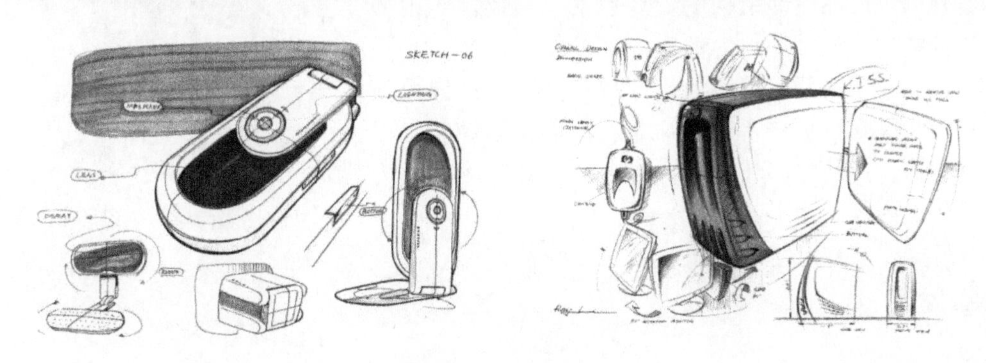

图5-16　设计草图

2. 产品外部结构设计

产品的外部结构指外观造型和与此相关的整体结构，它是产品造型的承担者，也是内部功能的传达者。外部结构设计包括：产品外部整体结构方式，外部结构成形工艺，外部结构件连接关系，表面涂饰工艺，操作结构，显示结构，开启与拆卸结构。如图5-17a、b所示为奥迪Q5汽车的外部结构及尺寸图。

a) 外部结构

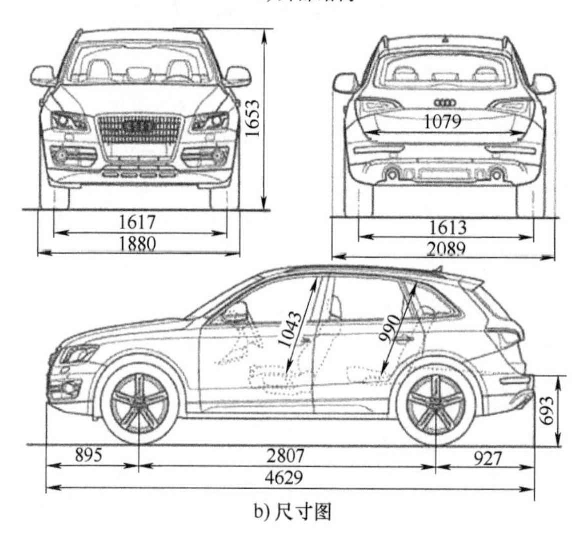

b) 尺寸图

图 5-17　奥迪 Q5 汽车的外部结构及尺寸图

3. 产品内部结构设计

产品的内部结构又称为核心结构，通常是由某项技术原理系统形成的具有核心结构的产品结构。对于用户而言，内部结构是不可见的，可见的只是承担输入和输出的外部结构。而产品的内部结构是产品外形的骨骼，影响着外形。产品内部结构的设计包括：操作件与内部安装连接结构，显示件与内部安装连接结构，产品骨架结构，产品骨架内部连接结构，产品芯件或组件内部安装结构，产品运动件内部安装结构，产品组装结构，产品维修结构，产品内部其他辅助结构。如图 5-18 所示为某品牌手机内部结构图。

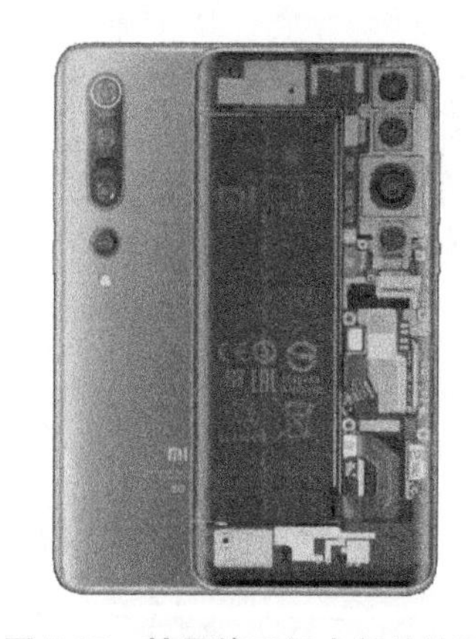

图 5-18　某品牌手机内部结构图

5.3.3　制造工艺分析

制造工艺是指材料成形、加工和表面处理等技术手段。优美的产品必须通过各种技术手段才能制成具有一定使用价值的产品。产品设计方案如果没有先进的、合理的、可行的工艺技术与之配合，那么先进的结构和美丽的外形也只能呈现在效果图和渲染图中，无法加工生产。

在产品加工过程中，合适的工艺直接关系到生产效率、产品质量、生产成本等。因此，设计师应根据原料价格、成形条件、加工处理等因素选择材料，充分考虑实际的工艺条件和方法，设计出加工容易、成本低、成形效果好、迎合消费者需求的产品。如塑料注

塑成型技术具有很好的优势：一次成型可以减少工序，降低成本，且成型周期短，从而提高工作效率和经济效益。注塑成型搭配不同的表面处理技术可以达到不同的效果。对于相同的材料，使用不同的加工方法、表面处理技术（包括产品表面涂层工艺设计、表面材料纹理设计、表面装饰加工设计、表面印刷设计等）会产生不同的效果和质感。同种材质的不同处理方式还可以创造出丰富的艺术效果。家居产品是最贴近生活、易消耗的产品，因此，产品的精美度、价格都直接影响着销售曲线的变化。设计的合理选材及多考虑采用简单工艺进行加工都将是降低成本的主要途径，而精湛的工艺技术是完美设计的有力保障。因此，在造型设计中，不要局限于传统的材料与工艺，更不要局限于某种工艺技术制作的造型特点和风格，要灵活运用多种制造工艺手段，使造型充分表现材料本身的质地美，或使用相同的材料达到不同的质感效果，这样才能使造型的外观更富于变化。

图 5-19 所示为塑料水壶设计，其造型简洁、美观、大方、温馨，充满浓郁的生活气息，配色也适合家居环境轻松的氛围。更重要的是它的制造工艺简单，成本低廉，但其附加值却很高。

图 5-19　塑料水壶设计

5.4　方案初审

设计进行到一定程度后，就必须从诸多设计想法或概念中筛选出有价值的或者有巨大发展潜力的设计方案（图 5-20）。本阶段的设计评估更侧重于当前解决方案的优缺点（没有完美的设计解决方案）。最重要的是，在优势的方向上是否有更多的延伸亮点，在更多地了解项目的实际发展情况后，在最终草案决定之前是否有足够的时间来弥补缺陷。设计审查更多的是讨论不同方案的优缺点，不仅要考虑方案目前的优缺点，还要指出方案在未来设计中的潜力和优势。在权衡方案的优缺点后，最终确定最有潜力的设计方案并继续深化。

图 5-20　中国石油大学（华东）学生作品

在设计深入阶段，设计师首先将先前所捕捉到的构思方案进行比较和分析，从中筛选出几个可行的设计方案向下发展。

初步评审的出发点包括：可实现性、功能性、创新性、目的性。

5.4.1　评估标准

对设计概念的评估是一个连续的过程，它始终贯穿在整个设计过程中。在产品设计的不同阶段，方案评估的侧重点也有所不同。产品构思阶段的评估活动是筛选出符合条件的设计构思；在产品方案的深化与发展阶段，通过方案评估确定满足产品设计目标，并且在

现有条件下可实现的最佳解决方案。

产品设计开发的深化及发展阶段是产品设计过程中最基本、最重要的内容，是将选定的方案精细化的过程，本小节就这一阶段的评估进行详细介绍。在这一阶段中，所有的产品要素都将得到深入的表达与评估，具体到产品的人机尺度、操作界面、使用性，以及形状的细微变化、色彩的搭配、材料的选择、结构件的配合等。评估过程中，草图、效果图、工程图、结构图、产品方案展示图、模型等资料都可以作为评估的依据（图 5-21）。由于产品设计的范围很广，各种产品的使用功能、使用对象、要求特征等情况各异，因而在对不同产品设计概念进行评估与选择时，其具体内容和侧重点也有所不同。在产品深入设计阶段，方案评估的标准包括以下 6 个方面：①经济性标准；②技术性标准；③社会性标准；④审美性标准；⑤道德标准；⑥可持续发展标准。

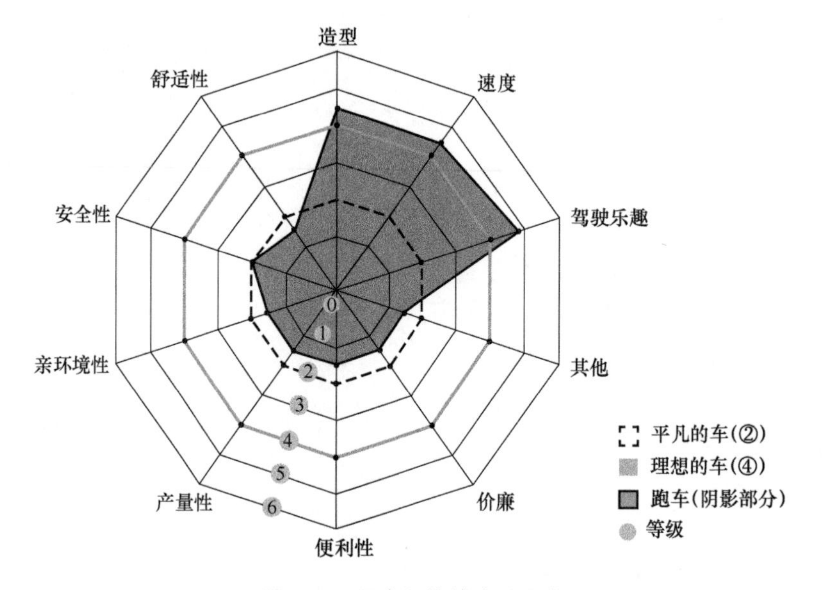

图 5-21　用来评估的产品要点

5.4.2　评估方法

评估因素是随着人类自身发展而变化的，评价的方法与评价的内容也会不断地发生变化。评价系统是动态的，各测评、测试点是互动关联的。因此评价最终的结果要以符合人的要求，以及社会发展需求为目标。确定最佳设计方案的评估方法有很多，可以通过以下 3 种方法评估产品。

1. 产品设计原则

按产品设计原则进行评估，包括产品的功能及外观所具有的创新性、生产制造过程中的经济性、使用过程中的功能性、符合时代潮流及人们心理需求的审美性等设计原则。

2. 提问式评估

提问式评估只是一种专家评估方法，有时也称为经验评估。提问式评估是一种简单的可用性评估方法。它使用了一套相对简单、通用且富有启发性的可用性原则，并允许多个评审员根据他们的专业知识和经验对方案进行提问，发现产品的可用性问题。从提问式评估的定义可以看出，评估有两个重要因素，一是评价者，二是评价参考原则。

提问式评估的评价参考原则如下：

1）环境贴切原则：产品是否符合现实世界的认知及习惯。

2）撤销重做原则：用户在误用和误击后是否可以进行重新操作。

3）一致性原则：是否具有一致的用语、功能、操作。

4）防错原则：是否可以防止用户出错。

5）易取原则：是否降低用户的认知负担。

6）灵活高效原则：是否可以满足不同用户的要求。

7）容错原则：是否可以帮助用户减少错误操作后的损失。

8）人性化帮助原则：是否有帮助用户的使用提示。

3. 系统可用性量表

SUS（System Usability Scale，系统可用性量表）最初是由布鲁克在1986年开发的。量表由10个问题组成，包括奇数项的肯定陈述和偶数项的否定陈述（表5-1）。

表5-1　系统可用性量表

请回答下面的每个问题，在强烈反对、反对、一般、同意和非常同意之间选择一个合适的答案，表示你的判断。

序号	问题	强烈反对	反对	一般	同意	非常同意
1	我认为我会愿意经常使用本应用					
2	我发现这个应用没必要这么复杂					
3	我认为该应用容易使用					
4	我认为我会需要技术人员的支持才能使用该应用					
5	我发现这个应用中不同功能被较好地整合在一起					
6	我认为这个应用太不一致了					
7	我以为大部分人会很快学会使用这个应用					
8	我发现这个应用使用起来非常笨拙					
9	对于使用这个应用，我感到很自信					
10	在我可以使用该应用之前，我需要学习很多东西					

SUS的优势在于量表是公开免费的，同时整个量表题目陈述简单，只需参与者打分，实施起来很快；测量结果是0~100的数，可以帮助设计师理解用户对产品各方面的需求程度；SUS应用范围广泛，可用于用户界面、家用电器、家具、室内设计等方面。

SUS得分：当参与者完成评估时，SUS会很快得出评分。需要转换每个问题的分数，奇数项使用原始分数-1，偶数项使用5-原始分数。由于是5分制，每个项目的得分范围记录为0~4分（最大值为40分），而SUS的得分范围为0~100。因此，需要将所有项目的转换分数相加，最后乘以2.5，得到SUS分数。SUS得分被解释为百分位评级，它是指相对于其他产品或系统来测量的产品或系统的可用性。如果产品最终转化后的分数达到70分左右，就表明比现有的产品可用性要好，也就是说这个产品的用户体验算是合格了。

5.4.3　结果反馈

方案评估之后，根据反馈内容，设计师可以对设计方案做出适当地改进和完善。设计师可以在较小的范围内将一些概念进一步深化、发展。如反馈意见与设计理念不能合拍时，可以考虑重新进行市场调查和研究，重复综上所述的研究和设计过程。

5.5　方案优化

方案优化是设计方案由切实可行走向最终完善的必经之路。在考虑设计方案时，需要设计师更加理性地综合考虑各种具体的制约因素，不能只单纯地从形态的角度去设计产品，产品的功能和结构等因素也直接影响产品的造型。所以设计师在构思方案时不能无视结构尺寸、功能需求、结构限制、材料工艺标准、生产成本等因素的存在，要科学地探求设计方案的最优化。设计优化是一个深度思考、反复斟酌和理性深入的过程。

1. 人机关系

“以人为本”是设计的根本目的，所以在探讨设计的合理性时应将人机关系放在第一位。以某类型手机为例，手机的尺寸大小是否合适、是否满足不同用户的需求；操作界面的设计是否易使人产生疲劳；用户是否能快速学会手机的使用方式等都是要从人机工程学的角度去解决的问题。简而言之，一切与人发生关系的接触面都是需要考虑的问题的切入点。

2. 结构

产品设计需要对结构进行仔细考量，考量产品需要包含哪些功能组件，内部空间是否充足，组件排布是否合理。优秀的结构设计需要充分利用产品内部空间，合理排布相关组件，不影响正常功能，降低加工难度，方便组件之间的装配，适配外观设计，方便放置及用户操作。

3. 环境

产品最终要放在一定的环境中去使用，在产品设计时需要考虑使用环境，例如安装位置，是否经常搬运产品。为特定地区设计产品要考虑当地的气候条件，如空气湿度；室外产品要考虑防风防尘，积尘之后的清理程序；为家庭设计或人流量较大的地点设计时需要考虑外观的安全性，放置能否稳妥，是否有过于尖锐的棱角等。

4. 材料和工艺

产品最后的成形离不开材料和工艺，而这两者更直接与产品的最终效果和生产成本相关，优秀的设计不仅仅只是为了用户的舒适性，同样也需要考虑企业的成本。合适的材料和制造工艺不但能更好地表达产品的质感，提升产品的档次，还能替企业减少材料和加工成本，延长产品使用寿命，让用户更加安全健康地使用该产品。

5. 市场

产品的创新是赢得市场青睐的重要因素之一，同时创新应尽可能不违背现有市场的习惯，既要跟随市场趋势利用创新打造优势，又需要减少用户的学习成本，让用户尽快适应新产品，有利于企业的宣传推广。

6. 色彩

产品设计色彩的选择是重中之重，产品的颜色承担着吸引消费者，优化产品外观，增加消费者认同度的重任。

5.6 色彩设计

拓展视频：
色彩设计

产品设计一般包含 3 个元素，即色彩、外观、功能。研究表明，人们在选购商品时，存在“7 秒钟定律”，即人们在各种各样的商品面前，往往只要 7 秒钟就可以基本确定对哪些商品感兴趣。短短的一瞬间，色彩往往决定了一个产品的成败。

人类视觉对色彩的感知是最为强烈和直接的，色彩是人们观察产品时最先注意到的信息，其次是外观，最后才是功能。色彩设计是对色彩的基础属性色相、明度、纯度进行调整，结合色彩所蕴藏的情感、心理效应，在遵循色彩构成原理与配色法则下进行的设计行

为。设计师最容易通过适合产品的色彩设计去表达他的设计意念，体现出产品的价值和特色，引起消费者的注意。身为设计师，就必须懂得和色彩沟通，利用科学、严谨的理论知识来探索色彩搭配。色彩作为设计的一个重要构成要素，除了具有装饰作用外，还应具有象征意义，能持续影响人们的视觉感受和情绪。

在产品设计中，产品的形态和色彩是密不可分的，因此在考虑设计方案时，不能只单纯地从形态的角度去设计产品，好的色彩设计也可以弥补产品造型上的缺陷。所以设计师在构思方案时不能无视色彩及色彩心理感知方面等因素的存在。色彩设计是一个深度思考、反复斟酌和理性深入的过程，设计师应从以下几方面去细化设计方案。

1）人机关系——色彩的警示与距离感。

2）结构——色彩的硬软和冷暖强度感（图 5-22）。

3）环境——色彩与周边环境的协调性。

4）材料——色彩的肌理感。

5）成本——经济性原则，以最小的代价取得最大的成果。

6）市场——流行元素和审美观念。

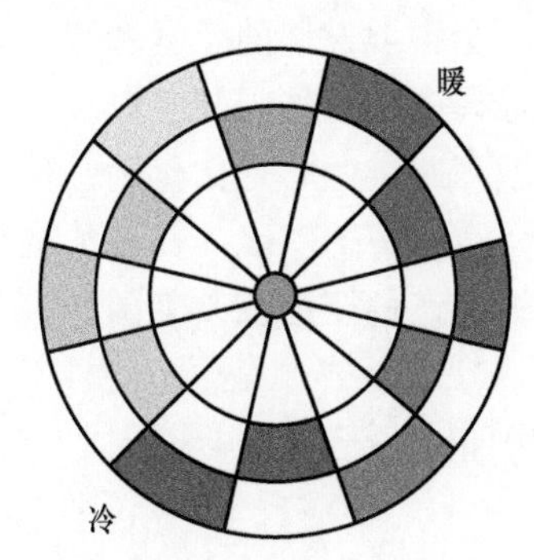

图 5-22　色彩心理冷暖分析图（见彩插）

5.6.1　产品的色彩感情

消费者购买商品时，不仅希望得到物质上的满足，还希望得到精神上的期待。色彩是感性的，当人们注视色彩时，生理与心理就会随之产生相应的反应，色彩语言早已融入了人们的生活中。近年来，心理学家越来越重视色彩与人类心理感受的关系。他们指出每一种色彩都具有象征意义，当视觉接触到某种色彩，大脑神经便会接收色彩发放的信号并产生联想。各种色彩都有其独特的性格，简称色性，它们与人类的色彩生理、心理体验相联系，从而使客观存在的色彩仿佛有了复杂的性格。色彩的表情特征是一种物理现象，当看到色彩时，都会或多或少地产生各种不同的印象。每一种色彩都有自己的表情特征，颜色一旦处于不同的颜色搭配关系，或是当它的纯度或明度发生变化时，颜色的表情也就会随之变化。如红色代表快乐、热情，它使人情绪热烈、饱满，并能激发爱的情感；绿色对人的视觉刺激最为柔和，是人的视觉最能适应的颜色，使人有安定、恬静、温和之感；蓝色给人安静、凉爽、舒适之感，使人心胸开阔；白色让人有素雅、纯洁、轻快之感。这种由色彩变化达到的意境效果是艺术上所追求的一种情感效果。

可见，色彩是一种语言，能使产品更具有感情和人情味，对产品设计具有重要意义。因此，产品的色彩设计需要重视情感方面的表达，根据使用者的个性、喜好进行整合，给人满足、愉悦、积极的感受，合理地运用色彩情感化设计还能提升产品的附加值，从而提升人们的生活品质。

5.6.2　色彩在产品中的应用

现代社会中，无论是手机、手表、汽车，还是其他更多产品，色彩是产品设计成功与否的关键因素。在产品设计中有一种说法，产品的色彩可以抛开产品的设计而独立存在，但是产品的设计不能没有色彩。色彩赋予了产品独一无二的个性和完美的形象，色彩的选择已成为人们张扬个性和爱好的标志。据《产品工艺设计重要元素——色彩流行特点研究报告》得知，消费者购买产品的行为中，产品色彩已成为影响消费者选择产品的最重要的依据之一。

色彩对产品外观设计有如下4种作用：

第一，色彩这一视觉语言可以辅助功能的表达，影响人们对产品的感知方式，通过色彩设计可以控制用户按照约定方式去感知对象的结构。例如，通过颜色引起注意，通过颜色表现比例和方向，表现结合或分离的结构关系等。

第二，色彩是人机工程学中的重要内容之一，色彩具有辨识、警示、心理暗示等作用，如通过颜色可以表现安全或提醒危险等。

第三，色彩具有美学功能，人的视觉对色彩有特殊的敏感性。色彩与产品功能相结合，会影响人们的感觉和情绪。设计师可以利用色彩这一功能，根据用户定位和产品功能来选择产品的外观颜色。

第四，色彩是文化的一种美学象征。色彩作为文化的载体，承载了特定的含义而有替代语言文字的功能。在各种文化中，色彩的含义是各不相同的。例如，在现代文化中，蓝色被用作科技用色，美国的IBM公司研制的一台电脑就被命名为“深蓝”。

5.6.3 产品的配色法

产品色彩效果的好坏关键在配色上，配色的目的是追求丰富的光彩效果，表达设计师的设计理念，吸引消费者。产品的色彩设计作为产品造型设计的内容之一，应该体现出科学技术与艺术的结合、技术与新的审美观念的结合，以及产品与人的协调关系。设计师对色彩的感情和配色规律了解得越多，越能准确掌握色彩语言和功能，设计出大众喜欢的产品，同时创造出强烈的品牌印象。

色彩调和是指具有共同或相互近似的色素进行搭配并形成的和谐统一的效果，使得用户心情愉悦和满足。色彩和谐的意义：一是使色彩有明显差异的同时构成一个和谐统一的整体，此过程必须经过调整；二是使各种色彩按照目的自由组织构成美丽的色彩关系。在产品设计中，色彩调和有如下3种常见形式。

1. 同一调和

当两个或两个以上的颜色因差异而形成很大的刺激不和谐时，增加各种相同的因素，使这种强烈的刺激逐渐缓解，增加相同的因素越多，调和感越强。这种选择具有强烈同一性的色彩组合，或增加每一面色彩的同一性对比，避免或减弱对比强烈的刺激感，获得色彩和谐的方法，称为同一调和。同一调和分为以下4类。

（1）同类色相调和　指在色相相同的情况下，不同明度或纯度的色彩调和。它们在明度或纯度的变化上形成对比，以此弥补同色相的单调感，使人感到稳定、温和。

（2）近似色调和　两种颜色相似、相近。在色彩搭配中，选择性质或程度非常接近的颜色组合来增强色彩和谐的方法称为近似色调和。

（3）同明度调和　即明度相同，变化其色相或纯度的色彩调和。这类调和一般能获得含蓄、丰富、高雅的色彩效果。

（4）同纯度调和　即纯度相同，变化其色相或明度的色彩调和。这类调和一般来讲效果较好，但有时同低纯度调和易产生“闷”“粉”的感觉，这时就应该提高某一色的纯度以增加对比。而在同高纯度的调和中也会出现不和谐情况，这时就要降低某种色彩的纯度以增加调和感。

例如，意大利家居品牌Guzzini在2018年推出的zero球形餐盒（图5-23），被称为“饭盒界的颜值担当”。球形餐盒的外形炫酷时尚，在配色方案上采用同色调不同纯度的色彩搭配，带来了色彩层次的碰撞，又显得统一规整，让人眼前一亮。

2. 对比色调和

把色相相对或色性相对的某类色彩作调和称为对比色调和。这类调和既强调变化又要

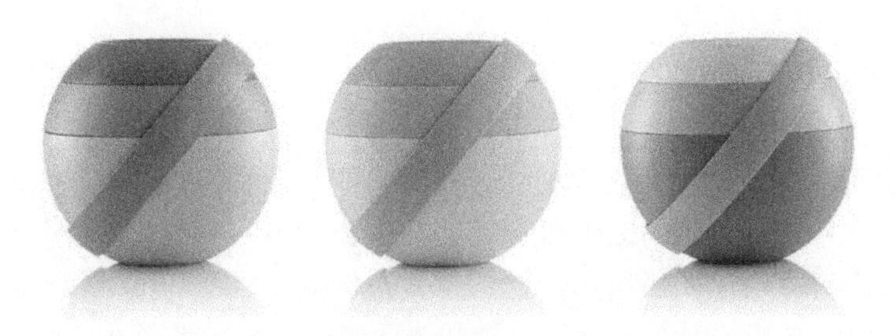

图 5-23　zero 球形餐盒（见彩插）

求搭配和谐。如橙色与蓝绿色调和，可以分别在橙色和蓝绿色中混入统一的环境色，以求达到既变化又统一的和谐之美。例如，瑞典公司 POC 推出的这款头盔（图 5-24）采用橘色和青色的对比配色，在青色和橘色的部分又加入白色元素进行调和，使整体的配色更加和谐。

3. 互补色调和

色环上两个相对的色彩作调和称为互补色调和，如黄与紫、红与绿、蓝与橙的调和。这样的配色能提供最为强烈的对比感受。但运用不当也会出现问题，这时可以通过面积的变化统一色彩。例如，在红与绿的调和中，可以使一方占有优势面积，而另一方只占较少面积，这样形成的对比既强烈又和谐。例如，zero 球形餐盒（图 5-25），其中一款配色采用蓝与橙的互补配色，蓝色为产品主色，橙色用于小面积的把手设计，这种配色方案既能产生视觉上的对比，又不显得杂乱。

图 5-24　头盔设计（见彩插）

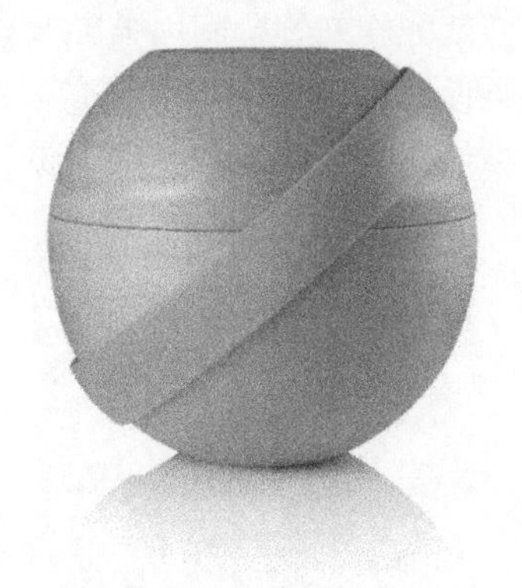

图 5-25　某款 zero 球形餐盒

5.7　制作数字模型与渲染效果图

随着信息时代的进步，网络、大数据的发展，以及加快速度的 5G 时代的来临，产品的生产模式在工业 4.0 的时代发展下，计算机辅助设计软件被开发并广泛应用于各种制造（产品）环节中，包括辅助设计、分析数据等。计算机的应用不仅引起了设计方法与程序的深刻变革，而且对设计本身也带来了很大的影响。计算机应用中的设计软件可以协助设计人员完成方案对比分析、图样设计审查、设计内容存储检索等工作，缩短设计周期的时长，提升设计的效率，也有利于设计完成后的产品结构分析和生产制造的信息反馈。计算机辅助设计（CAD）软件在生产制造的环节中应用可以将设计人员从传统的手工绘图中解放出来。利用计算机辅助设计软件不仅能更有效地完成工作，而且其自身的特点也给设计带来了新的风格、新的造型语言。

5.7.1 计算机数字模型制作

随着计算机辅助设计技术的不断发展，出现了一些具有革命性的虚拟现实的技术，计算机三维建模和三维渲染技术的诞生和发展也催生出产品三维效果图在产品设计和制造领域的应用。目前在产品设计领域应用广泛的有 Rhino、SOLIDWORKS、Creo、Alias、UG 等三维设计和制造软件。由于计算机辅助设计和辅助制造的软件界面及功能的智能化，设计生产中的并行工程、模块关联互动的特性不仅成倍地缩短了设计生产的周期，更主要的是带来了设计者工作方法的变化。设计师们可以更加充分地发挥自己的才智与判断力，从更直观的三维实体入手，而不必在手绘技能的提升上花费更多精力。同时，计算机使设计师在工作中的交流与合作大大增强，通过计算机网络和远程通信技术的支持，设计师之间，设计师与其他参与人员、用户之间的沟通不再受时间、地域的限制，传统设计的局限被打破。

科技的发展，给设计者们带来尽情发挥他们天才想象力的无尽空间。在德国奔驰公司的设计部，设计师、工程师们已经远离了繁重的油泥模型制作、样车打造、风洞试验、实体冲撞试验等耗费人力、物力的传统设计检测手段，取而代之的是使用各种不同的数字化虚拟现实设备。在波音 777 产品的设计开发过程中，波音公司的设计师们完全借助于计算机（图 5-26）完成了整个设计过程。设计的整个阶段没有使用一张图样，体现了突破传统的设计理念。现在，设计师凭借感性设计手段将最初的原创想法绘制成平面效果图，智能化的软件就能在三维空间内追踪其效果图的特征曲线，完成三维实体建模及工程图样的绘制。如果设计师修改了其中任意一个模块中的环节，相关模块中的参数也会随之进行修正，这一优势在许多复杂系统的设计中更能发挥其长处。

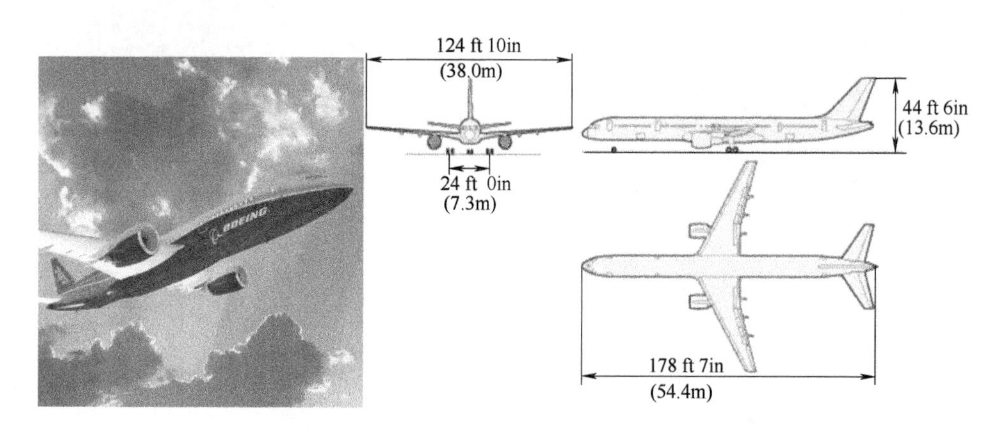

图 5-26 利用计算机技术设计制作的波音 777 模拟图和尺寸图

在这样的设计生产环境中，设计者或工程师不必准确详细地了解整个系统。在需要时，他们会去借助于电脑，从数据库中调出相应的功能参数，节省了大量查验相关标准的时间，这样让设计者和工程技术人员能够将更多的精力投入到前期富于创造性的工作中去，更多地凭借感性去工作，更多地借助艺术家的方式去工作。

在产品设计领域，以 CAD 为核心，已经发展出计算机辅助工业设计（CAID）、计算机辅助概念设计（CACD）、计算机辅助工艺过程设计（CAPP）等一系列相关的 CAD 技术与系统。计算机辅助设计的前期阶段是通过 CAID 平台做出精细的产品效果图、深化细节设计以及综合评价，后期阶段是依据工程图样建立参数化模型以便于实现计算机辅助制造。计算机三维建模（图 5-27）具有精确、高度真实感等特点，可以直接与加工制造设备

衔接，提高工作效率，但其制作的周期较长，需要设计师进行系统的学习。

图 5-27　计算机三维建模

5.7.2　渲染效果图制作

渲染效果图是基本成熟创意和最终创意的表达方式，是设计师与人们对新产品认识沟通的桥梁。渲染效果图的表现效果必须符合产品设计的造型要求，如产品的比例、尺寸、结构、构造等，能明确表示产品材料的质感、色彩、特点、造型结构等，能够将产品的形象以真实的感观表现出来。逼真清晰的渲染效果图将在最终的评价决策中起到关键作用。由于审查项目的人员大多不是设计专业人士，因此渲染效果图的绘制必须逼真准确，如图 5-28 所示。

目前，产品设计效果图正由单一手绘发展到手绘和计算机绘图并重的层面，如图 5-29 所示。产品设计效果图所展现的产品形象更加直观，更具真实感。现在大多数的设计师选择使用计算机辅助工业设计软件制作产品效果图，利用软件强大的造型能力能够得到形象逼真、渲染效果好的效果图。无论哪种方法，只要能为设计师所用，并达到设计表现的目的即可。

图 5-28　逼真的渲染效果图（见彩插）

图 5-29　二维计算机表现加手绘效果图

本 章 小 结

经过产品调研分析（提出问题）之后，进入了产品设计的实质阶段（解决问题）。产品设计阶段的工作主要是提出设计方案，经过方案筛选、工学分析、方案初审，不断优化产品概念和产品细节，最终使其视觉化。

在本阶段中，有很多产品设计基本技法需要我们学习和掌握，这些都是在设计产品时很重要的技能，如手绘、计算机辅助设计等。设计技法水平与创意水平是相辅相成的，创意能通过设计技法准确表现出来，使设计师产生成就感，从而提高了设计积极性，积极性的提高又促使设计师产生更多更好的创意，最终实现良性循环。

本 章 习 题

（1）（实践练习题）设计草图的表现种类有哪些？用其中一种表现方法绘制某一款电子产品的三视图和透视图。

（2）（实践练习题）试着用人机工程学的方法分析一款电子产品的优缺点。

（3）（实践练习题）动手拆一件电子产品，看看它的结构有什么特点，试分析为什么这样设计。

（4）（实践练习题）为自己设计一款电子产品，绘制草图、制作三维模型和效果图，并进行工学分析。

第6章

产品生产准备阶段

学习内容——绘制工程图、模型制作、设计评价及试产推广。

学习目的——掌握工程图、模型制作和设计评价方法，了解产品试产推广等知识。

课题时间——4课时理论，2课时专项知识实践。

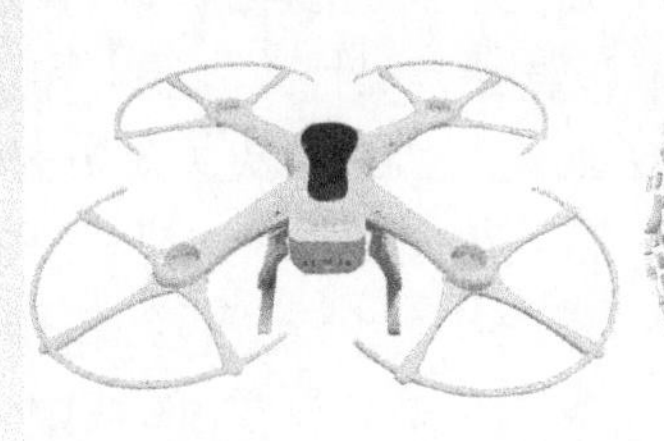
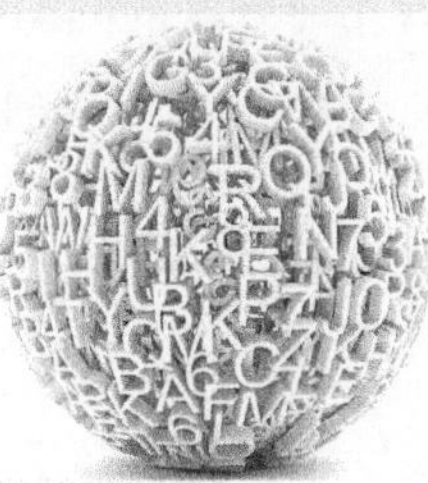

在产品设计的最后阶段，也就是将产品实体化并推向市场的这一过程中，最重要的工作就是根据已确定方案的造型进行工艺上的设计、原型制作和评价。此时，在设计向生产转化的期间要基于目前开发流程中残缺的环节进行补充，令开发流程更为流畅和正规，以便于未来查阅和归档使用，此外对造型设计整体表现、成型方式和实现产品化的问题进行最终的核准。具体地说就是要为产品造型寻找合适的制造工艺和表面处理方法等，把制造方法、组装方法、表面处理等问题作为生产技术、成本方面的问题进行充分的研究，需变更的地方要加以明确并尽早修正，对产品各种参数的测试和评价、模具开发、产品投产与推广都要有系统的程序和方法。面对互联网行业中竞争激烈的现状，如何让开发流程更完整、更有效率，是产品脱颖而出的关键。

一套完备且合理的开发流程将使产品以最高效率完成并投产。产品制造工艺与表面处理的选择能有效降低生产难度和生产成本；样机模型的制作可以发现产品在由三维模型向实体转化过程中的问题，从而帮助设计师及时对产品进行调整；设计评价可以使决策者在众多方案里优中选优，从而保证产品质量。每一步都在生产准备过程中起着重要的作用。

6.1 绘制工程图

工程图样长期以来一直被称为工程界的技术语言，用图样来准确表达物体的形状、大小和有关技术要求。在产品设计开发过程中，产品的设计、生产、制造、装配、使用和维护等过程都离不开工程图样，设计者通过图样表达设计意图和要求，制造者通过图样了解设计要求、组织生产加工，使用者根据图样了解产品构造和性能、正确的使用方法和维护方法。产品在研发、设计和制造流程中通常不能只有三维模型，因为如尺寸精度、几何公差、表面结构等技术要求不能完整地表达明白，还需要凭借二维工程图。这些二维工程图与传统的图样所表达的内容虽相同，但主要的内容并非逐笔画出来，而是直接从三维模型中获取的。设计制图是将设计方案用机械制图原理绘制成生产用图样，生产部门以此为标准进行生产制造，因此，制图必须按照国家标准进行。通常来说，设计制图包括外形尺寸图、零件图及总装配图等。如图 6-1 所示的工程图线条明确、尺寸严谨，也是设计师与工程师交流的主要媒介。除此之外，还有产品效果图用作生产、宣传、销售的辅助参考，一般可由计算机辅助设计完成。

6.1.1 设计制图的研究对象

设计制图将图样作为研究对象，是一门以画法几何与机械制图为基础，在研究绘制和阅读机械图样、图解空间几何问题的同时，研究结构造型语言、结构造型方法，是在工业设计，特别是在产品设计中应用的技术基础学科。现代工业设计要求设计师在设计流程中，对设计对象不仅要从形状、尺寸大小方面进行表达，更关键的是要从加工制造工艺和装配工艺合理性方面，以及实用性、经济性、技术美学和先进性等多方面进行考虑。当今，随着计算机科学和技术的发展，计算机绘图技术推动了设计制图的发展，从人工设计到计算机辅助设计、从尺规到计算机，改变着工程师和科学家的思维方式和工作程序。

6.1.2 设计制图与产品设计的关系

所谓产品，是以使用为目的的物品和服务的综合体，但在这里泛指人类生产制造的物

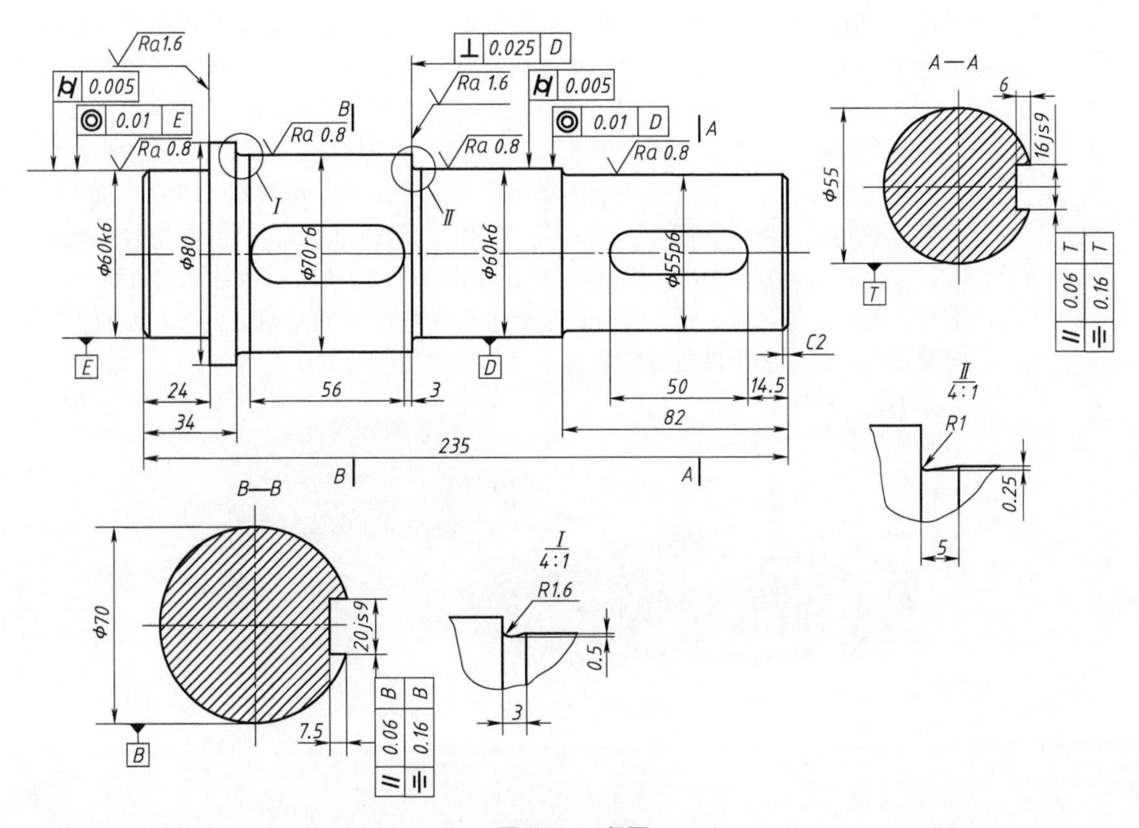

图 6-1　工程图

质财富，是由一定物质材料以一定结构形式结合而成的，具有相应功能的客观实体，是生产出来的物品，不是自然形成的物质，也不是抽象的精神世界。因此，产品设计是对产品的造型、结构和功能等方面所进行的综合性的设计，以便生产制造出符合人们需求的实用、经济、美观的产品。

产品的功能与造型是产品设计的两个关键要素。这两个要素在工程实际（设计、生产制造、销售等环节）中的具体体现，应是具象的、符合工程实际规范的。设计制图所研究的，正是提供规范设计语言的技术手段。因此，设计制图是产品设计领域的一门技术性基础学科。

6.1.3　设计制图的内容

设计制图的内容可分为以画法几何为基础的结构造型方法、立体造型与效果表达两大部分。

1. 以画法几何为基础的结构造型方法

画法几何是机械制图的投影理论基础，主要研究在平面上用投影法来表达空间几何形体、利用图形解决空间几何问题的方法，为用机械图样表达空间几何形体提供理论和基本图示方法，同时也对结构造型的语言与方法进行初步研究，为产品设计奠定基础。

2. 立体构型与效果表达

立体构型与效果表达内容包括用机械图样表达形体结构的基本思想与方法，以及通过轴测图与透视图来表现产品的整体效果。一切机器、设备或者产品，都是按照图样进行生产的，图样由图形、符号、文字和数字组成，能准确表示机械的结构形状、尺寸大小、工作原理和技术需求，是人们在生产中表达与沟通的桥梁。对于工业设计领域，特别是对于产品设计而言，轴测图与透视图不仅是绘制产品设计效果图的基础，而且是用于技术交流的重要技术手段，如图 6-2 所示为概念车设计稿与效果图，利用几个角度的透视图和轴测图往往就能塑造出产品的概貌。因此，这部分的内容是设计制图的主干，也是产品设计的重点和基础。此外在设计中，产品爆炸图和效果图也起着重要的作用。产品爆炸图，又称产品拆解图、产品分件图，主要是为了阐明其产品每个部件的材质、名称，以及结构拼接形式，让他人更能理解其产品。爆炸图主要用来揭示内部零件与外壳部分之间的关系，用来探讨装配时可能遇到的各种潜在问题，加入爆炸图用于图解说明各构件的结构、装配方式及数量，方便设计者与客户、结构设计师之间的交流以评判产品基本结构设计的合理性。不同的客户有着不同的需求，通过效果图能够准确表达设计师的创意亮点，为迎合客户的想法，效果图是最能准确反映创意的媒介，也是成本最低的方式。

图 6-2　概念车设计稿与效果图（见彩插）

6.2　工作模型样机制作

通过模型来揭示原型的形态、特征和本质的方法称为模型法，多用于物理实验上，能够借助于与原型相似的物质模型或抽象反映原型本质的思想模型，间接地研究客体原型的性质和规律。同样地，为了实现产品的研发、设计制造和推广应用，也需要定量或定性地分析和掌握产品的功能与特性，可以使用制作模型来帮助完成这项工作。设计模型指在设计研究的过程中，为了更好地理清产品设计思路，表达设计师的设计思维或设计概念而制成的一种三维空间模型的表达形式。而对于产品设计，模型法不仅有助于设计师真实呈现设计构想，让所设计的对象具体化，还能够完善设计师的设计构思，开拓他们的思维，可以说，产品模型为平面设计和立体造型搭起了一座桥梁。下面通过对模型的类型、材料及其对产品设计的作用进行分析，使设计师全面地认识模型的制作。

在产品设计中，模型制作多见于汽车和家电领域。设计汽车时，因为曲面多，车身实验要求严格，所以要做 1∶1 模型，以利于造型研究、生产技术检验、制图检查等。一般由外观设计师绘制二维平面造型，由模型师完成三维模型制作，有时也由设计师与模型师共同完成 1/2 模型或原尺寸模型。可以通过 3D 扫描仪从该模型上读取数据，用于 CAD 设计或用于钢板压铸模具的加工。在家电的设计开发生产中，也必须进行类似的模型制作，以用于严密设计上的研讨和生产技术及构造上的检验。

模型制作常用的材料有油泥、ABS、有机玻璃、玻璃钢等。随着快速成型和烧结技术的应用，纸材、聚碳酸酯、尼龙、金属等材料也用于样机制作。其中，ABS 是最常见、最常用的材料，ABS 模型制作也是很多院校工业设计专业的必修课程，而油泥由于其材料和工具的价格昂贵，在学生时期很少会用到。模型一般用传统手工完成，但随着计算机辅助工艺和制作技术慢慢地应用到设计领域，部分样机的制作已由计算机辅助完成，如快速成型、烧结成型等。

然而，当前在计算机辅助设计导入产品设计领域的技术前提下，设计师有时为了缩短设计生产的周期，开始忽视或者跨过工作研讨模型这一过程，认为在现代技术背景下还使用这种“落后的”人工手段没有必要。实际情况是不是这样呢？我们将在第6.2.1节介绍。

6.2.1　模型制作的意义

许多设计开发失败的案例都发生在由设计向生产转化的阶段。如从构思效果图和感性预想直接进入生产工艺设计，然后又基于生产工艺设计来进行模具设计，当发现结构上的问题时，已经浪费了高额的费用。其问题就在于在二维平面上表现三维造型时存在局限性。在造型设计阶段所绘制的各类效果图都只是在平面上的表现，有些草图与效果图中表达不充分或者无法表达的内容，如产品形体上的空间转折过渡关系、细部与整体的协调关系、外观形态与内部结构的关系等，仅通过平面效果图无法达到实物的最终效果，此时就需要从模型中来理解产品的设计意图，不断完善和调整设计方案，从而保证后续生产顺利进行，需要通过对模型进行反复推敲与检验，才能产生对设计问题的思考，从而进一步产生对产品创新的意识。所有设计都是在发现问题并不断解决问题的思维过程中产生的。但有时会因为开发时间紧迫或费用方面的原因，而省略制作模型的步骤，最终造成整个开发过程的失败。

将设计形象转化为产品形象时就必须利用模型手段。在设计定案阶段利用工作模型和生产模型从各个方面对产品进行模拟，能够明确把握产品在构造上和功能上的问题所在，客观真实地从各个方向、角度来展示产品的形态、结构、色彩、材质等方面。

工作模型制作的目的是把二维图样上的构想转化成可以触摸与感知的三维立体形态，如图6-3所示，并在制作过程中进一步细化、完善设计方案。尤其是在当前先进的数字化、虚拟化技术广泛应用的前提下，设计师的感性评价知觉受到了前所未有的挑战。因为我们生活在一个物质化的世界中，我们感知与使用产品的手段是综合的，不仅要看到、听到，还要摸到、闻到……模型的出现就能让这些感知从想象变为现实，通过人们对实体的触碰和各感官间相互作用，检验产品造型与人的适应性、协调性、操作性，从而获得合理的人机效果。总之，作为以创造物质化产品为职业的设计师，应当为使用者创造出更为全方位的产品，设计师应该用自己的手指去感知与创造一个更为微妙的情感与物质的混合体，而不仅仅是创造一个冰冷的机器。

图6-3　效果图与模型的对比

同时，模型还为产品的生产推广提供了依据，如进行产品的性能测试、确定成型方法和工艺条件、选择材料、预测生产成本和生产周期、进行市场分析和推广宣传等。

作为产品设计中不可缺少的一个环节，模型制作对现代设计的发展至关重要。设计者要充分利用模型表现来研究产品，从不同角度对模型分类进行分析，全面了解模型的内容和含义，掌握模型制作的材料和加工手段，深刻认识模型制作这一重要设计过程，通过产品模型更好地把握产品功能结构、工艺材料，把握产品的开发设计方向，全面提高自身综合素质和设计能力，从而整体提升设计的水平，促进设计的发展。

经常通过模型进行思索，会逐渐脱离比较简单、浅显的视觉性设计，学会更加综合、更有深度的触觉性设计，进而更加精准敏锐地增强创造思维与动手能力，因此模型的制作在当今社会对产品设计有着重要的意义。

6.2.2 传统模型制作

传统模型主要用手工制作，它是以三维实体为基础的由物理信息、工艺信息、成本信息、装配信息及其他管理信息集成的模型，其材料主要有金属和非金属。金属材料模型主要使用黑色金属和有色金属，可通过铸造、切削、铆接、焊接、车、铣、刨等方法制作而成；而非金属模型主要通过使用无机和有机材料制作而成。在工业设计中，常用的无机类材料有泥（包括陶泥、黏土、油泥等）、石膏等，有机类材料有纸、塑料（有热固性和热塑性两种类型）、木材和硅胶等。

在传统模型制作过程中，设计师将设计构想与意图综合人机工程学、工艺学、美学、制造工艺技术等学科知识，凭借对各种材料的了解，塑造出三维实体，从而以三维形体的实物来表现设计构想，并以一定的制造工艺及手段来实现设计的具体形象化。设计师通过模型制作进一步研究完善并修改设计方案，检验设计方案的合理性，通过研究与分析，发现设计中存在的不足与缺陷，进而不断完善和补充设计。传统模型制作能够使设计师逐渐强化空间形体塑造能力，直接通过空间形态表达设计构思。在设计表现中，设计师通过对尺度、形态、色彩、结构材料等因素的反复调整与推敲过程，不断刷新各种直观感受，从而引发设计联想。通过模型的反复检验与推敲，为产品的投入生产提供充分的实物依据。模型制作从开始到完成的过程，既是一个完整的模型制作过程，又是一个设计的不断深化、精化的过程，通过模型制作能让设计师获得对设计过程的完整认识。

由于模型是真实存在的三维物体，因此能客观、形象地表达设计者的设计思想与设计意图，把设计方案的完整造型、结构、色彩、材质等各方面真实地展现出来。它作为一种实体的设计语言，是沟通设计师和研发者对产品设计意图理解的一种有效途径，经过充分分析和探讨，才能进一步了解真实产品可能的发展方向。传统模型制作具有方法简便、取材广泛和经济等特点，至今仍发挥着现代计算机技术所不可替代的作用和优势，它与现代计算机技术共同推进着工业设计的研发进程。

在产品研发过程中，产品设计一般被认为有 3 个阶段：需求概念化、概念可视化和设计商品化。所处的阶段不同，产品设计所需要的信息也就不同，而随着设计的深入进行，产品所包含的信息也越来越丰富。这 3 个设计过程的结果是有明显差异的：需求概念化阶段完成产品的功能定义和原理设计，提供原理设计方案；概念可视化阶段细化原理方案，提供原理的具体实现结构，得到产品的技术方案，此时产品已初具规模，但仍未完全实现；设计商品化阶段则是产品的详细设计，是产品的最终实现。产品设计的这种明确的过程性，要求反映设计结果的产品模型也要具有过程性。对应于不同的产品设计过程，应当有不同的产品模型的子模型，分别称其为创意模型（也称为研究模型）、工作模型和样机模型。设计商品化阶段对产品设计师而言是极其关键的，其目的是将创意的完成结果转换成符合生产条件的过程。不能实现生产的创意，不能被称之为“好设计”。

1. 创意模型

创意模型也就是草模，在进行产品设计的初期阶段，设计师根据设计的构思，利用纸、油泥、陶土、泡沫塑料等材料对产品进行塑造粗胚模型。草模比较概念化，它用概括的手法来表现产品的造型风格、形态特点、比例尺寸、产品与人和环境的关系等，是设计初期设计者自我研究、推敲和发展构思的手段。草模强调表现产品设计的整体概念和造型，通常只需要大致的尺寸比例和粗略的面体关系，对细节未做深入地刻画，所以草模大

多使用简单易加工制作的材料，主要是为了快速地将设计师的创意构思表现出来，并在产品的构思阶段用来推敲产品的空间尺度、产品形态和大小比例等，如图6-4所示。由于草模制作相关的制作方法比较简洁、方便，材料易于加工和修改，因此在制作模型过程中，能够不断地启发设计师的设计思维，不断地快速进行新的构思和创作。在制作时，可制造不同形态的模型，以供分析比较，做出选择。

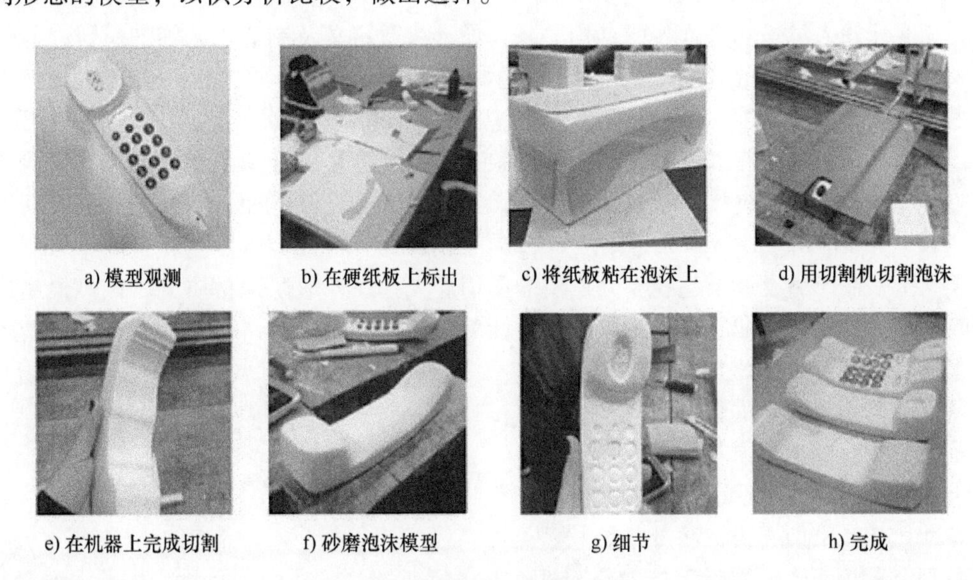

a) 模型观测　b) 在硬纸板上标出　c) 将纸板粘在泡沫上　d) 用切割机切割泡沫

e) 在机器上完成切割　f) 砂磨泡沫模型　g) 细节　h) 完成

图6-4　草模

设计师最大的价值体现在设计的创意上，无论模型还是效果图都是对设计创意的表达。有时候在创意前期的"草模"也很有必要，不要忽视草模的作用。它是设计师用来沟通方案、检视过程的一个重要工具。在有些全新的设计方案中，产品从无到有的过程更离不开草模，因为有很多的造型要素在草图中是很难体现的，只有通过设计师实际动手制作草模，通过模型才能理解曲面的变化，尤其对于游戏手柄这类的设计，都要通过不同程度或阶段的草模，才能表现出设计师的想法并帮助设计师做出合理的设计。

2. 工作模型

产品的工作模型建立在草模之上，是草模的细化模型。在完成创意模型后进入技术设计阶段时，所设计的产品已经能够通过各个视图反映在二维的平面上，此时，对于产品设计的外观结构、功能、形态，以及产品的细部处理等方面是否合理、是否符合要求，都需要凭借工作模型予以校验，以便纠正平面视图中难以清晰解决的技术细节问题。在这一阶段，设计方案基本确定，设计师要按照所确定的形态、尺寸、色彩、质感及表面处理等要求制作在外观上很接近最终产品的工作模型，对产品细节进行推敲，检验设计的产品在各个方面是否符合设计诸要素，并对设计提出修正意见，使设计更为完善。由于工作模型以产品外观造型为主，表现产品各部分的大小、尺寸、颜色等，模型本身不具备操作功能，一般不包含内部结构，所以制作时常采用油泥、石膏、木材、塑料等材料。

3. 样机模型

样机模型是产品建模最终阶段的结果，即手板，在设计师完成产品设计后不用开模具，根据产品外观或结构图样做出一个或几个与真实产品相同的模型用来检查外观、结构的合理性或者作为市场调研的样品，甚至有时候需要具有与实际产品同样的操作和使用功能。

样机模型是在投入生产之前制作的与设计的产品外观完全一样，并且装有机芯、可以工作的真实产品模型。它从产品及其构成的角度确定产品及其构成元素的详细特性，确定产品的使用状态特性，因此，在材料选择、内部结构、工艺方法、表面装饰等方面都应以可批量生产的实物要求为依据。设计师在制作样机模型时，首先要使样机模型图符合产品设计的基本要求，并根据制作工艺的特点绘制出模型图样，然后以此为据制作出样机模型。

由于工作模型只呈现产品外观造型，未能反映产品的造型与使用功能的和谐统一，所以，为使产品设计的功能、造型等较全面地反映出来，就需要按设计产品的原大小尺寸制作 1∶1 的样机模型。因为样机模型不仅要满足使用功能要求与外观造型，而且还要进行演示，因此工业设计中的样机模型多由实际产品本身所需材料制作而成。设计师通过样机模型与其他开发人员一同进行装配结构关系、设计参数定义及制造工艺等的研讨，并估计模具成本，进行小批量的试生产，另外，借助样机模型能够审核产品尺寸的正确性，大大提高了工程图样的准确度，提供更直观的信息，以加快模具的设计速度，提高设计质量。所以，样机模型制作具有以下必要性：①检验产品外观造型设计和细部处理；②检验结构设计的合理性；③避免直接开模具的风险性；④加快产品设计速度，使产品面世时间大大提前。

样机模型在产品设计中起着十分重要的作用。无论在外形还是材质上，样机模型都是最接近量产阶段的真实产品，用其可以与设计部内的设计师进行讨论，可以直接将精致模型拿在手上进行各种测试，例如，对人机界面操作而言，在图标的位置、整机的手感及屏幕大小的视觉效果等方面，都有更直观的感受，如图 6-5 所示为华为公司发布的华为 P50 新机型手机，将此手板模型拿在手上，能够直接感受到手指触碰图标的便捷性和手机设计细节部分对使用的影响。通过手板可以明确地告诉设计师们图样是否正确或产品是否能达到他们想要的效果。

图 6-5　华为公司发布的华为 P50 新机型手机

通过手板不仅能看到一个产品的目标效果，还能拿来与图样进行比较，寻找合理尺寸，从而可以轻松得到更准确、更合理的数据，也为实施更好的有效方案打下基础，展现出产品的适用能力，给产品的开发带来一条更光明的道路和明确的答案，最终有效提高工程图样的准确度和设计质量，加快产品模具的开发速度。

众所周知，模具制造费用相当高，而且操作也非常不方便。而制作手板的费用相对来说较低，操作也更方便，并且通过手板制作可以明确地告诉我们开模所需要的周期，从而达到节约时间的目的，也可以避免开出模具后才发现错误再去修模（修模需耗费更多的人力、物力、时间），在大大降低成本的同时也降低了投资的风险。

当在客户面前亮出如图 6-6 所示的样机模型时，他们会被样机吸引而露出赞赏的目光，并迫不及待地想拥有这样的产品，那么在这时，产品的推销之路就成功了大半，为产品能够提前下订单起到了关键作用。这就是手板在快速发展的时代给企业所带来更多商机与客户，使企业更快速地踏上成功之路的原因。

所以，样机模型在产品的市场价值评估、工艺价值检验和使用价值验证上都是十分必要的，是一种低成本的成果检验方式。通过手板制作可以使得在设计中将二维思维描述（平面设计草图或设计效果图）与三维思维展示（造型表达）这两种形象思维相互交融、补充并不断渗透深化。在模

图 6-6　样机产品手板

型制作中，从模型方案的制作开始到整个模型的制作完成，不仅是一个完整的模型制作过程，更是一个设计的精化、深化过程。

不同设计过程中的3种产品模型是不可分割的，它们既相互联系，又相互区别，其作用各有侧重，分别从不同的时间、过程反映产品模型的不同状态，共同作用后构成一个统一的整体。在整个产品设计过程中，这3种模型共同作用，使整个产品开发设计程序的各个阶段有机地联系在一起，使产品设计人员从一开始就考虑到产品从概念设计到消亡的整个产品生命周期里的所有因素，包括材料、成本、技术及用户需求等，以减少产品开发过程下游的设计更改，缩短整个产品的开发周期，降低产品的开发设计费用。

6.2.3 CAD模型和快速成型技术

在产品开发的过程中，随着设计对象复杂程度的提高，旨在提高设计效率、缩短设计周期和提高一次成功率的并行工程的实施，在设计过程的早期，对模型的需求越来越迫切，产品的时效性也成为公司保持竞争力的一个关键因素，快速成型技术的出现，实现了产品开发的新模式。快速成型技术是一项20世纪80年代后期由工业发达国家率先开发的新技术，它是以离散堆积成型方式为基础，将零件的数字信息自动转换为相应的物理实体的若干制造技术及其他相关技术的总称。其主要技术特征是成型的快捷性，该技术能自动、直接、快速、精确地将设计思想转变成具有一定功能的产品原型或直接制造零部件，比传统成型方法更加方便快捷。为了不断提高模型离散精度，应采用其他文件格式并开发精确、高效的数据处理软件。国内外众多的研究人员和学者对此进行了大量的研究，其中绕过STL文件，由三维实体直接得到分层信息，或建立快速成型机与CAD系统之间高度兼容的标准数据接口文件，已成为快速成型技术提高精度的一个重要发展方向。该项技术不仅能大大缩短产品研制的开发周期，减少产品研制的开发费用，而且对迅速响应市场需求，提高企业核心竞争力具有重要作用。

近年来，随着产品设计在企业中的广泛应用，很多为企业服务的快速成型专业手板公司也陆续发展起来，以至于很多高校的毕业展中也涌现出许多专业的精致模型，其中大部分都是手板公司的杰作。这里不提倡学生阶段就过多地依靠委托专业公司制作模型，如图6-7所示，因为这样会丧失很多自己锻炼的机会。制作模型既是一个推敲设计的过程，又能够帮助学生提高造型能力，制作模型的过程有助于学生全面理解、掌握、运用工业设计知识，帮助他们提高工具使用技能、产品测绘技能，了解有关材料的基本知识，增强对产品的外观、结构以及细部的理解，有效培养空间想象力。当然委托制作模型也有很大的优点，那就是快速。模型公司一般都会有专业的快速成型设备，相当于3D打印机，只要有标准的3D打印文件，即可快速制作出模型。

图6-7　专业手板公司制作的无人机模型

1. 三维CAD模型

工业设计所涉及的CAD模型主要作用是外观造型设计的具体呈现，CAD模型的作用却远远不止于此，其还具有很多优点。采用CAD软件生成三维CAD模型时，可以进行工程绘图、三维设计、结构与性能分析，不但可以进行模拟装配，而且可以进行外观造型的渲染，甚至可以在虚拟现实环境下进行操作，建立起一个良好的、高度真实的计算机三维模型。

但是，三维CAD模型的出现，无法也不可能完全替代其他形式的模型，特别是无法替代具有三维实体形态的实体模型。例如，在产品的造型设计中，不仅要考察产品的外形、色彩效果，还要考察其手感、观察其质感；在航空、航天器的设计中，没有因为三维CAD模型的采用而放弃采用空气动力学的“风洞”试验；同样，汽车工业中在任一新车型的开发过程中也必须进行结构安全性的“碰撞”试验；尽管有十分详尽的军事地图，在大型战役的指挥中，“沙盘”仍是不可缺少的。这一切都源于三维CAD模型的如下缺陷：

1）CAD模型无法提供产品的全部信息（如手感、气味、人机关系等）。

2）CAD模型只能模拟我们已知的环境条件和使用状态，不能根据未知的条件做出调整。

3）三维空间中的实体模型比二维屏幕上的CAD模型更具有真实感和可触摸性。

4）CAD模型本身也需要接受实际验证。

因此，只有将CAD技术和快速成型技术结合起来，才能为设计师带来完美的解决方案。

2. 快速成型技术

快速成型技术是20世纪90年代发展起来的一项先进制造技术，是为制造业企业新产品开发服务的一项关键共性技术，对促进企业产品创新、提高产品质量、缩短新产品开发周期、提高产品竞争力有积极的推动作用，同时能够为产品投产提供快速、准确的实体评价信息。自该技术问世以来，已经在发达国家的制造业中得到了广泛应用，并由此产生了一个新兴的技术领域，应用非常广泛，尤其在汽车制造、航空航天、建筑、家电、卫生医疗及娱乐等领域有广泛的应用。随着快速成型技术的发展，它被广泛应用于模具制造过程。该技术可以进行新产品的快速开发试制，制作周期仅为传统制作技术的1/4左右，可以有效提升模具制造的成功率。该技术是将模具的生产工艺和概念设计在CAD系统中进行综合，通过计算机模拟分析形成新型的模具设计制造系统，无须数控切削加工就能制造出复杂的曲面等结构，可以大大提高模具的制造质量和柔性。

快速成型是一种堆积成型的加工技术，快速成型系统相当于一台“立体打印机”，如图6-8所示。它可以在没有任何刀具、模具及工装卡具的情况下，快速直接地实现零件的单件生产。其基本过程是将计算机辅助设计的产品立体数据，经过计算机分层离散处理后，把原来的三维数据变成二维平面数据，按特定的成型方法，通过逐点逐面将成型材料一层层加工，并堆积成型。这个过程一般需要耗费1~7天。快速成型技术是一项快速、直接的制造单件零件的技术。

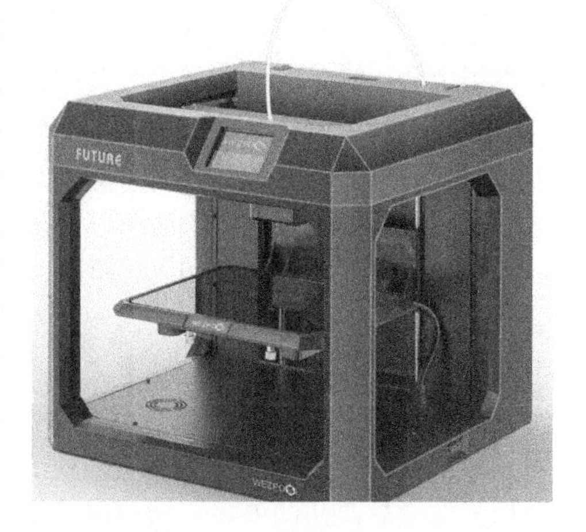

图6-8 快速成型机

快速成型技术是在现代CAD/CAM技术、激光技术、计算机数控技术、精密伺服驱动技术，以及新材料技术的基础上集成发展起来的。最近几年，快速成型技术得到了飞速发展，其涉及的领域广泛，应用行业较多，主要集中在建筑行业、工业制造、艺术创造、医学、考古研究、航空空间等领域。

快速成型技术的基本原理是：将计算机内的三维数据模型进行分层切片得到各层截面的轮廓数据，再与成型工艺的参数信息相结合，在计算机控制下，基于离散、堆积的原理采用不同方法堆积材料，最终完成零件的成型与制造。

1）从成型角度看，零件可视为“点”或“面”的叠加。从CAD电子模型中离散得到“点”或“面”的几何信息，再与成型工艺参数信息结合，控制材料有规律、精确地

由点到面，由面到体地堆积零件。

2）从制造角度看，快速成型技术根据CAD造型生成零件三维几何信息，控制多维系统，通过激光束或其他方法将材料逐层堆积而形成原型或零件。每个截面数据相当于医学上的一张CT相片，整个制造过程可以比喻为一个“积分”的过程。

快速成型过程为：利用三维软件（如UG、SOLIDWORKS、Creo等）构建模型，将三维模型做近似处理，即用三角形平面来逼近原模型，储存为STL文件，接着对三维模型做切片处理，沿加工方向分层，间隔一般取0.05~0.5mm，然后进行成型加工，将成型激光头按各截面轮廓信息扫描，最终处理成型模型，如打磨、抛光、烧结等。自美国3D公司1988年推出第一台SLA快速成型机以来，已经有十几种不同的成型系统，其中比较成熟的有SLA（Stereo Lithography Appearance）、SLS（Selective Laser Sintering）、LOM（Laminated Object Manufacturing）和FDM（Fused Deposition Modeling）等方法。

快速成型的工艺方法是基于计算机三维实体造型的，在对三维模型进行处理后，可形成截面轮廓信息，随后将各种材料按三维模型的截面轮廓信息进行扫描，使材料黏结、固化、烧结，逐层堆积成为实体原型。如图6-9所示为快速成型技术制作的模型。

目前，基于快速成型技术开发的工艺种类较多，可以分别按所用材料、成型方法划分等。

1）利用激光或其他光源的成型工艺如下：

① 立体光造型（简称SL），或光固化快速成型（简称SLA），也称立体光刻。使用材料：液态光敏树脂。

② 分层实体造型（简称LOM）。使用材料：片材。

③ 选择性激光烧结（简称SLS），也称为选区激光烧结。使用材料：粉末状材料。

④ 形状层积制造（简称SDM，Solid Deposition Modeling）。

图6-9　快速成型技术制作的模型

2）利用原材料喷射工艺的成型如下：

① 熔融沉积技术（简称FDM，Fused Deposition Modeling）。使用材料：塑料丝材。

② 三维印刷技术（简称3DP，3D Printing）。工作过程类似于喷墨打印机。

3）其他类型工艺如下：

① 树脂热固化成型（Laser Thermoset Polymer，LTP）。

② 实体掩模成型（Solid Ground Curing，SGC）。

③ 弹射颗粒成型（Bullet Fused deposition Manufacturing，BFM）。

④ 空间成型（Space Forming，SF）。

⑤ 实体薄片成型（Solid Flakes Process，SFP）。

快速成型技术近年来发展迅速，相对于传统成型技术来说，已经在集成化、速度性、可调整性、适用性和自动化等方面表现出极大的优势。例如，快速成型技术实现了完全的自动化成型，只需用户输入相关参数，在不需要过多干涉的情况下，就可以实现整个流程的自动运转。其特点有：①成型速度快，可迅速响应市场；②产品制造过程几乎与零件的复杂程度无关；③产品的单价几乎与批量无关，特别适合于新产品开发和单件小批量生产；④整个生产过程数字化、柔性化；⑤无切割、噪声和振动等，有利于环保；⑥与传统方法相结合，可实现快速铸造、快速模具制造、小批量零件生产等功能，为传统制造方法注入新的活力。为将快速成型技术作为新型先进制造技术更加广泛地服务于各行各业，科研人员还需要在实际应用、基本理论等方面进行大量开发和研究。未来，快速成型技术将

促进相关技术、行业等的不断发展。

6.2.4 3D 打印技术

1. 3D 打印技术的定义

3D 打印技术，又称增材制造，是一种以数字模型文件为基础，运用粉末状金属或塑料等可黏合材料，通过逐层打印的方式来构造物体的技术。3D 打印技术利用光固化和纸层叠等技术的最新快速成型装置，通过分层加工与叠加成型相结合的方法，逐层打印增加材料来生成 3D 实体，达到与激光成型等其他 3D 模型制造技术相同的效果。

2. 3D 打印技术的工作原理

3D 打印常用材料有：尼龙、塑料、玉米、陶瓷、蜡和金属粉末等，适用于精密铸造用蜡件。其特点是：打印机喷头不需要支撑，材料更广泛，可以再利用。现阶段的 3D 打印机按照不同的工作原理可分为以下两类。

第一类是基于三维打印技术的 3D 打印机。基于三维打印技术的 3D 打印机先由储存桶送出一定量的原材料粉末，粉末在加工平台上被滚筒推成薄薄一层，接着打印头在需要成型的区域喷出一种特殊的液态黏合剂。此时，遇到黏合剂的粉末会迅速固化黏结，而没有遇到黏合剂的粉末则仍保持松散状态。每喷完一层，加工平台就会自动下降一点，根据电脑切片的结果不断循环，直到实物完成。完成之后只要扫除松散的外层粉末便可获得所需制造的三维实物。如图 6-10 所示为基于三维打印技术的 3D 打印过程。

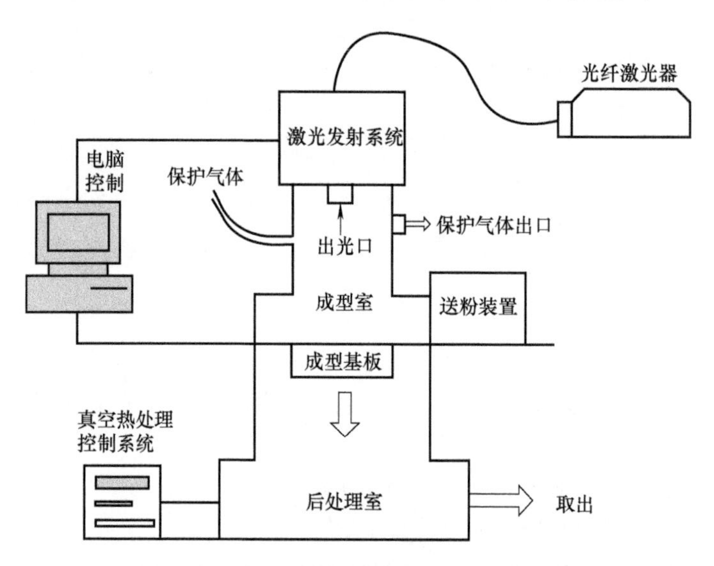

图 6-10 基于三维打印技术的 3D 打印过程

第二类是基于熔融沉积（又名熔丝沉积）制造技术的 3D 打印机。基于熔融沉积制造技术的 3D 打印机的工作原理是先在 3D 打印机的控制软件中导入由 CAD 生成的实物数据，经处理生成支撑材料和热喷头的运动路径。然后热喷头会在计算机的控制下根据实物的截面轮廓信息在打印平面上进行平面运动，同时热塑性丝状材料由供丝机构送至热喷头，并在喷头中加热和熔化成半液态后被挤压出来，随后喷涂在相应的工作平台上。喷涂热塑性材料快速冷却后在平台上形成一层厚度约为 0.1mm 的轮廓薄片，形成了一个 3D 打印截面。将这个作业过程不断循环，承载工作台高度随之不断下降，一层层的熔覆 3D 打印截面形成多层堆叠，最终获得所需的三维实物。其所用成型材料种类多，成型生成件精度较高、强度高，主要适用于小塑料件的成型。如图 6-11 所示为基于熔融沉积制造技术的 3D 打印原理。

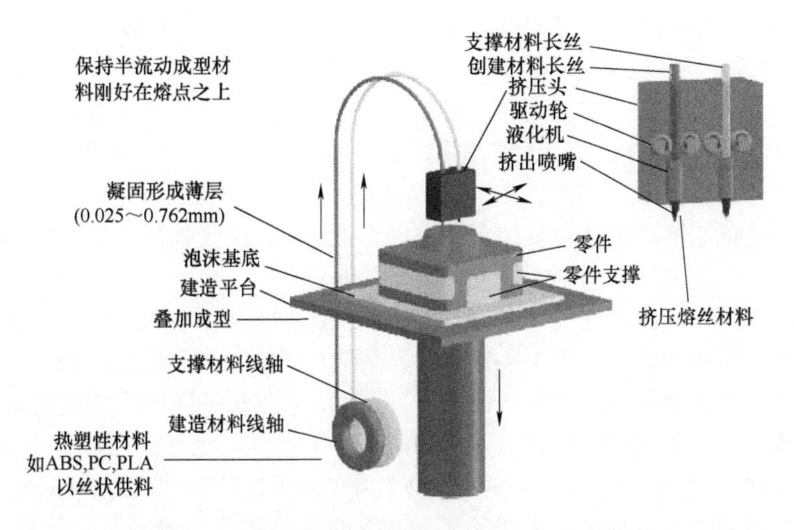

图6-11　基于熔融沉积制造技术的3D打印原理

3. 3D打印技术的应用领域

目前，3D打印技术能够支持多种材料，可广泛应用于各种领域，潜力巨大，其应用主要集中在以下几个方面：

（1）产品设计领域　3D模型打印成本低、耗时少，在工业设计上应用广泛。在新产品造型设计过程中应用3D打印技术，为工业产品的设计开发人员建立了一种崭新的产品开发模式。产品设计的流程中，需要反复制作不同类型和作用的零件、模型，传统方法有着劳动强度高、制作周期长、成本高、精度差等诸多缺点，运用3D打印技术能够快速、直接、精确地将设计思想转化为具有一定功能的实物模型（样机），把二维平面无法展现的细节和触感等，更加立体地展现在设计师面前，使他们能够更直观地对产品造型进行修改，避免直接开模带来的后续问题。这不仅缩短了开发周期，降低了开发费用，也使企业在激烈的市场竞争中占有先机，对于一些小批量生产的工业项目，3D打印技术工期短、成本低，不受机床、空间等因素影响，可随时开工停工。

（2）建筑设计领域　建筑模型的传统制作方式，渐渐无法满足高端设计项目的要求，如全数字还原不失真的立体展示和风洞及相关测试的标准。现如今诸多设计机构的大型设施或场馆设计都利用3D打印技术先期构建精确建筑模型来进行效果展示与相关测试，3D打印技术所发挥的优势和无可比拟的逼真效果都为设计师所认同。而且3D打印技术可基于三维数字模型高精度成型，既可以低成本来构建复杂形体，缩短建筑设计产品研发周期，又能保证成型质量。

近年来，世界各地的建筑师们也利用3D打印技术打造出3D打印房屋，它无论是在住房容纳能力还是在房屋定制方面，都有着意义深远的突破性。

（3）机械、模具制造领域　由于3D打印技术自身精确化、个性化的特点，使得其在机械制造领域内获得了广泛的应用，多用于单件、小批量金属零件的制造。有些特殊复杂制件，由于只需单件生产或少于50件的小批量生产，一般均可用3D打印技术直接进行成型，其成本低、周期短。传统机械产品从设计到量产过程中需要制作模具，模具开发耗时长、费用高，一旦开模时发现结构不合理或者其他问题，将带来更大损失。所以，先使用3D打印制作样机用于测试就能有效避免这种损失，从而降低开模风险。

同样，玩具制作等传统的模具制造领域，模具生产往往时间长、成本高。将3D打印技术与传统的模具制造技术相结合，可以大大缩短模具制造的开发周期、提高生产率，3D打印技术是弥补模具设计与制造的薄弱环节的有效途径。3D打印技术在模具制造方面的应用可分为直接制模和间接制模两种，直接制模是指采用3D打印技术直接堆积制造出模具，间接制模是先制出快速成型零件，再由零件复制得到所需要的模具。

（4）汽车领域　在汽车行业中，由于可以免除模具制造，3D 打印通常应用在研发阶段的造型评审、设计验证、原型制作、零件试制、概念车、个性化定制、小批量备件等各方面，据统计，3D 打印在汽车行业的应用，占了整个应用行业的 31.7%。传统的生产制造方式渐渐无法适应如今的高精度加工，制造模具也要耗费很长的生产周期，相反，3D 打印技术就能高效、高质量地对复杂零件进行直接打印，极大地减少了材料的浪费，既能节约生产成本，又能缩短研发周期、提高研发效率。

（5）医学领域　近几年来，人们对 3D 打印技术在医学领域的应用研究较多。随着医疗个性化的需求越来越大，以医学影像数据为基础，利用 3D 打印技术制作人体器官模型，在外科手术上有着极大的应用价值；目前 3D 打印技术在骨科领域比较常见的应用包括制作模型、临床教学、疾病的诊断、与患者的沟通、手术的策划等。同时，借助 3D 打印技术，将 CT、MRI 数据等转化为实体模型，在医学教学的过程中可有效增加学生学习的主观能动性，加深对手术的理解，使未来医学教育更加立体化、精确化。另外，3D 打印技术也开始运用在生物打印和药物研发等诸多方面，尤其是 3D 打印制药对未来实现精准性制药、针对性制药有着重大意义，有望实现为病人量身定做药品的梦想。

（6）文化艺术领域　在文化艺术领域，3D 打印技术多用于艺术创作、文物复制、数字雕塑等。尤其是在文物的复制与修复方面，3D 打印技术成品率相对较高且花费时间较少、成品的仿真度高、成本较低，相比传统的修复方式有着很大的技术优势。利用三维扫描仪，对文物进行高分辨率的扫描，可得到文物的三维数据，再通过三维数据创建真实的三维模型数据。在模型数据的基础上，打印出文物的实物模型，为文物的修复、重建提供了活力与生机。在艺术品设计阶段，设计师可以通过 3D 打印技术生产出模型进行推敲，在外观上和功能上进行调整。通过 CAD 和 3ds MAX 等软件将图样进行 3D 建模，然后用 3D 打印机生成 3D 模型，这些模型可以在艺术品设计阶段得到判断和修正，最终生产出完整、理性的艺术品。

（7）航空航天技术领域　在航空航天领域中，空气动力学地面模拟实验（即风洞实验）是设计性能先进的天地往返系统（即航天飞机）所必不可少的重要环节。该实验中所用的模型形状复杂、精度要求高、具有流线型特性，采用 3D 打印技术，可根据 CAD 模型，由 3D 打印设备自动完成实体模型，能够很好地保证模型质量。另外，在航空维修中，3D 打印技术可以及时生产新型零部件，确保小型号零件和复杂零件的制造，同时可凭借其材料的可塑性、多样性提高零部件强度，保证航空安全与稳定。

同时，3D 打印太空望远镜、火箭喷射器和无人机等设备也相继问世，相比传统产品来说，它们的零件数更少、性能更强、制造时间也大幅缩短。国内还在 2016 年研制成功首台空间在轨 3D 打印机，这台 3D 打印机可打印最大零部件尺寸达 200mm×130mm，它可以帮助宇航员在失重环境下自制所需的零件，大幅提高空间站实验的灵活性，减少空间站备品备件的种类与数量及运营成本，降低空间站对地面补给的依赖性。随着 3D 打印技术成为提高航空航天器设计和制造能力的一项关键技术，其在航空航天领域的应用不断扩展，并展现出从零部件向整机制造方面发展的趋势。目前，国内外研究机构和企业利用 3D 打印技术不仅制造了导弹、飞机、卫星、载人及货运飞船的零部件，还打印出了无人机、发动机、微卫星等航空航天领域整机，在成本、质量、周期等方面取得了显著效益，充分表现了 3D 打印技术在该领域的应用前景。

（8）家电家具领域　3D 打印技术在国内的家电行业上得到了很大程度的普及与应用，使许多家电企业走在了国内前列。例如，广东的美的、科龙，江苏的小天鹅，青岛的海尔等，都先后采用 3D 打印技术来开发新产品，并得到了很好的效果。在家具产品设计开发过程中，3D 打印模型样机弥补了二维效果图表现形式的不足，加强了设计师对产品形态

与工艺的把控，使家具设计趋于个性化和多样化，3D 打印技术可以快速形成家具模型来帮助设计师辅助设计，特别是对于较大型的家具产品非常实用。3D 打印技术还可以生成完美的曲面产品。此外对于破损、缺失的古典家具可以利用 3D 打印技术将缺失的部分打印出来，经过打磨、喷涂、做旧等加工，粘贴于家具上。或者根据家具原型直接将家具三维模型在电脑中呈现后打印出来。

3D 打印技术有着精确化、个性化、快速化的特点，应用十分广泛，具有预见性，随着 3D 打印技术的不断成熟和完善，将会在越来越多的领域得到推广和应用。

6.2.5 模型制作实例

随着计算机技术和快速成型技术的不断发展，能够利用 3D 打印更加方便、快捷地进行模型制作，利用3D 打印技术，可以在数小时或数天内制作出概念模型，因为 3D 打印的快速成型特性，汽车厂商可以将其应用于汽车设计外形的研发。相较于传统的手工制作油泥模型，3D 打印能更精确地将 3D 设计图样转换成实物，而且时间更短，对汽车设计层面的生产效率有很大提高。目前许多厂商已经在设计方面开始利用 3D 打印技术，如奔驰、宝马设计中心。

通过下面对概念车案例的讲解，介绍利用 3D 打印技术制作模型的方法。

【案例 17】3D 打印概念车模型设计与制作

1. 前期准备

3D 打印模型的设计制作流程包括草图设计、三维软件建模、模型处理、3D 模型打印、实体表面处理、上色、模型拼接等过程。

充足的准备是制作模型能够成功的开始，首先要准备好设计草图，根据草图在电脑中建出三维模型，如图 6-12 所示，常见的 3D 建模软件有 3ds Max、Maya、CAD 等。除了自行建模之外，还可以通过 3D 扫描仪进行逆向工程建模，对实物进行扫描得到三维数据，然后输入软件中还原出 3D 模型。

图 6-12 概念车草图和三维软件模型

接着将建好的 3D 模型进行切片或抽壳处理，把模型按照预想的效果分成不同部分，如图 6-13 所示，并存储为 3D 打印机能直接读取和打印的文件格式，一般为 OBJ 或 STL 文件。

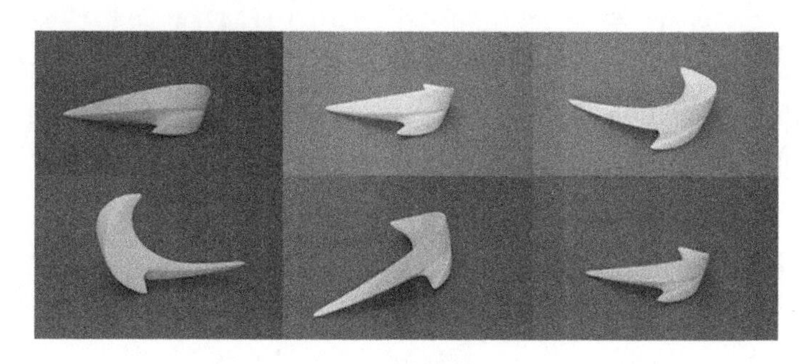

图 6-13 模型切片处理

2. 制作过程

（1）3D 模型打印　将模型切片传送给 3D 打印机，装入合适的材料，常用的有 ABS 塑料、尼龙材料、光敏树脂等，调试并设定打印参数，静待打印工作完成，几小时后就能得到实体模型了。这里使用的是 ABS 塑料，既有白色的也有彩色的，如图 6-14 所示。

由于打印精度和材料选择等问题，这一步得到的实体模型一般来说表面相对粗糙，需要进一步对模型进行表面的加工和打磨处理，再进行后续上色的工作。

（2）实体表面处理　常见的处理方式有砂纸打磨、丙酮抛光、表面喷砂等，将模型表面做光滑处理。这里主要用砂纸进行打磨，如图 6-15 所示，一般先用标号较低（100～300）的粗砂纸，再用标号较高（600～1000）的细砂纸进行打磨，根据模型的具体情况打磨 2～3 遍，到模型表面变得光滑为止。

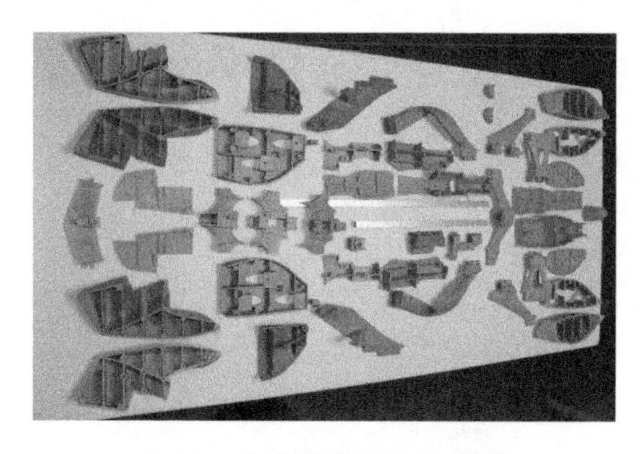

图 6-14 3D 打印机打印出的模型

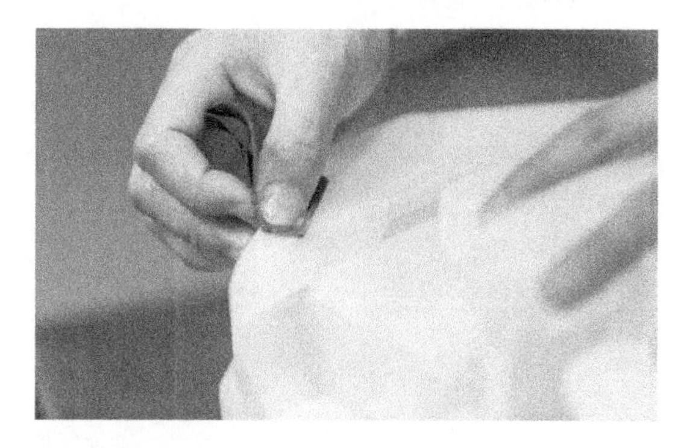

图 6-15 砂纸打磨做表面处理

（3）上色　在上色前，可以先用软件对三维模型进行渲染，选择合适的配色，提前模拟效果，如图 6-16 所示。

图 6-16 渲染效果图

上色工具可以用模型用喷笔或者颜料喷漆，除了要用的颜色外，还需准备光油，在最后起提亮和保护作用。在上目标颜色前可以先上一层底漆，以方便后续的上色。不同颜色的地方可以用遮盖胶带贴住，分区域喷漆，均匀地喷漆 1～2 次，可得到上色完整的模型零

件，如图 6-17 所示。在喷漆时，要在通风处进行。

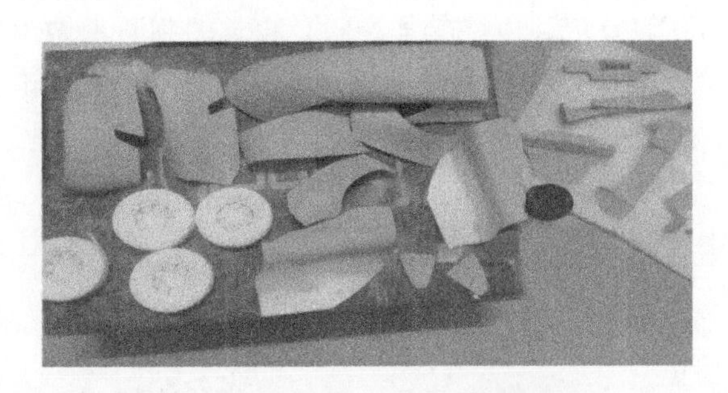

图 6-17　上底漆和完整上色模型零件

（4）模型拼接　一体成型的模型不需要拼接。多个零件的模型可以在建模时将连接结构做出来，待漆干后直接拼合，更为准确；也可以用热熔枪将多个零件拼接组合在一起，如图 6-18 所示。最终效果如图 6-19 所示。

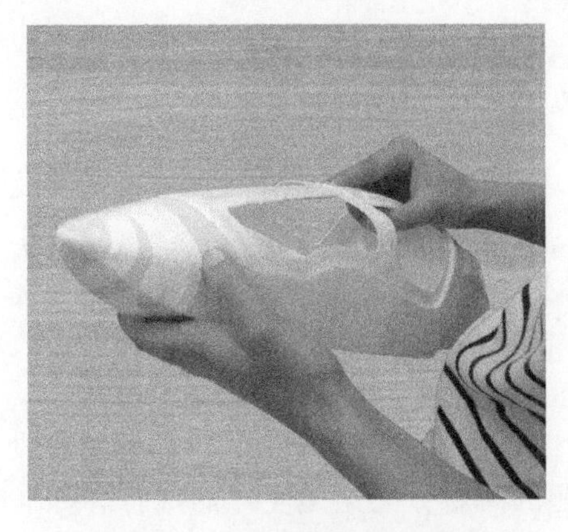

图 6-18　热熔枪组合模型零件

图 6-19　最终效果

模型制作完成后，要考虑产品的交互设计。交互设计是从属于产品系统的，是对成功的产品设计的一种强有力的支持与完善。如果利用系统论的观点，交互设计从属于产品设计系统的子系统。

工业自动化中的人机交互界面（Human-Machine Interface），是人与机器进行交互的操作方式，即用户与机器互相传递信息的媒介，其中包括信息的输入和输出。好的人机界面美观易懂、操作简单且具有引导功能，使用户感觉愉快、兴趣增强，从而提高使用效率。

最后要确保产品的完整性，材质表现上无论是塑料、橡胶，还是喷漆，都要在细节处仔细打磨，详见第 7 章内容。好的产品也要考虑色彩设计和平面设计，详见第 5 章内容。

6.3　设计评价

设计评价是指根据国家规定的各项政策、标准及用户需求，对设计的质量进行评价。设计质量是指根据使用者的使用目的、经济状况及企业内部条件确定所需设计的质量等级或质量水平。它反映了设计目标的完善程度，表现为各种规格和各级标准，它决定了整个产品的质量。

设计评价在产品设计开发过程中是十分重要的，许多情况下，我们往往不自觉地在设计过程中进行大量的决策和评价。但是随着科学技术的不断发展和设计对象的复杂化，对产品设计开发提出了更高的要求，以往单凭经验、直觉的判断来做出评价和进行后续的设计逐渐不能适应产品设计开发的要求，有必要学习和采用先进的理论和方法使设计评价更自发、更科学地进行。设计中的评估可以促使设计师树立质量管理意识、强化质量管理、高质量完成设计任务，此外还有助于设计中的工作反思和信息交流。在广义上把设计评价看作是产品开发的优化过程，将有助于我们树立正确的观念。设计评价不应仅理解为对方案的选择、评定，其根本目的是要针对方案在技术水平、经济效益、美学、人机等多方面加以改进和完善。

产品设计开发中所遇到和需要解决的都是复杂、多解的问题，通常解决多解问题的逻辑步骤是：分析→综合→评价→决策，即在分析设计对象的特点、要求及各种制约条件的前提下，综合搜索多种设计方案。最后通过设计评价过程，做出决策，筛选出符合设计目标要求的最佳设计方案。在一般情况下，只要求完成对方案的评定和选择，本章也只讨论这一层次。

6.3.1 设计评价定义

所谓设计评价，是指根据一定的原则，采用一定方法和手段，对设计所涉及的过程及结果进行事实判断和价值认定的活动。在设计过程中，需要利用设计学、统计学等相关学科的理论，对解决设计问题的方案进行比较、评定，由此来确定各方案的价值，判断其优劣，以便筛选出最佳设计方案，保证设计的科学性，减少设计的盲目性，完善设计方案，推动产品开发过程的顺利进行。在这里，“方案”有多种形式，如原理方案、结构方案、造型方案等，从其载体上看，可以是装配图样，也可以是零件、模型样机、产品等。一般来说，评价中所指的“方案”是指对设计中所遇问题的解答，无论是实体的形态（如样机、产品、模型）还是构想的形态，都可以作为设计评价的对象。

设计评价是一种具有开放性的创造过程，它汲取相关学科和艺术领域的研究成果，建立并涵盖着各种评论方法与模式。产品设计的评价过程非常复杂，而且各评价产品的结构层次不等，很难用计算机建立统一的评价数学模型，宜采用多层多级分类评判模型，结合定性和定量方法进行评价。此外，产品设计评价根据不同项目或不同评价侧重点，其评价标准也各不相同。

在现代市场化背景下，综合消费者、设计师和生产经营者三方面的因素，一般认为对产品设计的评价有以下 4 个标准：

1）经济性标准：产品的利润、成本、竞争力、附加值和市场前景等。

2）技术性标准：功能性、可靠性、安全性、适用性、合理性和有效性等。

3）社会性标准：产品带来的环境效益、社会效益、对人们身心健康的影响、生活方式的改变和能源的利用方式等。

4）审美性标准：产品的造型风格、时代性、美学价值、个性体现等。

从产品造型设计的角度来说，为了得到准确、科学、公正的评价结果，结合产品形态设计特点，产品造型设计评价指标体系的构建还需要遵循以下基本准则：①与美学法则相结合的准则；②与产品属性相结合的准则；③系统性准则；④与设计目标相结合的准则；⑤与产品设计的时代趋势相结合的准则。在此前提下，评价指标还需清晰地阐释产品的基本特征属性，概念明确、界定清楚，最后制定产品造型设计评价系统指标体系，如图 6-20 所示。该评价指标体系在横向上涵盖了产品的人机属性与环境属性，如用户体验、环境适应性、绿色性、合法性等，在纵向上采用了 4 层结构，逐步深化到产品的细节特性，从高到低依次为目标层、属性层、因子层、特性层。

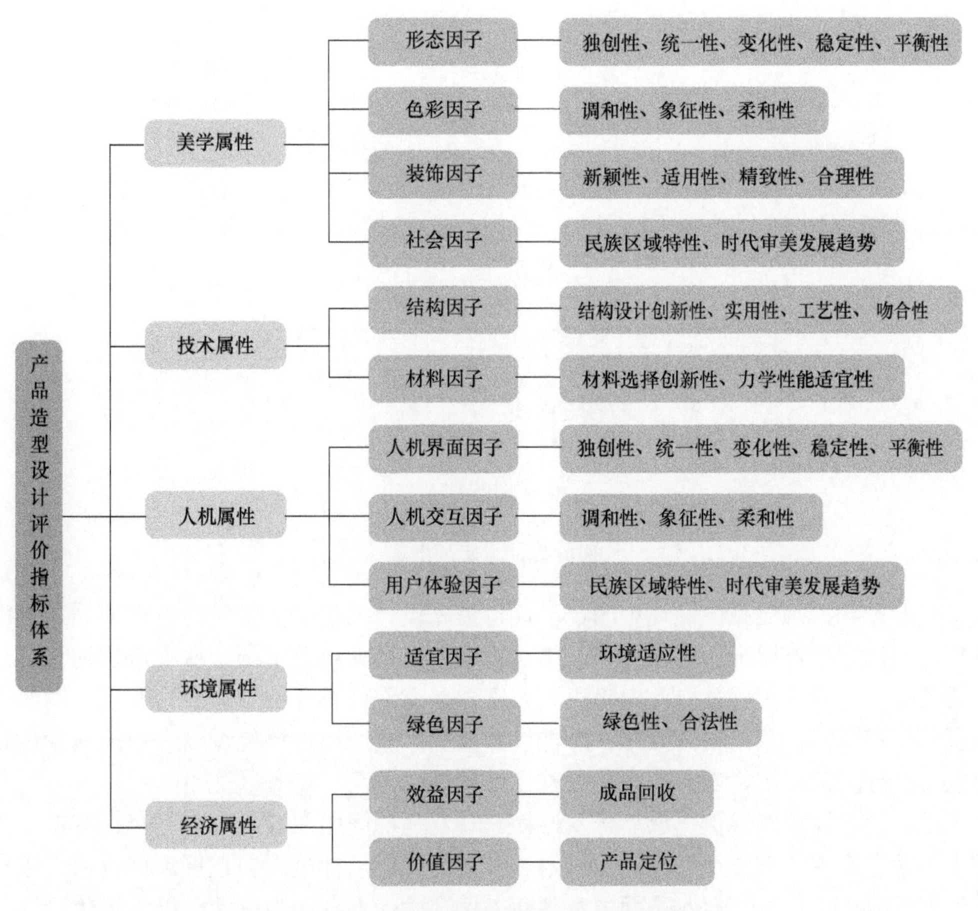

图 6-20　产品造型设计评价系统指标体系

产品开发设计过程中的评价应是集消费者、企业、产品本身三方面因素的综合体系，在不同的设计阶段有着不同的体现。在产品开发的初期阶段，往往是模糊、感性的评价，如关于产品的可靠性、适用性、美观性、安全性等项目的评价，其结果往往受经验和直觉的影响，可能会出现不够准确、不够客观的现象。随着产品开发设计的深入，量化的产品数据信息的评价开始大量出现，如材料数据、人体数据、环境数据等的分析评价，这些科学、定量的数据分析为评价活动提供了可靠的决策依据。随着产品开发设计评价工作的展开，各阶段的评价内容、评价任务、评价体系也在发生变化。

6.3.2　设计评价意义

设计评价指标和对应的度量方法是构成现代科学的基础，也是促进现代社会、政策和商业等领域发展的关键技术。当代的设计方法多是从“可用性”角度或者“以用户体验为中心”的角度考量产品设计的功能和创新是否真正能够应用于人们的生活，但忽略了人、品牌、产品三者之间的情感因素与纽带关系。产品设计是指向消费者的，工业化生产的目的是服务于人类大众，消费者对产品的认同是判断产品成功的根本因素。而产品设计同样也是服务于企业的，品牌使得产品在工业生产同质化背景下仍可以散发各自独特的魅力以吸引不同的人群，因而在设计上需要把握品牌的文化特质，以及体现出对于其他竞争者的差异性。通过设计评价，能有效地保证设计的质量。充分、科学的设计评价，可以使我们在诸多的设计方案中筛选出各方面性能都满足目标要求的最佳方案，如图 6-21 所示。

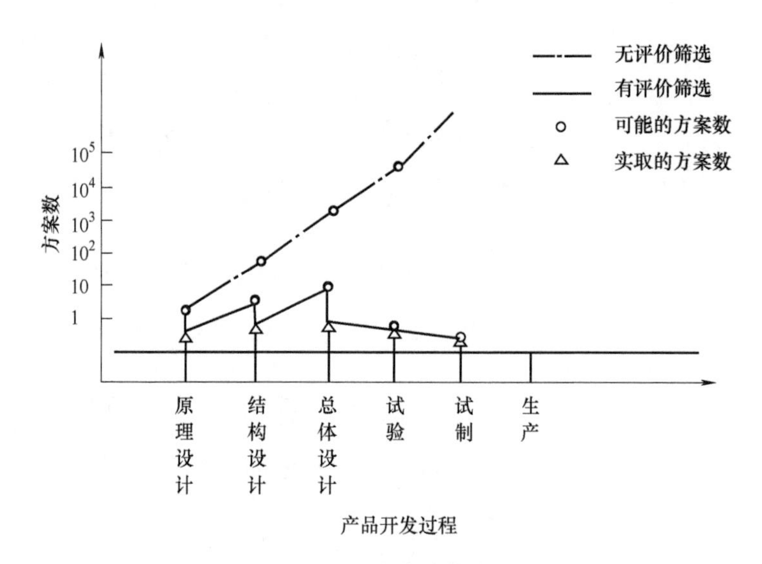

图 6-21　方案的筛选

适当的设计评判能减少设计中的盲目性，提高设计的效率，使设计始终遵循正确的路线进行。在确定工作原理、运动方案、结构方案、选择材料及工艺、探索造型形式各个阶段，都要进行必要的评价并以此做出决策，这样，就能使设计的目标较为明确，同时也能使设计师少走弯路，从而提高效率，降低设计成本。应用设计评价可以有效地检验设计方案，发现设计上的不足之处，为设计改进提供依据。

总之，设计评价能够优化产品开发过程，对发现的问题加以改进和完善，有助于设计过程中的信息交流和工作反思，还能有效、自觉地控制设计过程，把握设计方向，以科学和对数据的分析为依据，而不是凭主观判断来评定设计方案，为设计师提供评价设计构思等依据，保证高质量的设计能够顺利按时完成并进入生产，且为消费者所接受，进而使设计进入一个良性的循环。

6.3.3　设计评价分类

设计评价的形式往往多种多样，评价方法也不尽相同。为了对设计评价问题有一个较为全面的认识，可从以下几个方面对设计评价体系进行简单归纳分类。

1. 从设计评价的主体区分

设计评价可以理解为主体对客体进行的评价、判断，以移动互联网产品为例，涉及的主体有用户、产品经理、用户体验设计师、交互设计师、视觉设计师、产品运营人员、设计人员、程序员、企业、政府等，不同主体由于个体差异和立场不同，对客体的评价也会不同。不过主体之间的划分也并不是绝对的，以移动互联网产品为例，通常产品的设计者，同时也是产品的用户，甚至是资深用户、专家用户。设计评价可分为消费者的评价、生产经营者的评价、设计师的评价和主管部门的评价等几种评价形式。这几种评价，在评价标准、项目、要求等方面都有一定的特点。

消费者多从成本、价格、使用性、安全性、可靠性、审美性等方面加以评价；生产经营者多从成本、利润、可行性、加工性、生产周期、销售前景等方面加以评价；设计师则多从社会效益、对环境的影响、与人们生活方式提升的关系、审美价值、宜人性、使用性、时代性等综合性能上加以评价；主管部门的评价，在标准和范围上一般较接近于设计师的评价，但更偏重于方案的先进性和社会性。在评价时，设计师同时综合考虑了消费者和经营者的利益，从物质和精神两个领域进行设计评价。但主管部门评价的对象多为产品

形式。

理想的设计评价应是上述4个方面的综合评价，此时，设计评价结构可表示为：

$$E=E(a,b,c,d)$$

式中，E为综合评价；a为消费者的评价；b为生产经营者的评价；c为设计师的评价；d为主管部门的评价。该式把综合评价视为4个评价主体的评价函数。

2. 从设计评价的性质区分

从设计评价的性质可分为定性评价和定量评价两种。

1）定性评价是指对一些非计量性的评价项目，如审美性、舒适性、创造性等进行的评价，包括专家评价法、名次计分法、语意区分评价方法、点评价法等。

2）定量评价则是指对一些可以计量的评价项目，如成本、技术性能（可以用参数表示）等进行的评价，包括线性加权评价法、主成分分析法。

在实际评价中，一般都有计量性和非计量性两种评价项目，在做法上可以采用不同的方法分别加以评价，得到两类评价结果，然后再综合起来进行考虑，作出判断和决策。另外，也可以采取综合处理的方式，对两类问题统一用适宜的方法评价。

在设计评价中，有许多非计量性问题的评价，它们不可避免地要受到评价者主观因素的影响，从而给设计评价的结果带来较大的差异乃至错误。所以在实际产品开发设计过程中，要利用各种不同的评价方法，从而尽可能地减少主观因素对设计评价的影响，使其结果更为客观。

3. 从设计评价的特点区分

设计评价根据其特点可分为理性评价和直觉评价（又称感官评价）两种。例如，在价格或成本上，A方案比B方案低，这种判断是理性的；对于色彩问题，认为红色比蓝色好，则属于直觉的评价。而在产品开发设计过程中，往往需要同时运用理性和直觉两种判断方法，即一种交互式的评价。

一般而言，设计师在进行设计评价时，大多基于他个人从事专业工作得到的经验来作判断，因为评价的项目大都是非计量性的，尤其是在造型项目上，更要依赖其直觉感受来进行评价。为弥补因个人偏见而造成评价上的偏差，在评价中一般都采用模糊评价方法，或多人评价再综合得出结论的方法。产品感官评价是产品设计满足体验经济时代消费者感性需求的重要方法和途径。消费者需求的感性化与多样化成为企业产品创新设计的重要参考因素之一。通过对产品设计方案的感官分析与评价，可以帮助企业内部设计人员了解消费者的使用感受；获取产品的重要信息，及时将消费者需求转化为设计要素；提高企业创新能力，加快产品研发的效率，降低产品开发的市场风险。

4. 从设计评价的对象区分

评价对象又分为对设计过程的评价和对设计成果（也称最终产品）的评价，它们有着各自不同的评价目标。

对设计过程的评价应用于设计的全过程，要注意：各个环节和阶段的主要任务和目标；各个环节和阶段之间的协调；阶段性成果的质量；应服务于完善设计方案的根本目标。整个设计过程可分为以下几个阶段：

1）产品市场需求与调查阶段：通过评价过程确定产品的开发设计目标。

2）产品设计方案构思阶段：通过评价过程选出符合产品设计开发目标的设计构思。

3）产品开发设计方案的深化与发展阶段：深化概念方案，通过评价活动选出满足目标条件的，并且在现有条件下可实现的最佳解决方案。

4）产品制造加工及测试阶段：评价产品在现有条件下的可加工性及使用功能、结构、原理、外观、技术、经济等要素。

5）市场导入阶段：对产品的市场试销及营销计划的评价。

对设计成果的评价也就是对最终产品的评价，应根据以下两个依据来进行：①用坐标法参照设计的一般原则进行评价（创新原则、实用原则、经济原则、美观原则、道德原则、技术规范原则、可持续发展原则），如图 6-22 所示；②根据事先制定的设计要求进行评价。

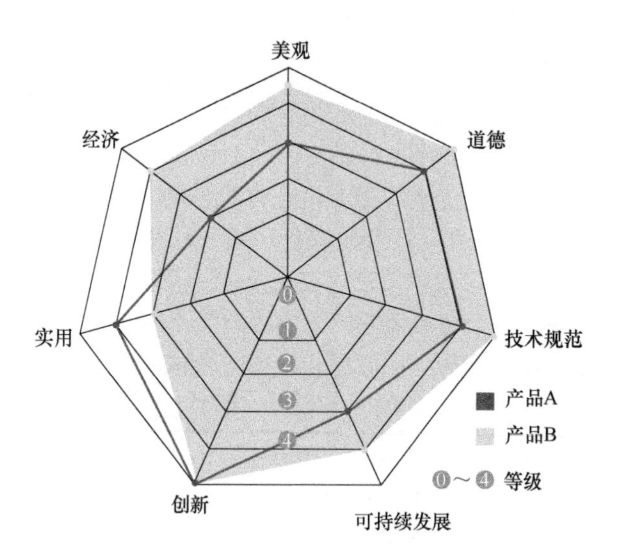

图 6-22　坐标法对最终产品的评价

以上是对设计评价所做的简单分类，另外也还可以从设计评价的内容、方法、目的等方面进行分类。最终达到评价目标的基本要求：全面性、独立性和科学性。

6.3.4　设计评价特点

在任何性质的设计中都必然存在着评价问题，但不同的设计有不同的特点，就产品设计而言，其宗旨是改善人们的生活方式、提升人们的生活质量，其实质在于创造，其作用是成为消费者和生产经营者的桥梁和纽带，其范畴涉及技术与艺术、科学和美学等多个领域。因此，其评价体系等也就不可避免地反映其性质，具有相对应的特点。概括地说，产品设计中的设计评价有以下几个表现较为明显的特点。

1. 评价项目的多样性

产品设计涉及的领域极广，考虑的因素非常多，因此，在设计评价的项目中，必然要包括更多的内容、更广的覆盖面，如审美价值、造型因素、社会效果、生活方式、宜人性、时代性等多方面的评价项目。更多地体现产品设计中的评价，而对工程设计的评价则考虑相对要少。设计评价是一种具有多样性的创造过程，它汲取相关学科和艺术领域的研究成果，建立并涵盖各种评价方法与模式。

2. 评价标准的中立性

产品设计评价作为生产经营者和消费者之间的桥梁和纽带，应在为人类服务和促进社会进步的崇高立场上，兼顾二者的利益和要求，以较为客观、中立的标准来进行评价。设计评价的标准直接影响着评价结果，评价中的主观因素也起着一定的作用。因此，为了建立科学、客观、公正的评价标准，体现出产品设计的特性是十分必要的。

3. 评价判断的直觉性

由于产品设计的评价项目中包括许多审美性等感性的内容，在评价中将在较大程度上依靠直觉判断，即直觉性评价特点较为突出。

4. 评价结果的相对性

正是由于评价中的直觉判断较多，利用感性和经验评价的成分较大，产品设计的评价

结果就较多地受个人主观因素的影响，更具相对性，这是值得重视的。所以，在评价中多采取模糊评价的办法，或增加评价人数、改进评价方法、严格化评价要求等，以减少相对性，提高评价结果的精确性。

另外，由于设计评价贯穿于产品设计开发的整个过程，能同时反映出设计者的设计思想和消费者的购买意愿，设计评价还广泛地体现出以下特点：

（1）群体性　由于产品本身的实用特征及消费者的文化背景、经济能力、价值观念相似等，产生了相似的消费倾向，对设计的反馈也有一定的相似性，设计评价便具有了群体性。

（2）自主性　以用户为中心的设计要求决定了设计评价要通过消费者判断，从这个角度讲，设计蕴含着广泛的自主意识，设计评价者即消费者通过有选择地购买活动表达了这种自主性。

（3）多层次性　设计评价者背景的广泛性和设计评价标准的多样性表现出设计评价的多层次性，这里的层次所指的不是高低差别，而是相对于不同目的需求的评价取向。

（4）即时性与时效性　设计评价不仅仅局限于成型设计产品，未成型的设计草图同样也需要设计评价，设计评价自始至终存在于设计产品过程中。不断完善自身的评价标准，才能更好地提高设计产品的性能，使产品更好地服务于大众。

6.3.5　设计评价标准

什么样的产品设计才算是好的产品设计？对于不同阶层、不同年龄、不同收入、不同受教育程度的人来说，评价标准也各不相同。消费者的判断往往简单、直接，多数人认为使用方便、造型美观、价格便宜的产品就是好的；而生产者会考虑更多，例如，设计是否节约了材料、能源、便于生产，是否满足了消费者的需求，是否会出现安全隐患等；设计者则要兼具二者的考虑，设计出既要符合设计定位又要满足功能需求，同时方便使用、节约成本的产品。设计评价标准的制定并非一劳永逸的。产品设计评价标准的讨论会随着社会的发展、设计需求的变化，不断进行动态调整。设计评价永远为设计服务。在评价之后，我们要做的是从设计理念、表达形式、设计语言等多个角度去寻求新的突破口，提升我们的设计，更好地满足使用者的需求。一次评价之后整理和反省的过程，是不可缺少的一个环节。提升设计之后还可以再次改进评价系统，这是一个良性循环的过程。

总体而言，产品设计要满足人的需要、适应环境、完善功能、提高价值的创造性。因此，一个成功的产品造型设计应该是融合科学与艺术的精髓，配合现代企业经营观念的创造性产物。在现代市场化背景下，综合消费者、设计师和生产经营者三方面的因素，一般认为对产品设计的评价有以下 4 个标准：

1）经济性标准：产品的成本、利润、竞争力、附加值和市场前景等。

2）技术性标准：功能性、安全性、可靠性、适用性、合理性和有效性等。

3）社会性标准：产品带来的社会效益、环境效益、对人们身心健康的影响、生活方式的改变和能源的利用方式等。

4）审美性标准：产品的造型风格、时代性、美学价值、个性体现等。

而从产品设计方法学角度来看，简洁的产品造型、符合人机工程学的需求、完善的产品功能等因素，都是产品造型设计成功的必要条件。成功的产品造型设计应具有以下几个特点：

1）功能完善，结构合理。

2）使用方便，操作系统合理。

3）有新意的造型和新颖的色彩。

4）轻便、干净、易维护。

5）坚固、耐用、安全、卫生。

6）环境配合协调。

由此可见，将产品造型设计的“实用、经济、美观”原则具体应用于产品造型的评价过程，将形成有创造性、科学性和社会性的产品设计评价原则。如图 6-23 所示为产品造型设计的评价体系。

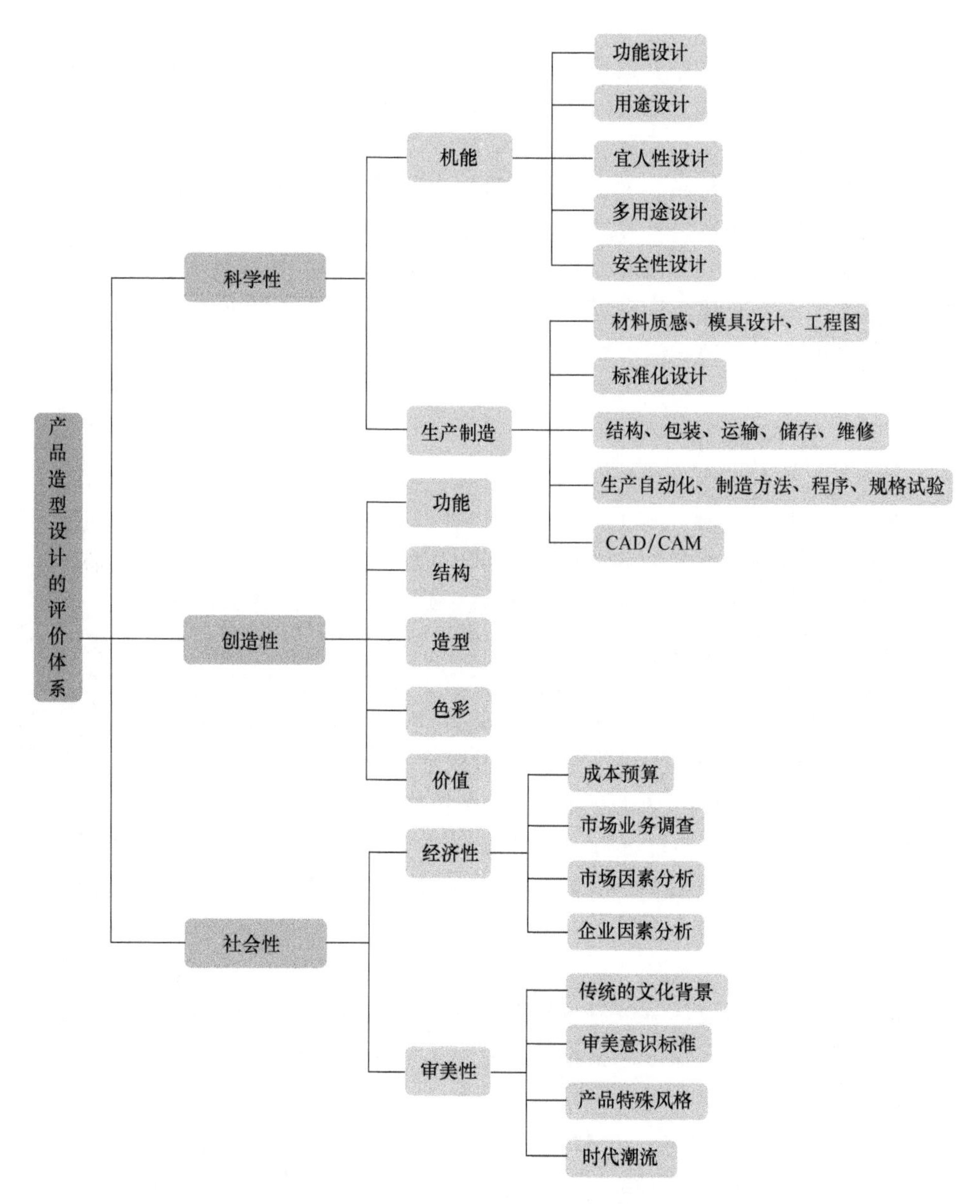

图 6-23　产品造型设计的评价体系

创造性指的是任何产品都必须具有独特的设计特征，无论是在产品的功能、结构方面或是造型、色彩方面，还是在产品的制造方面都应有新的突破，这种产品才能提高其本身的价值。科学性表现在完善的产品功能、合理的产品结构、优良的产品造型、先进的制造技术等方面。产品的社会性一般包括民族文化的弘扬、社会道德的提高、时代潮流的表现，以及产生的经济效益等方面。

对于产品造型设计的评价体系而言，有以下几个原则：

1. 全面性原则

产品创新设计综合评价指标体系应在产品设计创新各方面全面、精准地反应情况。指标体系中的指标数量要以系统优化为原则，即用较少的指标系统，全面地反映产品创新设计的内容，以避免指标体系过于庞杂；每个指标要内涵清晰、相对独立；同一层次间的各指标应尽量不相互重叠，相互间不存在因果关系。

2. 客观真实原则

产品创新设计评价指标的筛选过程应尽可能不受主观因素的影响，定性指标受主观因素的影响较大，容易产生理解偏差，而定量指标易于度量和量化，因而尽可能选用可量化的指标。评价指标的数据来源要可靠真实，以保证评价结果的可比性和真实性。

3. 科学性原则

科学性主要体现在理论和实践相结合，以及所采用的科学方法等方面。在理论上要站得住脚，同时又能反映评价对象的客观实际情况。

设计评价指标体系时，首先要有科学的理论进行指导，使评价指标体系能够在基本概念和逻辑结构上严谨、合理，抓住评价对象的实质，并具有针对性。同时，评价指标体系是理论与实际相结合的产物，无论采用什么样的定性、定量方法，还是建立什么样的模型，都必须是客观的抽象描述，抓住最重要的、最本质的和最有代表性的东西。对客观实际抽象描述得越清楚、越简练、越符合实际，科学性就越强。

4. 系统优化原则

评价对象必须用若干指标进行衡量，这些指标是互相联系和互相制约的。有的指标之间有横向联系，反映不同侧面的相互制约关系；有的指标之间有纵向关系，反映不同层次之间的包含关系。同时，同层次指标之间尽可能保证界限分明，避免出现相互有内在联系的若干组、若干层次的指标体系，应体现出很强的系统性。

5. 通用可比原则

通用可比性指的是不同时期以及不同对象间的比较，即纵向比较和横向比较。

1）纵向比较即同一对象这个时期与另一个时期作比较。评价指标体系要有通用可比性，条件是指标体系和各项指标、各种参数的内涵和外延保持稳定，用以计算各指标相对值的各个参照值（标准值）不变。

2）横向比较即不同对象之间的比较，找出共同点，按共同点设计评价指标体系。对于各种具体情况，采取调整权重的办法，综合评价各对象的状况再加以比较。对于相同性质的部门或个体，往往很容易取得可比较的指标。

6. 有效性原则

评价指标并非多多益善，关键在于评价指标在产品创新设计评价过程中所起作用的大小。精炼指标可缩短评价的时间，使评价活动易于开展。所以选取指标时应考虑对评价有直接贡献力和影响的因素，做到所选的指标数量不多，但是严格区分主次，取舍得当，能直接反映出产品创新设计评价的有效性。

7. 实用性原则

实用性原则指的是实用性、可行性和可操作性。

（1）指标要简化，方法要简便　评价指标体系要繁简适中，计算评价方法简便易行，即评价指标体系不可设计得太烦琐，在能基本保证评价结果的客观性、全面性的条件下，指标体系尽可能简化，减少或去掉一些对评价结果影响甚微的指标。

（2）数据要易于获取　无论多么完美的评价体系，如果操作频繁，就难以被广泛接受。评价指标所需的数据应易于采集，无论是定性评价指标还是定量评价指标，其信息来源渠道必须可靠并且容易取得。否则，评价工作难以进行或代价太大。

（3）整体操作要规范　各项评价指标及其相应的计算方法、各项数据都要标准化、规范化。

（4）要严格控制数据的准确性　能够实行评价过程中的质量控制，即对数据的准确性和可靠性加以控制。依据产品创新设计综合评价指标体系建立的几大原则，构建了产品创新设计综合评价指标体系。该指标体系分为两个层次：第一层是目标层，包括形态评价、色彩评价、技术评价、人机评价和经济评价；第二层是具体指标层。

1）形态评价：产品形态能使产品内在的组织、结构、内涵等本质因素提升为外在表象因素，利用产品特有的形态传达出设计的理念，是产品创新设计成败的关键。产品形态评价主要包括产品的新颖性、产品形态与功能的统一性、产品比例协调性、产品的风格独特性和产品的简洁性。

产品的新颖性指产品的创新设计独一无二；产品形态与功能的统一性指产品的形态要与产品的功能相匹配；产品比例协调性指产品的尺寸设计合理；产品的风格独特性指产品的设计风格有自己的特点；产品的简洁性指产品的创新设计简洁明了。

2）色彩评价：色彩能展示产品的人文特征和视觉质感。产品色彩评价主要包括产品色彩与产品功能的适应性、产品色泽效果和品质、产品色彩的生动性。

产品色彩与产品功能的适应性指产品的色彩与产品的功能设计搭配合理；产品色泽效果和品质指产品的色彩设计所体现出的产品品质；产品色彩的生动性指产品的色彩设计所体现的美感。

3）技术评价：主要是从产品创新设计的技术角度做出评价。一方面是产品创新设计的技术先进性，如产品工艺的先进性和产品结构的合理性；另一方面是技术的适用性，如产品的性能水平。

4）人机评价：产品的人机设计为考虑人的因素提供人因尺度，为产品创新设计中考虑环境的因素提供设计准则，为物的功能合理性提供科学依据。产品人机评价主要包括产品操作舒适性和产品良好的人机界面。

产品操作舒适性指产品的设计符合人体操作尺寸、方便操作；产品良好的人机界面指产品的人机界面设计方便用户操作、用户容易理解。

5）经济评价：产品经济评价分析产品创新设计是否实用、是否有价值，主要包括产品成本和产品的社会价值。

产品的成本指产品的设计制造成本；产品的社会价值指产品的创新设计对提高人们生活水平的贡献程度。

产品创新设计综合评价指标体系的评价指标可以分为定量指标和定性指标。成本和社会价值为定量指标；新颖性、形态与功能的统一性、比例协调性、风格独特性、简洁性、色彩与功能的适应性、色泽效果和品质、色彩的生动性、工艺先进性，结构合理性、性能水平、操作舒适性、良好的人机交互界面为定性指标。

Braun、B&O、Electrolux 等大型企业都有各自独有的一套评价标准和评价体系，这些企业内部的设计部或所聘的外部设计人员都会在设计评价阶段参照本公司的标准对设计进行评价。如图 6-24 所示为某企业内部产品造型评价标准。

一般来说，所有对设计的要求及设计所要追求的目标都可以作为设计评价的评价目标。但为了提高评价效率，降低评价实施的成本，以及减轻工作量，没必要把实际实施的评价目标列得过多。一般是选择最能反映方案水平和性能的、最重要的设计要求作为评价目标的具体内容（通常在 10 项左右）。显然，对于不同的设计对象和设计所处的不同阶段，以及对设计评价的要求不同，评价目标的内容也就要有所区别，应具体问题具体分析，选择最贴切的内容建立评价目标体系。对评价目标的基本要求是：全面性——尽量涉及技术、经济、社会、审美等多个方面；独立性——各评价目标相对独立，内容明确、区分确定。

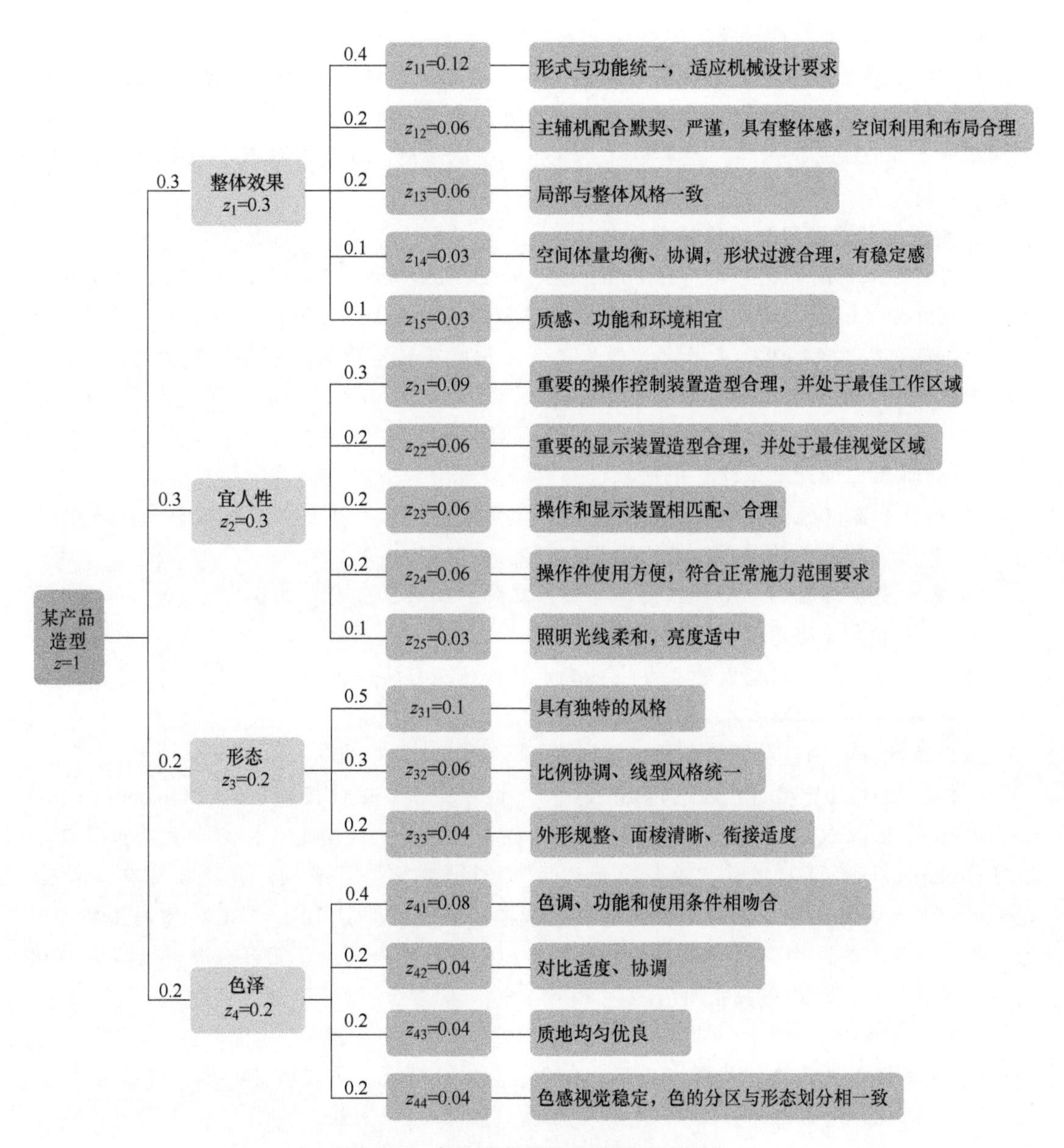

图 6-24　某企业内部产品造型评价标准

【案例 18】几个国家的评选项目及评价标准

1. 德国的评选项目和评价标准

德国设有 iF 产品设计奖、优良造型奖等。iF 产品设计奖是由德国历史最悠久的工业设计机构——汉诺威工业设计论坛每年定期举办的，被欧洲媒体称为“设计界的奥斯卡”。iF 设计奖评选项目有：信息及通信产品、办公设备及用品、电器电子产品、工作机械及工具、自动机器、仓库及交通运输工具、机械零件、工厂设备、冷暖气机及卫生空调设备、户外用品、室内装饰品及建材、照明设备、促销用品、医疗用品、摄影光学器材及其他共 16 项。

评价标准为：

1）创新与品质（创新度、精致性、独特性、执行完成度、工艺性）。

2）功能（使用价值、人体工学、实用性、安全性）。

3）美学（审美诉求、感性诉求、空间概念、情境氛围）。

4）责任（生产效率、环保标准、社会责任、通用性设计）。

5）定位（品牌、目标顾客契合度、差异化）。

对已经上市的产品，主要依据创新的程度、实用性、造型品质、人体工学、耐久性、情感及象征意义、产品周边系统整合、功能品质、生态兼容性进行评价。

对待上市的概念化产品，主要依据差异性、美感质量、实现可能性、功能性、情感成分进行评价。

2. 美国的评选项目和评价标准

美国设有工业设计优秀奖（International Design Excellence Awards，IDEA），由美国工业设计师协会（Industrial Designers Society of America，IDSA）主办，每年举办一次。评选项目有：日用品、商品及工业产品、运输工具、医疗及科学产品、家具、环境设计、视觉传达平面设计、设计研究共8项。

评价标准为：

1）创新性（设计、体验、制造）。

2）用户受益（性能、舒适度、安全性、使用方便、用户界面、人机互动、获得性）。

3）责任（有益于社会、环境、文化、经济的可持续发展）。

4）客户受益（盈利、增加销售额、提高品牌影响力、激励员工等）。

5）视觉审美（视觉感染力、美感）。

6）设计战略类（内部因素及方法、战略性价值及可实施性）。

7）情感体验（情感需求、未满足的要求）。

3. 日本的评选项目和评价标准

日本G-mark设计奖（Good Design Award）由日本工业设计促进组织（Japan Industrial Design Promotion Organization，JIDPO）每年举办一次，接受外国企业报名。优秀设计商品授以G-mark。1990年后增设“最佳界面奖”“最佳景观奖”等奖项。评选项目有：休闲、趣味及DIY产品，电子音响产品，日用品，厨房、餐桌及家务用品，家具，室内用品，住宅设备，户外用品，办公室、店面、教育用品，医疗、健康、康复用品，信息产品，机械产品，运输工具，以及公共空间用品共20项。

评价标准为：

1）人类视点（易用、易懂、亲和、安全、魅力、环境、体谅弱势群体、引起共鸣）。

2）产业视点（新技术、新材料、新方法、新产业、新商业）。

3）社会视点（生活方式、社会文化、可持续发展、新价值）。

4）时间视点（有效利用现有知识与技术、可持续增长、顺应时代改良）。

4. 韩国的评选项目和评价标准

韩国K-Design Award由韩国设计包装中心主办，评选GD（优良设计）产品。不仅能通过优秀的设计实现创意的具体化，而且能赋予产品创造真正价值的能力。评选项目有：电子产品、厨房用品、卫浴设备、运动用品、乐器、儿童用品、信息产品、日用品，以及交通运输工具共9项。

评价标准为：①外观设计；②机能性；③安全性；④品质；⑤合理价格。

6.3.6 设计评价方法

目前，国内外已提出近30种设计评价方法，概括起来可分为4大类，并广泛应用于各种人机交互数字界面的评估研究之中。

1. 经验评价法

经验评价法是根据评价者的经验对方案进行定性的粗略分析和评价，适用于评价方案不多、问题不太复杂时的情况。例如，可采用淘汰法，经过分析直接去除不能达到主要目

标要求的方案或不相容的方案。经验性的评价法中有4个常用的较为简单的评价法，下面作简要介绍。

（1）排队法 在很多方案中出现优劣比较交错的情况时，将方案两两比较，优者打1分，劣者打零分，将总分求出后，总分数高者为最佳方案。例如，表6-1所列的实例中，评价的结论是B方案总分最高，即B方案为最佳方案。

表6-1 排队法实例

比较方案	比较对象					
	A	B	C	D	E	总分
A		0	1	0	0	1
B	1		1	1	0	3
C	0	0		1	1	2
D	1	0	0		0	1
E	1	1	0	0		2

（2）点评价法 点评价法是经验评价法中最常用的方法，其特点是对各比较方案按确定的评价标准项逐个进行粗略评价，用符号“+”（行）、“−”（不行）、“?”（再研究一下）、“!”（重新检查设计）等表示，根据评价情况进行选择，见表6-2。

表6-2 用点评价法分析产品

评价项目	待评方案		
	A	B	C
满足功能要求	+	+	+
成本符合要求	−	−	+
加工装配可行	+	?	+
使用维护方便	+	?	+
宜人性	−	+	+
造型美观	+	−	+
对环境无危害	+	+	+
具备时尚感	+	+	+
总评	6+	?	8+
结论：C方案为最佳方案			

（3）坐标法 坐标法是将产品的各项属性特征按坐标的方式加以评定，将抽象的产品属性特征的理解转化为直观的图表观察，易于进行快速而准确地评价。每项标准作为一个坐标方向，满分为5分，4项属性和形成的封闭空间面积越大，表明该设计在这4项属性标准评定中得分越高。坐标图中评价所用的4项属性可以根据具体情况加以选择。如图6-25所示用坐标法对华为公司的两款手机进行分析。

（4）感官评价法 感官评价法指在产品设计评价过程中应用人的感官对产品的外观（造型、色彩、材质）、功能、使用方式等的评价。主要依靠人的视觉、触觉、嗅觉、味觉与听觉的感受进行评价，将接触产品过程中最为直观的感官作为评价标准，从感官角度评价产品，更加直接。感官评价包括唤起、测量、分析、解释4个过程。其中，唤起是指使用恰当的感官评价表和提示语等，唤醒评价人员的某种注意力，集中精力关注样品的某些方面，忽视其他方面，从而得到相对应的、噪声影响最小的感知。该方法适用于与人感官接触密切、使用过程需要简单操作的产品评价上，较为典型的是生活消费产品，如电子产品。如图 6-26 所示为感官评价法流程。

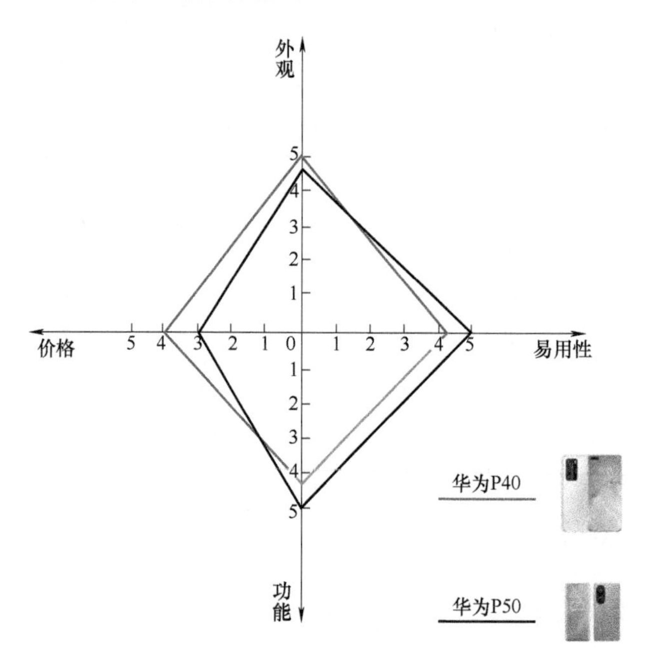

图 6-25　用坐标法分析产品

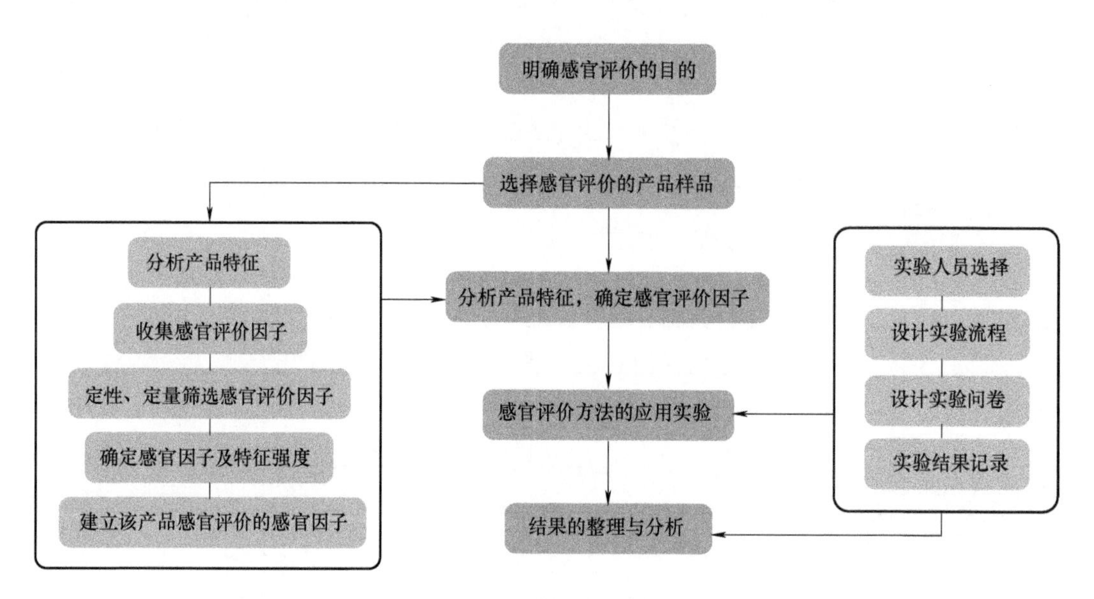

图 6-26　感官评价法流程

2. 数理统计评价法

运用数理工具进行分析、推导和计算，得到定量评价参数的评价方法都属于此类评价方法，这是本节介绍的重点。常用的数理统计评价法有名次记分法、评分法、技术-经济法及模糊评价法等。

（1）名次记分法　名次计分法，也称为专家打分法，又称为德尔菲法（Delphi Method），是一种定性描述定量化研究方法。它首先根据评价对象具体要求设定若干个评价指标，再根据评价指标制订出评价标准，聘请若干代表性专家凭借自己经验按此评价标准给出各指标的评价分值，然后对其分值进行统计。

具体而言，这种评价方法是由一组专家对 n 个待评方案进行总评分，每个专家按方案的优劣排出这 n 个方案的名次，名次最高者给 n 分，名次最低者给 1 分，依次类推。最后把每个方案的得分数相加，总分高者为最佳。这种方法也可以依评价目标，逐项使用，最后再综合各方案在每个评价目标上的得分，用一定的总分计分方法加以处理，得出更为精确的评价结果。为了提高评价的客观性和准确性，在用名次记分法进行设计评价时，最好采取逐项评价的方式，即使不逐项评价，也应建立评价目标或评价项目，以便使评价者有一个基本的评价依据。

表 6-3 所列是名次记分法的实例，其中有 6 名专家，5 个待评价方案（这里只对待评方案进行了一次总评，如要在逐个评价目标上都评价，则要每个评价目标卡各用一次表 6-3 所示的表格记分，然后再统计结果）。

表 6-3　名次记分法

方案代号	专家代号						
	A	B	C	D	E	F	总分
1	5	3	5	4	4	5	26
2	4	5	4	3	5	3	24
3	3	4	1	5	3	4	20
4	2	1	3	2	2	1	11
5	1	2	2	1	1	2	9
评论结论：方案 1 为最佳方案							

在名次记分法中，专家们的意见一致性程度是确认评价结论是否准确可信的重要因素。对于评分专家们的意见一致性程度，可用一致性系数来表达。一致性系数的计算公式为：

$$c=\frac{12s}{m^2(n^3-n)}$$

式中，c 为一致性系数；m 为参加评分的专家数；n 为待评价方案数；s 为各方案总分的差分和，计算式为 $s=\sum X_i^2-(\sum X_i)^2/n$，$X_i$ 为第 i 个方案的总分。

本例的一致性系数经计算后为 0.65。一致性系数越接近于 1，表示意见越一致，当专家意见完全一致时，$c=1$。在重要的评价中，对一致性系数的数值范围可有所要求。

（2）评分法　评分法是针对评价目标指标，以直觉判断为主，按一定的打分标准作为衡量评定方案优劣的尺度，是一种定性评价方法。评分法流程如图 6-27 所示。根据人们的经验和设计准则，可以明确地分门类、分层次确定评价标准，同一类产品可以借鉴，不同产品在大的设计版块中也可以借鉴。评分法是一种循序渐进的评价方法。

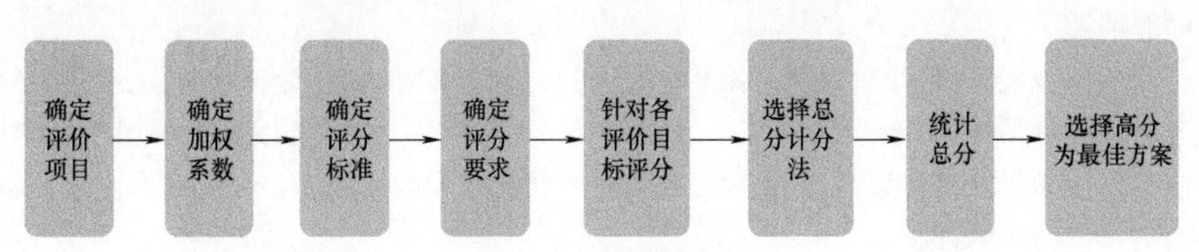

图 6-27　评分法流程

评分标准：一般常用五分制或十分制对方案进行打分，评分法标准见表 6-4。为减少由于个人主观因素对评分的影响，一般采用集体评分的方式，由几个评分者以评价目标指标为顺序对各方案评分，取均值或去除最大、最小值后的均值作为分值。

表 6-4　评分法标准

<table>
<tr><td rowspan="2">十分制</td><td>评分</td><td>0</td><td>1</td><td>2</td><td>3</td><td>4</td><td>5</td><td>6</td><td>7</td><td>8</td><td>9</td><td>10</td></tr>
<tr><td>优劣程度</td><td>不能用</td><td>缺陷多</td><td>较差</td><td>勉强可用</td><td>可用</td><td>基本满意</td><td>良</td><td>好</td><td>很好</td><td>超目标</td><td>理想</td></tr>
<tr><td rowspan="2">五分制</td><td>评分</td><td>0</td><td colspan="2">1</td><td colspan="2">2</td><td colspan="2">3</td><td colspan="2">4</td><td colspan="2">5</td></tr>
<tr><td>优劣程度</td><td>不能用</td><td colspan="2">勉强可用</td><td colspan="2">可用</td><td colspan="2">良好</td><td colspan="2">很好</td><td colspan="2">理想</td></tr>
</table>

根据各项评价目标的得分情况，评价项目的加权系数 g_i 的计算公式为：

$$g_i = \frac{k_i}{\sum_{i=1}^{n} k_i}$$

式中，k_i 为对应 i 的评价项目所得分数的算术和，$i=1$，2，…，n（n 为评价体系中的所有评价项目数）。

在评分结束之后，要选择合适的总分计分法来统计总分，其各自的计算方法、计算公式和计算特点见表 6-5。

表 6-5　评分法总分计分方法

序号	计算方法	计算公式	计算特点
1	评分相加计算法	$Q=\sum_{i=1}^{n} p_i$	将各评价项目的分值简单相加，视各评价项目对方案的影响程度相同，方法简单，工作量小，对于不重要设计的评价或在加权系数接近的情况下使用
2	评分连乘计算法	$Q=\prod_{i=1}^{n} p_i$	将各评价项目的分值连乘，使得方案之间的总分数相差较大，便于方案的比较，可在各个方案比值比较接近的情况下使用
3	评分均值计算法	$Q=\frac{1}{n}\sum_{i=1}^{n} p_i$	计算方法较简单，工作量小
4	评分相对值计算法	$Q=\frac{\sum_{i=1}^{n} p_i}{nQ_{理想}}$	用于相对理想方案的比较
5	加权计算法	$Q=\sum_{i=1}^{n} p_i g_i$	考虑各评价项目的重要程度，评价更合理

注：Q 为方案总分值，n 为评价项目个数，p_i 为各评价项目的评分值，g_i 为各评价项目的加权系数。

经计算后得出的结论由于受到各种主客观因素的共同影响，评价结果也就具有相对性。在评价中，细化评价指标、缩小评价单元的分值、严格化评价的要求等能提高评分法评价的准确性。

（3）技术-经济评价法　技术-经济评价法的特点是对方案进行技术经济综合评价时，要考虑各种评价目标指标的加权系数，所取的技术价和经济价都是相对于理想状态的相对值。技术分析的目的是验证技术原理的正确性，确定详细设计细节。

技术评价的步骤如下：

1）确定评价该产品的技术性能项目。所谓技术性能，是指表示产品的功能、制造和运行状况的一切性能。根据产品开发的具体情况，确定评价该产品技术性能的项目，即确定评价的目标。例如，对某一机械产品，最后将零件数、体积、质量、维护、加工难易程度、使用寿命 6 项性能作为评价目标。

2）确定评价目标的衡量尺度，即确定具体评价指标。例如，使用者和制造者提出了

对某机械产品的转速、能耗量、尺寸、加工精度等一系列要求后，要明确哪些是必须满足的，低于或高于该指标就不合格，即所谓的固定要求；哪些是可以给出允许范围的，即有一个最低要求；哪些只是一种尽可能考虑的愿望，即使达不到，也不影响根本，即希望的要求。明确了各项性能要求的具体指标，就可作为理想开发方案的技术性能指标。各种方案技术性能的优劣就以该指标为评价标准。

3）分项进行技术价值评价。采用评分的方法，以理想方案的各项技术性能指标为标准，将各设计方案的相应项的技术性能与之比较，根据接近程度，给予评分。

4）进行技术性能总评价（技术价）。技术评价目标是指求方案的技术价 W_t，即各性能评价指标的评分值与加权系数乘积之和与最高分值的比值，计算公式为：

$$W_t = \sum p_i g_i / p_{max} \leqslant 1 (i=1,2,\cdots,n)$$

式中，W_t 为技术价；p_i 为技术评价指标的评分值；g_i 为各技术评价指标的加权系数；p_{max} 为最高分值（十分制为 10 分，五分制为 5 分）。

经济评价目标是指求方案的经济价 W_w，即理想生产成本与实际生产成本的比值，计算公式为：

$$W_w = H_T / H = 0.7 H_Z / H \leqslant 1$$

式中，H 为实际生产成本；H_T 为理想生产成本；H_Z 为允许生产成本，H_Z 应低于有效市场价格，一般可取 $H_T = 0.7H_Z$。

经济价 W_w 值越大，经济效果越好，$W_w=1$ 时是理想状态，此时，实际生产成本 = 理想生产成本。W_w 许用值为 0.7，此时，实际生产成本 = 允许生产成本。技术-经济评价法有两种表现方式：一种是计算相对价 W，另一种是看优度图。

1）相对价 W 的两种计算方法：直线法 $W=1/2(W_t+W_w)$；抛物线法 $W=\sqrt{W_t \times W_w}$。相对值 W 越大表明方案的技术、经济综合性能越好，一般应取 $W \geqslant 0.65$。但是直线法在 W_t 与 W_w 相差较大时，所得 W 值仍然较大，而抛物线法中只要其中一项数值较小，就会使 W 明显降低，所以抛物线法更适于评价与决策。

2）优度图（也称为 S 图）。在技术价 W_t 和经济价 W_w 所构成的平面坐标系中，每个方案的 W_{ti} 和 W_{wi} 的值构成点 S_i，S_i 的位置反映出此方案的优良程度（优度）。其中 $W_t=1$、$W_w=1$ 表示的点 S^* 为理想优度，表示技术-经济综合指标的理想值，S_i 离 S^* 越近，技术-经济指标越高。OS^* 连线为开发线，线上各点 $W_t=W_w$，离开发线越近，说明技术-经济综合性能越好。图中阴影区称为许用区，只有在许用区中的 S_i 点对应的方案才是适用的，在区外的点的技术价和经济价均低于许用值，为不合格方案，故不能采用。如图 6-28 所示为技术-经济法优度图。

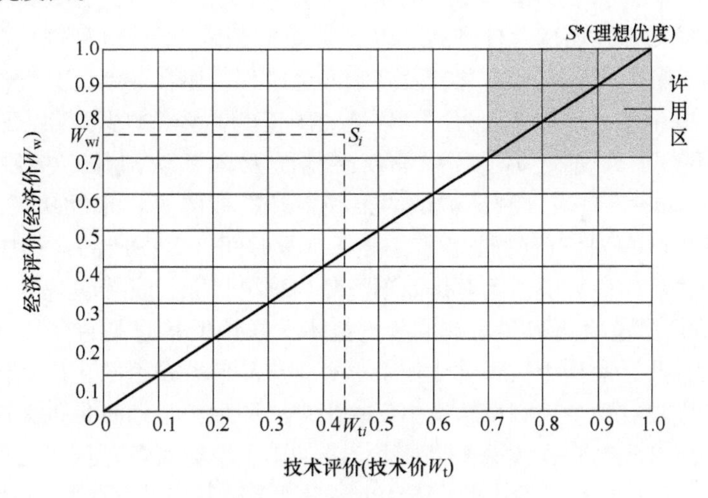

图 6-28　技术-经济法优度图

优度图实际上是技术价与经济价关系的对比图。通过优度图可直观看出方案的技术与经济性能，以及方案改进的方向是技术方面还是经济方面。

（4）模糊评价法　模糊评价法是一种基于模糊数学的综合评价方法，根据模糊数学的原理，把定性评价转化为定量评价，针对产品设计评价中存在的模糊性，建立了可以综合评价产品设计优劣的通用方法。模糊评价法具有结果清晰、系统性强的特点，能较好地解决模糊的、难以量化的问题，适合各种非确定性问题的解决。

模糊评价法在产品设计评价中的具体应用如下：

1）根据所要评价的产品设计对象，确定相关的评价因素 F，即对项目评议的具体内容（例如，价格、各种指标、参数、规范、性能、状况等）。

2）指定代表优劣程度的评价值参数 E，一般分为两种范围：$0 \leqslant E \leqslant 1$ 或 $0 \leqslant E \leqslant 100$。

3）邀请专业人员及产品使用者对此款产品设计各性能进行评价，并记录评价因素值 F_v。

4）统计本产品各个性能的每种评价因素值所占的比例，即平均评价值 E_p = 每种评价因素值的选择人数/评委总数。

5）根据每个评价因素的地位和重要程度，确定每个评价因素所占的权重 W，每个评价因素的下一级评价因素权重之和为 1。

6）加权平均评价值 E_{pw} = 平均评价值 E_p×权重 W。

7）评价矩阵和权重的合成。将每种评价值参数所对应的各项评价因素的加权平均值求和，得出本产品设计的综合评价值 E_Z，并根据之前制定的评价参数，即对于此产品设计的评价隶属度，得出最终的评价结论。

3. 试验评价方法

对于一些较重要的方案环节，采用分析计算仍不够有把握时，有时就通过试验（模拟试验或样机试验）对方案进行评价，这种试验评价法所得到的评价参数准确，但对设备、经费、人员等试验条件要求较高。

试验评价方法属于间接测量，利用任务表现来推测产品方案的优劣，国外学者在此方面已开展了大量应用研究：约翰通过计算飞机偏离预定航向的值来评估产品的作业绩效，在其研究中设计了飞机飞行姿态预测任务，冈萨雷斯设计了水净化系统监控任务。这两种试验任务有一个共同的特征，就是被试需要监控多个仪表，并在理解 10 个以上数据符号意义的基础上，整合这些数据，进而判断系统当前状态和将来（几秒或几分钟之后）的状态，换言之，产品必须具备良好的品质，才能完成试验任务。

4. 生理测量法

对于认知和情感体验的测量，传统的用户研究中以主观评价的方式为主，通过访谈或问卷的形式，要求被试在使用一件产品之后直接报告使用感受，这种方式缺乏使用过程中实时体验的测量，同时主观报告可能涉及多个心理过程，还会受到社会赞许性和主试效应等因素的干扰。电生理技术的引入为这一领域的研究提供了新的思路和方法，从而可以更加深入地了解用户在人机交互过程中的情感体验及内部认知加工机制。生理测量法（Physiological Measure）是通过测量被试的某些生理指标的变化来反映产品方案的优劣。运用生理测量法进行心理负荷的研究已有很长一段时间，但在产品设计中的研究则很少见。从现有研究来看，最关键的问题是尚不清楚生理测量能否直接包含对产品外观的认知过程，例如，P300 脑电检测和其他脑电测量技术无法说明信息是否已经认知登记，而仅可表明环境中的某些元素是否被知觉或加工，对于产品信息是否已正确登记，或操作者对信息的理解程度则没有从生理测量结果中反映出来。同理，眼动测量也无法证实处于边缘视觉的哪些元素已被观测到，或操作者是否已经加工了所见对象。虽然无法直接测量，威尔逊仍然坚持可根据事件相关电位（ERP）、脑电图（EEG）、各种眼动行为、皮电活

动（EDA）和心电反射等人体生理指标，合理推测被试的心理认识绩效。

在早期，威都利什开展了大量的探索性实验，让 12 名被试者参加空对地战斗的模拟飞行任务，并记录任务过程中被试者的脑电活动和眨眼生理行为。模拟中共有两种不同的显示类型：一种是利于被试具有良好认知心理，另一种则是相反的情况。结果表明，在低水平的产品认知条件下，被试 θ 波的活动水平较高，α 波的活动水平较低，眨眼时间最短，而眨眼的频率最高，原因在于困难条件下被试者需要综合不同来源的信息；在高水平的产品认知条件下，可得出信息易被感知和理解，但却无从知晓是由什么因素引起的。

生理测量法对时间、资金、被试者和试验条件等要求比较高，大大限制了在产品设计评测中的推广，目前尚未得到广泛的应用。

6.4　试产及推广

一般在产品模型或样机加工完成后，还要对产品设计做最终的审验与评价，也就是进入新产品试产阶段，新产品试产是指在完成新产品设计和工艺准备之后，为验证所设计的新产品的图样、工艺等技术文件是否正确，能否达到预期的设计要求和质量标准而由企业或研究部门进行的试制生产。产品设计最终评价的结果关系到产品是投入批量生产还是再进行设计的修改与完善，其方法一般是将所有设计图样、设计文件、产品模型或产品样机等同时拿出，邀请高层管理者、产品相关部门、设计部门或设计参与人员一起举行最终评价会，通过大家的分析，提出问题、确认问题性质及处理方法，交由设计部门或设计人员修改；再加工样机进行评价，最终完成产品设计评价，至此产品设计即结束，产品随即可以投入批量生产。

除了生产样品进行产品设计评价外，有时候还会进行小批量试制，通过鉴定和校正修改后，根据成批生产和大量生产的要求，编制全部工艺规程，设计制造全部工艺装备，然后生产一小批产品。试制的目的是检验工艺规程和工艺装备是否适应生产的要求，并对产品图样进行工艺性审查，以便进行必要的校正，为大批量生产创造条件。试产后 48h 内，研发部主持召开由生产部、生产工程部、品质部、市场部、物控部参加的试产总结会议，总结会议上确认各问题的解决办法。品质部根据试产总结报告的问题点逐项确认是否解决，研发部在品质部确认完毕后发出量产通知给销售部和物控部。物控部根据新产品物料的齐套状况，制定量产计划，发出配比单，并在量产通知单上注明量产时间，转品质部，由研发部做出量产样机给品质部。

6.4.1　产品测试

产品测试是将产品原型或产品成品提供给消费者，由消费者根据自己的想法对产品属性进行评价，从中系统地获得消费者的意见和建议。产品改进测试有两种：一种是产品在特征方面的创新和改进，目的是捕获更多的市场份额，这里产品测试的目标是确定改进后的产品是否真的比改进前的好；另一种是缩减成本改进，这里产品测试的目的是确定顾客能否区分改进后的产品与改进前的产品之间的区别。

产品在经过开发阶段后，必须就其功能、美学和其他特征等是否合适进行测试。测试采取多次进行、多种方法相结合的手段，整个开发过程一般经历一系列的“研制开发、测试、研制开发”，不断反复循环，直至认定产品已经可以进行市场因素测试为止。

许多企业的产品在大量投入市场后，刚流行就面临转瞬即逝的命运，这是因为产品一

生产出来，就大张旗鼓地推向市场，普遍忽略了产品的量化和质化研究，往往无法顺应流行趋势，与目标消费者的需求也相去甚远。反观宝洁公司的300多个品牌，为何都能畅销？就是因为企业每次对产品测试把关都很严格。该公司在一个产品推出前总是找几百个消费者来进行产品概念测试，经过3次反复的测试，基本把握了消费者心目中理想产品的概念，然后将意见及时反馈给产品的开发部，并对产品进行改进以顺应市场流行趋势。因此，完备的产品测试是许多知名品牌成功的重要原因之一。

产品测试是在开发之前识别其潜力的理想方法，可以降低开发新品非市场所需的风险，减少财力和时间的浪费。鉴于产品测试的重要性，几乎每一个大品牌对这一环节都很慎重。例如，李维斯品牌的工作人员经常带着音像设备，跟随人们一起逛商场，记录现场购物者的真实经历，录下他们对所购商品的议论和态度，作为对后续产品设计和改进的参考。由此看来，企业更应重视产品测试，在真正理解消费者购物需求和心理的基础上，为制定出品牌识别提供可行依据。

产品测试是通过让最终用户或目标市场对目标产品（或服务）使用或模拟使用后，征求他们对产品（或服务）的真实评价，以检验产品（或服务）与现实市场需求之间的差距，为进一步改进产品提供有力的依据。通常来说，产品测试的目的是根据被测产品的发展或生命周期的不同阶段而设定的。产品发展初期，用原始模型来测试如何使得产品的属性特征最优化，从而达到吸引顾客的目的；当产品在经过试产还没有投入市场时，有效的产品测试能够识别竞争对手的实力和弱势，同时还可以确定产品在目标市场中的位置；一旦产品上市之后，产品测试可以作为质量控制手段，维持产品生命或对后续改进产品进行测试。

产品测试的目的归纳起来如下：

1）履行设计目标。

2）获得对产品改进的设想。

3）了解消费者的使用反馈。

4）核对设计要求。

5）揭示产品的弱点，发现现有产品的缺点。

6）更新传统观念，评价商业前景。

7）获得营销计划其他元素的创意。

测试类型的主要不同点在于公司内部测试（α型）和顾客测试（β型），测试次序是先α型后β型。大多数产品都必须经历一系列的公司内部测试，这是诊断性的初始测试，为的是快速消除产品的严重问题，发现产品的实际隐患和潜在隐患。有时候，这些测试是同步进行的，但大多数情况下，产品都要循序测试，通过前一个测试之后才能进入下一个测试。顾客测试一般安排在产品通过所有的公司内部测试之后进行，在规定时间内顾客试用公司的新产品，并做出一系列的反应与反馈，不仅如此，顾客还可能需要参与对产品某些功能的测试，然后整个开发过程才算完成。现在越来越普遍的β型测试是由顾客为其评定价值的，因为顾客在早期就有机会看到开发中的或即将面市的新产品，假定面临的是企业顾客，可能对这些企业新产品的开发产生很大影响。在有些情况下，企业在产品开发接近完成之前会进行一系列的β型测试。

【案例19】华为敏捷开发中的敏捷测试

在华为的敏捷开发中，测试和开发的角色界线变得模糊。有些人主要做测试工作，有些人主要做开发工作，但是在快速推进的过程中，所有人都会被号召起来进行测试或支持测试的工作。更多职责是帮助开发人员理解需求，尽早确定测试规范。同行评审（即内部测试α型）是最敏捷的检查测试用例的方式，它主要强调测试用例设计者之间的思想碰

撞、互补，通过讨论、协作来完成测试用例的设计，原因很简单，测试用例的目的是尽可能全面地覆盖需求，而测试人员总会存在某方面的思维缺陷，一个人的思维总是存在局限性。因此需要一起设计测试用例，从而体现敏捷的“个体和交互比过程和工具更有价值”。

除了同行评审，华为敏捷开发中还引入用户参与到测试用例的设计中来，让他们参与评审，从而体现敏捷的“顾客的协作比合同谈判更有价值”这一原则，即顾客测试β型。注意：这里顾客的含义比较广泛，关键在于怎样定义测试，如果测试是对产品的批判，则顾客应该指最终用户或顾客代表（在内部可以是市场人员或领域专家）；如果测试是指对开发提供帮助和支持，那么顾客显然就是程序员了。

产品测试的过程是必要的，需要考虑到产品各方面的标准和需求，但是，不恰当的测试会给企业带来不必要的损失，不但可能影响产品的利润率，而且还可能影响公司的品牌效应。

【案例 20】吉百利公司的新产品包装

吉百利（Cadbury）是英国历史最悠久的巧克力品牌之一，他们在新推出的产品——一款鲜奶点心上市之前，并未对商品的包装方式做测试，而是直接密封后向市场推出。但是不久后就收到了来自零售商的抱怨，这种简单的包装不易堆放，会影响产品状态以及后续的售卖，于是公司不得不选择回收之前的产品，并重新设计包装。这是本可以在测试时考虑到并且轻易解决的问题，却无形中给公司带来损失，增加了销售成本。

进行市场测试的目的是协助营销经理对新产品做出更好的决策，并对现有产品或营销战略进行调整。市场测试通过提供一种对真实或模拟市场的测试来评估产品和营销计划。营销人员利用市场测试在规模较小且成本较低的基础上，对所提出的全国性计划进行评估。这种基本思想可以用来确定产品在全国推广后得到的估计利润是否超过潜在风险。

有时，一流质量的产品可能因为推出方式的低效而难以流行起来，相反地，即使质量过关的一般产品，也可能通过其他市场营销组合因素的高质量实施而成功推向市场。因为产品和目标市场的本质，与市场营销组合相关的潜在影响、支出和风险呈现为多样性，因此，产品测试的范围和程度也是多种多样的。开发者要根据实际情况，针对不同阶段的产品选择合适的测试方法，有些市场因素测试（必须有目标顾客的参与）可能与正在进行的产品开发同步。

1. 模拟环境

在消费品市场上，首先要从新产品的目标市场获得有代表性的消费者样本来参与市场环境的模拟，让他们观看在电视节目中播放的新产品测试商业广告，其中包括许多属于产品类别中现有品牌的广告，营造竞争环境；其次模拟购物环境，让参与者在诸多种类商品中选择是否购买本公司的产品，购买的是新产品还是竞争品牌产品，显然只有那些品牌特征明显、本身吸引顾客的产品才更容易受到青睐；最后，记录下参与者的选择与做出选择的原因，并将产品带回家使用。在经过足够长的一段时间后，调查者打电话或登门拜访受测者，收集他们对产品的使用反馈，做回访调查。

在模拟测试中，非常重要的结果评价标准为参与商品试用的人的百分比（累计测试）和重复用户（回头客）的百分比（累计重复），这些数据可以对产品的销量和市场份额的预测提供可靠依据。但如果产品是前所未有的全新产品，并未做过广告宣传，顾客的购买行为也可能是基于一时冲动，或者产品是某种季节性的产品，那么结果就仅供参考，不能作为判断预测销售量的依据。

2. 试验性市场营销

试验性市场营销是市场因素测试中开发得最完美的形式。企业选择某一测试市场区域，在市场上推出产品，其中包括全套市场实施计划，正如企业期望在大市场上所做的那样，试销市场是整体市场的缩影，企业必须对所有的变量予以考虑，其中包括竞争和贸易。随着经济全球化发展，企业越来越关注全球市场，也考虑在多个国家同时进行试验性市场营销。

与其他测试方式相比，试销市场提供了典型的市场条件，使得销售量的最佳预测和总体战略的最佳方案的评价成为可能，从而大大提高了企业的产品在最终投放时成功的概率，同时也降低了总体风险并避免了重大失误的发生。

【案例 21】宝洁公司的新产品试销

一般在向全国推广新品前，宝洁公司都会进行小规模的试销，测试通常会选择1~2个相对封闭的城市进行，测试3~6个月。尽管每一个新产品上市前都是百分百认真完成了准备工作，但也有近30%的新产品在试销市场中出现问题。帮宝适的婴儿尿片就是在测试时发现了产品概念方面存在的失误，从而避免了在全国推出后的巨大宣传损失。

试验性市场营销本身具有正面和负面的影响。如果能够在合适的时期，选择适当的地点实施，企业又不带有偏见（即懂得产品若在更广大的市场上销售，企业就不可能被过分关注），则这一做法可以提供极有价值的信息，如销售量、市场营销信息、环境变化、内部资料等，企业也可以据此对新产品的上市销售进行微调。

但是，必须采用恰当的量度方法，包括对投入的量度，如广告、培训和销售费用等；中间量度，如顾客意识和顾客兴趣；以及对产出的量度，如销售量、利润和顾客满意程度等。由于试销市场中存在竞争和贸易，因此，如果表现不突出的话，企业就可能及时撤离该市场，这样就节省了全力以赴把产品推向市场的巨大开支。另外，通过试验性市场营销，企业还能获得意料之外的信息。例如，一种能掩饰疤痕的化妆品在试销时如预期一样销售状况良好，但在消费者使用过程中，女性用户发现它还能用来掩饰脸上的雀斑，无意间发现了更大的市场，最终上市时销量远超预期。

尽管具有上述潜在效益，但许多企业还是希望完全避免试验性市场营销。因为其直接费用很高，同时还有产品的准备、人员的专业培训、测试人员的选定和管理试销市场等一系列支出；另外，它需要的时间非常长，一次完整的试销测试要花费一年以上的时间，这样带来的结果是：一方面会降低企业进入市场的时间优势，这也使得竞争对手有充足的时间去了解该公司的市场营销战略，并为此做出相应的对策，甚至为他们在全面销售时直接跃居领先地位提供了可能；另一方面，不断变化的经济和政治条件、脱销、竞争广告和其他变化可能产生“低信号噪声比”，造成此次试销毫无意义。

【案例 22】家乐氏公司率先上新产品

美国知名谷物早餐和零食制造商家乐氏（Kelloggs）公司在对通用磨坊（General Mills）食品公司一种新早餐产品的试销测试结果有了充分认识后，对自己公司的类似产品做出了调整，并率先向全国范围内推销这种产品，从而赢得了此类产品的大部分市场。

3. 虚拟测试

随着科技的进步和VR技术的不断发展，出现了VR购物的方式，人们可以进行产品虚拟测试，研究人员构建购物环境，让顾客像在真实商店中一样购物，甚至喧嚷和噪声也跟真实商店中一样。陈列商品可以迅速变化，并且企业可以马上对结果进行分析。

【案例 23】阿里公司的 VR 购物

在内容方面，阿里公司已经全面启动Buy+计划引领未来购物体验，并将协同旗下的影业、音乐、视频网站等，推动优质VR内容产出。

最令用户期待的“VR购物”已经指日可待。据介绍，阿里VR实验室成立后的第一

个项目就是“造物神”计划，也就是联合商家建立世界上最大的3D商品库，实现虚拟世界的购物体验。实验室核心成员之一赵海平表示：“VR技术能为用户创造沉浸式购物体验，也许在不久的将来，坐在家里就能去纽约第五大道逛街。”

据了解，阿里公司工程师目前已完成数百件高度精细的商品模型，下一步将为商家开发标准化工具，实现快速批量化3D建模。对于“VR购物”的时间，阿里公司表示，敢于尝新的商家很快就能为用户提供VR购物选择。在硬件方面，阿里公司将依托全球最大电商平台，搭建VR商业生态，加速VR设备普及，助力硬件厂商发展。

假定新产品经过了以上一系列的测试并且没有发现问题，或者对产品及时做出调整，成功将问题解决后，就能把它推向市场。这一阶段需要大量的产品、人员和设备的投资，以便把试验性质的生产、试销规模扩大到商业化水平。

产品推出的类型取决于成千上万种因素，其中包括（但不仅限于）目标市场的规模、公司资源、领先于竞争对手的大概时间、由于专业知识或专利而期望得到的保护、预期的竞争激烈程度等。不同产品主要还是根据其技术要求或企业标准、国家标准来制造，需看产品归属于哪一类、哪一档次，以此来取舍适用标准。所以首先要分类，其次找到适用的技术要求或标准，再按要求逐一按顺序编写测试流程，标明每个测试环节所用的测试设备、测试要求及结论流向，最后再写报告。

6.4.2　模具开发

模具是工业生产上用以注塑、吹塑、压铸、挤出或锻压成型、冶炼、冲压等方法得到所需产品的各种模子和工具。模具成型产品应用广泛，具有优质、高产、低消耗和低成本的特点，所以，模具开发是产品生产中举足轻重的一环。大批量生产的产品各部件，绝大多数都由模具成型。合理有效的模具开发程序可以提升模具开发质量、降低模具开发成本、缩短模具开发周期。对新产品的设计开发而言，其模具开发的流程如下：

1. 接受任务书

成型塑料制件的任务书通常由设计者提出，其内容如下：

1）经过审查的正规制件图样，并注明采用塑料的牌号、透明度等。

2）塑料制件说明书或技术要求。

3）生产产量。

4）塑料制件样品。

通常模具设计任务书由塑料制件工艺员根据成型塑料制件的任务书提出，模具设计人员以成型塑料制件任务书、模具设计任务书为依据来设计模具。

2. 收集、分析、消化原始资料

收集整理有关制件设计、成型工艺、成型设备、机械加工及特殊加工资料，以供设计模具时使用。

消化塑料制件图，了解制件的用途，分析塑料制件的工艺性、尺寸精度等要求。

消化工艺资料，分析工艺任务书所提出的成型方法、设备型号、材料规格、模具结构类型等要求是否恰当、能否落实。成型材料满足塑料制件的强度要求，具有好的流动性、热稳定性、均匀性和各向同性。根据塑料制件的用途，成型材料应满足染色、镀金属的条件，装饰性能，必要的弹性和塑性，透明性或者相反的反射性能，胶接性或者焊接性要求。

熟悉生产企业实际情况，主要是指成型设备的技术规范、模具制造车间的情况、标准资料、设计参考资料等。了解这些情况的目的是避免脱离生产实际情况而进行模具设计。

一般使用电脑软件进行仿真模拟，排查模具开发可行性中存在的问题，解决技术难点。

3. 确定成型方法

根据塑料制件所采用的材料品种来选择成型方法，确定是否可用注塑法替代其他成型方法。

4. 选择成型设备

根据成型设备的种类来进行模具设计，因此必须熟知各种成型设备的性能、规格、特点。对注塑机来说，在规格方面应当了解以下内容：注射容量、锁模压力、注射压力、模具安装尺寸、推出装置及尺寸、喷嘴孔直径和喷嘴球面半径、浇口套定位圈尺寸、模具最大厚度和最小厚度、模板行程等。要初步估计模具外形尺寸，判断模具能否在所选的注射机上安装和使用。

5. 确定模具结构方案

确定模具类型：在卧式、立式及角式注塑模，以及单型腔或多型腔等型式中进行选择。

确定模具类型的主要结构。包括：型腔布置；确定分型面；确定浇注系统和排气系统；选择推出方式，确定侧凹处理方法和抽芯方式；确定冷却、加热方式及加热冷却沟槽的形状、位置、加热元件的安装部位；根据模具材料，强度计算或者经验数据，确定模具零件厚度及外形尺寸，外形结构及所有连接、定位、导向件位置；确定主要成型零件、结构件的结构形式；考虑模具各部分的强度，计算成型零件工作尺寸。

6. 绘制模具图

模具图要求按照国家标准绘制，但是也要结合企业标准和国家未规定的生产企业的习惯画图。在画模具总装配图之前，应在符合制件图和工艺资料的要求下绘制工序图。由下道工序保证的尺寸，应在图上标写注明工艺尺寸字样。如果成型后除了修理毛刺之外，不再进行其他机械加工，那么工序图就与其他制件图完全相同。

在工序图下面最好标出制件编号、名称、材料、材料收缩率、制图比例等。通常将工序图画在模具总装配图上。

1）总装配图。一般按 1∶1 的比例绘制，先由型腔开始绘制，主视图与其他视图同时画出，要求按照国家制图标准绘制，但是也要结合工厂标准和国家未规定的工厂习惯画图。总装配图应包括以下内容：模具成型部分结构；浇注系统、排气系统的结构形式；分型面及分模取件方式；外形结构及所有连接件，定位、导向件的位置；标注型腔高度尺寸及模具总体尺寸；辅助工具；按顺序将全部零件序号编出，并填写明细表；标注技术要求和使用说明。

2）主视图。主视图在总装配图的上面偏左，一般按模具闭合状态绘制，在型腔内有一完整塑件。主视图是总装配图的主体部分，应尽量将结构表达清楚，力求将工作零件表达完整。视图画法一般按机械制图国家标准执行。

3）俯视图。俯视图与主视图相对应，在总装配图的下面偏左。习惯上从分型面打开一半画定模可视部分，一半画动模俯视部分。

4）塑件图。塑件图通常画在总装配图的右上角，要注明材料、批量、尺寸及公差等。

5）标题栏和零件明细表。标题栏和零件明细表布置在总装配图右下角，零件明细表应包括件号、名称、数量、材料、热处理、标准零件代号及规格、备注等内容。总装配图中所有零件都应填写在明细表中。

6）技术要求。技术要求布置在总装配图下部适当位置。其内容包括：对于模具某些系统的性能要求；对模具装配工艺的要求；模具使用、拆装方法；防氧化处理、模具编号、刻字、标记、保管等要求；有关试模及检验方面的要求。

7）零件图。由总装配图拆画零件图的顺序应为：先内后外、先复杂后简单、先成型

零件后结构零件。零件图主要绘制型芯、型腔等成型零件的图。其他零件以标准模架尺寸为准。零件图的绘制和标注应符合机械制图国家标准。尺寸标注要求统一、集中、有序、完整，要注明全部尺寸、公差配合、尺寸公差、表面粗糙度值、材料、热处理要求及其他技术要求等。零件的方向应尽量按该零件在总装配图中的方位画出，不要随意旋转或颠倒，以防画错，影响装配。

7. 校对与审图

校对的内容包括：模具及其零件与塑件图样的关系；塑料制件方面；成型设备方面；模具结构方面；设计图样；校核加工性能；核算辅助工具的主要工作尺寸；编写制造工艺卡片。

8. 试模及修模

虽然是在选定成型设备、成型材料后，在预想的工艺条件下进行模具设计的，但是人们的认识往往是不完善的。因此必须在模具加工完成以后，进行试模检验，看成型的制件质量如何。发现问题后需要进行排除错误性的修模。

塑件出现不良现象的种类很多，原因也很复杂，有模具方面的原因，也有工艺条件方面的原因，二者往往交织在一起。在修模前应当根据塑件出现的不良现象的实际情况，进行细致地分析研究，找出塑件出现缺陷的原因，提出补救方案。因为成型条件容易变更，所以一般的做法是先变更成型条件，当变更成型条件不能解决问题时，才考虑修理模具。修模时更应慎重，因为一旦变更了模具条件，就不能再恢复原状。

9. 整理资料进行归档

模具经试模检验后，若暂时不使用，则应该完全擦除脱模杂质、灰尘、油污等，涂上黄油或其他的防锈油防锈，送到保管场所保管。将从设计模具开始到模具加工成功（检验合格为止）期间所产生的技术资料（如任务书、制件图、技术说明书、模具总装配图、模具零件图、底图、模具设计说明书、检验记录表、试模修模记录等）按规定加以系统整理、装订、编号并进行归档。这样做似乎很麻烦，但是对以后修理模具、设计新的模具都是很有用处的。

6.4.3　产品的生产及销售

经过对设计方案的审批之后，产品设计开发进入运营投产阶段。

进行正式投产前的准备工作包括模具制作、设备安装、生产计划的制定、印制标签及包装物、协调人员及设备管理、设备安装、制定装配说明、订立质量标准、检验并确定最终的方案。然后进入生产轨道。在此阶段设计公司协助厂商组织生产、优化生产工艺、批量生产、解决生产中出现的问题、改进工艺设备，并完成网上、电视媒体等营销宣传，投放市场。企业应依本身的经营方针，做有效的产销检讨，拟定综合性的产销计划，从而为销售、生产、制造等部门拟定计划的依据，使各项计划同企业经营配合且步调一致。

基于产品在市场中的生命周期遵守“萌芽期→成长期→成熟期→衰败期→回收”的规律，根据销售部的计划对产品进行推广并走向市场。实践表明，产品设计开发要创新产品，需要一个“推广设计”的重要阶段。

从理论上讲，产品设计开发的过程已经考虑了市场需求和用户心理，但事实上的大部分设计过程仍是设计师主观的活动，对用户心理把握得不到位就使得设计的新品在某种程度上与市场需求有点偏离，因此影响了新品顺利进入市场，影响商品化进程。

因此，设计完成、新品上市后，需要一个推广设计、实现商品化的过程，也就需要设计师听取市场反应和消费者反馈意见后作一些修改，不断地改进，直到消费者满意为止。这个适应市场的过程就是设计师检验自己设计的过程。另外设计师要宣传自己的设计新品，介绍其特点、优点，让市场所接受，让消费者喜爱。还要寻找合适的目标市场和消费群体，把设计新品推广到更多的用户，这也是一种促销方式。

因此，推广设计实际是设计师与市场营销相结合，加速产品商品化的进程。通过推广设计，设计师才能获得较好的效益，使设计真正变为商品。例如，设计师开发了一种电子血压计新品，但很少有人购买。这怎么办？当然需要推广设计。设计师可以举办技术讲座，介绍新的电子血压计有哪些特点和优点，让消费者喜欢，同时让用户试用，在试用中听取意见。例如，消费者认为应该有一套看图教用的说明书，还提出打气球的质量不好等问题。这些意见有效地帮助设计师改进了产品质量，增加看图教用的说明书，带来的结果就是销售量显著上升。

制定促进产品销售策略的目的在于尽快地使顾客了解产品的性能、特点、用途，打开产品的销路，扩大产品的销量。促进产品销售的策略主要包括广告、人员推销、公众关系和营业推广，以及销售服务。

1）广告是非人员销售的主要形式。主要通过报纸杂志、电影电视、广告路牌等进行广泛地宣传，目的在于广泛传递产品信息，诱发消费者购买欲望；树立企业信誉，开展竞争；介绍说明产品，引导消费。

2）人员推销时，销售人员是企业形象的代言人，是企业与顾客的沟通桥梁，他们代表着公司的形象。顾客在没有深入了解产品之前，对公司的认知直接来源于销售人员给他的感觉和印象。销售人员面对面地与顾客沟通，他们的一举一动和一言一行在顾客的眼中就代表企业品牌的形象。他们的职责包括：销售；保持老顾客、吸引新顾客；提供售前、售后服务，提高企业信誉；为买卖双方传播情报信息。这种推销方式主要是依靠推销人员的素质和推销技能去完成促销任务。推销人员一般必须具备以下素质：热诚的服务精神、扎实的工作作风、丰富的市场企业知识和较强的语言表达能力及销售艺术。通过推销人员的推销工作，顾客了解了产品的用途及使用和保养的方法，从而激发购买兴趣。

3）公众关系是企业使用传播手段使自己与公众相互了解和相互适应的一种活动，其职能为：树立企业形象，增强企业信誉；加强企业同内部、外部公众的联系，提高好感度；促进企业获得最佳经济效益，提高社会整体效益。

4）营业推广是除了广告、人员推销和公共关系外能有效刺激消费者购买、提高促销效率的一切活动，具有收效迅速和容易造成消费者逆反心理的特点。常用的方式有：有奖销售、赠送纪念品或样品、提供咨询服务、实行津贴、交易折扣等。

5）销售服务主要是通过企业产品销售之前、销售过程中和销售之后的服务，使消费者对本企业的产品留下深刻的印象，从而达到促进产品销售的目的。企业领导者在采用产品促销策略的时候，要注意把产品的销售与市场调查结合起来，为企业的经营决策提供可靠的依据。

本 章 小 结

产品设计开发过程是一个复杂的、不完全确定的、创造性的设计推理过程，表现为一连串的问题求解活动。

在这些活动中，一个非常重要的环节就是生产准备阶段的设计评价选优问题。由于产品之间的关联性与系统内部的复杂性，产品设计方案的测试尤为重要，其评价往往需要综合考虑多项指标及与这些指标相关的若干因素，如布局的合理性、形状的美观性，使用的宜人性等，因此需要进行多目标综合评价。每个设计阶段的设计目标都不相同，所以要对应不同时期的产品特点，选择合适的方法进行有规划的产

品测试。

评价选优之前，绘制详尽的工程图并制作样机是非常有必要的。许多设计开发失败的案例都发生在由设计向生产转化的阶段，如从构思效果图和感性预想直接进入生产工艺设计，然后又基于生产工艺设计进行模具设计，这时再发现结构上的问题时，已经投入了大量的人力、物力，造成成本的大量浪费，使企业遭受严重的损失。将设计形象转化为产品形象时，必须利用模型手段来明确找出产品在构造上和功能上的问题所在，客观真实地从各个方向、角度来展示产品的形态、结构、色彩、材质等方面。

进行产品设计评价、方案选优之后，产品正式投放市场之前，应该进行试产和试销，以检测市场效果，取长补短。

拓展视频

中国创造：外骨骼机器人

本 章 习 题

(1)（练习实践题）设计分析评价总结，如下：

1）要求。产品设计中所遇到和需要解决的都是复杂、多解的问题，通常解决多解问题的逻辑步骤是分析→综合→评价→决策，最后通过设计评价过程，做出决策，筛选出符合设计目标要求的最佳设计方案。

在这里要求学生用展示和讲解的方式对之前的设计进行分析、评价并得出结论，选择出最佳方案。

2）目的。

① 通过展示和讲述过程锻炼学生分析、总结和归纳的能力。

② 展示和讲解的过程可以训练学生的语言表达能力和随机应变能力。

③ 通过展示和讲述的方式，又可以间接地帮助学生从全局的角度去掌控整个设计的全过程。设计评价一方面可以有效地保证设计的质量，科学而充分地进行设计评价，使设计师能够在诸多方案中筛选出各方面性能都满足目标要求的最佳方案；另一方面，准确的设计评价，能减少设计的盲目性，提高设计效率，在确定产品的工作原理、结构方案、确定加工材料及工艺、探索产品造型形式等阶段，都要借助于设计评价适时、适当地作出判断、筛选，适时地摒弃不合理的或没有前景的方案，使设计始终不脱离设计目标这个主线，这样可以避免设计师走弯路，既提高了设计效率，也降低了开发成本。

3）手段。

① 书写设计报告。

② 制作展示设计成果的 PPT。

③ 进行答辩。

(2)（练习实践题）对所做的设计方案进行设计制图并做出模型（样机）。

第7章

CMF 设计的材料与工艺

学习内容——CMF，CMF 设计程序，CMF 的材料与工艺。

学习目的——了解 CMF 设计的相关知识。

课题时间——4 课时理论。

CMF是Color（色彩）、Material（材料）和Finishing（工艺）三个单词的第一个字母所组成的缩写名称，不能视为对三者进行简单的罗列和叠加，而是对色彩、材料、工艺三者之间“关系”的整体优化，着眼于它们的“集成”所完成的“最终效果和品质”，以及为此所进行的设计。

人机工程学进行的是产品的“宜人性”设计，CMF完成的则是产品的“动人性”设计。传统工业设计是一种自上而下的设计，CMF是一种自下而上的设计。随着技术的发展和对设计品质的追求，CMF逐渐演变为一个约定俗成的专业术语。

同时CMF也逐渐研究更多的功能性问题，包括识别、自洁、吸声、变色、发光、抗菌、透气、磁性、生物医学等多种功能及其在设计中的应用。一般情形下，CMF的主观体验和客观功效需要同步兼顾，在产生可能的冲突时，需要根据具体的设计对象确定优先权。CMF功能的区域化和梯度化及多功能组合可以达到一材多用、事半功倍的效果。CMF的设计往往有多种方案，不同的方案对于美学和功能两者的兼顾与协调程度，包括实现的方式和代价都不尽相同。最终，需要在感知与美学体验、实际功能效果两个方面，并结合其他的制约因素，诸如工艺难度、成本、环保等进行综合权衡。CMF理论的扩展要素还包括以下几个方面：

1）Pattern：图案，纹理，肌理。

2）Trends：趋势研究。

3）Sense：感觉研究（视觉、听觉、味觉、嗅觉、触觉）。

4）Emotion：情感研究。

从职业的角度来看，CMF设计是一种针对工业量产化产品的设计工作。

从方法的角度来看，CMF设计是一种以艺术学（美学）、设计学、工程学、社会学等交叉型学科知识为背景的，融合趋势研究，立足产品创新理念，依托消费者心灵情感认知，追求产品人性化的设计方法。CMF设计的价值就是获得情感认同，让用户从生理消费转向心理消费、情感消费。过去是购买商品，现在是购买艺术品。用户购买产品的过程，就是获得对产品的情感（质感、是否吉利、环境是否协调）认同的过程。

7.1　CMF设计程序

根据CMF设计的工作内容、工作类型、所需技能和要求，CMF设计程序主要分为3个阶段，即前端趋势阶段（形成趋势提案）、中端设计阶段（形成设计提案）、后端转化阶段（形成加工与制造方案），如图7-1所示。

7.1.1　前端趋势阶段

1. 趋势研究

趋势研究（Trend Studies）又称为预测研究，主要是指在一定时间、一定范围内对研究对象进行资料收集、对比、分析，从而预测或推断出研究对象未来可能的发展方向。CMF趋势研究的内容包括社会趋势、设计趋势、技术趋势。一份完整的CMF趋势研究报告包含色彩趋势、材料趋势、工艺趋势、图纹趋势和产品趋势等。趋势与流行的区别：流行（Fad）是一个短期的概念，时间跨度为0.5~1年；而趋势（Trend）是一个相对比较长期的概念，时间跨度为5~10年。

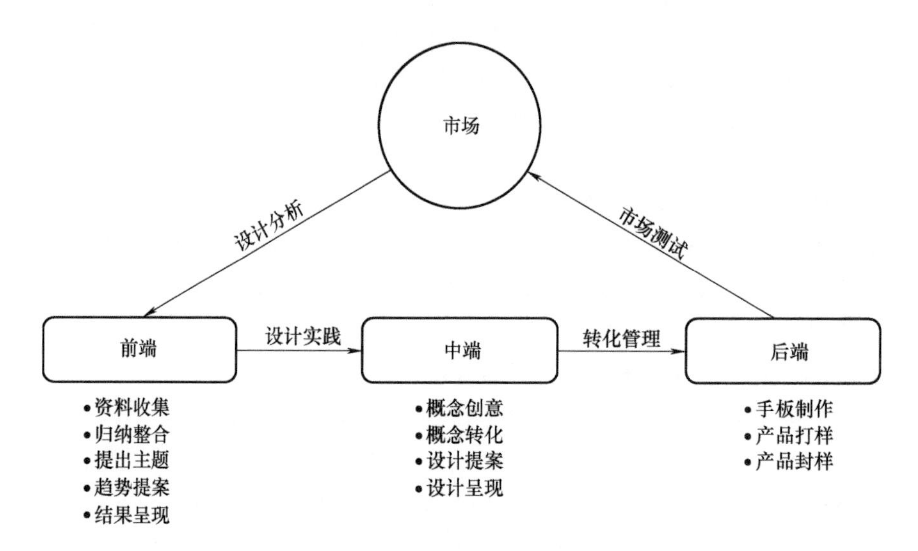

图 7-1　CMF 设计程序阶段划分

2. 趋势来源

现有趋势主要是指从趋势机构、设计机构、商业机构和学术机构所发布的趋势资料中获取的信息，也包括从各类专业展会、产品秀场和交易卖场的调研总结中所获得的趋势信息。

自研趋势是指设计师自己研究推演出的趋势，分为实用趋势与前瞻趋势。实用趋势时间跨度为 3 个月~3 年，针对性强。前瞻趋势时间跨度为 5~30 年，具有战略价值。

3. 趋势研究方法

趋势研究方法主要分为静态研究方法和动态研究方法。

（1）静态研究方法　研究者在办公空间内可以完成的部分，包括网络搜索、文件阅读、小组讨论会等形式。静态研究的信息源主要是相关行业的专业网站、专业媒体、专业趋势报告、专业出版物、专业期刊、专业报纸，以及相关的专业论文等。

常见专业机构有 Trend Stop、热点发现、中国流行色协会等。

（2）动态研究方法　研究者通过走出去的形式完成的部分，通过实地考察调研，掌握第一手资料进行研究。动态研究的信息源主要是行业的专业论坛、专业展会、专业企业、专业设计机构、专业博物馆、专业卖场和行业专家访谈等。

展会有国际三大电子消费展、家具展、汽车展等。

4. 趋势研究流程

趋势研究流程可以分为 5 个环节（图 7-2）：资料收集、归纳整合、提出主题、趋势提案、结果呈现。

图 7-2　CMF 设计趋势研究流程示意图

（1）资料收集　资料收集内容包含：社会、行业、产品，由宏观到微观，既要符合社会大趋势，又要符合产品本身的属性。资料收集的维度可分为社会环境、行业环境、产业环境三大维度。

社会环境维度属于意识层面，主要是指有关社会、政治、经济、文化、科技、商业、艺术等的热点问题，正在发生的大事件，社会名流和风云人物的新闻等；在这些当下社会信息中承载着大量的意识形态方面的导向信息，这对消费者未来的意识走向具有重要的趋

势研究价值。行业环境维度属于商业层面，主要是指行业机构所发布的趋势报告和资讯。产业环境维度属于产品层面，主要是指具体产品与企业竞争对手的动态情况。

资料收集的方式，一般而言是通过专业展览、市场调研、实地观察、产品体验、专家访谈、专业网站、新闻客户端、自媒体、微信公众平台、报纸杂志等收集相关的素材。

（2）归纳整合　资料归纳整合是根据收集到的资料信息结合企业的规划产品进行分析研究，总结得出最新CMF设计趋势落点。归纳整合具体分为4个步骤（图7-3）：热点筛查、热点展开、热点碰撞（圈内圈外）、热点整合。

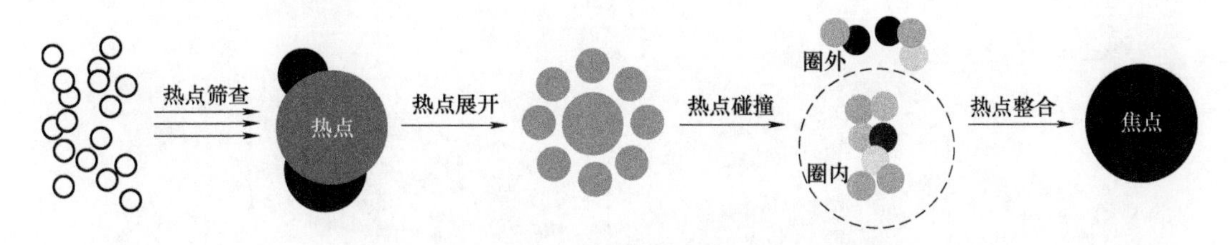

图7-3　CMF设计中资料归纳整合方法步骤

1）热点筛查：在海量信息中选择出有价值的热点。

2）热点展开：成员分别对不同热点进行分析思考，从热点出现的原因、热点将会带来的影响等方面做出判断。

3）热点碰撞（圈内圈外）：通过圈内圈外不同的人群对上一阶段提出的热点问题展开直觉性碰撞探讨，对热点进行多视角的分类整理推演。圈内：圈内成员分组，每组抽热点卡片分类，然后组内交流，组间交流。圈外：圈外人员对分类理由进行交流讨论。

4）热点整合：对上一步热点讨论进一步聚焦，形成趋势“焦点”。

（3）提出主题　具体流程为：趋势焦点→进行抽象假设→提出趋势主题。每一个趋势主题要点包括下列内容：为什么会有这个主题，它是什么？会有什么影响？主题的中英文名称是什么？

每个主题下应包含故事板、对色彩材料的描述与意象图。

（4）趋势提案　趋势提案是指针对趋势主题的具体CMF设计的趋势设计可行性提案，内容主要包含：根据趋势研究资料的趋势主题，结合企业所在行业或规划中产品的具体情况，提出有关色板（颜色）、配色、纹理、图案、材料混搭、成型工艺（即CMF样板呈现）的趋势性解决方案。

（5）结果呈现　最终趋势研究的结果是以CMF设计策略的形式呈现。到此，CMF前端趋势研究全部完成。CMF设计策略为下一步的CMF设计提出具有竞争性的CMF设计方案指导（对于前瞻性的项目具有超前性，对于量产化的项目具备落地性），包括创新的产品色彩定义、材料定义、成型工艺定义、表面处理工艺、图纹定义等。我国具有前瞻思维的设计顾问公司YANG DESIGN每年发布的前瞻项目《中国设计趋势报告》已成为我国设计界的趋势指南针。

7.1.2　中端设计阶段

中端设计阶段（形成色彩、材料、工艺的设计提案）主要任务是按照未来趋势，结合企业的具体规划和定位，对应提出具体的CMF设计解决方案。

该阶段主要遵循的流程为：趋势→概念→概念转化→设计提案→设计呈现。而设计呈现主要通过二维图、三维图、样品与手板等手段表现。

（1）色彩设计　产品的CMF色彩设计，指的是通过色彩维度给消费者视觉产生心理情感共鸣所做的产品色彩创新。其中包括对产品色彩的定义、色彩的搭配、色彩的实现、色彩的管理和色彩的整合等内容。这里的色彩维度是指色彩明度、色彩纯度（彩度）和色彩色相（色相），同时还包括色彩的搭配、色彩的材料、色彩的工艺、色彩的效果、色彩的实现、色彩的成本等。

CMF 色彩设计的基本流程如下：色彩选定→色彩搭配→色彩材料→色彩工艺→色彩效果→色彩打样。

（2）图纹设计　图纹设计指的是二维或者三维的图案和纹理设计。图纹设计是最容易体现设计的情感元素，是产品语义和表情的重要内容，如图 7-4 所示。

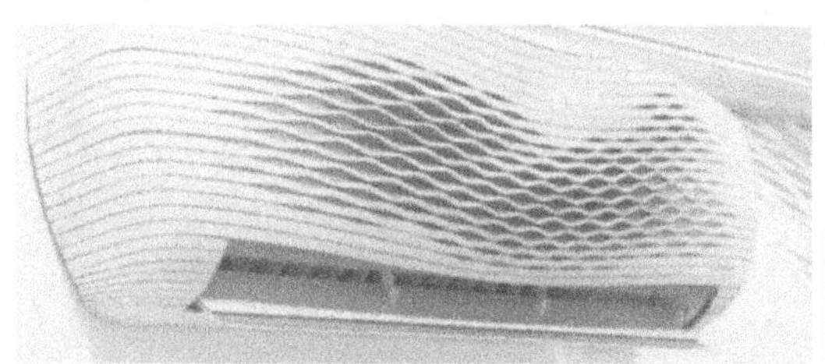

a) 海尔的3D打印空调

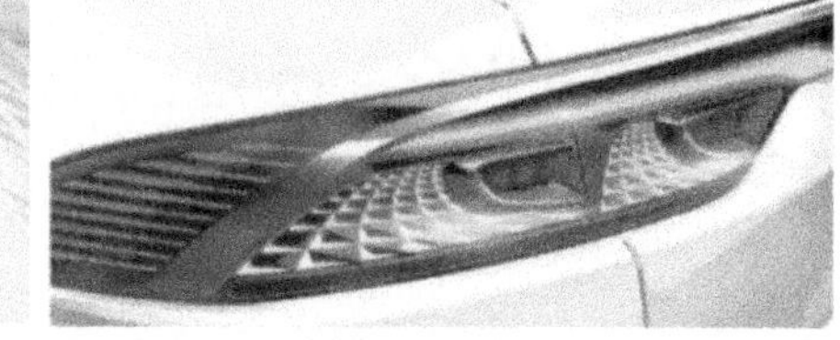

b) 广汽的概念汽车

图 7-4　采用软件编程形成图纹的设计手段

图纹设计流程包括验明需求→设计定位→灵感激发→创意构思→设计制作→设计实现。图纹设计在具体应用中主要分为局部点缀类设计和满版装饰类设计两大类。

（3）材料与工艺设计　CMF 设计中的材料与工艺设计主要是指对现有的成熟材料与成熟工艺的创新型应用，不是针对材料和工艺本身的创新。CMF 设计师并不会去发明创造某种材料或工艺，而是通过对已有的材料和工艺从 CMF 设计的视角在应用层面的创新。

7.1.3　后端转化阶段

后端转化阶段（形成加工与制造方案）的主要任务是将中端设计阶段所提出的 CMF 设计方案，根据产业链的配套条件进行产品的批量化。即该阶段是从 CMF 设计创意、CMF 设计的手板到可量产化的工件和实体化产品的过程。

转化的基本流程为：手板制作（毛坯）→打样（色彩打样、材料打样、工艺打样、图纹打样、手板打样，上色、表面处理等制作工艺）→封样（工艺资料的确认与封存）。

（1）手板制作　产品手板是指产品定型前所制造的样件或模型机。样件主要包括产品的结构件和外观造型件。手板制作的目的是对设计方案效果吻合度的验证，必须认真对待，因为手板制作的好坏直接关系到设计方案能否通过评估。手板制作通常为一台测试模型机，最多也只是小批量的测试模型机，所以手板制作方法与大批量生产方法是有差别的。目前手板制作多数会采用加工中心、3D 打印、手工制作和复模等方法，如图 7-5 所示为手板厂部分车间与样品。

（2）打样　打样是指制作产品样品。样品是按照量产化的标准进行的真实产品样件或样机制作。打样过程要确认的主要内容有：产品外观颜色与相关工艺的确认、材料与相关工艺的确认、图纹与相关工艺的确认、整体效果的确认、生产过程控制标准化确认（包括量产产品最终工艺品质标准保障体系，生产过程的可控体系，表面精细度、手感和外观整体效果良品率可控体系），以确保产品在量产过程中达到 CMF 设计的最终需要。

（3）封样　产品封样是对产品颜色、效果、品质的最终确认，也称为签样。封样件是指品牌企业与生产加工企业双方共同认可的最终确认的产品效果样件。样件中的主要特征描述必须是共同认可的，因为样件代表了能够批量化生产的标准件，是作为日后双方履约产品品质标准验收的实物样板。

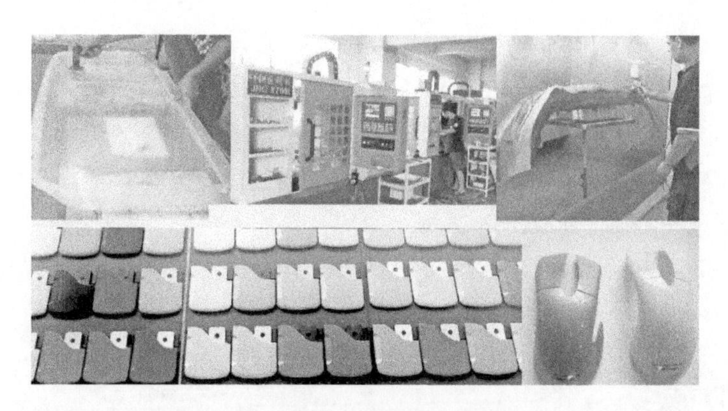

图 7-5　手板厂部分车间与样品

7.2　材料与工艺概述

对于 CMF 材料和工艺的类别而言，材料与工艺的运用取决于当下市场的产品走向和消费者的审美趋势。

CMF 设计师应用碳纤维材料及相关成型工艺，把碳纤维材料的高强度轻质量的特点合理融入交通工具行业，给该行业带来了全新的面貌。图 7-6 所示为 CMF 设计碳纤维材料。

图 7-6　CMF 设计碳纤维材料

CMF 关注的既不是工业设计初期的材料选择与运用，也不是材料成分与物理、化学及力学性能。CMF 设计所关注的是材料和工艺可实现的视觉效果和体感效果，材料和工艺与产品的匹配度，材料和工艺与消费者的情感认同度（审美度）。

7.2.1　CMF 材料的基础特征

CMF 材料的基础特征是指材料在使用与加工中呈现出的基本性能。

（1）物理特征　材料的物理特征是指材料的色彩、密度、熔点、热导率、热膨胀系数、绝缘性、磁性和可燃性等。材料的物理特征是控制各种物理现象和产品品质创新的重要依据，如密度大、光泽度好、耐磨性强等。合理利用材料的物理特征是产品品质创新的重要依据。例如，汽车变色膜就是合理利用材料（色彩）物理特征的典型例子。

（2）化学特征　材料的化学特征是指材料在不同温度、作用力、光照、电流、磁场和生物作用等条件下对各种介质的化学变化特征及自身可能的化学变化特征。材料的化学特征是控制各种化学现象的重要依据，如热敏变色、光照固化、压缩生热等。合理利用材料的化学特征，也是产品品质创新的重要依据。例如，荧光棒就是合理利用材料化学特征的典型例子，如图 7-7 所示。

图 7-7　荧光棒

（3）延展特征　材料的延展特征是指材料

的工艺特征、感性特征、环境特征和经济特征。

1）材料的工艺特征是指材料在成型过程的可能性变数，任何一种材料都有适用的工艺，但对任何一种材料，适用的工艺会有很多种，在工艺的变化下材料所呈现的效果也是多样的，这就是材料的工艺特征。所以，合理地运用工艺特征，能够充分发挥材料的潜质，提高材料的应用范围，如图 7-8 所示。

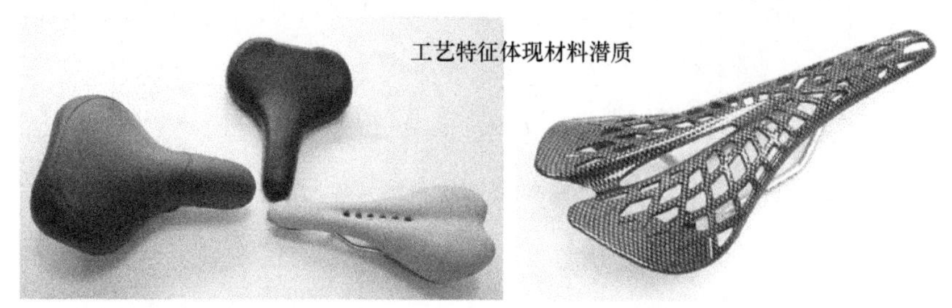

a) 采用注塑工艺对应低端客户　　a) 采用碳纤维工艺对应高端客户

图 7-8　自行车座椅（工艺特征体现材料潜质）

2）材料的感性特征是指人的感觉系统对材料所产生的综合印象。这种综合印象是指人的视觉、触觉、味觉、嗅觉和听觉受到材料信息刺激所引起的生理反应。这种材料综合印象对 CMF 设计尤为重要，特别是触觉感知和视觉感知是影响用户情感认同的重要触点。例如，用户对汽车转向盘材料的感性特征就十分在意，除了对视觉有自己的要求外，对转向盘材料的气味和触感也非常敏感，这些都是用户情感认同的重要因素，因此 CMF 设计师在汽车转向盘的设计上需要非常用心，如图 7-9 所示。

3）材料的环境特征是指 CMF 材料适合的应用环境条件。不同材料对环境因素有一定的要求，合理运用材料的环境特征，可以避免材料受到环境因素影响或受周围介质的侵蚀和破坏，从而保持产品在使用过程中的品质。例如，在日常生活中有很多环境与水有关，但对电子产品来讲，水很容易破坏它们的元器件而使产品失灵，因此，为了在有水的环境中使用，防水材料是当下许多电子类产品提高产品卖点的选择，如图 7-10 所示。

图 7-9　汽车转向盘材料的感性设计

图 7-10　防水耳机设计（见彩插）

4）材料的经济特征是指材料在实际应用中的经济指标（材料的价格、加工成本和回收成本等）。对于 CMF 设计而言，材料的经济性是重要的评价指标，当然不是材料成本越低就越好，合理是基本原则。因为不同的消费人群有不同的标准，所以，如何根据产品消费人群选择合理的经济指标是保持产品竞争力的关键。

7.2.2　CMF 材料的分类

有关材料的分类，不同行业和不同学科有不同的分类方法。

1. 按照材料的特点进行分类

1）按材质分为有机高分子材料、无机非金属材料（陶瓷、玻璃）、金属材料等。

2）按功能分为电、磁、热、力、光、声、化学、生化、医用材料等，这类材料也被称为功能材料、特种材料等。

3）按应用分为建筑材料、家居材料、电子材料、家电材料、汽车材料等。

4）形态与结构分为薄膜、超细微、纤维、多孔、无气孔、复合、多层、非晶、纳米材料等。

2. 按照材料的概念进行分类

按照材料的概念进行分类时，材料可分为有机高分子材料、无机非金属材料和金属材料三大类。

1）有机高分子材料：以高分子化合物为基础并添加一定助剂构成的材料，例如，化学纤维、塑料、橡胶、高分子胶黏材料、高分子涂料、功能高分子材料、高分子复合材料、高分子分离膜、高分子磁性材料，如图 7-11 所示为功能高分子材料应用设计产品案例。

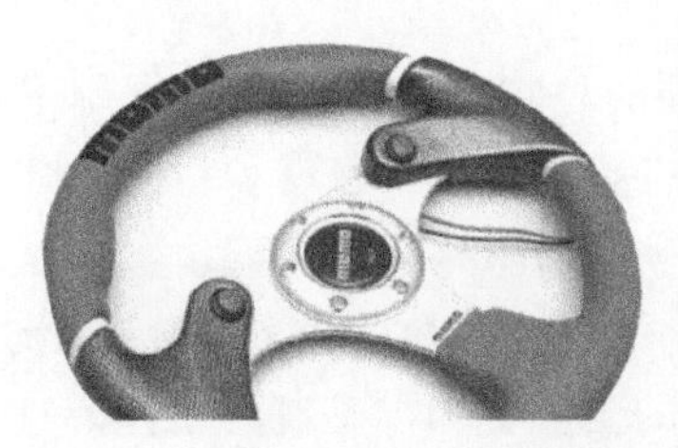

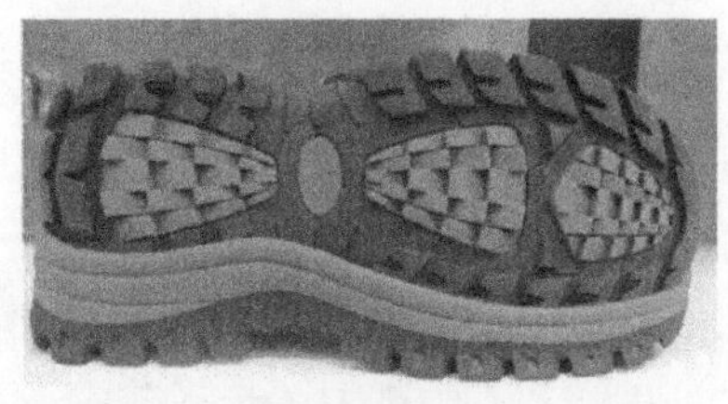

图 7-11　功能高分子材料应用设计产品案例

2）无机非金属材料：某些物质元素的氧化物、碳化物、氮化物、卤素化合物、硼化物，以及硅酸盐、铝酸盐、磷酸盐、硼酸盐等物质组成的材料。例如，玻璃、石墨、陶瓷、水泥、大理石、气凝胶、磁性材料、光学材料等。无机非金属材料的常规材料如增强材料（碳纤维、玻璃纤维等材料）、金属基（合金材料等）、非金属基（陶瓷、橡胶、石墨等）。应用工业陶瓷材料设计的手表如图 7-12 所示。

图 7-12　应用工业陶瓷材料设计的手表

3）金属材料。金属材料分为黑色金属、有色金属和特种金属材料等，如金、银、铜、铁、铬、锰、钢、合金等。著名法国设计师菲利普·斯达克应用金属材料设计的水壶如图 7-13 所示。

图 7-13　应用金属材料设计的水壶

3. 按照 CMF 设计行业中材料的特有性质进行分类

按照 CMF 设计行业中材料的特有性质进行分类时，可分为成型材料与装饰材料两大类。

1）成型材料是指产品构成的基本原材料，是产品的基本骨架，也就是产品的主体基础材料，如产品的壳体和结构材料，常见的材料有塑料、橡胶、金属、陶瓷和玻璃等。CMF 设计的许多实际产品可以直接用成型材料制成，也可以用成型材料与装饰材料结合而成。

2）装饰材料是指产品装饰用的表面材料，也就是依附在基础材料表层的外观材料。装饰材料是基础结构材料的外壳，目的是提高产品外观品质，以满足消费者更高的情感需求。装饰材料一般分为膜材料（如家电膜、汽车膜、手机膜、家装膜、笔记本电脑膜等）、化工涂层材料（如涂料、粉末、油墨、油漆、珠光、颜料、染料、金属粉和电镀材料等）和纺织面料（如棉麻、羊毛、石棉、再生纤维、合成纤维、无机纤维、玻璃纤维、金属纤维等）。如图 7-14 所示的眼镜，其眼镜镜片和金属镜架均在基本材料上附加了装饰材料。

图 7-14　眼镜镜片和金属镜架

7.2.3　工艺的分类

工艺是材料走向产品化的“魔术师”，相同的材料在不同的工艺作用下会产生各式各样的产品形态和效果，设计师只有掌握了工艺的基本制程、原理和特质，才真正具备了将设计创意通过材料变为现实产品的能力。

CMF 工艺可分为三个大类：赋予产品“身体”的工艺称为成型工艺；赋予产品“面孔”的工艺称为表面处理工艺；赋予产品“生命”的工艺称为加工制程工艺。这三个类型的工艺整合后才能够让产品的设计创意实现，成为我们生活中的现实产品。

1）成型工艺指产品从原材料成为产品，即将粒状、粉状、条状、块状等基本型的基础原材料，通过增材、减材、等材的方式，塑形为需要的产品部件。如将塑料粒子、金属粉末、基础板材、基础型材通过注塑、压铸、切割、雕刻等工艺进行生产加工，使其成为产品的结构件、零部件、面板等工件，如图 7-15 所示为采用机械加工的金属高档门把手。

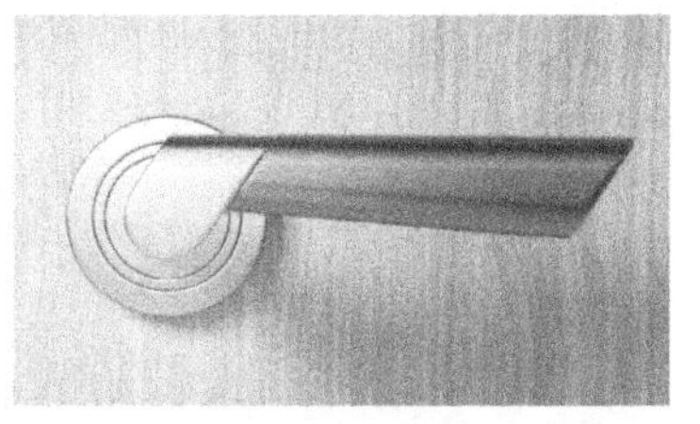

图 7-15　采用机械加工的金属高档门把手

2）表面处理工艺指的是在成型工艺基础上，对产品部件进行进一步的加工，即通过喷、印、刻、镀、氧化、物理气相沉积、化学气相沉积、模内和模外装饰工艺等表面处理工艺，对产品部件进行再加工，使其性能或装饰效果得到进一步的提升。如通过阳极氧化、喷涂、印刷、拉丝等工艺，对金属面板进行增加颜色、图案纹理和触感等效果，如图 7-16 和图 7-17 所示。

3）加工制程工艺指的是生产加工的流程，即从原材料到最终产品的全流程。加工制程并非一成不变，而是根据不同的成型工艺和表面处理工艺的组合特点定向设计的最佳过程管理流程，以保证成型工艺和表面处理工艺效果的一致性。特别是随着技术的不断发展，新型工艺、设备、技术的不断更新，大大简化了产品的加工流程，在许多实际案例中正确地选择加工制程，可以节省很多成本，甚至可以用成型工艺代替表面处理工艺，让产品效果一次完成。

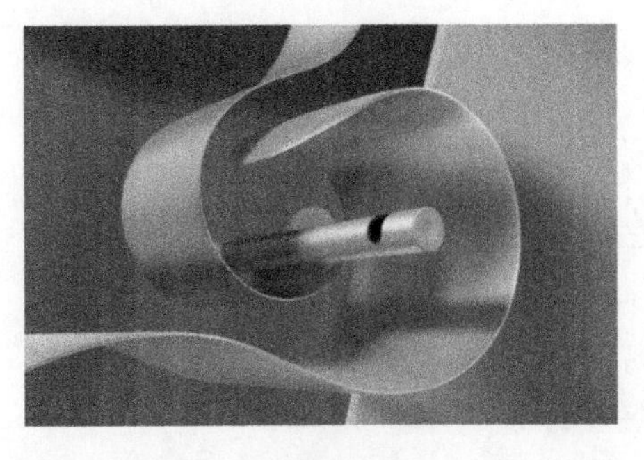

图 7-16　台灯设计采用阳极氧化工艺（见彩插）

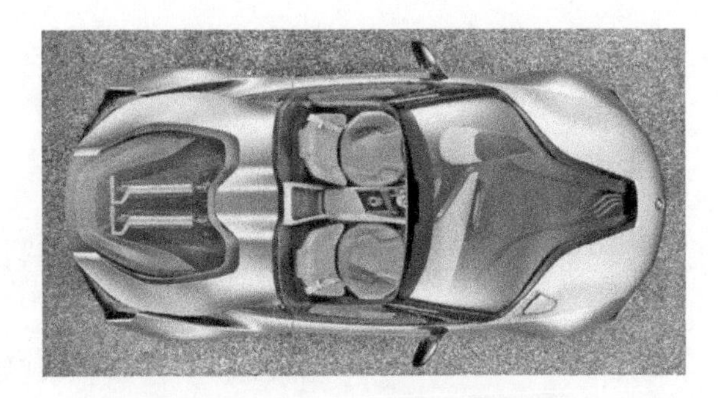

图 7-17　汽车车身采用金属银喷漆工艺

7.3　塑料与成型工艺

塑料广泛应用于日常生活中的各个领域，但也存在环保问题。CMF 设计师应当综合考虑其应用与环保问题。

7.3.1　塑料材料特性

1. 常规塑料

塑料按照成型工艺的性能来分类，可分为热固性塑料和热塑性塑料。

（1）热固性塑料　热固性塑料是指受热固化的塑料，这种塑料受热定型后不能再加热融化，所以一般不具备二次加工的可能，除少数可溶解回收的以外，热固性塑料具有不可逆向循环利用的特征，常见的有酚醛塑料和塑料瓷等，如图 7-18 所示为热固性塑料产品。

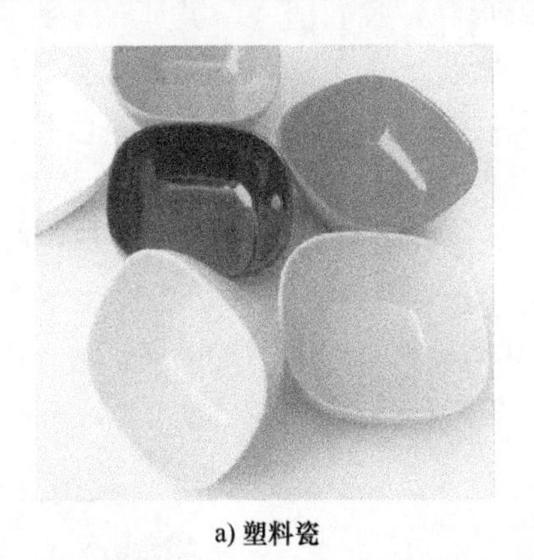

a) 塑料瓷

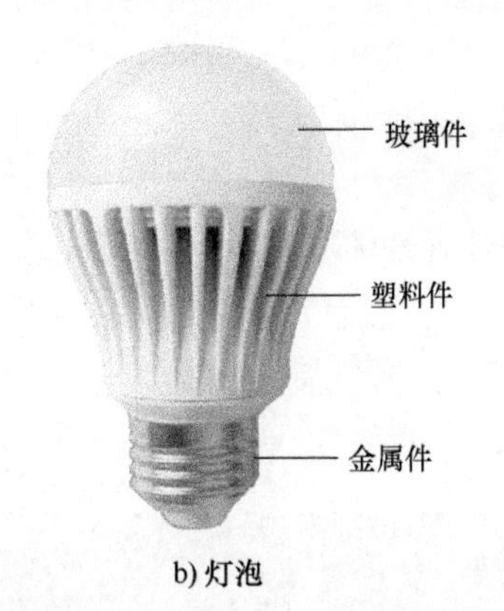

b) 灯泡

图 7-18　热固性塑料产品

（2）热塑性塑料　热塑性塑料是指受热融化并且可以反复加热成型的塑料。在 CMF 设计领域用量较多的是热塑性塑料，常见的有通用塑料、工程塑料。热塑性塑料具有可重复回收利用的特征。通用的热塑性塑料用量很大，常见的品种有 ABS［丙烯腈（A）、丁二烯（B）、苯乙烯（S）］、PP（聚丙烯）、PE（聚乙烯）、PVC（聚氯乙烯）、PS（聚苯乙烯），如图 7-19 所示为热塑性塑料乐高产品。工程塑料一般指普通工程塑料和特种工程塑料。工程塑料主要应用于工业领域，力学性能比较优越，强度和耐受性能比较好，部分工程塑料可替代金属。特种工程塑料主要应用于军工、船舶等尖端科技领域，可满足一些特殊的性能需求。

图 7-19　热塑性塑料乐高产品

在多数消费者的认知中，塑料是一种廉价的材料。不过，随着现代科学技术的发展，塑料材料已经有了很大的改变，材料的品质感也越来越高档。例如，免喷涂塑料又称为美学塑料，这种塑料通过一次注塑，无须表面喷涂就可以实现塑料表面的特殊色彩效果，其外表不仅美观，同时也具有较好的耐磨性。免喷涂材料其实就是一种在塑胶原材的基础上添加各种自带色彩效果的色粉工艺，常见的有珠光粉、金属粉等，以实现“塑料天生带颜色”的效果，避免了塑料表面喷涂赋色所造成的环境污染。目前免喷涂塑料的色彩效果有珠光效果、金属效果、丝绸般质感效果等，如图 7-20 所示为免喷涂汽车内饰。

2. 弹性体材料

该类塑料主要是橡胶（Rubber）材料、热塑性聚氨酯（Themoplastic Polyurethane，TPU）、四苯乙烯（Thermoplastic Elastomer，TPE）。

有人把塑料称为塑胶，是因为有一种材料在感观和工艺上与塑料类似，这就是弹性体材料。大家熟悉的橡胶就是弹性体材料的一种。作为弹性材料，除了橡胶材料，还有 TPU、TPE。这些材料不属于橡胶，但都是弹性体。它们具有同样的特征，就是在外力作用下会产生变形，除去外力后便能恢复原来的形状，我们把这一类具有弹性的材料称为弹性体。弹性体的种类繁多，应用也极为广泛，常见的轮胎、手环、表带、鞋材、电缆保护层等，大多采用弹性体材料制作。弹性体材料按照是否可塑化分为热固性弹性体材料和热塑性弹性体材料。

1）热固性弹性体材料就是我们常说的传统橡胶类材料。如橡胶材料可分为天然橡胶和合成橡胶。常见的有汽车轮胎、儿童奶嘴、炒菜用的硅胶锅铲、杯壶用的把手与防烫圈、手机保护套、智能穿戴的腕带、手表表带等，如图 7-21 所示为手环，其表带由软硅胶制成。

图 7-20　免喷涂汽车内饰（见彩插）

图 7-21　手环

2）热塑性弹性体材料，兼具热塑性塑料和橡胶的特点，应用极为广泛，如汽车转向

盘、防尘罩、车轮、数据线、餐具、玩具、鞋底等，许多自行车的实心轮胎就是TPE材料。

弹性体材料的成型工艺多数与塑料成型工艺类似，主要有模压成型（硅、橡胶制品成型）、转注成型、注射成型（结合模压与转注成型）、挤出成型、压延成型、旋转成型等。也有一些特有的工艺，如中空成型和熔融浇注成型等。弹性体材料应用范围日渐扩大，如大家熟悉的塑胶操场、弹力球、网球球拍线等，如图7-22所示。

图7-22　弹性体材料的应用

下面是CMF设计中主要涉及的几种弹性体材料。

1）橡胶材料是弹性体材料的一种，是具有可逆形变的高弹性聚合物材料，在室温下富有弹性，在很小的外力作用下能产生较大形变，除去外力后能恢复原状。橡胶材料分为天然橡胶与合成橡胶两种。天然橡胶是从橡胶树、橡胶草等植物中提取胶质后加工制成。合成橡胶则由各种单体经聚合反应而得。

橡胶材料做成的制品广泛应用于我们生活的方方面面，大家熟悉的防水用品、防滑用品、人体防护用品和具有弹性功能的用品等均由橡胶材料制成。

2）热塑性聚氨酯（TPU）弹性体材料是一种具有卓越的高张力、高拉力、强韧和耐老化特性的环保材料。目前，TPU已广泛应用于医疗卫生、电子电器、工业及体育等方面，其具有其他塑料材料所无法比拟的强度高、韧性好、耐磨、耐寒、耐油、耐水、耐老化、耐候性好等特性，同时它具有高防水性、防风、抗菌、防霉、保暖、抗紫外线以及可进行能量释放等许多优异的功能。图7-23所示为TPU产品。

热塑性聚氨酯弹性体按分子结构可分为聚酯型和聚醚型两种，按加工方式可分为注塑级、挤出级、吹塑级等。

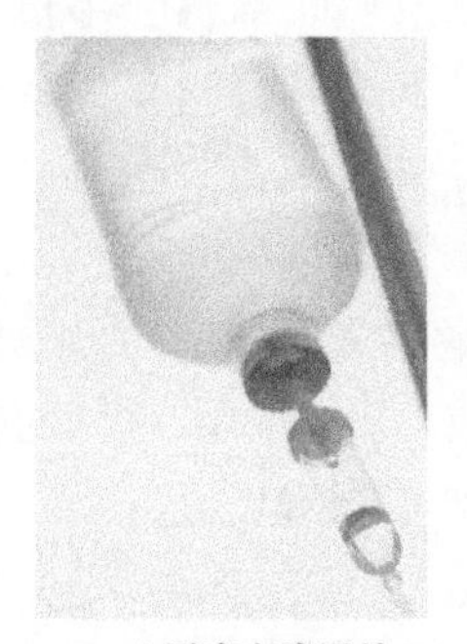

a) 医疗点滴用品

b) 密封圈

图7-23　TPU产品

3. 四苯乙烯（TPE）材料

四苯乙烯TPE（Thermoplastic Elastomer）材料是一种具有高弹性、高强度、高回弹性的热塑性弹性体材料。四苯乙烯材料具有环保、无毒、安全、应用范围广，具有优良的着色性、耐候性、抗疲劳性和耐温性，加工性能优越，无须硫化，易于回收利用，成本低等特点，目前广泛应用于普通透明玩具、运动器材、电子设备配件（数据线、耳机线、音频线）等。该材料不需要特殊的加工设备，只需采用一般的热塑性塑料成型工艺加工。

四苯乙烯（TPE）材料的耐热性不如橡胶稳定，随着温度上升，物理性质下降幅度较大，因此适用范围受到一定的限制。同时，压缩变形、弹性恢复、耐久性等方面同橡胶相比较也有一定差距，价格上也往往高于同类橡胶。尽管如此，四苯乙烯（TPE）材料的优点仍十分突出，各种采用四苯乙烯（TPE）材料的新型产品也不断被开发出来（图 7-24），其作为一种节能环保的橡胶新型原料，发展前景良好。

图 7-24　四苯乙烯 TPE 材料制成的数据线

7.3.2　塑料材料成型工艺

由于塑料材料的多样性，与之相对应的成型工艺也比较多，常规的成型工艺包括注塑成型、热塑成型、吹塑成型、滚塑成型。除此之外，还有搪塑成型、滴塑成型、挤塑成型、压塑成型、压延成型、浸渍成型、发泡成型、挤压成型、缠绕成型、层压成型、涂覆成型、浇注成型、压缩模塑成型、树脂传递模塑成型、手糊成型（手工裱糊成型、接触成型）、激光快速成型、熔融沉积成型、CNC 加工成型和 3D 打印成型等。下面介绍其中几种成型工艺。

（1）注塑成型　注塑成型是一种将塑料流态化注入模具后冷却成型的方法。由于塑胶材料的大量应用，注塑成型成为产品成型应用最为广泛的工艺之一。其原理是将粒状或粉状原料加入注塑机（注射机）的料斗里，原料经加热熔化呈流动状态，在注塑机的螺杆或活塞推动下，经喷嘴和模具的浇注系统进入模具型腔，在模具型腔内冷却硬化定型。

注塑成型广泛应用于生活用品类、电器设备类，以及汽车部件、手机、玩具等。特别是这些年汽车工业迅猛发展，汽车注塑件的应用更是日新月异，汽车对注塑件及塑料模具的需求量也越来越大。在一款新车中，需要汽车注塑的模具约 500 副。可以说注塑件在汽车模具成型件中占的比重最大，其重要性不言而喻。

（2）热塑成型　热塑成型又称为热成型，指的是将热塑性塑料的片材进行加热软化，然后在压力环境下，采用适当的模具或夹具进行加工成型的方法。常见的热塑成型可分为真空热塑成型、压力热塑成型、双片材热塑成型。热塑成型工艺在箱包类产品中应用广泛。

热塑成型最理想的使用对象是表面有浅层纹理且壁薄的产品，深度超过直径的设计通常不使用。在热塑成型过程中，由于材料会先受热膨胀，再冷却收缩，收缩率最高高达 2%，所以设计时通常推荐要有 2°的吃水角，以保证产品质量的成品率。另外，由于生产过程中材料延伸时温度会很高，高温会造成材料的起伏和不规则的表面。因此，设计时应尽量避免尖锐的角和三面角，否则会导致边角太薄而影响受力的均匀性。

（3）吹塑成型　吹塑成型工艺是塑料加工应用非常广泛的工艺之一。吹塑成型工艺通常用于大规模生产的中空包装容器，如各类塑料瓶。

吹塑成型基本成型程序为：塑料加热→压缩空气进入塑料型胚→贴模成型→冷却→脱模。

（4）滚塑成型　滚塑成型又称为旋转成型。主要是指将塑料（液态或粉料）加入模具中，在模具闭合后，使之沿设定旋转轴旋转，通常围绕两个垂直轴旋转，同时使模具加热，模具内的塑料原料在重力和热能的作用下，逐渐均匀地涂布、熔融，黏附于模腔的整个表面上，成型为与模腔相同的形状，再经冷却定型、脱模，制得所需形状的制品。这种工艺与石膏、陶瓷的注浆成型工艺在原理上有相近之处。

由于旋转成型一般用于中空产品，在对材料的选择上，需要考虑结构的支撑能力，且旋转成型是在低压下进行的，产品机械强度低。在承重方面，不同大小和造型的产品需要考虑采用不同的材料对产品进行支撑。最好是在模具中设计合适的筋来克服承重问题。

滚塑成型主要应用于交通工具、电子、食品、医疗等行业，具体如化学品容器、水箱、汽车靠背、汽车扶手、汽车油箱、汽车挡泥板、家具、椅子、交通锥、河海浮标、娱乐艇、浮球、洋娃娃等。

（5）搪塑成型　搪塑成型又称为涂凝成型。搪塑成型是指将塑性溶胶倒入预先加热至一定温度的模具（凹模或阴模）中，塑性溶胶接触到被整体加热的模腔内壁而受热胶凝，然后将没有胶凝的塑性溶胶倒出，并将附在模腔内壁上的已胶凝塑料进行热处理（烘熔），再经冷却即可从模具中取出的成型工艺。

搪塑成型工艺比真空成型工艺和真空复合工艺在表面图纹的效果上更为均匀、清晰、美观，并且表皮具有不开裂、不变形及耐热性优异等特点。搪塑成型工艺主要用于手感、视觉效果要求高的产品，如高档车仪表板和玩具等。

（6）滴塑成型　滴塑成型又称为微量射出、滴胶成型。滴塑成型指的是通过压缩空气把液态的材料（如PVC、有机硅塑料）注射到模具中，再用高温烘烤后脱模的成型工艺。目前市面上的滴胶机与滴塑机虽然原理一样，但适用的材料有一定的不同之处。

水晶胶是目前常用于滴塑成型的一种材料。水晶胶由A、B胶组合，分弹性水晶胶和硬性水晶胶，它是使印刷品表面（也可以是其他被滴塑物表面）获得水晶般凸起效果的加工工艺。滴塑工艺的应用包括商标铭牌、卡片、日用五金产品、旅游纪念证章、精美工艺品及高级本册封面等。

PVC滴胶工艺流程为：开模具→调色→滴胶→高温（180~200℃）凝固→取件。

（7）挤塑成型　挤塑成型又称为挤出成型（金属行业、陶瓷行业也有挤出成型），指的是利用转动的螺杆，将被加热熔融的热塑性原料，从具有所需截面形状的机头挤出，然后由定型器定型，再通过冷却器使其冷硬固化，成为所需截面的产品。

挤塑成型工艺主要适合热塑性塑料的成型，也适合部分流动性较好的热固性和增强塑料的成型，适合制作管状、筒状、棒状、片状等产品，如塑料水管、门板、塑料膜材和型材等。

挤塑成型工艺流程为：塑化→挤塑成型→冷却定型→牵引→卷曲→切割。

（8）压塑成型压塑成型又称为压制成型，指的是将塑料加热后施压进入预热后的模具中的成型工艺。该方法可以将橡胶和塑料等材料制成需要的形状，但通常用于制造较大的平坦工件或适度弯曲的部件。当然如果经过精心设计后，也可以生产弯曲度高的产品，如头盔等。

压塑成型产品的质量主要取决于材料质量。与热塑性塑料相比，热固性塑料具有许多有利的性质。热固型塑料可以用玻璃纤维、滑石、棉纤维或木粉进行填充以改变热固性材料的强度、耐久性、抗开裂性、介电性和绝缘性等性能，从而提升热固型塑料的品质。

(9) 压延成型　压延成型是热塑性塑料的主要成型方法，它是将已熔融塑化的热塑性塑料通过两个以上平行旋转的辊筒，熔体在辊筒间隙中挤压延展及拉伸成型的方法。它与挤塑成型、注塑成型一起称为热塑性塑料的三大成型方法。压延成型适用的材料有热塑性塑料、橡胶等。

压延成型是生产塑料薄膜和片材的主要方法。压延成型还可以用来整饰表面，使片材表面增加光滑程度（光泽），或者使表面具有一定的粗糙程度或增加图纹效果。压延成型多用于生产 PVC 软质薄膜、薄板、片材、人造革、壁纸、地板革等。

(10) 浸渍成型　浸渍成型又称为浸渍模塑，是热塑性塑料的一种成型方法，把加热到一定温度的模具浸渍在配好的 PVC 糊料中，使模具表面形成一层 PVC 糊树脂层，再加热塑化成型。浸渍成型可用于生产柔性产品，如手套、气球、波纹管等。

浸渍成型工艺流程为：预热→浸渍→烘烤。

7.4　金属与成形工艺

金属材料是我们生活中最为常见的材料之一，因为其强度高，经常被应用在产品的支撑结构件上，钢铁常常被称为“工业的骨骼”。在 CMF 设计中金属的压手感和表面的特殊质感给人一种高档的感觉，所以被大量应用到产品的表面，如手表、笔记本电脑等。尽管随着科学技术的不断发展，许多有机材料可以模拟出金属的质感和强度，但是金属材料在 CMF 设计中的地位依然是难以替代的。

7.4.1　金属材料类型

金属材料一般分为黑色金属、有色金属和特种金属材料三大类。

黑色金属包括我们常说的钢铁，即工业纯铁（碳含量不超过 0.0218%）、钢（碳含量为 0.0218%~2.11%）、铸铁（碳含量大于 2.11%），还有铬锰和合金材料。有色金属就是除铁、铬、锰之外的所有金属及其合金材料，一般又分为轻金属、重金属、贵金属、半金属、稀有金属和稀土金属等。特种金属材料是指结构或功能性金属材料，包括具备一些特殊功能的金属基复合材料。

还有一种分类方式则是按照金属的组成元素进行分类，分为单元金属材料和合金。

由一种金属元素组成的金属我们称为单元金属材料，属于金属材料的单质体。在这类金属中最为常用的是铁、铝、铜、钛、镍，较常用的是锌、锡、铅、铬、锰，使用较少的是锆、钒、钴、钼、钨。金、银、钯、铂、钽属于贵金属，在贵金属中，金和银在产品中使用得也比较广泛。

由一种金属元素和一种或几种其他元素（金属或者非金属均可）熔合后而组成的具有金属特性的物质称为合金。组成合金最基本的、能独立存在的物质称为组元，简称元。绝大多数情况下，组元即是构成合金的元素。根据组元的数量，可分为二元合金、三元合金或多元合金。例如，黄铜是由铜和锌两种元素组成的二元合金；硬铝是由铝、铜、镁三种元素组成的三元合金。

由于合金的特性优良，因此在实际产品中得到广泛使用。主要的几种合金材料有：铝合金（工业纯铝、防锈铝、锻铝、硬铝、超硬铝和特殊铝）、铜合金（铍铜合金、银铜合金、镍铜合金、钨铜合金、磷铜合金）、铁合金（硅铁、锰铁、铬铁、钨铁、钼铁、钛铁、钒铁、磷铁、硼铁、镍铁、铌铁、锆铁、稀土合金）。

镁合金是一种很轻的结构材料，也是可回收的绿色材料，近年来备受 CMF 设计界的关注。在汽车工业、电子工业、国防工业等领域的应用增长势头强劲。例如，镁合金轮毂在重量上具有绝对的优势，与铝合金轮毂相比，重量减轻 30%左右，在汽车和自行车上常采用镁合金轮毂而达到轻量化的目的。同时镁合金还有减振特性好、热传导率高、刚性好的优点。

7.4.2　金属成形工艺

金属成形工艺主要有：铸造工艺、塑性成形工艺、焊接（熔接）工艺、金属粉末冶金或金属注射成形工艺、机加工成形工艺、半固态成形工艺、3D 打印工艺和纳米注塑成形工艺等。

在金属成形工艺中历史最为悠久的当属铸造工艺和塑性成形工艺。我国的青铜器就是铸造工艺的代表作（图 7-25）。

图 7-25　青铜器（失蜡铸造工艺）

而焊接（熔接）工艺、金属粉末冶金或金属注射成形工艺、机加工成形工艺、半固态成形工艺、3D 打印工艺和纳米注塑成形工艺是随着大工业的发展而产生的新工艺。金属粉末压铸和 3D 打印作品如图 7-26 所示。

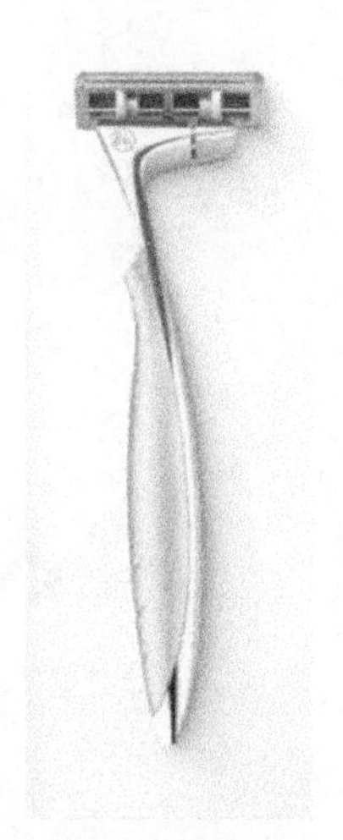

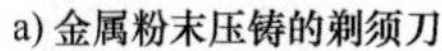

a) 金属粉末压铸的剃须刀

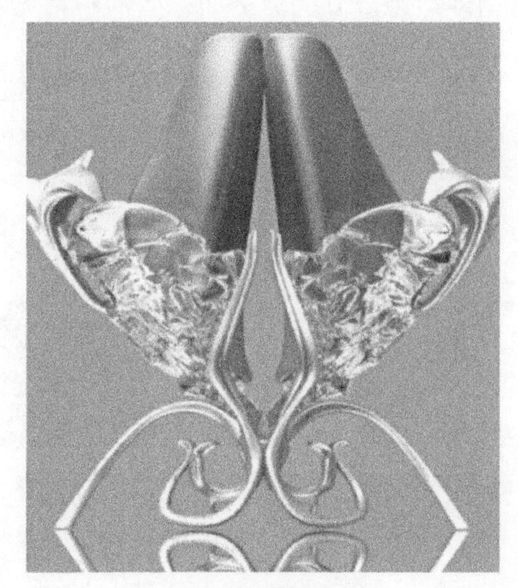

b) 3D打印的工艺品

图 7-26　金属粉末压铸和 3D 打印作品

1. 铸造

铸造是人类掌握比较早的一种金属热加工工艺，铸造是将液态金属浇注到与工件形状相适应的铸型中，待其冷却凝固后获得工件的方法。

被铸物质多为可加热成液态的金属，如铜、铁、铝、锡、铅等。而铸模的材料可以是耐热的砂、金属甚至陶瓷，要根据所铸物质和工件的具体要求而定，如温度、工件结构和表面要求等。

铸造工艺流程大致为：金属液体化→充型铸模→冷却凝固→取出铸件。

铸造工艺的主要优点为：生产的工件形状自由度大，适合任意复杂工件的制作，特别适用于内腔形状复杂的制件；适应性强，材料的合金种类不受限制，铸件的大小不受限制；金属原材料来源广，材料可重熔使用，设备投资小。

但是铸造工艺也存在着一定的缺陷，如废品率高、表面质量较差、劳动环境差。所以对于 CMF 设计而言，利用好铸造工艺的优点是关键。

如今随着科学技术的不断发展，铸造工艺根据不同的需要也有了类型上的发展，目前常见的铸造工艺有砂型铸造、压力铸造、低压铸造、离心铸造、真空压铸、消失模铸造、熔模铸造、金属型铸造、挤压铸造、连续铸造。如图 7-27 所示为铸造工艺图。下面介绍其中的几种铸造工艺。

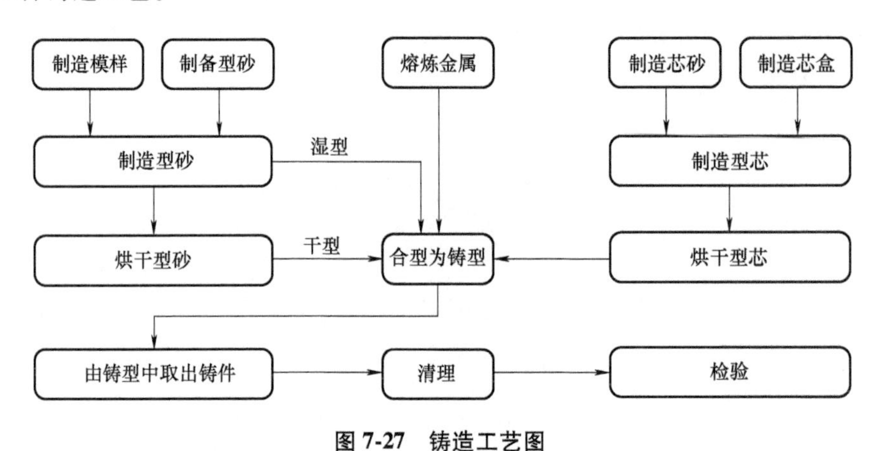

图 7-27　铸造工艺图

（1）砂型铸造　砂型铸造是指采用砂型模具生产铸件的铸造方法。钢、铁和大多数有色合金铸件都可用砂型铸造方法。例如，生活中常见的砂型铸造铁壶，如图 7-28 所示。

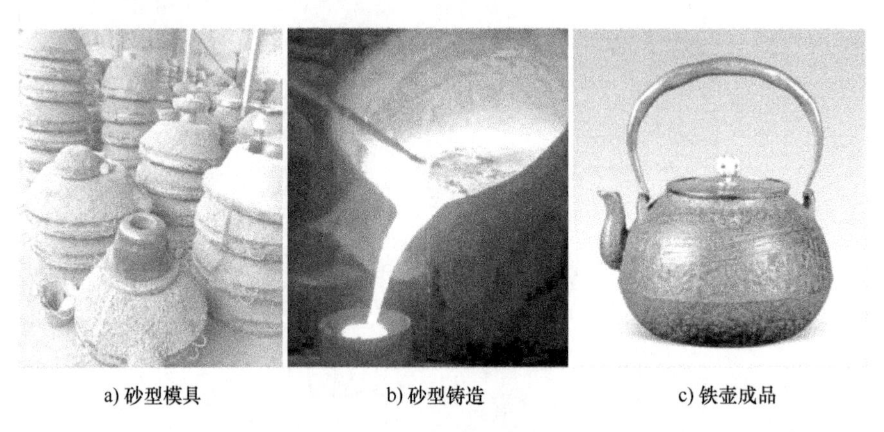

a) 砂型模具　　b) 砂型铸造　　c) 铁壶成品

图 7-28　砂型铸造铁壶

（2）压力铸造　压力铸造是利用高压将金属液高速压入精密金属模具型腔内，金属液在压力作用下冷却凝固而形成铸件的工艺。压铸件最先应用在汽车工业和仪表行业，后来逐步扩大到各个行业，如电子、计算机、医疗器械、钟表、照相机和日用五金等多个行业。如图 7-29 所示为高压铸造示例。

压力铸造的优点：压力铸造时金属液体承受压力高，流速快；产品质量好，尺寸稳定，互换性好；生产效率高，压力铸造模具使用次数多；适合大批量生产，经济效益好。

压力铸造的缺点：铸件容易产生细小的气孔和缩松；压铸件塑性低，不宜在冲击载荷及有振动的情况下工作；高熔点合金进行压力铸造时，铸型寿命低，影响压力铸造生产规

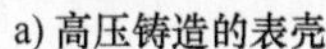

a) 高压铸造的表壳

b) 高压铸造的相机机身

图 7-29　高压铸造示例

模的扩大。

（3）低压铸造　低压铸造（图 7-30）是指使液体金属在较低压力（0.02～0.06MPa）作用下充填铸型，并在压力下结晶以形成铸件的方法。

低压铸造的特点：浇注时的压力和速度可以调节，故可适用于各种不同铸型（如金属型、砂型等），从而铸造各种合金及各种大小的铸件；采用底注式充型，金属液充型平稳，无飞溅现象，可避免卷入气体及对型壁和型芯的冲刷，提高了铸件的合格率；铸件在压力下结晶，铸件组织致密、轮廓清晰、表面光洁，力学性能较好，对于大型薄壁件的铸造尤为有利；省去补缩冒口，金属利用率可提高到 90%～98%；劳动强度低，劳动条件好，设备简易，易实现机械化和自动化。

a) 低压铸造的铁锅

b) 铁锅低压铸造车间

图 7-30　低压铸造

（4）离心铸造　离心铸造（图 7-31）是将金属液浇入旋转的铸型中，在离心力作用下填充铸型而凝固成型的一种铸造方法。离心铸造最早用于生产铸管，国内外在冶金、矿山、交通、排灌机械、航空、国防、汽车等行业中均采用了离心铸造工艺。

离心铸造的优点：几乎不存在浇注系统和冒口系统的金属消耗，提高了工艺出品率；生产中空铸件时可不用型芯，故在生产长管形铸件时可大幅度地改善金属的充型能力；铸件致密度高，气孔、夹渣等缺陷少，力学性能好；便于制造筒、套类复合金属铸件。

离心铸造的缺点：用于生产异形铸件时具有一定的局限性；铸件内孔直径不准确，内孔表面比较粗糙，质量较差，加工余量大；铸件易产生比重偏析。

（5）真空压铸　真空压铸是指通过在压铸过程中抽除压铸模具型腔内的气体而消除或显著减少压铸件内的气孔和溶解气体，从而提高压铸件力学性能和表面质量的先进压铸工艺。图 7-32 所示为真空压铸的平底锅。

真空铸造的优点：消除或减少压铸件内部的气孔，提高压铸件的力学性能和表面质

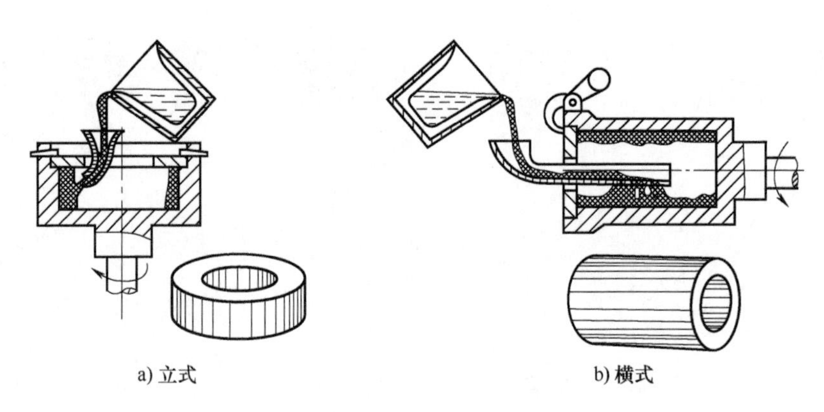

图 7-31　离心铸造

图 7-32　真空压铸的平底锅

量，改善镀覆性能；减少型腔的反压力，可使用较低的比压及铸造性能较差的合金，有可能用小机器压铸较大的铸件；改善了充填条件，可压铸较薄的铸件。

真空铸造的缺点：模具密封结构复杂，制造及安装较困难，因而成本较高；真空压铸法如控制不当，效果不是很显著。

（6）消失模铸造　消失模铸造又称为实型铸造。消失模铸造是指将与铸件尺寸形状相似的石蜡或泡沫模型粘接组合成模型簇，刷涂耐火涂料并烘干后，埋在干石英砂中振动造型，在负压下浇注，使模型气化，液体金属占据模型位置，凝固冷却后形成铸件的新型铸造方法。该法适合生产结构复杂的各种尺寸的较精密铸件，合金种类不限，生产批量不限。

工艺流程为：预发泡→发泡成型→浸涂料→烘干→造型→浇注→落砂→清理。

技术特点：铸件精度高，无砂芯，减少了加工时间；无分型面，设计灵活，自由度高；清洁生产，无污染；降低投资和生产成本。

（7）熔模铸造　熔模铸造又称为失蜡铸造，为精密铸造方法之一，是常用的铸造方法。熔模铸造工艺原理如图 7-33 所示，用易熔材料（如蜡料或塑料）制成可熔性模型（简称熔模或模型），在其上涂覆若干层特制的耐火涂料，经过干燥和硬化形成一个整体型壳后，再用蒸汽或热水从型壳中熔掉模型，然后把型壳置于砂箱中，在其四周填充干砂造型，最后将铸型放入焙烧炉中经过高温焙烧（如采用高强度型壳时，可不必造型而将脱模后的型壳直接焙烧），铸型或型壳经焙烧后，于其中浇注熔融金属而得到铸件。

熔模铸造是非常古老的制造工艺，可追溯至春秋时期，为青铜器制作常用工艺。熔模铸造在航空发动机（叶片、叶轮）、汽车、机床、医疗设备等领域都大量应用。

熔模铸造的优点：尺寸精度高、表面质量好，可有效减少机械加工，节约材料；可铸造形状复杂的铸件，特别是高温合金铸件；适合批量生产。

熔模铸造的缺点：工序较多，生产周期长；不宜生产质量要求高的产品；成本较高。

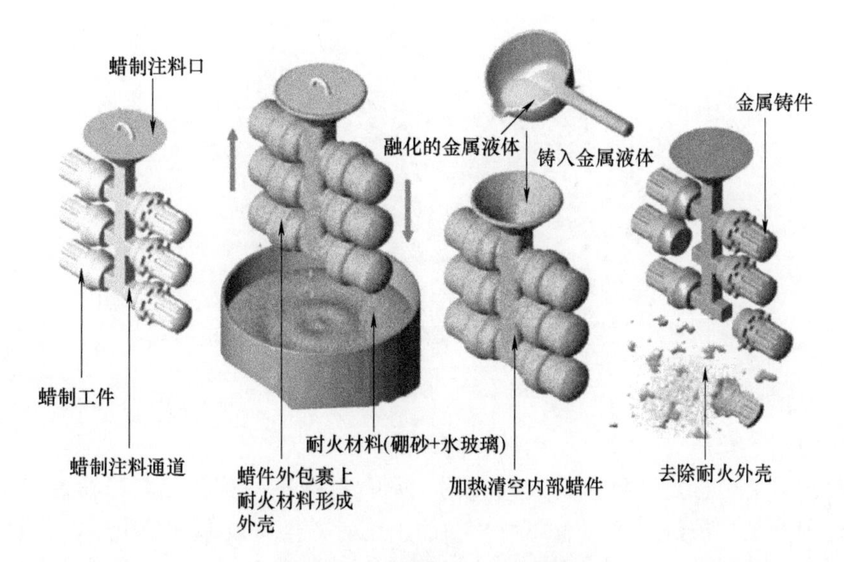

图 7-33 熔模铸造工艺原理

2. 锻造

锻造又称为锻打，是金属常用的制造工艺。具体指在锻造设备上借助工具或模具产生的冲击力或静压力，使坯料产生局部或全部塑性变形，以获得一定几何形状、尺寸、质量及力学性能的锻件。锻造工艺流程如图 7-34 所示。

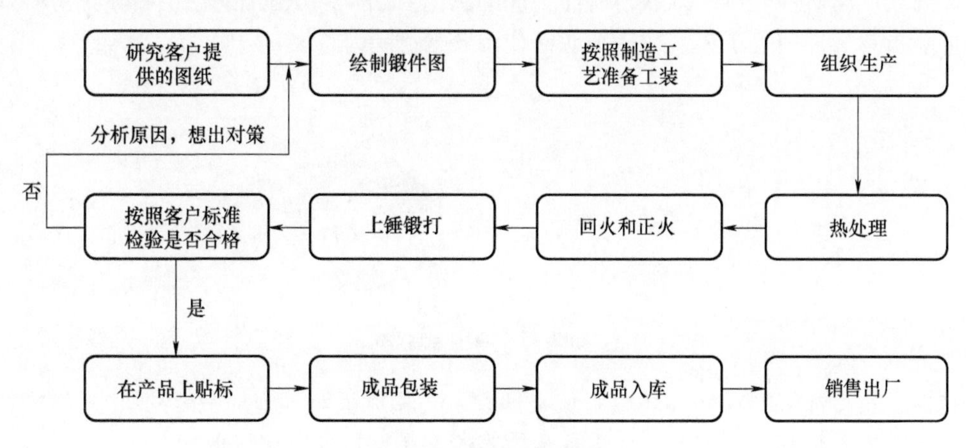

图 7-34 锻造工艺流程

锻造的优点：可消除零件或毛坯的内部缺陷；锻件的形状、尺寸稳定性好；韧性好、力学性能好、强度高；生产灵活性大。

锻造的缺点：不能直接锻制成形状较复杂的零件；锻件的尺寸精度不够高；锻造生产所需的重型机器设备和复杂的模具对于厂房基础要求较高，初次投资费用大。

3. 挤出

挤出又称为挤压，在塑料成型中称为挤塑，在橡胶成型中称为压出，在金属成型中称为挤出。挤出的基本原理是将塑料、橡胶、金属等材料加热熔融后，通过施加压力将材料连续从指定挤压筒里通过带有形状的模具，被挤出冷却后成型，从而获得符合模孔截面的坯料或零件。常见的铝合金型材如图 7-35 所示。

常用的挤压方法有正挤压、反挤压、复合挤压、径向挤压。挤出件根据成型后的用途，可分为板材与型材。挤出板材指的是产品为具有一定厚度的平面状态板材。挤出型材指的是相较于板材，具有一定异形状态（如圆筒、回形、凹形、凸形、沟槽状等）的材料。常见型材如管材、家装直角料、塑料异型材、工业铝型材、导轨、连接件等。挤出件

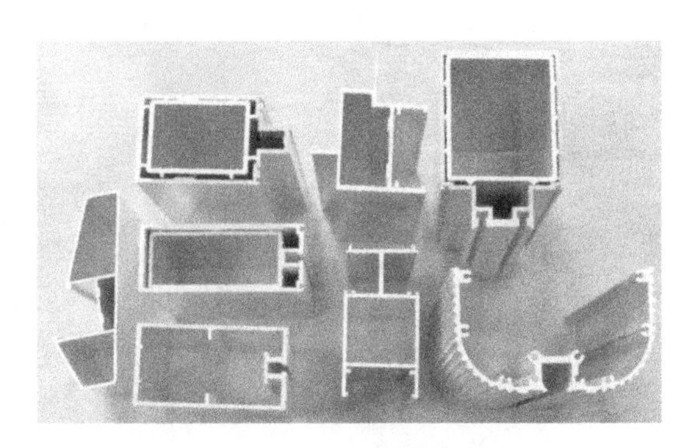

图 7-35　铝合金型材

主要应用于门窗、金属管状物、结构件、面板等。

挤出的优点：工件尺寸精确，表面光洁，常具有薄壁、深孔、异形截面等复杂形状，一般无须切削加工，节约了大量金属材料和加工工时，生产效率高；由于挤压过程的加工硬化作用，零件的强度、硬度、耐疲劳性都有显著提高，有利于改善金属的塑性；挤出件生产效率高、一致性高。

挤出的缺点：挤出只能沿着一个方向做连续性的加工，无法做要求更为复杂的工件。

4. 冲压

冲压是金属塑性加工方法之一，又称为板料冲压。它是在压力作用下利用模具使金属板料分离或产生塑性变形，以获得所需工件的工艺方法。冲压加工利用不同的模具可以实现拉伸、折弯、冲剪等工艺。冷压平底锅如图 7-36 所示。

图 7-36　冷压平底锅

拉伸：将待加工的板材（坯料）放在凹模上，用压板对其施加一定的压力，然后利用冲头向下施力，将其拉伸成形。大多数金属容器都是用拉伸方法成形的。

折弯：将坯料放在凹模上，对凸模施加压力，在凹模与凸模的共同作用下，将坯料折弯成所需要的形状。折弯成形可分为板材折弯和线材折弯。

冲剪：加工时将坯料放在凹模上，对凸模施加冲击力，在凹模与凸模的共同作用下，裁剪掉部分金属，被剪掉的形状取决于模具的形状。

冲压加工的优点：生产效率高，产品尺寸精度较高，表面质量好，易于实现自动化、机械化，加工成本低，材料消耗少，适用于大批量生产；冲压加工生产效率高，成品合格率与材料利用率均高，产品尺寸均匀一致，表面光洁，可实现机械化、自动化，适合大批量生产，成本低，广泛应用于航空、汽车、仪器仪表、电器等工业和生活日用品的生产。

冲压加工的缺点：只适用于塑性材料加工，不能加工脆性材料，如铸铁、青铜等；不适用于加工形状较复杂的零件。

5. CNC（计算机数字控制机床，Computer Numerical Control）**机加工**

机加工是机械加工的简称，是指通过机械精确加工去除材料的加工工艺，具体是指在零件生产过程中，直接用刀具在毛坯上切除多余金属层厚度，使之符合图样要求的尺寸、精度、形状表面质量等技术要求的加工过程。例如，电子产品多采用金属机加工工艺。

机械加工主要有手动加工和数控加工两大类。

手动加工是指通过机械工人手工操作铣床、车床、钻床和锯床等机械设备来实现对各种材料进行加工的方法。手动加工适合进行小批量、简单零件的生产。

数控加工是指机械工人运用数控设备来进行加工，这些数控设备包括加工中心、车铣中心、电火花线切割设备、螺纹切削机等。绝大多数的机加工车间都采用数控加工技术，数控加工中心如图 7-37 所示。通过编程，把工件在笛卡儿坐标系中的位置坐标（X，Y，Z）转换成程序语言，数控机床的 CNC 控制器通过识别和解释程序语言来控制数控机床的轴，自动按要求去除材料，从而得到精加工工件。数控加工以连续的方式来加工工件，适合于大批量、形状复杂零件的生产。CNC 设备是手板制作的主要设备，加工方式是将铝、铜、不锈钢等各种型号的金属材料，以及各种塑料等雕刻成我们所需的实物样件。CNC 加工出来的样件成型尺寸大、强度高、韧性好、成本低，已成为手板制作的主流方式。

CNC 机加工的优点：加工精度高，具有较高的加工质量；可进行多坐标的联动，能加工形状复杂的零件；加工零件改变时，一般只需要更改数控程序，可节省生产准备时间；机床本身的精度高、刚性大，可选择有利的加工用量，生产效率高（一般为普通机床的 3~5 倍）；机床自动化程度高，可以减轻劳动强度；批量化生产，产品质量容易控制。

CNC 机加工的缺点：对操作人员的素质要求较低，对维护人员的技术要求较高；但其加工路线不易控制，不像普通机床一样直观；并且其维修不便，技术要求较高；工艺不易控制。

6. 焊接

焊接又称为熔接。焊接是一种以加热、高温或者高压的方式连接金属或其他热塑性材料的工艺技术。在许多早期的现代主义大师的家具中常用到这种工艺，如图 7-38 所示为采用焊接工艺的椅子。

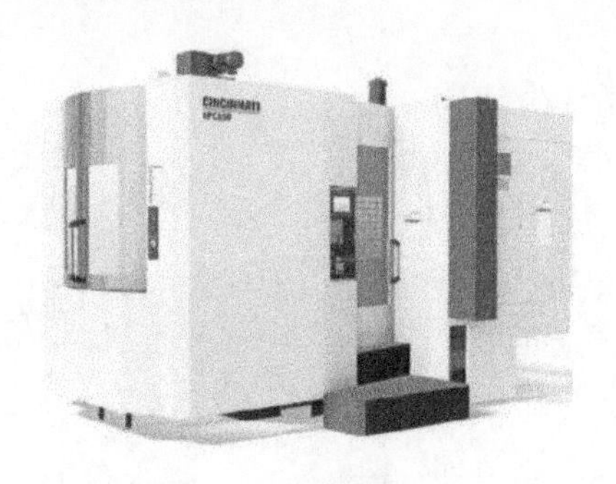

图 7-37 数控加工中心

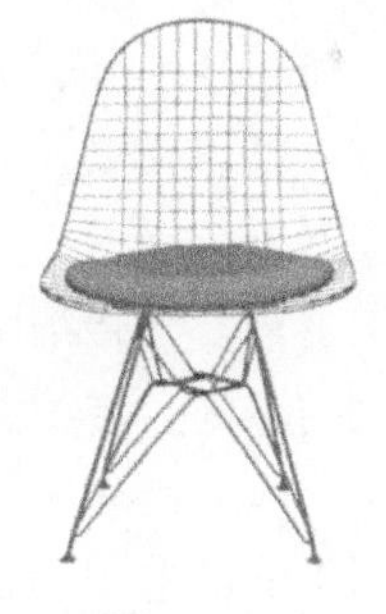

图 7-38 采用焊接工艺的椅子

焊接的特点：焊接件比铆接件、铸件和锻件重量轻，对于交通运输工具而言可以减轻自重，节约能量；焊接的密封性好，适于制造各类容器；将焊接与锻造、铸造工艺相结合，可以制成大型、经济合理的铸焊结构和锻焊结构，经济效益很高；采用焊接工艺能有效利用材料，焊接结构可以在不同部位采用不同性能的材料，充分发挥各种材料的特长，达到经济、优质的目的。

7. 金属注射成形

金属注射成形是将金属粉末与黏结剂的增塑混合料注射于模型中的成形方法。它是先将所选粉末与黏结剂进行混合，然后将混合料进行制粒再注射成所需要的形状。金属注射成形是一种从塑料注射成型行业中引申出来的新型粉末冶金近净成形技术。金属注射成形的工件如图 7-39 所示。

金属注射成形工艺流程：选取符合要求的金属粉末和黏结剂→混炼→注射成形→脱脂→烧结→后处理。

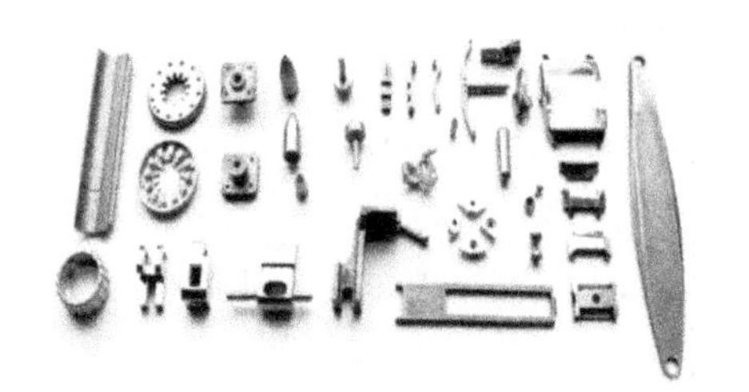
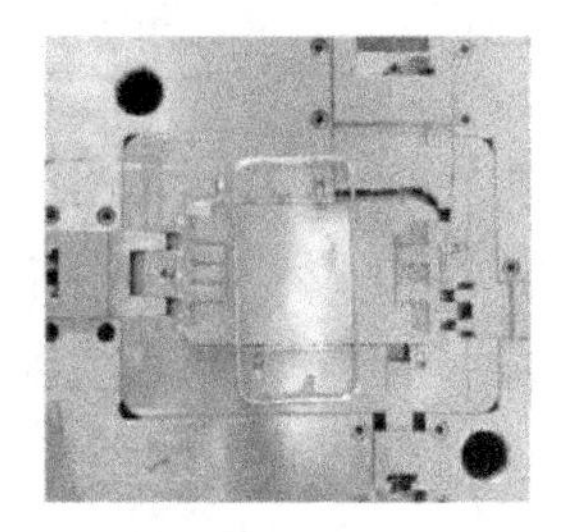

图 7-39 金属注射成形的工件

金属注射成形的优点：一次成形；制件表面质量好、废品率低、生产效率高、易于实现自动化；对模具材料要求低。

金属注射成形的缺点：由于金属粉末价格、颗粒的大小，以及纯度方面的原因，迄今为止，金属注射成形技术尚未得到蓬勃发展，还只局限于单一的材料成形（如低合金钢、不锈钢、氧化铝、钨合金等）。由于形状复杂，烧结收缩大，大部分产品烧结完成后仍需进行烧结后处理，包括整形、热处理（渗碳、渗氮、碳氮共渗等）、表面处理（精磨、离子渗氮、电镀、喷丸硬化等）等。

7.5 精细陶瓷与玻璃

7.5.1 精细陶瓷

陶瓷是一种无机非金属材料，大体分为传统陶瓷（生活陶瓷）和精细陶瓷，这里所介绍的为 CMF 设计领域常用到的精细陶瓷（又称为先进陶瓷、新型陶瓷、工业陶瓷），其成型及后加工工艺都与传统陶瓷有较大的差异，所以在应用领域上也有较大的不同。传统陶瓷主要指生活中的日用陶瓷，如花瓶、餐具等，这一类陶瓷不在 CMF 设计讨论范围。而精细陶瓷却广泛应用于消费电子、智能穿戴等领域，如图 7-40 所示为雷达精细陶瓷手表，其表带材料采用的是白色精细陶瓷。

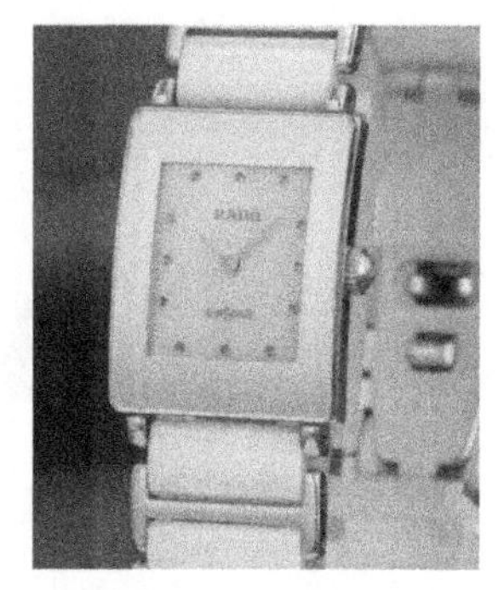

图 7-40 雷达精细陶瓷手表

1. 精细陶瓷的类型

精细陶瓷从使用功能来分，可分为结构陶瓷、电子陶瓷和生物陶瓷三大类。

（1）结构陶瓷　结构陶瓷是指具有耐高温、耐冲刷、耐腐蚀、高硬度、高强度、低蠕变速率等优异力学、热学、化学性能，常用于各种结构部件的先进陶瓷材料。在一些特殊的环境或工程应用条件下，能够展示出高稳定性与优异的力学性能，在工业上的使用范围正在逐渐扩大，其市场成长性很强。目前主要应用于制造耐磨损的零部件等，如图 7-41 所示为陶瓷制造的耐磨损轴承。

（2）电子陶瓷　电子陶瓷或称为电子工业用陶瓷，它在化学成分、微观结构和机电性能上，均与一般的电力用陶瓷有着本质的区别。这些区别是电子工业对电子陶瓷所提出的一系列特殊技术要求而形成的，其中最重要的是需要具有高的机械强度，耐高温高湿，抗辐射，介电常数在很宽的范围内变化，介质损耗角正切值小，电容量温度系数可以调整（或电容量变化率可调整），抗电强度和绝缘电阻值高，以及抗老化性能优异等。电子

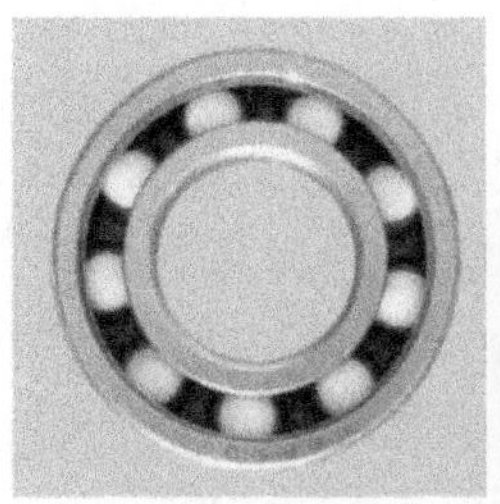 

图 7-41　陶瓷制造的耐磨损轴承

陶瓷制造车间及电子陶瓷工件如图 7-42 所示。

图 7-42　电子陶瓷制造车间及电子陶瓷工件

（3）生物陶瓷　生物陶瓷是指用作特定的生物或生理功能的陶瓷材料，即可以直接用于人体或与人体直接相关的生物、医用、生物化学等的陶瓷材料。生物陶瓷可分为生物惰性陶瓷和生物活性陶瓷。例如图 7-43 所示的人造惰性陶瓷牙齿就是应用量相当大的生物惰性陶瓷产品，其具有较高的强度和耐磨性。

作为生物陶瓷材料，需要具备如下条件：生物相容性、力学相容性、与生物组织有优异的亲和性、抗血栓、灭菌性，并具有很好的物理、化学稳定性。这是一种可以替换人体器官的陶瓷材料（图 7-44），发展前景广阔。

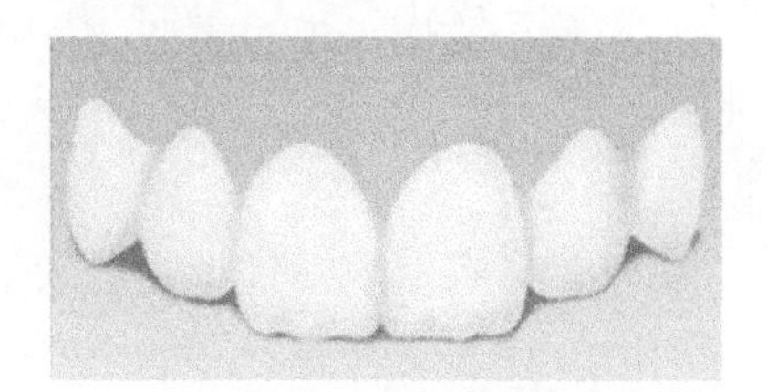

图 7-43　人造惰性陶瓷牙齿

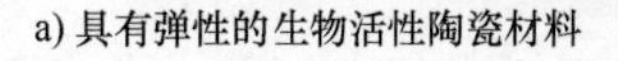

a) 具有弹性的生物活性陶瓷材料　　b) 人造活性陶瓷骨骼修复材料

图 7-44　生物陶瓷

2. 精细陶瓷的成型工艺

精细陶瓷的成型工艺原理在许多方面与塑料和金属等成型工艺是类似的，目前常用的工艺有：滚压成型、注射成型、流延成型、注浆成型、挤压成型、3D 打印、发泡成型等。

3. 精细陶瓷的表面处理工艺

目前常用的精细陶瓷的表面处理工艺有：PVD（物理气相沉积、Physical Vapor Deposition）工艺、抛光（包括超声波抛光）、AF（防指纹技术，Anti-finger）、镭雕、烧釉、喷漆、喷砂、蓝宝石镜片镶嵌工艺、NCVM（真空不导电电镀，Non Conductive Vacuum Metallization）工艺、研磨减薄、光蚀刻、丝印、水转印和贴花纸。精细陶瓷的表面处理工艺原理在许多方面与塑料和金属的表面处理工艺也十分相似。

7.5.2 玻璃

玻璃和陶瓷一样，是无机非金属材料，应用极为广泛。随着技术工艺的不断发展，玻璃的种类越来越多，逐渐朝着功能性与装饰性一体化方向发展。

CMF 设计中的玻璃非家用门窗玻璃、玻璃杯、玻璃器皿、花瓶、灯具类玻璃，重点是指应用于冰箱、空调、热水器、洗衣机等家用电器的面板用材，即彩晶玻璃，还指应用于手机前盖及后盖的玻璃用材。

CMF 设计用的玻璃通常是由玻璃加工公司向玻璃原厂采购玻璃原片，然后根据家电类、手机类客户的要求进行裁切整形、弯曲、印刷、喷涂、电镀等深加工，从而成为生活中能看到的玻璃产品。

目前玻璃工艺的创新已渗透到玻璃原片上，例如，增加了有色非透光质感的玻璃，甚至直接替代了丝印工艺，在做电子显示窗口时省去了一层透光油墨的印刷。从手机行业使用玻璃的历史可以清楚地看到玻璃材料与工艺在 CMF 设计中的发展变化：纯色印刷→多色印刷→渐变色→镀膜→贴膜→UV 转印→色带转印→镭雕→蚀刻等。

目前玻璃的装饰主要分为两个大类：一类是直接在玻璃上做装饰效果（将色彩、图案纹理印刷、镭雕和蚀刻到玻璃上）；另一类则是通过贴膜的方式做装饰效果（将色彩、图案纹理做在薄膜上然后贴至玻璃上）。

1. CMF 设计中玻璃的类型

（1）按玻璃的性能分类　分为普通玻璃、强化玻璃、光学玻璃、电子玻璃、防弹玻璃、节能玻璃、磨砂玻璃等。

（2）按玻璃的工艺分类　主要分为以下 9 类。

1）机械加工玻璃（磨光玻璃、喷砂或磨砂玻璃、喷花玻璃、雕刻玻璃）。

2）热处理玻璃（钢化玻璃、半钢化玻璃、弯曲玻璃、釉面玻璃、彩绘玻璃）。

3）化学处理玻璃（化学钢化玻璃、毛面蚀刻玻璃、蒙砂玻璃、光面蚀刻玻璃）。

4）镀膜玻璃（吸热玻璃、热反射玻璃、低辐射玻璃、彩虹玻璃、防霜玻璃、防紫外线玻璃、电磁屏蔽玻璃、憎水玻璃、玻璃铝镜、玻璃银镜）。

5）空腔玻璃（普通中空玻璃、真空玻璃、充气中空玻璃）。

6）夹层玻璃（膜片夹层玻璃、胶片夹层玻璃、饰物夹层玻璃、防盗玻璃、防火玻璃等）。

7）贴膜玻璃（防弹玻璃、激光玻璃、遮阳绝热玻璃、贴花玻璃）。

8）着色玻璃（辐射着色玻璃、扩散着色玻璃）。

9）特殊技术加工玻璃（激光刻花玻璃、电子束加工玻璃、光致变色玻璃、电致变色玻璃、杀菌玻璃、自洁净玻璃、防霉除臭玻璃）。

2. CMF 设计中玻璃的成型工艺

CMF 设计中玻璃的成型工艺主要为切割（钻孔）和热弯成型。

（1）切割（钻孔）工艺　数控机床高精的超硬合金刀切割工艺是 CMF 设计领域常见控制玻璃尺寸大小的成型工艺。

所谓 CNC 数控机床切割工艺指的是利用高精数控控制机床或设备的工件指令（或程序），以数字指令形式控制高强度合金切割设备，进行自动切割玻璃，控制玻璃尺寸大小的成型工艺。数控切割技术是传统加工工艺与计算机数控技术、计算机辅助设计和辅助制造技术的有机结合。数控切割由数控系统和机械构架两大部分组成。与传统手动和半自动切割相比，数控切割通过数控系统即控制器提供的切割技术、切割工艺和自动控制技术，能够有效控制和提高切割质量和切割效率。数控玻璃切割机及工件如图 7-45 所示。

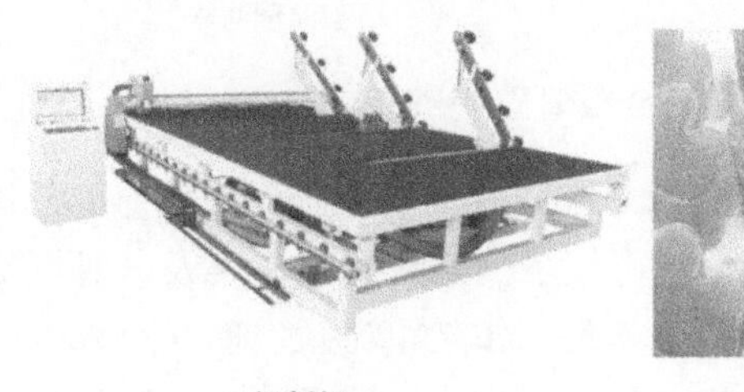

a) 切割机　　b) 工件

图 7-45　数控玻璃切割机及工件

（2）热弯成型工艺　热弯工艺是针对平板玻璃材料的二次圆弧弯曲成型工艺，即平板玻璃基材二次升温至接近软化温度时，按要求，经模压弯曲变形而成。玻璃热弯在 CMF 设计中被大量地应用于手机玻璃盖板、汽车、船舶挡风玻璃、玻璃家具，以及电子显示屏等，如图 7-46 所示。如果在热弯的同时进行钢化处理就会形成热弯钢化玻璃，如家用电器中电饭煲的玻璃锅盖就属于此类。

玻璃热弯的流程为：热弯模具（一般为石墨模具）的设计、选择、成型等→模具清洗→2D 玻璃放入石墨模具中→热弯（一般包括预热、成型、冷却）→形成 3D 曲面玻璃产品（后续工艺还要钢化、装饰等）。

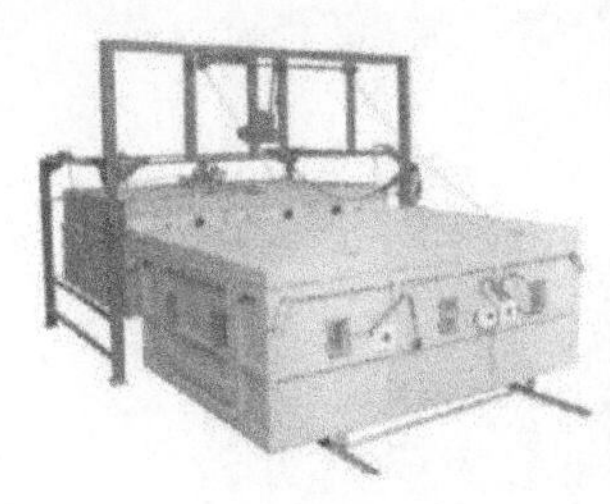

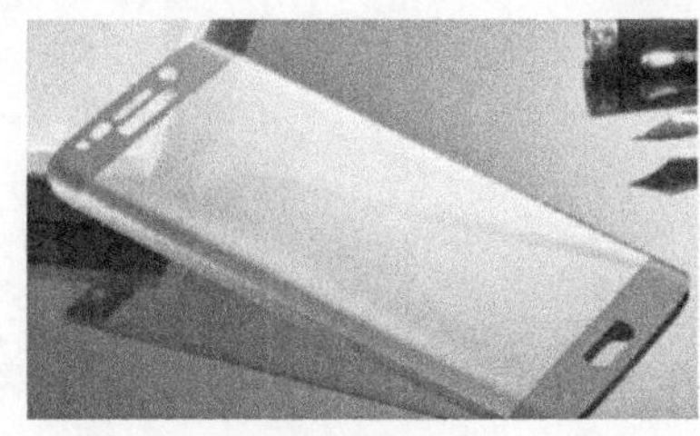

a) 热弯设备　　b) 手机玻璃

图 7-46　玻璃热弯设备及示例

3. CMF 设计中玻璃的表面处理工艺

玻璃表面处理工艺与塑料和金属的表面处理工艺基本相同。玻璃表面处理工艺的目的一方面是丰富和美化玻璃表面，另一方面是增加玻璃的耐用性。目前主要的玻璃表面处理工艺有：移印、丝网印刷、喷墨印刷、热转印、UV（紫外线，Ultraviolet ray）转印、PVD、AG（防眩光，Anti-glare）蚀刻、AF、AR（抗反射，Anti-reflection）、抛光、膜片贴合和钢化，还有一些 CMF 设计中玻璃表面处理常用的工艺，如彩绘、喷砂和蚀刻、彩色釉面、雕刻和镀膜等。下面介绍其中的几种工艺。

（1）彩绘　彩绘玻璃又称为绘画玻璃，是一种可为门窗提供色彩艺术的透光材料。一

般是用特殊釉彩在玻璃上绘制图形后经过烤烧制作而成，或在玻璃上贴花烧制而成，如图 7-47 所示为彩绘玻璃及彩绘玻璃杯。

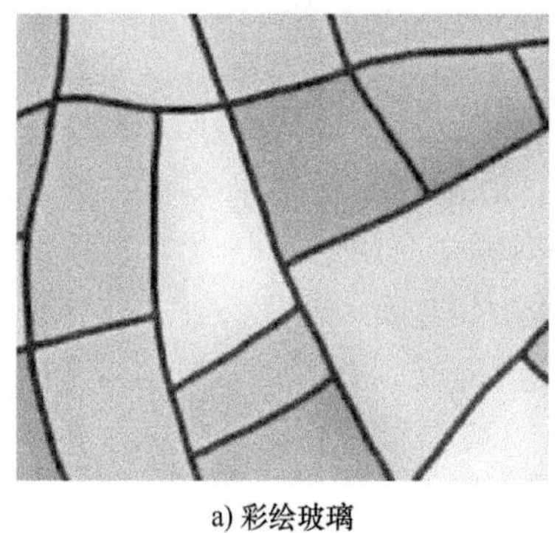

a) 彩绘玻璃

b) 彩绘玻璃杯

图 7-47　彩绘玻璃及彩绘玻璃杯

（2）喷砂和蚀刻　喷砂和蚀刻是用 0.4~0.7MPa 的高压空气将金刚砂等微粒喷吹到玻璃表面，使玻璃表面产生砂痕的工艺，它可以雕蚀出线条、文字及各种图案，不需要加工的部位用橡胶、纸等材料作为保护膜遮盖起来。如果在喷砂玻璃（全部喷砂）的基础上再进行浸酸烧结，就会得到毛面蚀刻玻璃，又称为冰花玻璃。玻璃喷砂设备及制品如图 7-48 所示。

a) 喷砂设备

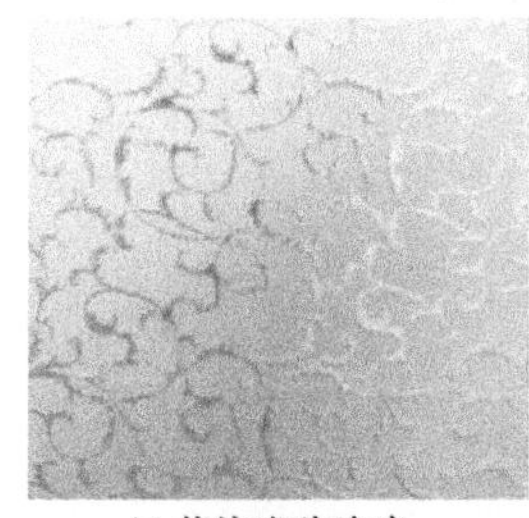

b) 花纹喷砂玻璃

c) 普通喷砂玻璃

图 7-48　玻璃喷砂设备及制品

（3）彩色釉面　彩色釉面是在平板玻璃的一个侧面烧结上无机颜料，并经过热处理后制成的一种不透明的彩色玻璃。根据不同的颜料，可生产出不同色彩效果的釉面玻璃。单色玻璃可用于门窗，多彩的彩釉玻璃（又称为花岗岩玻璃或大理石玻璃）可用于建筑内外墙或地面，如图 7-49 所示。

（4）雕刻　人类很早就开始采用手工方法在玻璃上刻出美丽的图案，现已采用电脑数控技术自动刻花机加工各种场所用的高档装饰玻璃，如图 7-50 所示为数控雕刻机及雕刻作品。

（5）镀膜　镀膜是在玻璃的一个或两个表面上，用物理或化学的方法镀上金属、金属

a) 彩釉玻璃构造示意

b) 使用场景

图 7-49　彩釉玻璃构造示意及使用场景

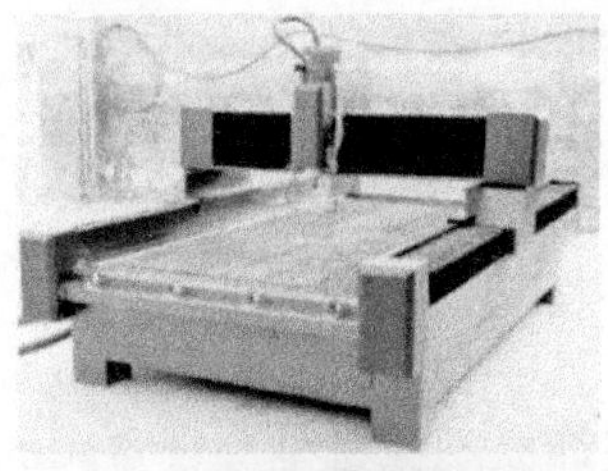

a) 数控玻璃雕刻机

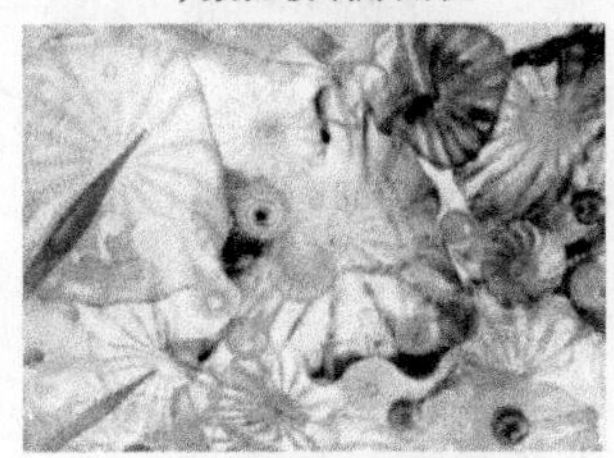

b) 手工雕刻玻璃作品

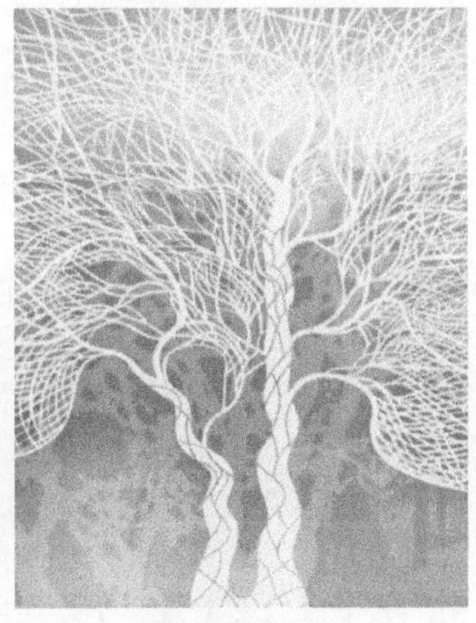

c) 机器雕刻玻璃作品

图 7-50　数控玻璃雕刻机及雕刻作品

氧化物等的表面处理工艺。不同的膜层颜色和对光线的反射率不同，使用镀膜玻璃装饰性增强，阳光入射控制性好，合理使用能够提高产品的综合品质和外观效果。目前镀膜玻璃有：镀银、镀铝、镀硅的镜面玻璃，热反射膜镀膜玻璃，低辐射镀膜玻璃，防紫外线镀膜玻璃，防电磁膜镀膜玻璃，防水镀膜玻璃，光致变色和电致变色调光玻璃，自动灭菌玻璃，自洁净玻璃等，如图 7-51 所示为太阳镜和平板玻璃。

a) 玻璃镀膜太阳镜

b) 镀膜夹层平板玻璃

图 7-51　太阳镜和平板玻璃

7.6 装饰材料

装饰材料一般分为膜材、化工涂层材料和纺织面料等。而与之相关的表面工艺一般分为通用工艺和针对某种材料的特定工艺。就产品外观的表面装饰和保护而言，除了可以附加装饰材料外，也可以根据产品基本材料，通过选择合理的表面处理工艺来实现，如制成珠光塑料、金属抛光和拉丝等。

由于目前的CMF设计领域主要集中在汽车、手机、家用电器、消费电子产品、生活用品和家装等行业，所以产品的基材相对集中在塑料、金属和玻璃三大类，因此介绍的表面处理工艺基本是围绕这三大类材料展开的。

CMF设计相关的装饰材料主要有膜材、涂料、油墨、染料、纺织面料、皮革、板材、装饰纸和复合材料，下面逐一进行介绍。

7.6.1 膜材

膜材是指塑料薄膜，在CMF设计行业俗称装饰膜。膜材是一种常用的表面装饰材料。薄膜常见的基材有PC（聚碳酸酯）、PP（聚丙烯）、PET（聚对苯二甲酸乙二酯）、TPU（热塑性聚氨酯）、PVC（聚氯乙烯）、PMMA（有机玻璃）、PVDF（聚偏氟乙烯）、PTFE（聚四氟乙烯）等，薄膜生产常用的是挤出成型或压延成型工艺。

膜材广泛应用于产品包装和产品表面装饰。在CMF设计中，膜材的应用主要是对于产品基材不便于直接做表面装饰的情况，借助薄膜的优势，实现想要的色彩、图案纹理和触感等。在具体的工艺中可以根据需要实现保留薄膜或不保留薄膜，给设计师提供了更大的创新自由度。膜材成本低，工艺操作便利，可以模拟玻璃、陶瓷、金属、木头、石材等不同效果，目前广泛应用于建筑、汽车内饰、家电及手机盖板等领域，如图7-52所示为膜材应用示例。

a) 汽车膜材

b) 手机水晶膜

图7-52　膜材应用示例

膜材除了具备美化外观作用外，还可起到抗菌、抗紫外线、抗磨损、抗刮花等保护作用。薄膜使用自由和多样，可以是透明的，也可以是带色的，可以是单层，也可以是多层。

按照行业分类的膜材有家电膜、汽车膜、手机膜、家装膜、笔记本电脑膜等。

按照制造工艺分类的膜材有烫金膜（烫印工艺）、彩膜（贴合工艺）、膜内装饰膜（注塑工艺）、膜外装饰膜（包覆工艺）、热转印膜（热转印工艺）、水转印膜（水转印

工艺）等。薄膜的表面加工工艺有 UV 转印、压印、丝印、辊印、胶印、凹印、色带转印、喷涂、喷绘、拉丝、电镀、真空镀铝等。薄膜常见纹理有同心圆、发丝纹、散射纹、CD（Compact Disc）纹、图案、皮革纹、透明、带磨砂、镜面感等效果。

7.6.2　涂料

涂料是指用来涂覆在产品表面的材料，一方面起到美化产品的作用，另一方起到保护或改善产品表面性能的作用，如油漆（粉末涂料）等。

涂料一般由四个部分组成：成膜物质（树脂、乳液）、颜料（包括体质颜料）、溶剂和添加剂（助剂）。涂料在生活中随处可见，如汽车的面漆、家用电器表面的喷涂材料等，如图 7-53 所示为液态汽车漆。

图 7-53　液态汽车漆

涂料按产品的形态可分为液态涂料、粉末涂料、高固体份涂料。

涂料按成膜的物质可分为天然树脂类漆、酚醛类漆、醇酸类漆、氨基类漆、硝基类漆、环氧类漆、氯化橡胶类漆、丙烯酸类漆、聚氨酯类漆、有机硅树脂类漆、氟碳树脂类漆、聚硅氧烷类漆、乙烯树脂类漆等。

涂料按基料的种类可分为有机涂料、无机涂料、有机-无机复合涂料。

7.6.3　油墨

严格意义上来说，油墨属于涂料的一种。但是从 CMF 设计及产业角度来看，油墨与涂料在应用上存在较明显的差异，因此常常把油墨单独描述。油墨主要应用于印刷、喷绘等工艺，特别是在手机和家电等行业应用非常广泛。

油墨一般由色料和连接料组成，其中颜料是色料也是油墨材料的主要组成成分，可以赋予油墨不同的颜色和色彩浓度，并使油墨具有一定的黏稠度和干燥性。一般通过流变性质（细度、分散度）、干燥性、耐光性、耐化学性等来评价油墨的优劣。油墨可以直接印刷在塑料等基材表面作为色彩，也可以印刷在薄膜上制作成包装薄膜、装饰薄膜等，如图 7-54 所示为油墨示例和油墨色纸。

a) CMYK油墨

b) 德国油墨

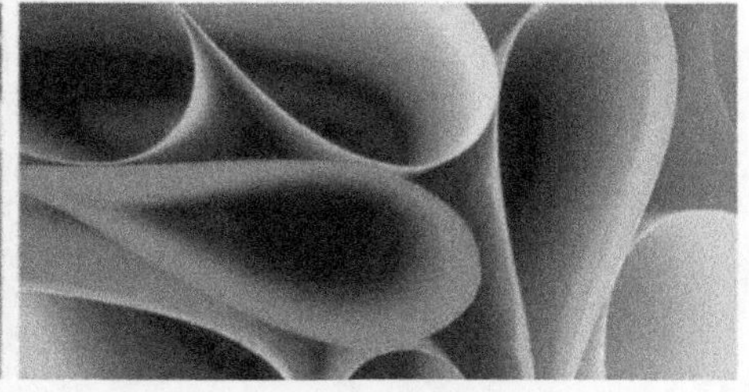

c) 油墨色纸

图 7-54　油墨示例和油墨色纸

油墨按印刷工艺类型可分为凸版油墨、凹版油墨、平版油墨、网孔版油墨；按溶剂类型可分为树脂型油墨、溶剂型油墨、水性油墨、UV 固化油墨。

不同行业有自己特有的油墨类型，例如在手机行业常用的油墨有镜面银油墨、3D 曝光显影油墨、3D 后盖喷涂油墨、UV 油墨、CNC/丝印过程保护油墨、复合板/PET 菲林油墨等。

7.6.4 染料

染料是指能使其他物质获得鲜明而牢固色泽的一类有机化合物。由于现在使用的颜料大都是人工合成的，所以也称为合成染料。

图 7-55 染色塑料手机保护套

染料和颜料一般都是自身带有颜色的化合物，并能以分子状态或分散状态使其他物质获得鲜明和牢固的色泽。染料一般常用于纺织类等产业，而在手机行业中也会通过浸染工艺让塑胶类手机外壳获得色彩，如图 7-55 所示。

染料按形态可分为水性色浆、油性色浆、水性色精、油性色精；按用途可分为陶瓷颜料、涂料颜料、纺织颜料、塑料颜料；按来源分可分为天然染料、合成染料。

（1）直接染料　这类染料因不需要依赖其他药剂而可以直接染着于棉、麻、丝、毛等各种纤维上而得名。它的染色方法简单，色谱齐全，成本低廉。但其耐洗和耐晒牢度较差，如采用适当后处理的方法，能够提高染色成品的牢度，如图 7-56 所示为直接染料及其染成的布料。

a) 由蓝草制成的天然直接染料

b) 染成的布料

图 7-56 直接染料及其染成的布料

（2）活性染料　活性染料又称为反应性染料。这类染料是 20 世纪 50 年代才发展起来的新型染料。它的分子结构中含有一个或一个以上的活性基团，在适当条件下，能够与纤维发生化学反应，形成共价键结合。它可以用于棉、麻、丝、毛、粘胶纤维、锦纶、维纶等多种纺织品的染色。活性染料染布如图 7-57 所示。

图 7-57 活性染料染布

7.6.5 纺织面料

纺织面料主要指通过纺织形式制成的面料。在 CMF 设计领域，纺织面料重点应用于汽车、消费电子产品、生活用品、家居用品等领域。纺织用的纤维有天然纤维（植物纤维、动物纤维、矿物纤维，如棉麻、羊毛、石棉等）和非天然纤维（再生纤维、合成纤维、无机纤维，如锦纶、涤纶、腈纶、氨纶、玻璃纤维等）。

面料在交通工具中的应用主要是座椅、门板、头枕、扶手、衣帽架、门立柱等汽车内饰。而在消费电子产品中的应用主要是喇叭布、音箱布、音箱网、声学织物等方面。纺织

面料从工艺类型的角度可分为机织类和针织类（经编、纬编）。

（1）机织类　机织面料也称为梭织面料，以投梭的形式，将纱线通过经、纬向的交错而组成，其特征是结构稳定，面料平整，如图7-58所示为两种机织面料。

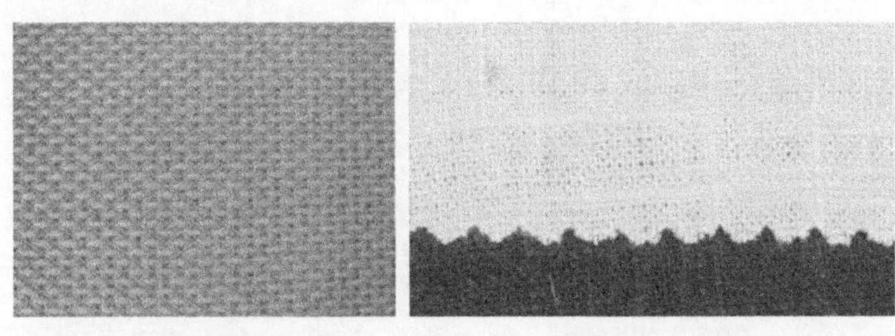

a) 化纤机织布　　b) 亚麻机织布

图7-58　两种机织面料

（2）针织类　针织面料（图7-59）是织针将纱线弯曲成圈并相互串套而形成的织物，其特征是延展性好、弹性好。

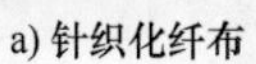

a) 针织化纤布　　b) 针织棉布

图7-59　两种针织面料

针织可分为经编、纬编。

经编：沿着成布方向的纱线（经纱）左右绕结，其特征是结构稳定、弹性小。

纬编：垂直成布方向的纱线（纬纱）上下绕结，其特征是结构不稳定、弹性大。

其中直径固定的编织称为圆机（圆筒）织造，这种方式速度快、产量大；直径非固定的编织称为横机（毛衣）织造，这种方式相对圆机速度慢、产量低。

纺织面料的成型工艺包括纺丝、织造、染色、功能整理、复合和裁剪。

纺织面料对应的表面处理工艺有印花（通过染料或颜料在纺织面料上印制图案纹理）、压花（进行单层、多层、带坡度、带斜度的立体压花）、激光雕刻（即镭雕技术）、贴塑（即高频焊接技术，将塑料与面料相结合）、绗缝（通过缝线的绗缝来实现图案纹理，营造3D立体感等）、涂层（如阻燃涂层、硬挺涂层、耐磨涂层等）和浸轧（如防水、防油、防污、抗静电、阻燃等）。

7.6.6　皮革

皮革中的皮是指动物未经加工的生皮，生皮经过鞣制后则成为革。皮革主要包含天然皮革和人造皮革。在CMF设计行业，皮革常用于汽车、箱包、鞋帽、服装、家具等行业，如图7-60所示。

（1）天然皮革　天然皮革主要来源于动物的皮。根据动物不同，有牛皮、猪皮、羊皮、鹿皮、虎皮、鳄鱼皮等。如今许多皮革的生产过程还是沿用了传统的手工工艺，如图7-61所示为牛皮生产过程。

根据动物皮层不同，有头层皮、二层皮。在头层牛皮中，按照表面处理的程度分为粒面皮、半粒面皮、修面皮。

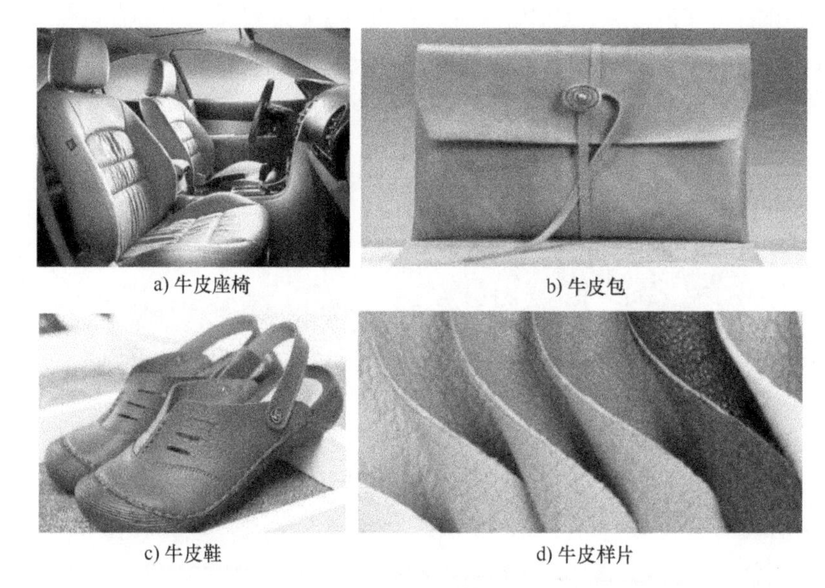

a) 牛皮座椅 b) 牛皮包

c) 牛皮鞋 d) 牛皮样片

图 7-60 皮革的应用

a) 牛皮染色(一) b) 牛皮染色(二) c) 牛皮制革

图 7-61 牛皮生产过程

天然皮革的制作流程为：原皮→鞣制→蓝湿皮或白湿皮→复鞣→皮胚→涂饰→成品。鞣制是将生皮永久转化为不易腐烂且稳定的材料；复鞣是赋予皮革颜色、柔软度、手感；涂饰是提升皮革性能，如耐用、耐光、抗污、外观效果等。

（2）人造皮革 人造皮革为人工合成的材料，是在纺织布或无纺布的基础上，由PVC、PU、PE 等材料制作而成。在 CMF 设计行业亦可称之为仿皮、胶料、合成革。一般情况下，人造皮革可分为三大类：人造革、合成革和超纤革。人造革包含了涂层革、压延革、半 PU 革；合成革包含了干法合成革、湿法合成革；超纤革主要是指超细纤维 PU 合成的革。天然牛皮和人造超纤革在汽车行业应用居多，人造超纤革在计算机、通信、消费电子产品行业也较为流行（图 7-62），因此 CMF 设计师需要重点关注。

7.6.7 板材

板材外形扁平，宽厚比大，单位体积的表面积也很大，这种材料具有表面积大、可任意剪裁、弯曲、冲压、焊接等特点，故应用广泛。在 CMF 设计中主要涉及的板材品种有彩板和压花板。

a) 压皮纹人造革

b) 仿真皮质感人造革

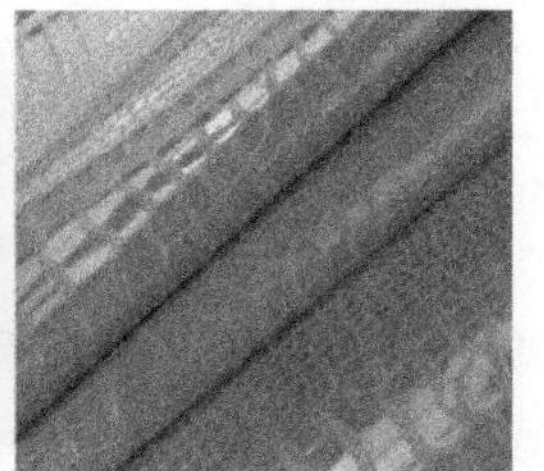

c) PVC高亮人造革

图 7-62　人造皮革

如图 7-63 所示为不同种类板材。

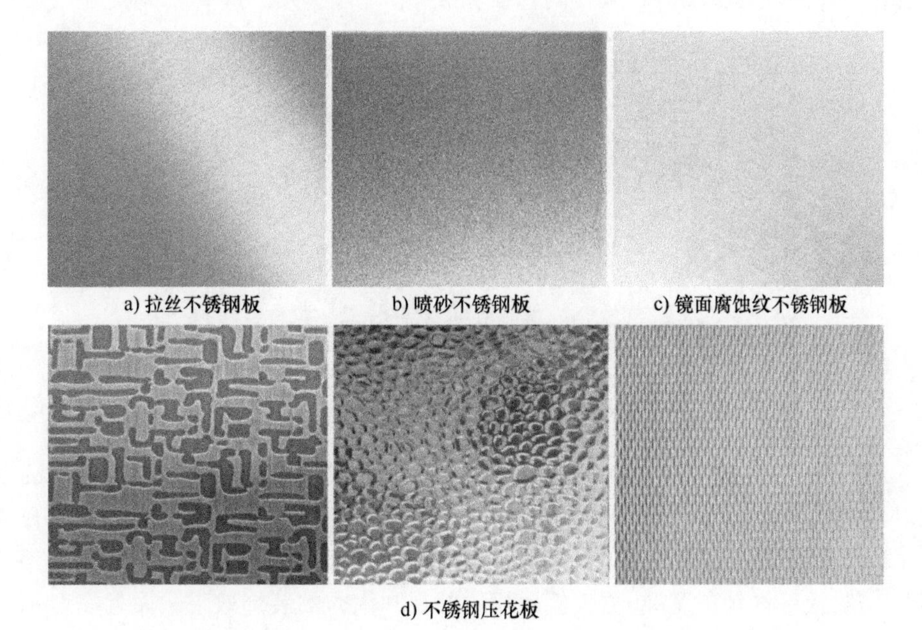

a) 拉丝不锈钢板　b) 喷砂不锈钢板　c) 镜面腐蚀纹不锈钢板

d) 不锈钢压花板

图 7-63　不同种类板材

1. 彩板

彩板，为彩色涂层钢板，又称为彩钢板，根据复合工艺及材料结构、工艺的不同，家电彩钢板可分为：预涂板、覆膜板、彩板。

彩钢板在家用电器的设计中的应用非常广泛，如冰箱的门壳和侧板、冷柜侧板、热水器的外筒、电视的背板、洗衣机的围板、空调的侧板和外挂机等。

随着 CMF 设计师的不断关注，彩钢板的应用范围还在不断拓宽，如船舶游艇的内饰件，小家电领域中的豆浆机、电取暖器、电饭煲等，未来随着家用彩钢板的开发技术升级和客户个性化需求的不断发展，彩板的品种将越来越多样化、功能化，势必会应用到更广泛的领域。

（1）预涂板　PCM（Pre-Coated Metal Steel）彩板即彩色预涂钢板，为热镀锌基板上的连续辊涂装饰。PCM 彩板是第一代彩板产品，需在金属基板上进行预先涂装，即在金属表面喷涂油漆和印刷图纹。PCM 彩板具有色彩丰富、图纹丰富、生产效率高、周转速度快、环保无污染的优点。

但是预涂板的相对平整度比覆膜板差，且颜色效果比较单一，所以不适用于高档面板。PCM 彩板最初用于替代木质百叶窗，而后拓展到建筑外墙、室内装饰、交通运输及家电外装等行业，如冰箱面板、冰箱侧板、洗衣机围板等。目前在传统 PCM 彩板的基础上，现已研制开发出导电 PCM 彩板及辊涂工艺的砂面 PCM 彩板等全新产品。

（2）覆膜板

1）VCM（Vinyl Chloride-Coated Metal Steel）覆膜板（第二代彩板）指的是PET/PVC贴膜彩色钢板，基材通常是镀锌板，可通过表面进行涂敷（辊涂）或黏结有机薄膜并烘烤处理后得到这种彩板产品。

VCM覆膜板具有靓丽的外观及优异的加工性、表面装饰性、耐蚀性、耐刮伤性等，可实现低光到高光的不同效果。表面的膜材具备可印刷等特殊处理的特性，可表现出多种色彩、图案纹理、触感纹理效果。VCM覆模板目前所用的PVC膜有光亮膜和哑光膜。光亮膜是指表面光泽度较高的膜，是在PVC膜表面复合了一层PET膜，其本身就是一种复合膜；哑光膜是指表面光泽度较低的膜，膜整体为PVC材质，在其表面有一些压纹等纹理效果如图7-64所示为VCM覆膜板的基板和成品。

a) 热镀锌基板

b) 成品

图7-64　VCM覆膜板的基板和成品

2）PEM（Pre-Coated Environment Metal Steel）覆膜板（第三代彩板）是VCM覆膜板的环保升级换代产品，该产品去掉了VCM覆膜板的PVC层，保留了PET层。PEM覆膜板融合了传统辊涂PCM预涂板和VCM覆膜板的优点，结合自身工艺特色，成为第三代彩板。PEM覆膜板不仅具备VCM覆膜板靓丽的外观和优秀的装饰效果，而且完全不含PVC层，是真正意义上的绿色板材。

（3）彩板

1）PPM（Printed Pre-coated Metal Sheet）（第四代彩板）彩板PPM彩板是第四代新型彩色钢板，为辊涂彩板，涂覆次数可达到两涂两烘甚至三涂三烘，外观效果不再局限于单色，可根据印刷需求做出丰富的外观效果。该产品应用较为广泛，它将钢铁、化工及印刷技术融合在一起。PPM彩板不仅具有华丽的外观和优异的品质，在实现丰富图案效果的同时又能保证产品的防腐性能，此外还具有良好的表面抗划伤性和高硬度性能，有效地解决了冰箱等发泡产品发泡压痕等问题，满足现代环保要求。

2）ACM（Aluminum Composite Material）彩板是一种新型复合彩板，是将PET与铝合金复合后与钢板进行层压而成，其外观金属质感非常强烈。这种板材金属感的增强直接提升了家电外观的品质感，比较适合应用于高档家电产品的外观设计上。如图7-65所示为ACM复合彩板样片。

图7-65　ACM复合彩板样片

2. 压花板

压花板（图 7-66）是将覆膜板（VCM/PEM）或预涂板（PCM）通过压花工艺改变其力学性能，提高其结构强度的一种新型的复合材料。这种板材在保持同等强度下有效降低了材料的使用厚度，同时保留了覆膜板和预涂板优异的装饰效果。

压花轧制在板上的凹凸深度因图案设计要求而不同，普遍的凹凸深度为 20~30μm。基材多为 201、202、304、316 等不锈钢板，压花板主要的优点是耐看、耐用、耐磨、装饰效果强、视觉美观、品质优良、易清洁、免维护、抗击、抗压、抗刮痕及不留手指印，其主要适用于装饰电梯轿厢、地铁车厢、各类舱体、建筑装饰装潢、金属幕墙等。

目前市场上主要的花纹有珠光、小方格纹、菱形方格纹、仿古方格纹、斜纹、菊花纹、冰竹纹、砂光、立方体、自由纹、石纹、蝶恋花、编竹纹、大椭圆、熊猫纹、欧式花纹、元宝、麻布纹、大水珠、马赛克、木纹、万字花、万福临门、如意云朵、方格纹、彩花纹、彩圆圈纹等，如图 7-66 所示为金属压花板样片。

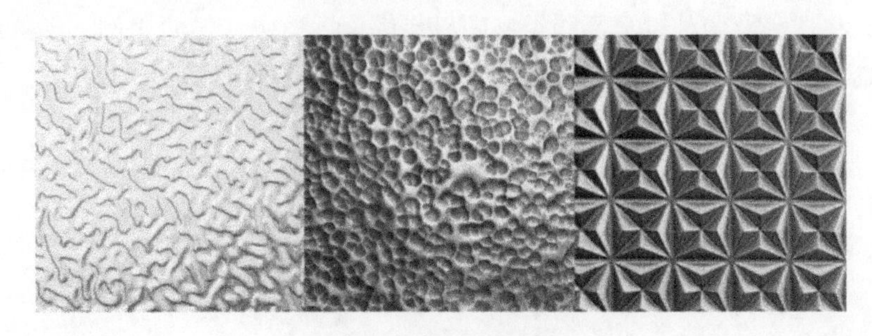

图 7-66 金属压花板样片

7.6.8 装饰纸

装饰纸是通过在纸张上印刷呈现各种颜色或纹理，经贴附到板材表面，提高板材的装饰性和耐用性的表面材料，也有直接在原纸配方中加入色素呈现颜色的单色装饰纸（即不印刷）。

装饰纸主要分为保丽纸、油漆纸和三聚氰胺浸渍胶膜纸。

1）保丽纸是一种只印刷不浸胶的装饰纸。这种纸不具有耐磨性，所以一般贴附后需要进行漆面处理。

2）油漆纸是一种表面处理过的装饰纸，这种纸出厂后无须浸渍、无须压钢板肌理，可直接贴附于板材表面，适用平贴或包覆工艺。

3）三聚氰胺浸渍胶膜纸是一种先印刷，再浸胶，最后用钢板压贴的纸。这种纸仅适用于平贴工艺。

7.6.9 复合材料

复合材料是指两种及两种以上材料重叠复合为一体的材料，复合材料的意义在于弥补一种材料的不足，发挥不同材料的特性，起到扬长避短的作用。

如手机背板复合板材料有 PC+PMMA、碳纤维和凯夫拉等凯夫拉，英文原名 Kevlar，是美国杜邦（DuPont）公司研制的一种芳纶纤维材料产品的品牌名，俗称防火纤维。由于这种新型材料密度低、强度高、韧性好、耐高温、易于加工和成型，其强度为同等质量钢铁的 5 倍，但密度仅约为钢铁的 1/5（凯夫拉材料密度为 1.44g/cm^3，钢铁密度为 7.859g/cm^3），而受到人们的重视。由于凯夫拉品牌产品材料坚韧耐磨、刚柔相济，具有刀枪不入的特殊本领，在军事上被称为“装甲卫士”。凯夫拉材料应用产品如图 7-67 所示。

a) 凯夫拉手机复合背板

b) 凯夫拉纤维布

图 7-67　凯夫拉材料应用产品

复合材料的定义范围比较广，可以是基础材料也可以是装饰材料。通俗来说就是按照人们的需求，将两种及两种以上不同类型的材料优化，按照一定的比例、形式组合成一种新的材料，这种材料往往具备组成材料的性能特点，在各个领域应用广泛。

7.7　表面处理工艺

CMF 设计行业所说的表面处理是指产品表面或材料表面的美学处理和功能改善性处理，主要包括前处理、电镀、涂装、化学氧化、热喷涂等诸多工艺方法。

在加工、运输、存放、销售和使用等过程中，产品表面会有多种需求，如保持产品外表不受损伤，提升产品外观的美学价值和耐用性等。所以产品外观的表面处理工艺对 CMF 设计十分重要，较全面地了解和认知材料所对应的表面处理工艺，是 CMF 设计师保证产品外观美学和质量品质的基础。下面主要介绍目前在 CMF 设计行业较为流行的表面处理工艺。

7.7.1　模内装饰工艺

模内装饰（In-Mold Decoration，IMD）工艺是指将已印刷好图案的膜片放入金属模具内，注入树脂与膜片接合，使有图案的膜片与树脂形成一个整体的成型方法。该工艺主要应用于通信行业（如手机按键、镜片、外壳、其他通信设施的机壳等）、家电行业（如洗衣机、微波炉、电饭煲、空调、电冰箱等家电产品的控制装饰面板等）、电子行业（台式电脑、DVD、笔记本等电子产品装饰面壳和标牌等）、汽车行业（仪表盘、空调面板、标志、尾灯等装饰零件）。

模内装饰工艺的薄膜层材料有优异的综合性能，如抗冲性能、耐化学腐蚀性能、耐磨损性、易成型性和高透明性。

（1）模内装饰工艺的特点　精美的装饰图文、标识内藏，不因摩擦或化学腐蚀而消失；图文、标识及颜色设计可随时改变，而无须更换模具；三维立体形状产品的印刷精度准确，误差为±0.05mm；能提供图文、标识背透光性及高透光性的视窗效果；功能按键凸泡均匀、手感好，寿命可达 100 万次以上；三维变化可增加设计者对产品设计的自由度；复合成型加工达到无缝效果。

（2）模内装饰工艺制程分类　模内装饰工艺按照制程及产品结构形状的不同，大致分为模内贴标 IML（无拉伸、曲面小）、模内转印 IMR（表面薄膜去掉，只留下油墨在表

面）、模内热压 IMF（高拉伸产品、3D）三种工艺。

1）模内贴标 IML（In-Mold Label）简称 IML-2D，模内贴标制程：贴标设计印刷→将印好的贴标置入模具中→带贴标一起注塑。

2）模内转印 IMR（In-Mold Roller）简称 IMR-2D，模内转印制程：将薄膜放入模具内并定位→合模后图样转印到产品→打开模具后薄膜剥离→产品顶出。

3）模内热压 IMF（In-Mold Forming）简称 IMF-3D，模内热压制程：薄膜印刷→热压成型→剪裁→注塑充填。

7.7.2 模外装饰工艺

模外装饰工艺（Out Mold Decoration，OMD）是视觉、触觉、功能整合展现，是模内装饰 IMD 延伸出的装饰技术，是一种结合印刷、纹理结构及金属化特性的 3D 表面装饰技术。采用模外装饰技术的金属质感膜效果如图 7-68 所示。

图 7-68 采用模外装饰技术的金属质感膜效果

模外装饰工艺分为成型膜和离型膜。成型膜是指在 OMD 中，具有包覆膜，需由后段冲切制程。离型膜是指在 OMD 中，薄膜可撕开，可避免冲切制程。

7.7.3 喷漆

喷漆工艺是指通过喷枪借助于空气压力，将分散成均匀而微细的雾滴，涂施于被涂物表面的一种方法。该工艺方法主要可分为空气喷漆、无气喷漆，以及静电喷漆等方法。这种工艺比较普遍，如图 7-69 所示为喷漆样板。

图 7-69 喷漆样板

7.7.4 喷粉

喷粉是利用电晕放电现象使粉末涂料吸附在工件上。喷粉的过程是：喷粉枪接负极，工件接地（正极），粉末涂料由供粉系统借助压缩空气气体送入喷枪，在喷枪前端加有高压静电发生器产生的高压，由于电晕放电，在其附近产生密集的电荷，粉末由枪嘴喷出时，构成回路形成带电涂料粒子，它受静电力的作用，被吸到与其极性相反的工件上去，随着喷上的粉末增多，电荷积聚也越多，当达到一定厚度时，由于产生静电排斥作用，便不能继续吸附，从而使整个工件获得一定厚度的粉末涂层，然后经过加热使粉末熔融、流平、固化，即在工件表面形成坚硬的涂膜。喷粉工艺车间如图 7-70 所示。

图 7-70 喷粉工艺车间

7.7.5 不导电真空镀

不导电真空镀是采用镀出金属及绝缘化合物等薄膜，利用相互不连续的特性，得到最终外观有金属质感且不影响无线通信传输的效果的工艺。该工艺首先要实现不导电，满足无线通信产品的正常使用；其次要保证“金属质感”这一重要的外观要求；最后通过 UV 涂料与镀膜层结合，从而保证产品的物理性能和耐候性，满足客户需求。

不导电真空镀工艺可应用于各种塑料材料，如 PC、PC+ABS、ABS、PMMA、锦纶、工程塑料等，它更符合制作工艺的绿色环保要求，是无铬电镀技术的替代技术，适用于所有需要表面处理的塑料类产品，特别适用于有信号收发要求的计算机、通信、消费电子产品，如手机、GPS 卫星导航器、蓝牙耳机等。

不导电真空镀工艺在使塑料具有金属质感的同时可实现半透光性，即体现金属质感的同时具备光线可穿透性，所以利用透光或半透光特性，可使产品的设计更富有变化性，外观更为靓丽多姿。

7.7.6 物理气相沉积工艺

物理气相沉积（Physical Vapor Deposition，PVD）工艺指利用物理过程实现物质转移，将原子或分子由材料源转移到基材表面上的过程。它的作用是可以使某些具有特殊性能（强度高，耐磨性、散热性、耐蚀性良好等）的微粒喷涂在性能较低的母体（如塑料）上，使得母体具有更好的性能。

物理气相沉积工艺的基本方法为：真空蒸发、溅射、离子镀（空心阴极离子镀、热阴极离子镀、电弧离子镀、活性反应离子镀、射频离子镀、直流放电离子镀）。

物理气相沉积工艺过程简单，无污染，耗材少，成膜均匀致密，与基体的结合力强。该技术广泛应用于航空航天、电子、光学、机械、建筑、轻工、冶金、材料等领域，可制备具有耐磨、耐腐蚀、装饰、导电、绝缘、光导、压电、磁性、润滑、超导等特性的膜层。

7.7.7 化学气相沉积工艺

化学气相沉积（Chemical Vapor Deposition，CVD）工艺指把含有构成薄膜元素的气态反应剂或液态反应剂的蒸气及反应所需其他气体引入反应室，在衬底表面发生化学反应生成薄膜的过程。在超大规模集成电路中很多薄膜都采用 CVD 方法制备。经过 CVD 处理后，表面处理膜密着性约提高 30%，防止高强力钢在弯曲和拉伸成型时产生的刮痕。

化学气相沉积工艺目前广泛应用于模具硬质涂层、防护涂层、光学薄膜、建筑镀膜玻璃、太阳能利用、集成电路制造、信息存储、显示器件、饰品装饰、塑料金属化和柔性基材的卷绕薄膜产品等方面。

化学气相沉积的工艺特点为：沉积温度低，薄膜成分易控，膜厚与沉积时间成正比，均匀性好，重复性好，台阶覆盖性优良。

制备的必要条件：①在沉积温度下，反应物具有足够的蒸气压，并能以适当的速度被引入反应室；②反应产物除了形成固态薄膜物质外，都必须是挥发性的；③沉积薄膜和基体材料必须具有足够低的蒸气压。

7.7.8　印刷工艺

印刷（丝网印刷、移印、烫印、水转印、热转印）工艺是将文字、图画、照片、防伪等原稿经制版、施墨、加压等工序，使油墨转移到纸张、织品、塑料品、皮革等材料表面上，批量复制原稿内容的技术。印刷是把经审核批准的印刷版，通过印刷机械及专用油墨转印到承印物的过程。

1. 丝网印刷工艺

丝网印刷是一种应用范畴很广的印刷工艺。按照印刷材料质地可以分为：织物印刷、塑料印刷、金属印刷、陶瓷印刷、玻璃印刷、电子产品印刷、不锈钢成品印刷、光反射体印刷、丝网转印电化铝、版画印刷和漆器印刷等。

丝网印刷是孔版印刷技术之一，印刷油墨特别浓厚，适宜制作需要特殊印刷效果且数量不大的印刷产品。丝网印刷可以在立体面上印制，如箱体、圆形瓶、罐等，可以在多种材料表面印制，如纸张、布料、塑胶、夹板、胶片、金属、玻璃等。丝网印刷的灵活性特点是其他印刷方法所不能比拟的。

2. 移印工艺

移印属于特种印刷方式之一，是先将印刷内容印在一种媒介物上，再由媒介物转移至承印物上的印刷方法。它能够在不规则异形对象表面上印刷文字、图形和图像，正成为一种重要的特种印刷。例如，手机表面的文字和图案采用的就是这种印刷方式，还有计算机键盘、仪器、仪表等电子产品的表面印刷，都采用移印完成。

3. 烫印工艺

烫印指在纸张、纸板、织品、涂布类等物体上，用金属烫印版通过加热、加压的方式将烫印箔转移到承印材料表面，将烫印材料或烫版图案转移在被烫物上的加工方式。烫印加工形式多种，如单一料的烫印、无烫料的烫印、混合式烫印、套烫等。对于金属基材烫印，则需要通过专有金属烫印膜，或者在基材表面做喷涂后，再进行烫印膜的附着加工。由于烫印箔具备多样性特征，所以同样可将金属基材进行多样化，并且更加环保地进行表面烫印处理加工，以达到设计初衷。

烫印模和箔是烫印工艺的两个关键组成，烫印模一般由镁、黄铜和钢构成，有的会在金属烫印模表面上使用硅橡胶。烫印模和箔主要包括载体、离型层、保护层和装饰层。

烫印过程包含以下几个步骤：烫印箔与基材接触→凭借热量和压力将转印层转印到基材表面上→卸除压力，剥离聚酯薄膜→进给烫印箔，换上将要烫印的承印件。烫印适用于聚合物、木料、皮革、纸张、聚酯薄膜等，以及不易着色的金属。此外，烫印多用于产品零售和化妆品包装、汽车装饰、消费品装饰和信息标识等。

4. 水转印

水转印是利用水作溶解媒介将带彩色图案的转印纸/转印膜进行图文转移的一种印刷工艺。随着人们对产品包装与装饰要求的提高，水转印的用途越来越广泛，其间接印刷的原理及完美的印刷效果解决了许多产品表面装饰的难题，主要用于各种形状比较复杂的产品表面的图文转印。

5. 热转印

热转印技术最先应用于织物热转移印花生产，随着科技飞速发展，热转印技术应用越来越广泛。按油墨品种，该技术分为热压转印型和热升华转印型；被转印物分为织物、塑料（板、片、膜）、陶瓷和金属涂装板等；印刷方式可分为网印、平印、凹印、凸印、喷墨和色带打印等；承印物有热转印纸和热转印塑料膜等。

6. UMI（主体转印玻璃技术，UV Micro-lmprinting）**印刷**

三星公司开创的专业 UMI 技术是指在玻璃面板上进行微图刻印，采用超微级金属涂层，该工艺图案精致美观、豪华大气、尽显高贵风范。

7.7.9 退镀工艺

退镀是一种表面处理新技术，其特点是可根据设计需求对图案中某些部分保留金属质感效果，与转印、烫印、镭雕等工艺不同，退镀能够在图案保留金属质感效果的同时保持平整度，但其他的工艺会产生凹凸感。

退镀应用的是感光油墨固化的原理，将要保留的图案部分遮挡，未遮挡的部分除去，保留的部分得到镀层。退镀实现的图案效果是纳米级的，所以图案效果非常精致，适用于单色和炫色金属图案、标志和花纹，如图 7-71 所示为手机的品牌标志，其采用了退镀工艺。

7.7.10 镭雕

镭雕也称为激光雕刻或者激光打标，是一种用光学原理进行表面处理的工艺。镭雕可以用数控机床，以激光为加工媒介，在激光照射下瞬间将金属材料熔化和气化，从而达到加工的目的。另外也可以通过激光雕刻机使用镭雕技术，将矢量化的图文轻松地“打印”到所加工的基材上。该技术优点在于：精密（材料表面最细线宽可达到 0.015mm，并且为非接触式加工，不会造成产品变形）、高效率（可在最短时间内得到新产品的实物，多品种、小批量也只需更改矢量图案即可）、可特殊加工（满足特殊加工需求，可加工内表面或倾斜表面）、环保节能（无污染，不含任何有害物质，高于出口环保要求）。采用镭雕工艺的手机背壳如图 7-72 所示。

图 7-71　手机的品牌标志

图 7-72　采用镭雕工艺的手机背壳

这类镭雕的原理是利用激光器发射的高强度聚焦激光束在焦点处，通过表层物质的蒸发露出深层物质，或者通过光能导致表层物质的化学物理变化产生痕迹或者是通过光能烧

掉部分物质而“刻”出痕迹，事实上通过光能烧掉的部分，也就是我们所需刻蚀的图形、文字部分。使用激光雕刻和切割，过程非常简单，如同使用计算机和打印机在纸张上打印，唯一的不同之处是，打印是将墨粉涂到纸张上，而激光雕刻则是将激光射到木制品、塑料板、金属板、石材等几乎所有的材料之上进行加工。

本章小结

CMF设计是对产品的颜色、材料和工艺的设计与选择。CMF概念是工业设计的细分，C代表颜色，M代表材料，F代表工艺。

CMF涉及美学、色彩学、工程学、材料学、心理学等，是各学科、流行趋势、工艺技术、创新材料、审美观念综合的交叉产物。目前该行业的从业人员主要有两类：工程师及艺术家。早期CMF设计师多由工业设计师转变而来，近几年则有越来越多的人毕业后便开始了CMF设计生涯。CMF的多学科特性能帮助很多设计公司或企业设计部解决设计和制造脱节的问题，使创意真正落地变成产品。目前，行业内对CMF设计尚没有一个特别准确的定义。CMF设计利用色彩、材料、工艺、图案纹理等元素，进行产品创新。当产品设计完成后，需要对其进行涂漆、着色等处理，并将设计概念变为现实，转变为可以看到和触摸到的商业产品。

CMF设计涉及的问题涵盖了我们生活的方方面面，目前国内大多理解为表面处理工艺。CMF设计应用于设计对象，是设计对象和用户的媒介。它主要用于颜色、材料、加工和其他设计对象的设计。例如，关门的声音取决于门的材料，手柄的传热能力取决于手柄的表面处理工艺，汽车转向盘的紧凑结构和柔软的表面为驾驶员提供了驾驶的安全感。

产品质量不达标的原因有许多，例如设计师对材料工艺认识不足，导致选材不佳；企业间的价格战采取降低成本措施，导致设计师选材有局限性等。在CMF设计上，需要我们多进行基础研究，潜心设计，充分了解材料性能、工艺特点，以便找到更佳的选择。

本章习题

（1）CMF设计的程序及流程是什么？

（2）概述各种材料及其成型工艺。

（3）文献阅读与讨论。左恒峰. CMF的功能性及设计应用［J］. 工业工程设计，2020，2（6）：12-24.

第8章

产品设计开发案例

学习内容——不同产品类型、不同设计部门的产品设计开发案例。

学习目的——通过案例深入了解产品设计开发程序及方法，并能灵活运用。

课题时间——2 课时理论，4 课时综合设计实践。

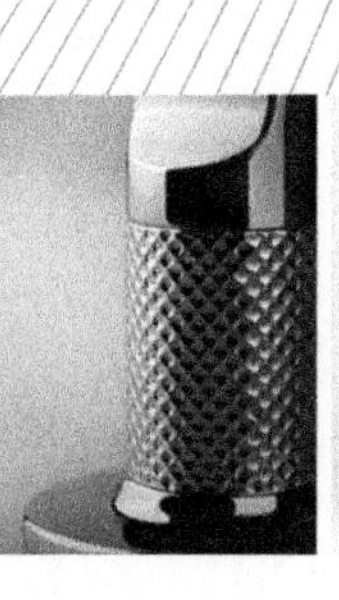

产品设计程序是产品设计公司在设计过程中进行业务流程管理的重要依据。参与产品设计的各部门与设计人员要按照制定的设计流程表来推行产品设计工作。以某工业设计公司为例，为强化以客户为中心的经营理念，按照产品设计程序，编制出以客户为中心的产品设计流程管理总图，如图 8-1 所示。同时，为提高产品设计的质量与效益，依据产品设计程序，形成由各部门、全员参与的，以产品设计质量与效益为核心的业务流程总图，如图 8-2 所示。图中，通过各部门完成的任务描述、评审、修改与确认等可循环环节，以及各阶段客户的参与、确认、付款事项，最终保证产品设计项目的水平、质量及经济效益。

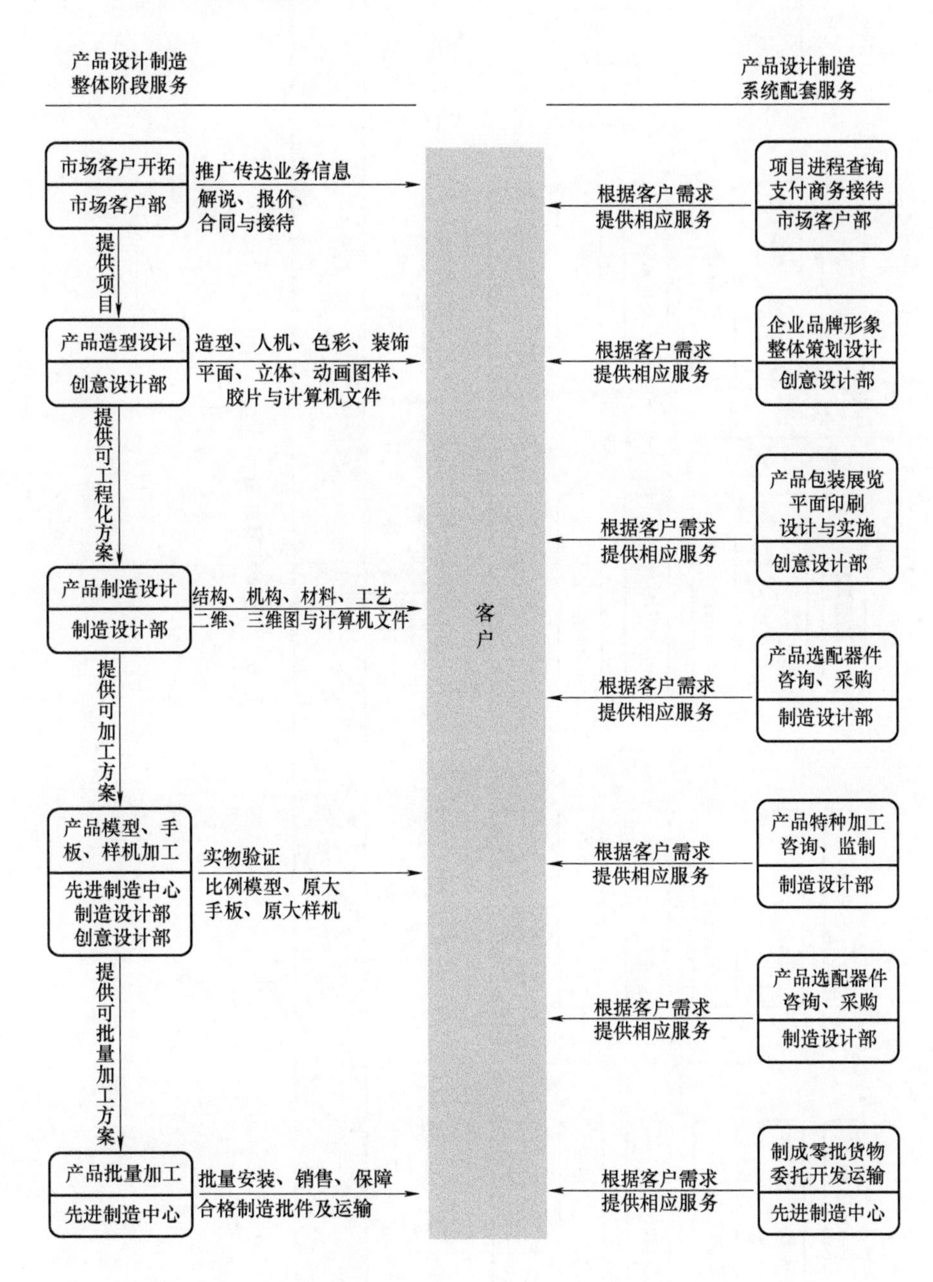

图 8-1　产品设计流程管理总图

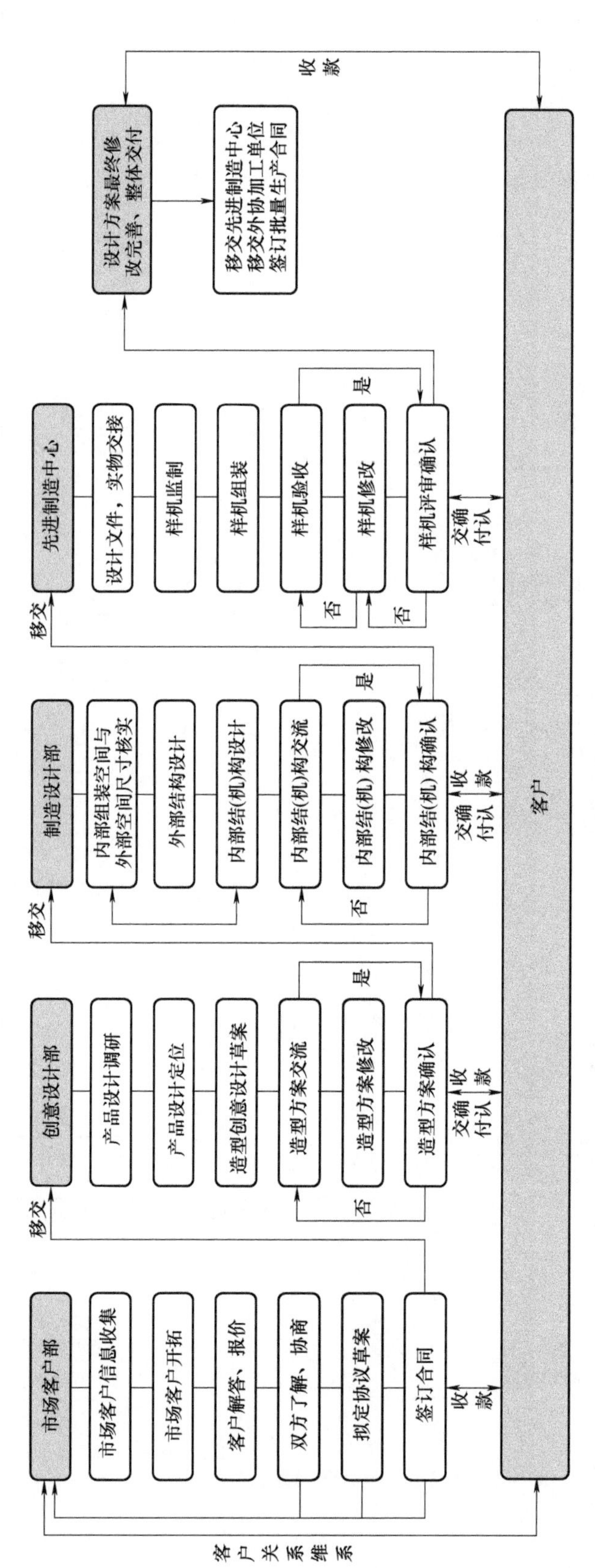
市场客户部
市场客户信息收集
市场客户开拓
客户解答、报价
双方了解、协商
拟定协议草案
签订合同
收款
客户关系维系
移交
创意设计部
产品设计调研
产品设计定位
造型创意设计草案
造型方案交流
造型方案修改
造型方案确认
是
否
交付确认
收款
移交
制造设计部
内部组装空间与外部空间尺寸核实
外部结构设计
内部结(机)构设计
内部结(机)构交流
内部结(机)构修改
内部结(机)构确认
是
否
交付确认
收款
移交
先进制造中心
设计文件，实物交接
样机监制
样机组装
样机验收
样机修改
样机评审确认
是
否
否
交付确认
设计方案最终修改完善、整体交付
移交先进制造中心
移交外协加工单位
签订批量生产合同
收款
客户

图 8-2 业务流程总图

8.1　指纹锁设计流程

项目名称：指纹锁设计。

客户：某指纹产品事业部，是一家以设计、制造、生产指纹设备为主的企业。

项目：指纹锁产品设计。

周期：40天。

8.1.1　产品设计开发调研阶段

1. 企业原始产品

与客户确定设计合作项目后，由市场人员及设计人员与客户沟通，了解设计内容和设计目标。根据提供的原始产品或产品功能模型，如图8-3所示，分析产品的功能实现原理和结构变化幅度，明确产品主要内部模块，确定产品的限制条件和设计重点。

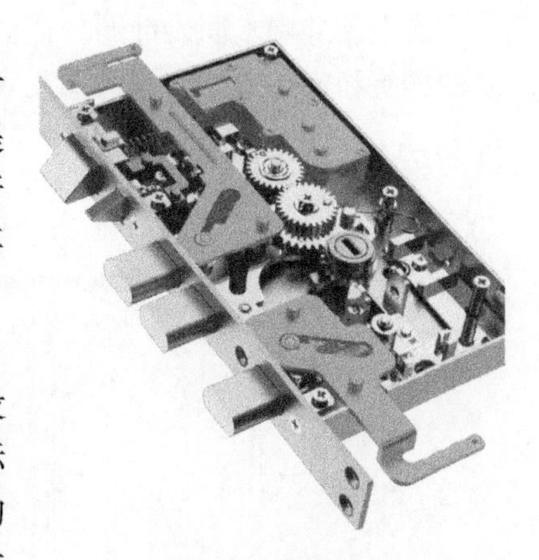

图8-3　原始产品

2. 竞品市场调研

设计调研是构建并发展成为产品成果的基础，是设计展开的必备步骤。工业设计师通过设计调研了解目标产品的销售情况、所处生命周期的阶段、产品竞争者的状况（图8-4），以及使用者和销售商对产品的意见，这些都是设计定位和设计创造的依据。指纹锁具行业发展至今，其应用普及程度众所周知，指纹锁的种类也是多种多样，并且根据使用场所的不同，指纹锁的外观及结构功能也不尽相同，其安装方式也不同。对于指纹锁这类产品，设计难度主要集中于外观的悦目性、形态定位的准确性，以及如何缩短设计周期来抓住变幻莫测的大众消费市场。

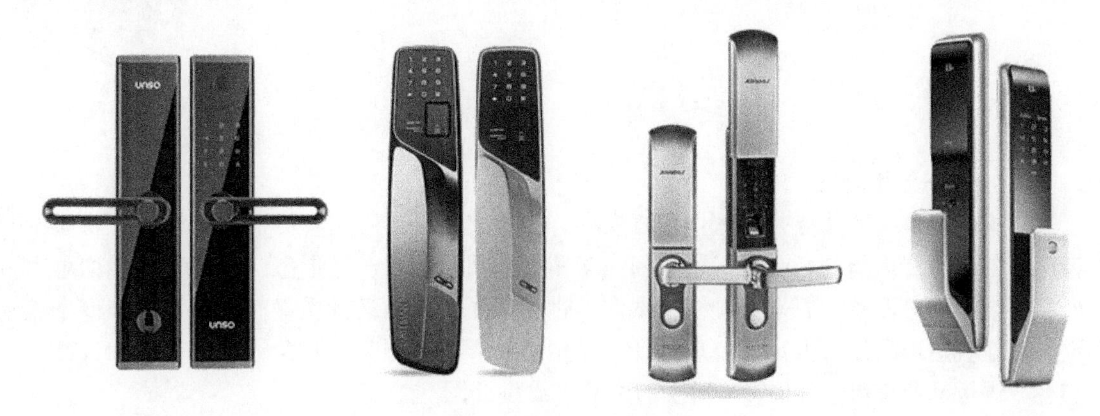

图8-4　竞品市场调研

3. 产品粗略结构排布

在对产品的概念进行定位后，与客户确定产品的粗略结构排布，分析技术的可行性、成本预算和商业运作的可行性，了解客户对产品的基本构思。

8.1.2 产品设计开发设计阶段

1. 产品草图构思

构思草图阶段的工作将决定产品设计 70%的成本和产品设计的效果，所以草图构思是整个产品设计中最为重要的阶段。通过思考形成创意，并快速记录，一方面需要尽力发掘出富有表现力的艺术形象，另一方面要考虑功能与美观、结构与工艺性、人与机器的配合、质量与经济性、产品与使用环境，以及材料的选择等问题。基于设计人员的构思，通过草图勾画方式记录、绘制各种形态或者标注记录设计信息，确定 3~4 个方向，再由设计师进行深入设计，产品草图如图 8-5 所示。

2. 产品平面效果图

二维效果图可以将草图中模糊的设计结果精确化。这个过程可以通过 CAD 软件来完成，生成产品外观平面设计图，进而清晰地向客户展示产品的尺寸和大致的体量感，表达产品的材质和光影关系，可更加直观和完善地表达产品效果，如图 8-6 所示为产品平面效果图。

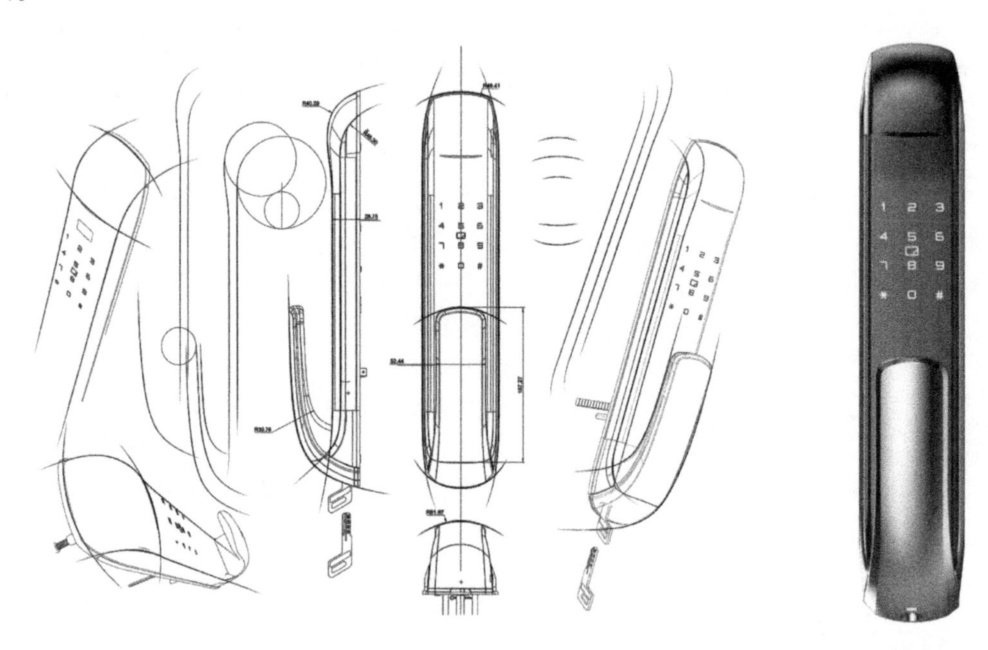

图 8-5 产品草图

图 8-6 产品平面效果图

3. 产品三维设计图

三维建模最大的优点是直观性和真实性。三维立体设计强调实体造型的变化、材质的善用、工艺的传承与创新。在三维空间内多角度地观察调整产品形态，精确直观地构思出产品的结构，可以省去原来部分样机试制的过程，提高产品设计质量。同时，三维模型能更具体地表达产品设计方案，展现设计产品精确的形态比例关系和精致的细节设计，便于与客户进行沟通交流，如图 8-7 所示为产品三维设计图。

4. 产品色彩设计

色彩设计能够使产品色彩与产品的形态、结构、功能要求达到和谐统一，满足人机协调的原则。通过计算机调配出色彩的初步方案，满足同一产品的不同色彩需求，解决客户对产品色彩系列的要求，扩充客户产品线，如图 8-8 所示为产品色彩设计。

5. 产品表面标志设计

产品表面标志的设计和排列摆放可成为面板的亮点，给人带来全新的体验。视觉设计

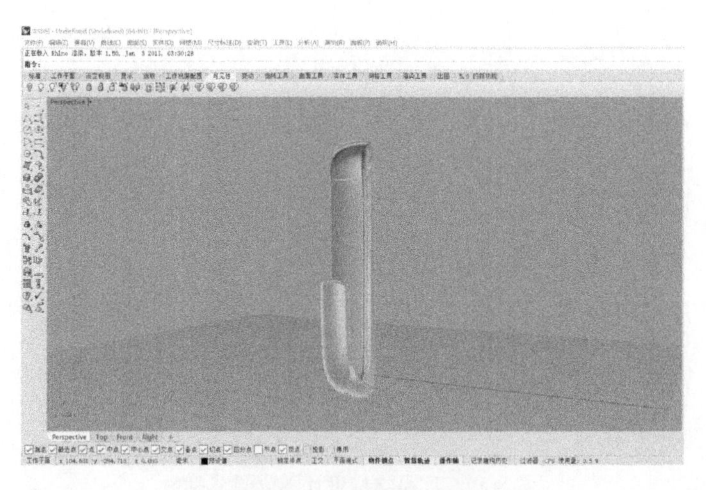

图 8-7　产品三维设计图

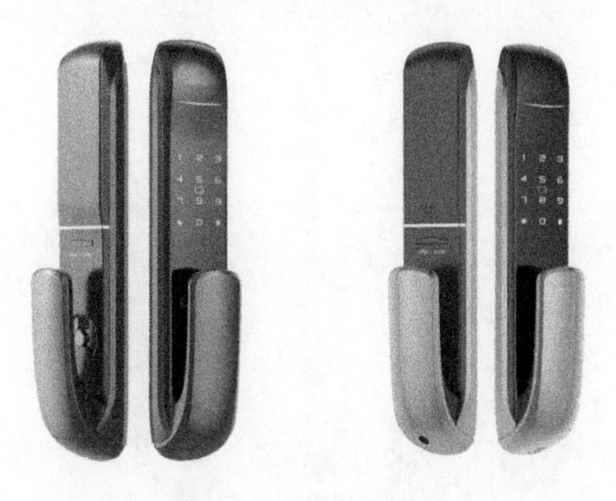

图 8-8　产品色彩设计

在产品上的导入使产品风格更加统一，简洁明晰的标志能够提供亲切直观的视觉感受，同时也可成为精致的细节，如图 8-9 所示为产品表面标志设计。

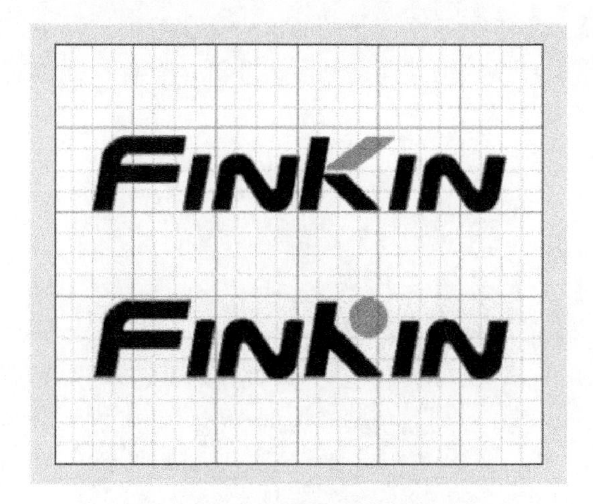

图 8-9　产品表面标志设计

6. 产品结构设计图（图 8-10）

设计产品的内部结构、产品的安装结构和装配关系，以及产品结构的合理性，应遵循零部件的标准化和通用化，这样可降低生产成本。

7. 产品结构爆炸图

利用产品结构爆炸图分析零件之间的装配关系是否合理，是否存在干涉现象，分析各

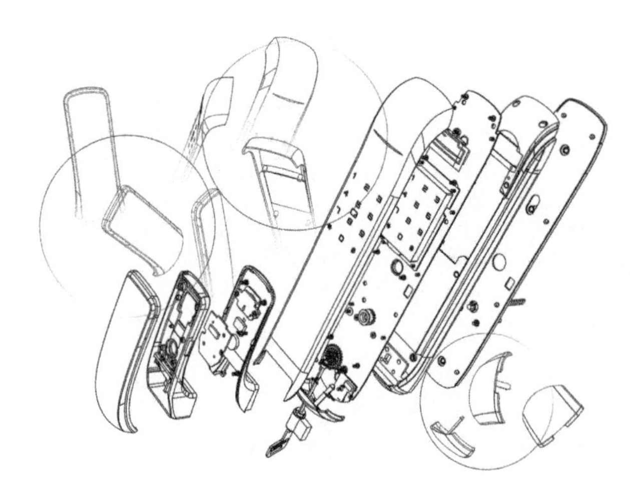

图 8-10　产品结构设计图（见彩插）

个部件的载荷强度，如图 8-11 所示为产品结构爆炸图。

图 8-11　产品结构爆炸图（见彩插）

8. 完成产品效果图

完成建模后，接下来要进行的工作是产品渲染，在这一过程中，要综合考虑指纹锁锁壳的材质选择及颜色搭配。指纹锁整体造型刚柔并济，有着较强烈的运动感和现代感，如图 8-12 所示为指纹锁产品效果图。

图 8-12　指纹锁产品效果图

8.2　分酒装置设计流程

项目名称：分酒装置。

客户：某酒业用品公司，是集研发、设计、生产与销售为一体的新型企业。公司的主要客户为国内外酒吧、餐饮业，以及爱好品酒的个人消费者。

项目时间：100 天。

项目内容：设计研究，外观设计，结构设计，样机制作，后期项目增值服务。

8.2.1　产品设计开发调研阶段

1. 确定设计目标

产品设计前期，由市场人员及设计人员与客户沟通，明确设计目标。客户希望开发一款具有分酒功能的酒具产品，要求产品新颖独特、有趣味性且具有现代感，如图 8-13 所示。

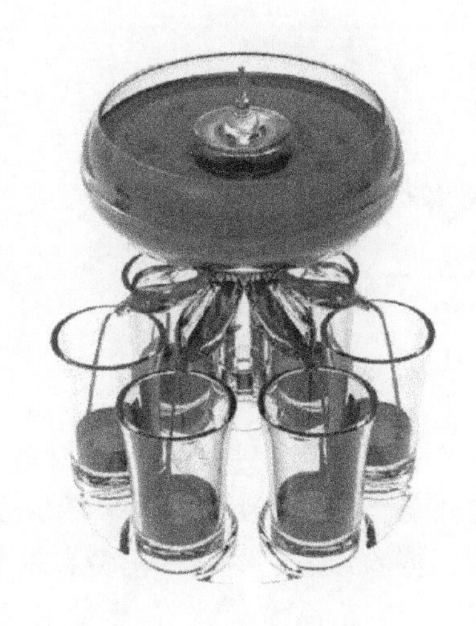

图 8-13　有分酒功能的酒具

2. 酒吧环境调研

根据客户的设计要求，设计师展开了深入的设计调研，充分了解分酒装置产品的使用环境、所处生命周期的阶段、产品竞争者的状况，以及使用者和销售商对产品的意见。

调研结果显示，酒吧是分酒装置产品使用的主要场所，且酒具品质是酒吧档次的重要评价标准之一。好的酒具不仅能够使酒吧的档次提升，而且对消费者也颇具吸引作用。酒具的使用会直接为消费者带来多重触碰体验感，丰富饮酒的乐趣和品味，因此人们更愿意选择去装饰与器具相对别致的酒吧，如图 8-14 所示为酒吧环境调研。

3. 分酒装置的用户调研分析

酒吧的用户人群主要包括在华的外籍人士、留学生，白领阶层、艺术家及有经济能力的自由职业者等。这些均是产品的目标人群。年轻、好奇心强、对新事物的接受能力强是这类人群所具有的基本特征。虽然购买这类酒具的大多是酒吧，但真正的评价者是酒吧的消费者，是他们控制着产品的生命。因此需要对酒吧的消费者进行更深层次的共同特点和共同需求的挖掘。

图 8-14　酒吧环境调研

分酒器分为外壳和进水座两部分，如图 8-15 所示，结构简单，操作方便，科技含量相对较低，因此配合包装与材质，赋予产品趣味性，给消费者带来不同的使用体验更为重要。

图 8-15　分酒器结构

体验也是一种抽象产品，从服务中延伸并分离出来，强调顾客的感受性满足。在大量标准化和规格化大生产的现代社会，人们经历了物质生活的充分满足之后，精神生活必然成为人们生活追求的方向。在“体验经济”时代，消费者越来越渴望得到体验，越来越多的企业正在精心设计、促销它们的“产品体验感”。因此分酒器在设计构思时不能仅停留在商品（实物）经济阶段，要以满足消费者的感性感受与精神需求为出发点，迎合用户对新奇事物的追求，通过产品精心设计营造出一次满意的“体验”。

4. 理性认知与感性认知

产品设计越来越多地追求通过感官、情感、心理等方面激发精神体验的设计。人们所追求和期待的物质生活用品将不再是机械的、毫无生机的产品，而是具有生命情感，能够使人类和环境，以及社会的发展达到和谐的统一体，更加贴近人的情感心理，甚至能够深入人的心灵深处，服务于人、服务于社会。在分酒装置的设计中，质感是一种很重要的体验。从某种意义上来讲，产品不再是单纯的用品，而是生活形态和视觉反应的象征，人们已经逐渐习惯通过对产品形象和风格的选择来暗示自己的生活形态和个人品位，由此可以体会到，定义各种生活形态的概念对产品的视觉表现有很大的影响。

在酒吧这个特殊环境中，分酒装置可以提高调酒师的工作效率，营造轻松氛围，增加酒吧客人对服务的满意度。分酒装置最重要的概念就是让人体会到倒酒这个过程中的乐趣，要让消费者觉得倒酒的过程和品酒过程一样美妙，让产品看起来不是一个复杂的装饰品，也不是一个简洁的图形，而是可能看起来更酷的外观。一款概念性、创新性的产品应具有美观而不失理性的外形，通过造型暗示使用方式，让消费者容易认知其功能。

产品外观的独特性往往会第一时间吸引消费者的眼球，在感性上获得消费者的认同。纵观现代酒具设计，在材料上的突破并不十分明显，在酒具中酒杯造型的突破也十分有限，其他辅助性的酒具更是比较少。因此设计师只能在材料与功能的限制下发挥自己的创意与灵感。分酒装置要突破传统，设计得更加现代、科学，才能从同类产品中脱颖而出，得到更多消费者的喜爱。与传统的酒具不同，具有时尚元素的分酒装置要能够融入现代都市生活的环境，为消费者带来更新颖的品酒感受。此外也应通过产品极力宣扬健康、愉悦、文明的酒文化，如图 8-16 所示。

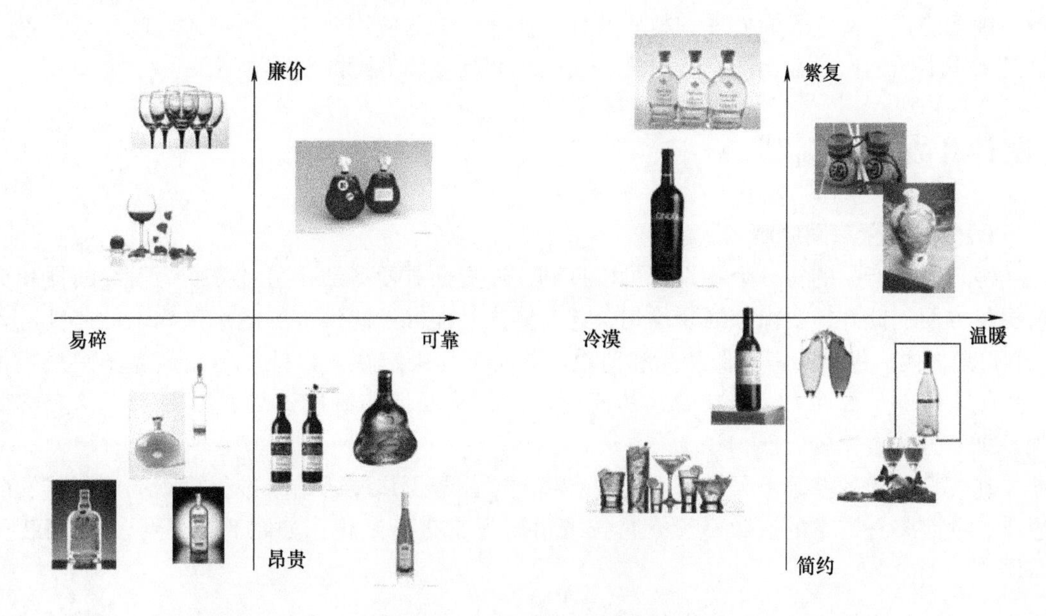

图 8-16　理性认知与感性认知

5. 对于材料的思考

在产品设计过程中，选择合适的材料与制造工艺，以最省的用料在短时间内生产制造出具有高性价比的产品是客户所希望的，因此材料的选择在产品设计中是很重要的一个环节，如图 8-17 所示为各种产品的材料选择。

图 8-17　各种产品的材料选择

材料与酒具的相关程度远在一切造型要素之上，材料是酒具直接被使用者视及和触及的重点要素。设计中的功能与形态都必须由加工后的材料实现。材料与工艺的变迁从侧面反映着时代更替，同时也影响着酒具设计的发展，成为酒具设计潮流的一个风向标。

设计师应该能够在材料特性与产品功能之间建立起正确的匹配关系。设计的结果由加工后的特定材料性能来保证，这在很大程度上取决于材料的本质特性。因此，在选择材料

时，需要遵循以下原则。

1）功能性原则：外观需求、工艺性能。

2）市场性原则：可达性、经济性。

3）安全性原则：无伤害性。

4）环保性原则：可回收性、循环使用性。

本分酒装置设计主要采用玻璃和金属材料。玻璃产品大多无毒环保，致密易清洁，是塑料、金属材质难以比拟的。金属的制造精密度和自动化程度普遍较高，这也是由其材料特性确定的，丰富的表面处理和材质选择，使得金属的应用领域日渐扩大。此分酒装置主要是采用不锈钢材料金属部件，对其表面处理有高亮和低毒的双重要求。

8.2.2 产品设计开发设计阶段

1. 分酒装置草图绘制

客户要求产品的每一个零件都可以拆卸，一方面方便清洁，另一方面为后续的损坏更换提供方便。此外，要求分酒要均匀，这需要产品能够控制倒入的酒水以均匀的速度进入8个引流槽内。经过参考类似产品和请教行业专家，决定在入口处加装细金属丝网来减小酒水倒入时的局部冲力，控制酒水的流向。此方法经证实确能达到预期效果，且成本低廉，加工方法也比较成熟。

在客户要求的基础上，依据市场现有相关产品与用户调研结果进行草图的绘制。发散思维，绘制多种方案的大致造型，再选取可行方案进行细化，如图 8-18 所示为分酒装置草图。

图 8-18　分酒装置草图

2. 产品最终效果图

分酒装置要让使用者体会到倒酒这个过程中蕴含的乐趣，令使用者觉得倒酒的过程和品酒过程一样美妙。如图 8-19 所示为产品最终效果图。玻璃件、金属件通过凹形定位组合成产品主体，其中心的点珠轮轴可以保证整个产品平稳慢速转动。设计成编织状的金属底座具有通透的效果及合适的承重性和弹性。整个产品没有复杂的小零件和接插结构，没有细小的缝隙和死角，不会给清洗带来麻烦，拼装和拆解也都很方便。作为一件要常常保

持清洁的酒具，这是产品适用的必要条件。托盘层上的圆形定位适用于市面上常见的烈酒吞杯，配套的酒杯即使丢失或损坏，一样可以便利地买到替代品。在酒吧环境中，杯子很容易混淆、丢失和损坏。这也是为产品长久使用而考虑的设计亮点之一。

图 8-19　产品最终效果图

8.3　中医健康产品颈肩按摩仪设计流程

项目名称：中医健康产品颈肩按摩仪设计

客户：某科技公司，主要经营范围为各类电子产品的研发与销售。

项目时间：42 天。

工作内容：设计研究、外观设计、色彩设计、材质选择、模型制作。

8.3.1　产品设计开发调研阶段

1. 明确设计任务

随着国家经济的飞速增长，当代人的生活节奏越来越快，工作压力也越来越大，亚健康状态也逐步成为危害人类身体健康的敌人，人们身体出现许多健康问题，其中较为严重的是颈肩问题。久坐会造成颈肩肌肉紧缩，进而引发颈肩问题，因此久坐的办公室群体工作人员出现这一问题的比例极高。颈肩问题容易影响正常生活，不及时缓解治疗更是会发展成为严重的颈肩疾病。人们逐渐开始重视这一问题，并采取一些措施来缓解颈肩的不适，其中比较有效的是中医按摩疗法。

中医按摩疗法是一种缓解身体不适，促进血液循环的良好方法。中医按摩疗法以中医学理论为指导，以经络穴位之说为基础，以按摩为主要手段，辅助疾病的治疗，促进疾病的康复。然而工作的繁忙使人们没有充足的时间去进行有效的中医保健，市面上相关的中医健康产品也不完善，无法满足人们的需求。因此本项目研究的目的是设计一款新型的颈肩按摩仪，适合于工作场所与家庭使用，可以随时缓解颈肩疲劳，预防疾病。

2. 产品设计调研

产品设计调研包括现有产品调研与用户调研两个方面。

目前市场上已有的按摩仪种类繁多，功能多种多样。按照按摩部位不同可分为头部按摩仪、眼部按摩仪、颈椎按摩仪、腰部按摩仪、腿部按摩仪；按照功能原理不同可分为低频电刺激按摩、机械振动式按摩、红外发热式按摩。通过市场调查，总结出按摩仪主要造型分类，有佩戴式、手持式、头枕式、贴片式，如图 8-20 所示。

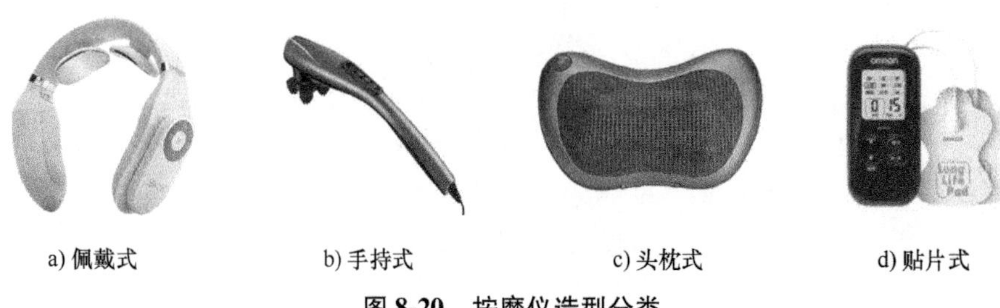

a) 佩戴式　b) 手持式　c) 头枕式　d) 贴片式

图 8-20　按摩仪造型分类

通过现有产品调研，可以看出目前市场上的按摩仪种类繁多，功能较为齐全，但是绝大多数产品仍存在一些缺陷。通过对用户评价的整理，可以总结出市场上按摩仪的优点与缺点。优点在于其操作简单、佩戴舒适，充分的自定义功能能够满足个性化需求。缺点在于按摩的手法、位置与强度不合适，产品体积过大、价格偏高。同时，不同种类按摩仪的销量情况很好地说明了用户对于可穿戴产品的接纳度与喜爱度。而按摩仪本身与身体的接触颇多，将按摩仪可穿戴化，可以更好地解放用户的双手，提高用户的按摩体验。因此，本项目以可穿戴类的按摩仪为基础进行设计。

为了解人们的颈肩问题现状及对按摩仪的使用情况，发放了用户调查问卷，进行用户调研。问卷共回收了 106 份样本，职业分别为在校学生、白领、企业管理人员、技术人员、事业单位人员，以及自由职业者。通过问卷，调查了人们的颈肩问题现状，以及对按摩仪的看法与意见、建议。

问卷对是否有过颈肩不舒服、认为颈肩问题是否重要，以及是否使用按摩仪进行了调查。结果表明，72%的人都曾有过颈肩不适，其中 19%的人表示其自身颈肩问题很严重，并且 78%的人会使用颈肩按摩仪来缓解疼痛，所有受访者都认为颈肩问题很重要。此外通过问卷对人们不使用按摩仪的原因进行了统计，主要原因包括通过身体活动即可缓解疼痛而无须按摩仪，按摩仪外观丑陋，使用不舒适未能达到预期效果等。

通过上述分析，可以看到人们普遍存在颈肩问题，尤其是久坐职业群体的颈肩问题更严重，但是现有的颈肩按摩仪仍存在一些不足之处，使按摩仪没有良好的普及。综合调研结果得出，本设计的用户群体定位为久坐职业的年轻群体，产品设计将针对该目标群体的特征与需求进行。

8.3.2　设计构思与分析

产品需要反映人的生活方式和超功能需求，这些超功能需求包括社会、文化、情感、期望和精神需求。如果产品表现良好但没有满足用户需求，则用户与产品之间的情感依赖便无法实现。因此在进行了设计调研后，需要了解产品的市场现状及部分技术原理。依据调研得到的资料与结论，探索按摩仪设计的需求及产品定位。

1. 造型需求

该颈肩按摩仪的造型以佩戴式按摩仪造型为主要依据。因按摩仪是直接佩戴在身体上的，所以造型首先要贴合人体自然曲线，使造型与人体完美融合，不会干扰任何身体活

动。其次造型要圆润光滑，没有尖锐的棱角，给人一种安全舒适的感觉。此外按摩仪造型应追求透明化、体积小、轻便性，减轻按摩仪自身重量对颈肩造成的挤压感。佩戴时不易引人注目，同时造型美观，具有一定的装饰性。

2. 功能需求

功能方面以按摩的功能为主，实现按摩仪定点按摩，主要针对颈肩的相关穴位，佩戴舒适，不会有压紧感，达到放松肌肉、舒缓疼痛的目的。按摩仪模式设置多种多样，可根据用户自身情况个性化调节，操作应尽量简单易用。因为按摩仪要佩戴在颈部使用，所以应具备语音功能，使用户使用更加方便。此外，按摩仪应具备良好的续航能力，不需频繁充电，给用户带来便捷。

3. 情感需求

按摩仪的设计需要带给用户一种安全感和可信任感，应重视使用者的情感需求。诺曼在《设计心理学》一书中提到，情感化设计的三个层次分别为本能层、行为层与反思层，如图 8-21 所示。产品的情感设计需求首先要考虑本能层的设计，本能设计与用户的第一反应有关。按摩仪的本能设计要让用户感觉良好，首先在视觉上就需要具备足够的吸引力，才会被用户所欣赏。

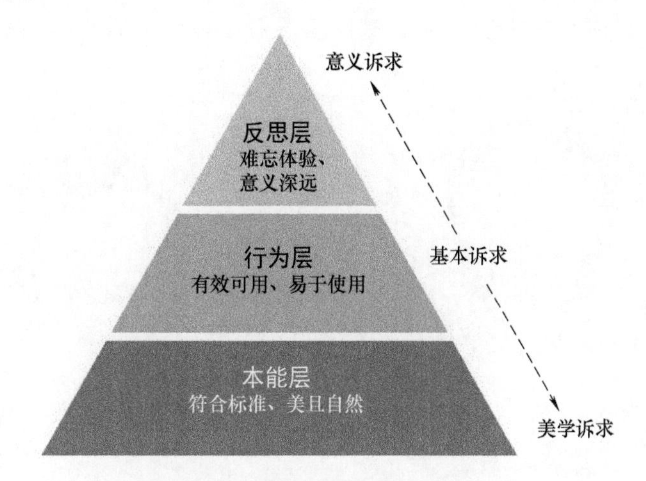

图 8-21　情感化设计的三个层次

而在行为层面，最重要的是产品功能的实现。好的行为层设计有四个要素，即功能的实现性、产品的易理解性、易用性和良好的使用感受。所以按摩仪的功能要带给人以愉悦的感受，在设计产品的过程中不仅要考虑功能与预期功能的相符性，还要考虑用户的使用习惯和行为模式等，给用户营造良好的使用环境，使按摩仪达到使用者的需求，让用户在使用时有良好的情感体验。

因此，按摩仪的设计首先应具有足够的吸引力，使人们的第一感受是良好的，其次应满足功能需求和良好的使用感受。做到这两项的同时还要让使用者感到满意，这便是反思层面的设计。

8.3.3　产品设计与表现

1. 外观设计

在产品的外观设计过程中，首先进行草图的推演，确定产品的造型方案，再通过三维建模进行形态推敲与细节设计。方案模型确定后，通过渲染效果图呈现最终设计方案，最后制作实物模型展示最终效果。

外观设计的第一步，是进行草图的绘制，选取可行方案进行细化，如图 8-22 所示。

图 8-22　手绘草图

第二步是建立三维模型。在确定按摩仪基本形态及尺寸比例后，运用建模软件对按摩仪的细节部分进行建模，在实现功能的基础上，对按摩仪的各部分进行细化，如图 8-23 所示。

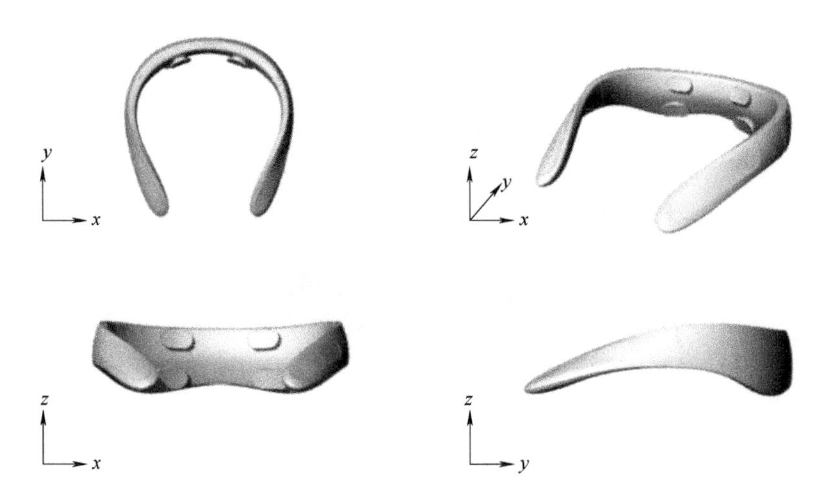

图 8-23　按摩仪三维模型

在完成三维模型建立后，运用 KeyShot 软件将三维模型赋予对应颜色、材质，实现渲染表现，展现最终效果，如图 8-24、图 8-25 所示。

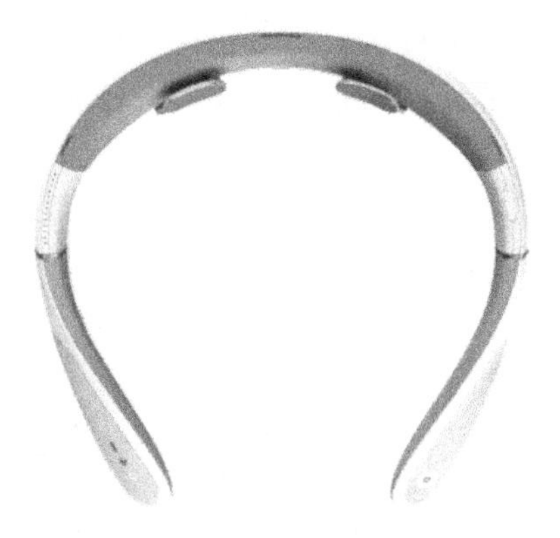

图 8-24　按摩仪效果图（一）

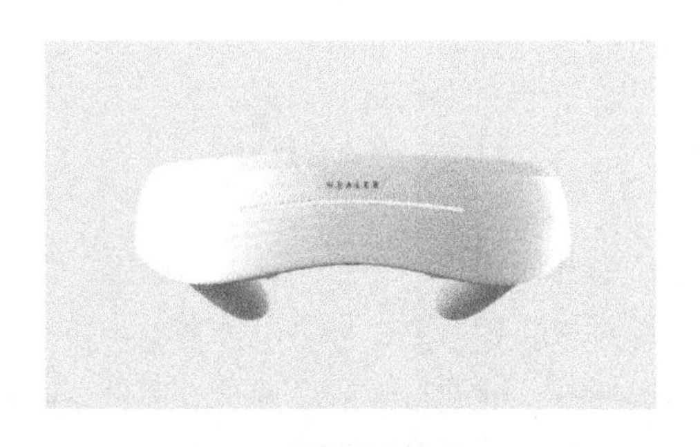

图 8-25　按摩仪效果图（二）

2. CMF 设计分析

产品的颜色、材质及加工方式是产品最终效果呈现的重要因素。因此，在外观设计完成后，需对产品进行 CMF 设计分析，选择合适的颜色、材质及表面处理方式。

在产品的造型、色彩、材料、肌理等方面，色彩是最先将产品信息传递给消费者的，因此，好的色彩设计能给人们留下深刻的印象。色彩的配置是外观设计的重要部分，产品设计可以通过色彩的合理搭配为使用者提供良好的视觉体验，同时提高人们对产品的关注度。除此之外，色彩本身对人们内心的思想和情绪也有一定的影响。在进行色彩设计时，除了色彩的基本属性，还应该充分考虑色彩的情感性与象征性，重视产品的情感表达。

色彩会使人产生冷暖的温度感觉，即冷色和暖色。一般而言，红、橙、黄这类色彩会给人以热烈、兴奋的感觉，称为暖色。而蓝、绿这类色彩会给人以寒冷、沉静的感觉，称为冷色。按摩仪的色彩搭配采用主色与配色搭配的模式，这种简单的色彩搭配与现代年轻人的审美较为相符。其中主色调选取纯白色，整体干净简洁，给人一种安全感、信任感。配色选取淡粉色和淡蓝色，淡粉色为女性按摩仪配色，淡蓝色为男性按摩仪配色，如图 8-26 所示。这两种颜色柔和清新，佩戴时起到一定的装饰作用，符合年轻人的审美喜好，且视觉上不会有浓重的医疗感，给人时尚现代的视觉体验。

图 8-26　按摩仪色彩配置（见彩插）

在设计中，材料是实现最终效果的基础，产品的材料选取对产品的品质有巨大的影响。在按摩仪的设计中运用了多种材料，其中按摩仪外壳采用 ABS 塑料，如图 8-27 所示。ABS 塑料强度很高，表面硬度大，非常光滑，易清洁处理，尺寸稳定，成型加工性好，适合作为家用产品的外壳。

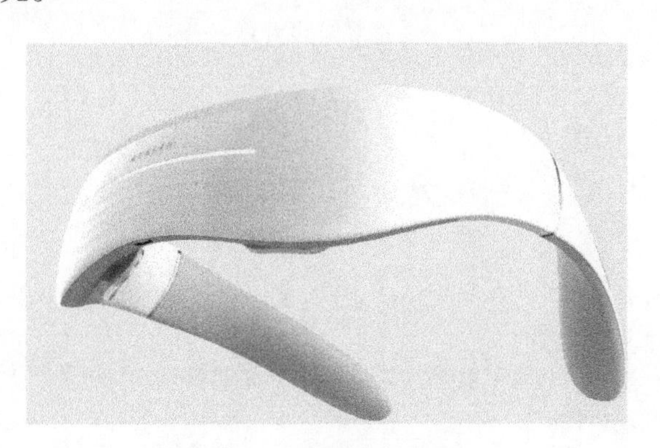

图 8-27　按摩仪外壳材料

按摩仪内侧采用聚氯乙烯塑料，如图 8-28 所示。内侧接触皮肤，材料需要柔软、绝缘、透气。聚氯乙烯具有良好的电绝缘性和耐蚀性，可通过注射成型制成软制品。软质聚氯乙烯一般含有少量增塑剂，质地非常柔软，具有良好的密封性，适合作为按摩仪内侧与皮肤接触部位的材料。

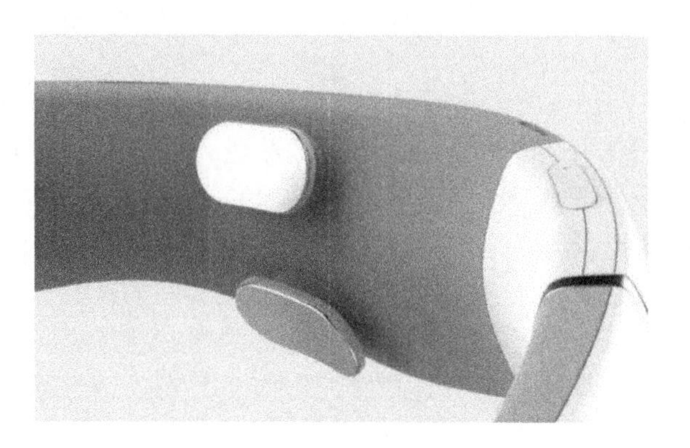

图 8-28　按摩仪内侧材料

本 章 小 结

通过本章的不同实例，让大家了解产品设计开发的程序及方法。不同产品、不同的设计要求、不同企业都会有不同的设计程序及方法。大家可根据上述案例，举一反三，灵活掌握。

通过产品开发案例的介绍，学习产品设计开发的流程与方法，掌握产品设计应注重的关键因素与环节。首先要明确设计任务，对现有产品进行调研，提出设计问题与对策。设计方案应尽可能满足设计任务，应进行多个设计方案的分析对照，使用设计手绘、计算机模型、实物模型等手段表现设计思想，综合考虑设计材料、人机工程学、色彩设计、界面设计等关键的设计要素。通过本章的学习，应对产品设计开发的流程与关键设计因素有直观的认识，并具有初步进行产品设计开发的能力。

拓展视频

生活场景设计篇

本 章 习 题

（1）写出开发小型家电的一般步骤。

（2）（实践练习题）对某种小型家电进行改进设计，完成调研、设计方案对照、方案选定、计算机模型，写出详细的设计开发报告。

第9章

人机界面的人因设计

学习内容——人的信息处理系统、界面设计要素的人因分析、界面信息架构的人因分析、界面交互设计中的认知理论、人机界面系统人因绩效评价方法，以及多通道自然交互人机界面。

学习目的——帮助分析研究人机交互界面中的人因工程设计方法、理论体系。

课题时间——2课时理论。

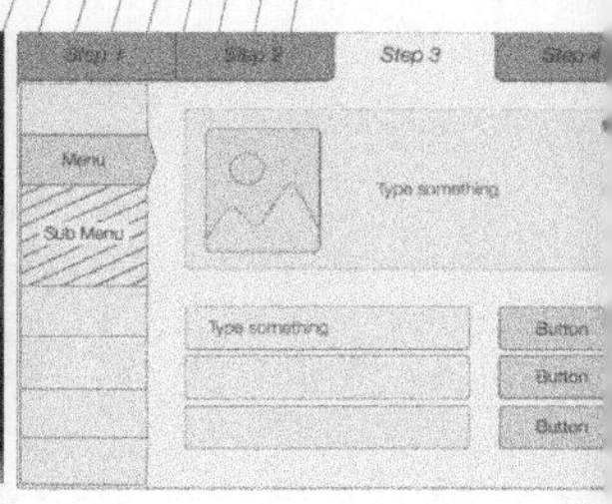

人机界面作为人与机器之间信息沟通和交流的媒介，其作用是实现信息的内部形式与人类可以感知的形式之间的转换，帮助实现信息的输入与输出。

人机界面可以分为广义的和狭义的人机界面。广义的人机界面指人与机之间的信息交流和控制活动都发生在人与机相互接触并相互作用的“面”上。机器的各种显示“作用”于人，实现“机”到“人”的信息传递；人通过视觉、听觉等感官接受来自机器的信息，经过人脑的加工、决策后做出反应，实现“人”到“机”的信息传递。狭义的人机界面指计算机系统中的人机界面（Human-Computer Interface，HCI），又称为人机接口、用户界面。随着软硬件技术的发展，人机界面的设计及其研究已延伸为人、机系统中的交互行为的研究。

人机界面设计的核心是“以人为本”，人机界面的设计和实现，直接影响到用户使用机器的效率，以及用户的生理和心理感受。人机界面的设计在满足“机”的状态表达和“人”的意图传递这一基本功能之上，还需要从认知心理学的角度出发满足人的感知需求、逻辑推理需求、学习决策需求、审美需求和情感需求等。

如果人机界面的设计不合理，会令用户感到困惑、难于掌握，有挫败感，同时会增加失误率，易疲劳，降低工作效率，甚至发生事故或灾难。

9.1 人机界面的人因设计概论

9.1.1 人机界面的概述

模拟控制人机交互体系：在模拟控制人机交互阶段，复杂操纵系统通常排布有多个仪表以及物理操作按钮、旋钮或滑块等，如图 9-1 所示为灯光控制台整体图，图 9-2 更加清晰地展示了灯光控制台的形态特征。

图 9-1 灯光控制台整体图

图 9-2 灯光控制台

此时的人机交互界面主要是模拟控制界面。传统的模拟控制一般是监视和操作系统，以操作任务为主。模拟控制系统呈现的界面类型一般为仪表读数结合旋钮按钮等物理按键，通过控制面板上的模拟器显示系统信息及组件层的具体参数等。常规的模拟控制系统通常需要操作员在控制室来回走动以获取必要的信息和执行操作动作。这样分布在操作空间的模拟控制系统的人机操作界面，被称为空分制交互界面。

模拟控制人机交互体系中信息的分散式呈现使得用户获取信息的效率低下并且用户的认知负荷较高，对用户过滤次要信息筛选关键信息并整合处理的能力有着较高的要求。

数字化控制人机交互体系：随着计算机交互技术、控制技术和人机界面的快速发展，使复杂人机交互系统进入了信息化时代，也就是模拟控制人机交互体系转化为数字化人机交互体系。在很多信息系统中数字化控制人机交互体系已经逐步取代模拟控制，被广泛应用到战机、船舶及汽车的操控，核电厂控制，以及战场指挥等各种复杂的人机交互系统和环境中。作战指挥系统中数字化显控台的物理按键和仪表数目明显减少，更多操作基于数字化显示屏。大量的信息通过显示屏显示，随着时间的变化，显示的信息也不断发生变化。这种信息随时间变化而变化的人机显控界面，称为时分制交互界面。

目前的人机交互界面主要是数字化控制界面。数字化控制系统以监视、辨识、诊断和操作为主，更多地表现为认知任务。数字化控制系统相比模拟控制系统来说具有一系列的优势，如系统自动化水平高，系统可靠性高，而且多参数、多目标的控制确保了海量的信息容纳量。

尽管数字界面相对模拟控制系统人机交互界面来说具有很多优点，但是，数字化呈现的指控任务由于信息量大，信息关系复杂，易使操作者进入复杂性认知，可能会由于操作失误、误读误判、反馈不及时等导致任务执行困难，严重时会产生系统故障，甚至发生重大事故。

从事人机界面系统设计，需要考虑认知科学、计算机科学、人因工程、生物医学、神经科学、信息工程、人工智能等多学科的交叉融合。本章将围绕人因工程学科，展开人机界面研究的方法、理论及系统设计。

9.1.2　人因工程与人机界面系统的交叉融合

数字化的人机界面中巨量信息与有限显示的矛盾非常突出，并伴随产生繁重的，但又必要的界面管理任务，它们给人因工程的可靠性带来了前所未有的影响，增加了新的人因失误源，可能出现新的人误模式。因此，人机界面系统设计与人因工程需要更好地交叉融合，从而减少人为操作过程中产生的误差。人因工程与人机界面的交叉融合在于统一考虑人-机器-环境系统总体性能的优化。

人机界面系统设计的人因工程是从用户的生理、心理等特征出发，研究用户-机器-环境系统的设计与优化，以达到提高人机系统的效率，保证用户安全、健康、舒适的目的。目前人机界面系统设计中人因工程的研究主要围绕以下问题进行。

（1）可用性与易用性　可用性是评价人机界面系统最重要的因素之一，国际标准化组织对可用性的定义为：产品在特定使用环境下为特定用户用于特定用途时所具有的有效性、效率和用户主观满意度。易用性是指产品区块符合用户的使用习惯和基本认知，易于上手，用户在使用当中能简单快速地完成预想任务，并在使用过程中得到良好的主观体验。

（2）舒适性　人机界面系统的舒适性，指的是机器界面的显示/操作界面与用户之间的匹配要合理，同时要使用户感到舒适。这方面的测评可以运用主观评价的方法，也可以运用眼动追踪、肌电或脑电测量等手段进行用户舒适度的生理因素研究。

（3）安全性　人机界面系统的安全性指的是人机界面环境中存在的安全问题。安全问题包括机器软硬件故障、不安全的操作空间、人为失误等各种不安全因素。

（4）实时性　人机界面系统的实时性指的是系统调度一切可利用的资源完成实时任务。人机界面的实时性可以定义为系统在规定时间内对外来事物的反应能力，即用户的操作行为能够尽可能快速地得到系统的反馈。

（5）复杂性　人机界面系统的复杂性，从用户角度阐述指的是用户对界面显示信息理解的难易程度。用户界面复杂性直接关系着用户决策思维的进程和效率，同时这些决策关系着系统的任务是否能够顺利执行。

（6）协调性　人机界面系统的协调性指的是系统在进行运作时，人、机器、环境要素都能协调配合，避免冲突。在人机界面中，要明确“主角元素”和“配角元素”，人机界面设计中还要注意各种元素动静结合，动态的元素可以展示信息的变化，有效地获取用户的注意力，静态的元素通常是按钮、文字等，它们不一定是用户第一时间需要注意的，但却是用户在人机交互过程中不可缺少的部分。

总之在进行人机界面系统设计时，要协同考虑人机界面系统的可用性、易用性、舒适性、安全性、实时性、复杂性，以及协调性。把握人机界面系统整体设计，充分考虑用户，遵循设计原则、设计方法，最终提高用户的工作效率和质量。

人机界面的设计是复杂的、多层次的，在设计过程中有多种因素需要考虑，而人机界面所面对的用户及任务又复杂多变，需要充分了解人的生理、心理特性，从人的感知出发，寻求符合人类认知和生理可达范畴内的合理化设计解决方案，要实现这一目标，人机界面的设计和人因工程分析必然涉及多学科的交叉和融合。相关的学科如下：

1. 认知科学

目前认知科学所研究的内容主要包括人类的大脑感知觉、注意、记忆、语言逻辑、思维意识、表象、推理能力和学习能力等。人的认知过程可以大致地表现为，人脑反映外界事物特征与内在联系的心理活动。认知心理学研究的心理过程包括知觉、注意、学习、记忆、问题求解、决策，以及语言等。

2. 行为科学

在人机界面系统设计领域，人机界面系统中的行为科学通常指的是人与机器界面之间的交互行为，两者相互协调。人机界面的交互行为可以大致划分为六个步骤：①确定任务，建立目标；②形成具体的任务路径；③执行交互动作；④感知界面呈现的信息；⑤解释界面呈现的信息；⑥相对于目标和期望进行评估。

3. 计算机科学

计算机科学是系统性地研究信息与计算机的理论基础，以及它们在计算机系统中如何实现与应用的实用技术的学科。在现代社会，计算机科学不仅带来信息革命，并且其未来高效化、智能化、多元化发展还将带来人机交互的革命。

4. 符号学

符号的概念可以理解为用一个简单的代号来代表另一个复杂事物或者概念。在人机界面的系统设计中可以将符号学的研究作为人机界面研究的切入点之一，研究如何设计、运用图形符号元素，从而促进人机界面信息呈现的高效性和准确率。

5. 神经心理学

神经心理学是心理学与神经学的交叉学科，它把人脑当作心理活动的物质本体，综合研究两者的关系。近年来，人机界面的研究也逐渐开始涉及神经心理学的知识，目前在这方面较常见的研究方法有内隐联想测验、眼动测验、脑电测验等。通过这些实验方法，用户对人机界面进行操作时的一些心理、生理活动能够以数据的形式被准确地记录下来，从而将抽象、定性的概念定量化。神经心理学在人机界面领域的发展有着很大的贡献，一方

面为人机界面的图形设计和交互设计提供更准确的理论依据；另一方面，学者们在研究人机界面时提出的一些假设也能够得到验证、修正，提高了科研的可信度。

6. 神经设计学

神经设计学是运用神经科学（脑科学）和相关生命科学技术来探寻和解密人类在设计和体验过程中的大脑活动规律，从而指导设计活动向人类内源性方向发展。神经设计学的目的旨在提供设计领域中的神经科学依据，揭示设计领域中的神经生理学现象，提供深层次、多角度、全方位的解读和设计指导，实现设计师和用户之间的认知零障碍。传统设计学以经验设计和主观判断评价作为设计的基础，神经设计学是对传统设计的改良，使传统设计融入科学的元素，使设计和科学接轨。通过脑电实验，神经设计学可以研究界面设计用户对数字界面元素、偏好、视觉感知、色彩搭配、对比度、图像质量的认知规律，根据大脑区域激活度、潜伏期、脑电波阈值，实现对数字界面的优化设计和评估；神经设计学也可用于研究人机界面交互的动作方式、空间维度、可用性评估、操作绩效和用户偏好等，同时根据数字界面元素的脑电评估原则，实现对人机交互界面的优化和改进。

9.2 人的信息处理系统

人类对外界事物的认知，是一个主动地输入信息、符号与解决问题的动态过程，可以看作是信息加工的过程，包括感觉、知觉、记忆、思维与决策、行为反应与注意等环节。

9.2.1 人的信息处理模型及结构

在人机系统模型中，人与机之间存在一个相互作用的“面”，称为人机界面。人机之间的控制活动、信息与沟通等通过人机界面实现，如图9-3所示，人通过视觉和听觉等感官接受来自机器的信息，经过中枢神经系统的加工、决策做出相应的反应。同时，人（用户）通过向计算机输入信息从而发起会话，计算机根据内部存储的协议、知识、模型等对输入信息进行识别、处理，最后把处理结果作为对输入信息的反馈再传递给用户。人机界面的设计直接关系到人使用“机”的安全性、效率、可靠性和舒适性。

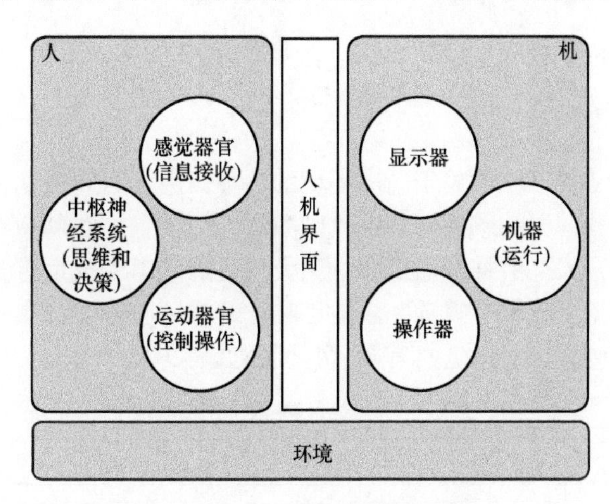

图9-3 人机信息传递

人类认知活动过程是一个主动地、积极地加工和处理输入信息、符号与解决问题的动态过程，人脑对信息的加工是认知活动的基础，可以把人的认知过程看作信息加工过程。

如图 9-4 所示为人的信息加工系统模型，方框表示信息加工的各个环节：感觉知觉、思维决策和反应输出。长时记忆、工作记忆和注意作为储存单元和认知资源参与其中，箭头线表示信息流动的路线和方向。

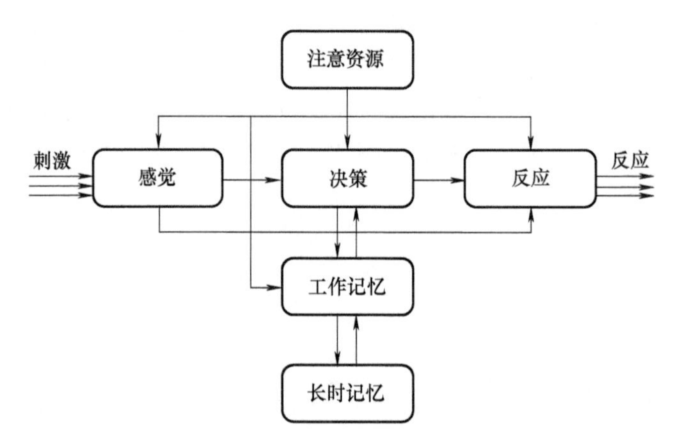

图 9-4 人的信息加工系统模型

人的信息加工过程主要由感觉、知觉、记忆、决策和运动输出等环节组成。系统接收感觉器官传进来的外界刺激信号，经过中枢神经系统的处理，最后产生一系列的命令，发送给运动器官，从而通过相应的运动过程对外界刺激产生反应，整个过程如图 9-5 所示。方框表示信息加工的各个环节，箭头线表示信息流动的路线和方向，圆柱体框表示记忆的参与。

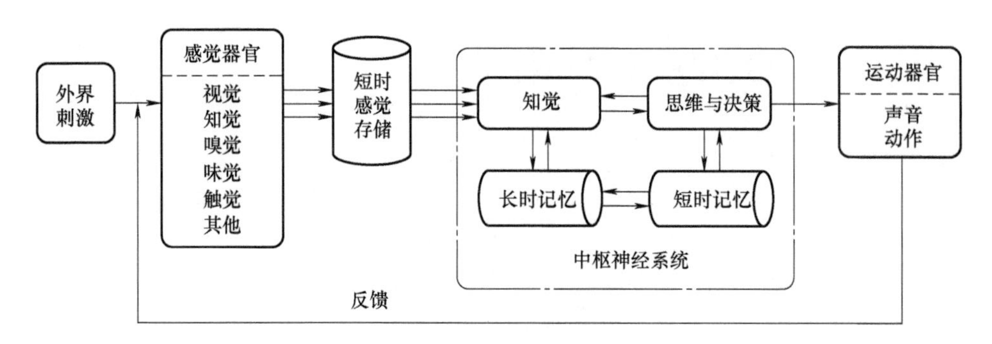

图 9-5 人的信息加工过程

9.2.2 感觉

人通过自己的感觉器官获得关于周围环境的各种信息，因此感觉是人的信息处理系统的输入子系统。感觉器官中的感受器是接收刺激的专门装置，在刺激物的作用下，感受器的神经末梢发生兴奋，兴奋沿神经通道传送到大脑皮层感觉区产生感觉。感受器按其接收刺激的性质可分为视觉、听觉、嗅觉、触觉、味觉等多种感受器，其中视觉、听觉和嗅觉感受器接收远距离的刺激，各感觉器官及适宜刺激见表 9-1。

表 9-1 各感觉器官及适宜刺激

序号	感觉	感受器	适宜刺激	刺激源
1	视觉	眼睛	一定范围的电磁波	外部
2	听觉	耳朵	一定范围的声波	外部
3	触觉	皮肤	皮肤表面的变化弯曲	接触

（续）

序号	感觉	感受器	适宜刺激	刺激源
4	味觉	舌头	不同味道的食物	接触
5	振动觉	无特定器官	机械压力的振幅及频率变化	接触
6	压力觉	皮肤及皮下组织	皮肤及皮下组织变形	接触
7	温度觉	皮肤及皮下组织	环境媒介的温度变化或人体接触物的温度变化，机械运动或某些化学物质化学反应产生的温度变化	外部或接触
8	运动觉	肌肉、腱神经末梢	肌肉拉伸、收缩	内部

9.2.3　知觉

知觉即是对人们通过感官得到的外部世界的信息，在大脑中进行综合加工与解释，并产生的对事物整体的认识。知觉是人的大脑对直接作用于感觉器官的客观事物和主观状况的整体反映，是感觉的第二个阶段。大脑把感受到的外界刺激与大脑中储存的信息进行比较，对外界刺激进行编码，使它成为人的信息系统能够识别的形式。

知觉的基本特性主要体现在整体性、理解性、选择性、恒常性四个方面。

（1）知觉的整体性　把知觉对象的各种属性、各个部分变成一个同样的有机整体，这种特性称为知觉的整体性。知觉的整体性人们在感知自己熟悉的对象时，只根据其主要特征即可将其作为一个整体而被知觉。

（2）知觉的理解性　根据已有的知识经验去理解当前的感知对象，这种特性称为知觉的理解性。由于人们的知识经验不同，所以对知觉对象的理解也会有所不同，此外，人的情绪状态也影响人对知觉对象的理解。

（3）知觉的选择性　人们总是按照某种需要或者目的主动且有意识地去选择其中少数事物作为知觉对象，并对它们产生突出且清晰的知觉映象。把某些对象从某背景中优先地区分出来，并予以清晰反映的特性称为知觉的选择性。

（4）知觉的恒常性　人们总是根据以往的印象、知识、经验去感知当前的知觉对象，当知觉的条件在一定范围内改变时，知觉对象仍然保持相对不变，这种特性称为知觉的恒常性。

大小恒常性指在一定范围内，个体对物体大小的知觉不完全随距离的变化而变化，也不随视网膜上视像大小的变化而变化，是知觉映象仍按实际大小感知的特征。人机界面中呈现的物体在人的知觉中的大小，不会随界面图片的放大缩小而改变，如图9-6所示人对苹果的大小的认知是一定的。

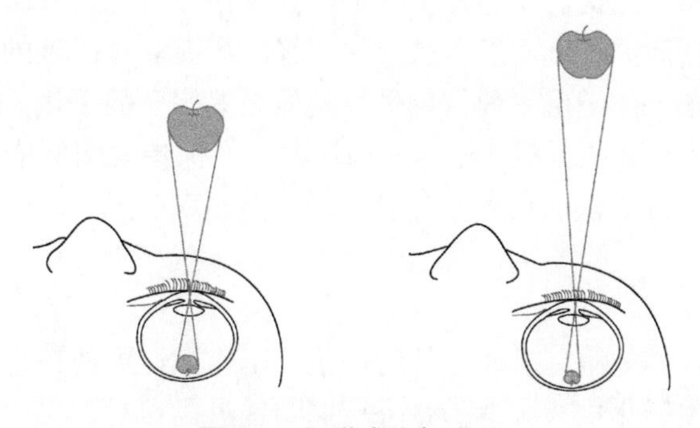

图9-6　知觉大小恒常性

形状恒常性指看物体的角度有很大变化时，知觉的物体仍然保持同样的形状。例如，当一扇门在人的面前打开时，视网膜上的映像经历一系列的改变，但人总是知觉门是长方形的。

明度恒常性指当照明条件改变时，人感知到的物体的相对明度保持不变的知觉特性。例如，煤块是黑色的，粉笔是白色的，物体在人脑中的明度印象不会改变。因此，虽然物体的光照条件改变了，人仍然把它感知为原有的明度。

颜色恒常性是与明度恒常性完全类似的现象。例如，无论在强光下还是在昏暗的光线里，一块煤看起来总是黑的。

9.2.4 记忆

认知心理学把记忆看作是人脑对输入的信息进行编码、储存和提取的过程，并按信息的编码、储存和提取方式的不同，以及信息储存时间长短的不同，将记忆过程分为感觉记忆、工作记忆和长时记忆三个阶段，如图 9-7 所示。

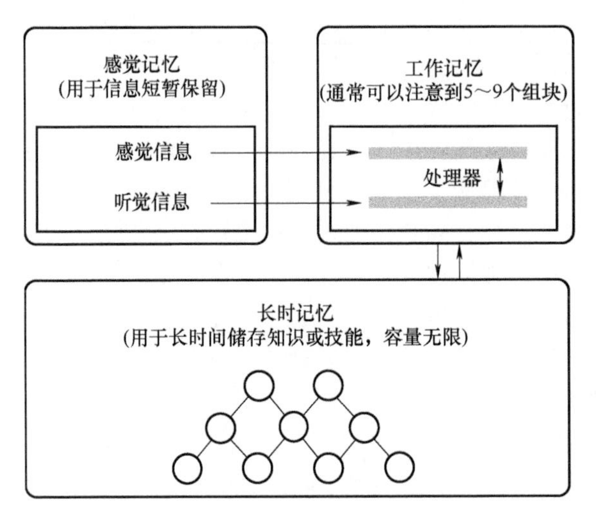

图 9-7 记忆过程

1. 感觉记忆

感觉记忆是认知过程中信息存储的第一阶段，它是外界刺激在极短时间内的一次呈现，并且大脑在一次呈现后会存储一定数量的信息。

2. 工作记忆

工作记忆是认知过程中信息存储的第二阶段，它可以被理解为一个容量有限的中枢处理器，用于信息的短暂存储和加工，它接收感觉登记编码后的信息，经过识别、加工、处理和组装后再输出为长时记忆。复述是工作记忆信息存储的有效方法。它可以防止工作记忆中的信息受到无关刺激的干扰而发生遗忘。记忆内容提取有困难的主要原因是遗忘。而造成遗忘的最大原因是工作记忆中的信息受到其他无关信息的干扰。研究表明，回忆率与间隔时间的关系如图 9-8 所示。不进行复述的情况下，保持时间间隔越长，正确的回忆率越低。由此可见，在屏幕上显示很多信息对用户操作并不一定有利，反而会加重用户的视觉寻找负担。

3. 长时记忆

认知过程中信息存储的第三阶段是长时记忆。工作记忆中的信息经过识别、加工、处理和组装后，在头脑中转化成永久性信息进行储存，形成长时记忆。保持长时记忆的有效途径是不断地提取信息和精细复述。

目前普遍认为长时记忆分为语义记忆和情节记忆两类。语义记忆是指根据一定的概念

含义，对一般知识和规律具有层次网络的记忆。语义记忆在提取时是以激活态在网络通道上扩散而实现的。

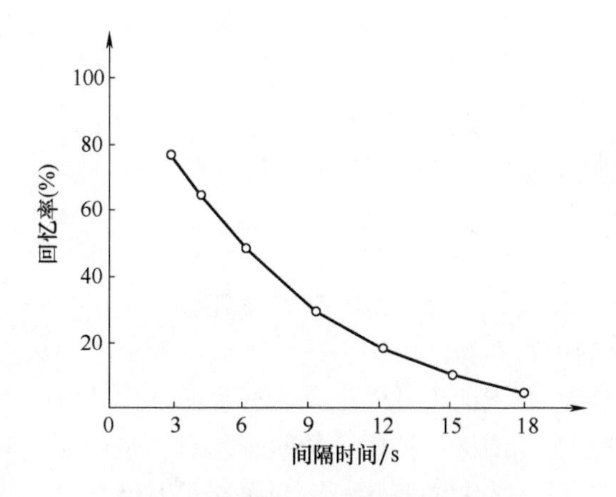

图 9-8　回忆率与间隔时间的关系

9.2.5　思维与决策

思维是借助语言、表象或动作实现的、对客观事物概括的和见解的认识。知觉是外界刺激直接输入并进行初级加工，记忆是对输入的刺激进行编码、储存、提取的过程，思维是对从知觉、短时和长时记忆中得到的数据进行更深层次的加工，主要表现在概念的形成和问题解决的活动中。

思维最初是人脑借助于语言对客观事物的概括和间接的反应过程。思维以感知为基础，又超越感知的界限，它探索与发现事物的内部本质联系和规律性，是认识过程的高级阶段。思维的基本形式是概念、判断和推理。按照发展水平和目的要求的不同，思维可分为直观动作思维、直观形象思维和抽象逻辑思维。

决策是人为达到一定目标选择行动方案的过程。在决策时，首先要确定目标，找出可达到这个目标的各种方案，比较各种方案的优缺点，然后选出一个最优的方案。但是决策系统有自身的特征与局限：人是一个受到限制的理性决策系统，人的计算能力是十分有限的，工作记忆的限制、长时记忆的限制、速度慢。

人机系统中要想提高决策水平，就要在系统设计上要充分考虑人的决策行为特点和决策能力的局限性，并提供决策所需的条件和决策辅助工具，如用计算机辅助决策。

反应时：心理学研究发现，反应时即为感官接收信息到发生反应的各信息处理阶段所耗费的时间的总和。反应时是人因工程学在研究和应用中经常使用的一种重要的心理特征指标。实践中往往利用反应时指标来近似说明人对信息处理过程的效率及影响因素。

注意：注意是心理活动或意识伴随着知觉、记忆、思维、想象等心理现象对一定对象的指向与集中。注意的指向性是指人的心理活动或意识在某一瞬间选择了某个对象，从而忽略了另一些对象。注意的集中性是指当心理活动或意识指向某个对象的时候，他们会全神贯注在这个对象上。注意的功能包括选择功能、保持功能、调节功能及监督功能。注意的选择功能是使心理活动选择有意义的、符合需要的、与当前活动任务相一致的各种刺激；避开或抑制其他无意义的、附加的、干扰当前活动的各种刺激，使大脑获得需要的信息，保证大脑进行正常的信息加工。注意的保持功能在人类的信息加工过程中具有重要意义，能使心理活动的内容得以在意识中保持，使心理过程得以持续进行。注意的调节功能可以控制活动向着一定的目标和方向进行，使注意适当分配和适当转移。注意的监督功能使得注意向规定方向集中。

人的信息处理受多方面影响，包括主体因素、客体因素，以及精神因素等方面的影响。主体因素包括人的视觉和行为习惯。客体因素包括信息结构关系的合理性、信息显示方式的易理解性，以及信息内容的一致性。精神因素包括压力与疲劳。

9.3 界面设计要素的人因分析

界面设计要素是信息化人机界面中的重要组成部分，是用户观察、获取界面视觉信息最直观的通道。通过界面设计要素的人因分析，可以挖掘出要素内在的认知属性和人因需求，从用户需求上优化界面要素的设计并提高各要素的操作效率。人机界面系统中基本设计要素主要有以下 6 个方面：图标、控件、导航、色彩、布局和交互。本章将围绕人机界面系统中的设计要素，分析各要素的概念、认知属性及人因需求，并阐述如何从人因角度合理地设计这些界面要素。

9.3.1 图标设计的人因分析

图标是人机交互界面的主要组成部分之一，是认知加工过程中的基础，用户对图标的认知也是用户对系统各部分功能及属性认知的起点。目前，人机交互界面中图标要素的呈现形式多样，设计手法种类繁多，可以从多个角度对图标的类型进行分类。

（1）基于视觉维度划分　图标按视觉维度可分为二维线性图标、二维实体图标和三维立体图标。二维线性图标如图 9-9 所示；二维实体图标如图 9-10 所示；三维立体图标如图 9-11 所示。

图 9-9　二维线性图标

  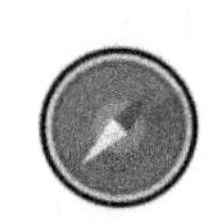   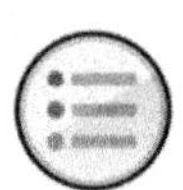

图 9-10　二维实体图标

图 9-11　三维立体图标

（2）基于语义表达手法划分　图标按语义表达手法可分为文字型图标、具象型图标、隐喻型图标。文字型图标如图 9-12 所示；具象型图标如图 9-13 所示；隐喻型图标如图 9-14 所示。

图 9-12　文字型图标

图 9-13　具象型图标

图 9-14　隐喻型图标

（3）基于内容复杂性划分　图标的复杂程度也是影响图标认知的重要因素，图标依据呈现内容的复杂性可分为通用性图标和复杂性图标。通用性图标是指在日常软件中常见的图标体系，已经得到了用户的认可，用户基本可以不需要任何培训即可明白图标的含义，通用性图标如图 9-15 所示。

图 9-15　通用性图标

复杂性图标一般是人机交互界面中针对一些主题系统的复杂任务需求所产生的一类特殊的图标，具有针对性强、罕见、语义复杂等特点，对用户而言，需要进行学习、记忆与适应，复杂性图标如图 9-16 所示。

图 9-16　复杂性图标

在人机界面中，图标的交互动作与其他交互形式相比更简单、直接，常规的操作一般是鼠标单击或触摸点击。从认知的角度分析，虽然图标的交互动作很简单，但用户与图标的交互依然包含了完整的信息认知加工过程，即刺激、感知、识别、理解、预测、判断、反应 7 个阶段。图标的认知过程如图 9-17 所示。

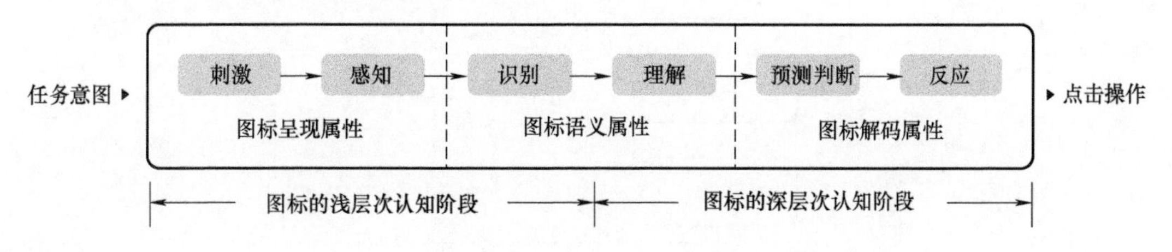

图 9-17　图标的认知过程

9.3.2　控件设计的人因分析

控件是图形用户界面所有界面构件的总称。设计师可以通过在界面中设置各种不同的控件，构成具有确定功能的人机交互界面。控件的分类有很多种，从功能上可以分为复合型控件和操作型控件：复合型控件指同时包含多类信息呈现和操作的控件，如窗口、菜单、标签、文本框、列表、树状图；操作型控件指仅包含单一操作的控件，如滚动条、单选框、复选框等。

与图标相比，控件在界面中的分布较为分散，不同类别控件之间的语义与功能也各不相同。通常，用户对控件的认知过程是一个从视觉刺激、信息理解到最终判断的过程。单一型控件以信息识别、判断为主，复合型控件包含了信息呈现和更复杂的操作，涉及较高层面的认知与解码。因此，可以把用户对控件的认知分成 4 个层次：直观感知层、视觉凸显层、内在信息层和解码加工层。

1）复合型控件的人因需求：复合型控件通常同时包含图文、列表类信息，具有信息量庞大、实时性强、信息交叉点多、综合性强等特点，通常在界面中以矩形区域来综合呈现一组信息。总体而言就是合理的空间排布、清晰的功能语义，以及连贯的操作流程。

2）操作型控件的人因需求：与复合型控件不同，操作型控件的呈现形式简化很多，信息量较小且信息类别单一，用户的认知加工过程通常主要涉及识别和判断两个阶段。需要注意的是，操作型控件自身的设计形式需要具有引导属性，与用户在实际生活中的操作习惯呼应，以保证用户可以快速、准确地识别出控件的操作方式。总体而言就是简洁的呈现形式、必要的操作引导，以及准确性和连贯性。

9.3.3 导航设计的人因分析

导航作为人机交互界面的重要组成部分，贯穿着整个界面的始终，引导着用户进入所需界面完成目标和任务，起到桥梁和路标的作用。在人机界面中，导航的类型有很多，按不同角度有不同的分类方法，常见的导航类型包括：主导航、局部导航、菜单导航、分步导航、树状导航、选项卡导航等。

在人机交互界面中，以上导航类型一般不会单独存在，每种导航类型都有自己的优缺点，只有取长补短，开展以用户为中心的设计，才能构建一个高效、易用的导航系统。

根据导航的认知流程，可以将导航按照认知属性分成隐性导航与显性导航，如图 9-18 所示为导航认知的双层结构。显性导航主要引导界面中各视觉信息单元之间的外在关联性，如不同图标、控件之间的功能分布；隐性导航主要引导各类层级信息之间的内在关系，强调潜在的信息架构，是整个人机交互界面中各信息结构之间的关联。

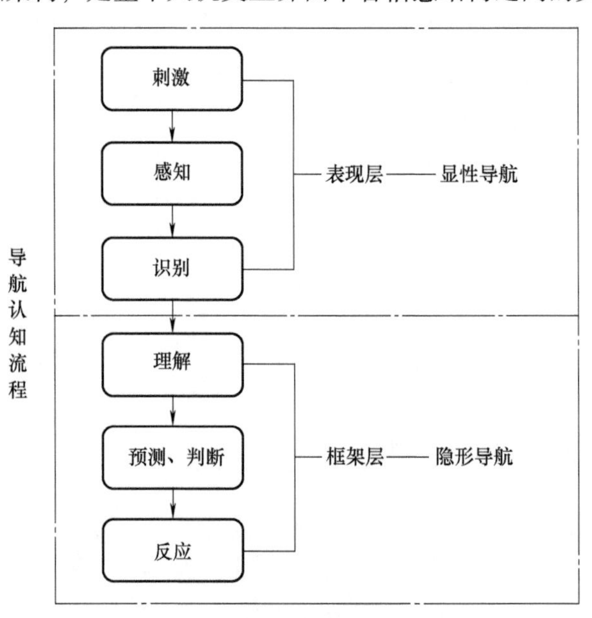

图 9-18 导航认知的双层结构

通过归纳可以得到导航设计的人因需求为以下几点：

（1）清晰的主次关系　显性导航的本质是引导用户对界面有清晰的主次关系认知。导航的呈现属性应依据“少即是多”的设计原则，保持在整体界面中的视觉均衡。

（2）广度与深度的平衡　导航的结构包括广度和深度，一方面，由于眼睛扫描比鼠标单击运行得快，在广度选项间的扫视比在深度选项间的选择轻松；另一方面，如果广度太大，将所有选项全部展示出来，缺少一定的深度层级，用户会难以选择，如图 9-19 所示。因此，导航的组织架构需要实现广度与深度的平衡，设计时可以运用卡片分类法将所有导航按类别分组，归纳出一定的广度类别，再对信息层级进行深度结构设计，但广度和深度的层级都不宜过多。

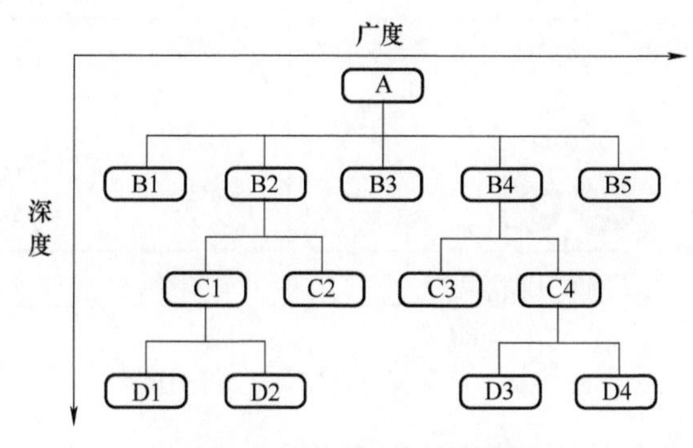

图 9-19　导航的广度和深度

（3）自然的导航流　当用户全身心地关注某项任务时，不会意识到外界干扰，这种状态称为流。在导航过程中用户基于各类导航的语义解读，会产生关联信息之间的导航流。若要构建和谐自然的导航流，需提供清晰的导航标志和准确的对应语义，以加强用户位置感知。

（4）必要的多路径导航　依据任务流程加入必要的多路径导航模式，将单一导航分成多种路径，为用户提供更多路径选择，可以很大程度地降低认知负荷。

（5）操作与反馈的统一　操作与反馈的统一应当体现在：操作前导航的目的界面可预知，操作中导航方向路径有指示，操作后导航的跳转结果可撤销。同时，每步操作都应具备合乎逻辑的反馈，且反馈形式要清晰、准确。

9.3.4　色彩设计的人因分析

色彩是人类视觉感知中最敏感的属性。科学、合理地运用界面色彩不仅能够使界面设计更富有艺术感染力，还能够辅助其他视觉信息更为准确、清晰地传达，从而高效地实现人机交互、提升用户体验。

在界面中，色彩是具有最强视觉冲击力的视觉要素。人机界面的色彩构成可以总体概括为背景色彩、文本色彩和图形图像色彩 3 种，它们的特征如图 9-20 所示。

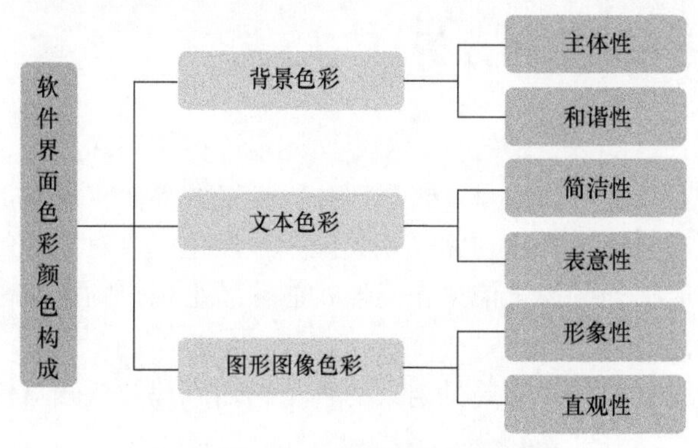

图 9-20　人机界面色彩元素构成

色彩是以色光为主体的客观存在，是用户对界面的视觉感想，色彩不仅具有装饰和美化的效果，而且能够影响用户的心理并引导用户的操作。在认知加工层，可以根据用户对色彩的认知加工次序分为由浅到深三个层次，分别对应色彩中呈现属性的认知、语义属性的认知和引导属性的认知。

在人机界面中，用户通过对界面色彩的呈现属性、语义属性以及引导属性由浅入深的认知，形成完整的认知加工过程。这三种属性的合理组合，可以进一步完善人机界面中由色彩传递的各类信息，并给用户带来舒适的情感体验。色彩属性认知加工映射模型如图 9-21 所示。

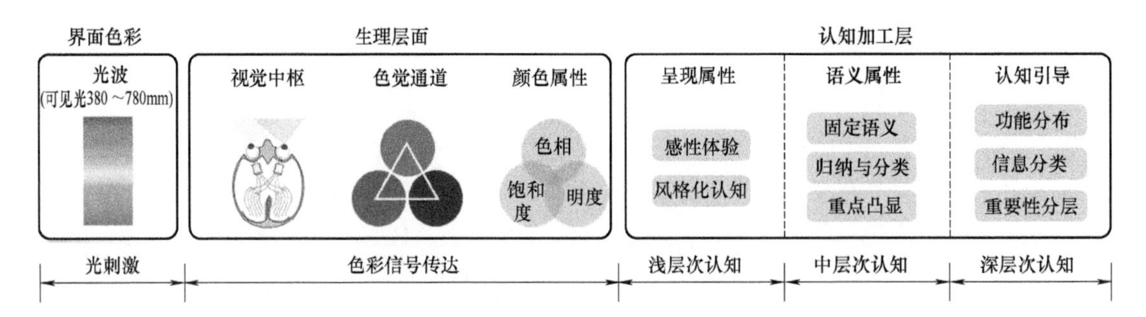

图 9-21　色彩属性认知加工映射模型

通过归纳可以得到色彩设计的人因需求为以下几点：

（1）符合感性认知　同一界面中的色彩应当控制在 7 种以内，在简单的区分任务中，色彩的数量可以适当增加，但是色彩之间的对比度不宜过高。

（2）树立主题风格　通过色彩的风格化运用可以帮助用户了解、信赖、牢记一个产品或企业的理念，企业都渴望传达给用户一种专业、信赖感强、充满活力、积极向上的品牌形象。

（3）合理的视觉凸显　在人机界面的海量信息中，如何快速定位用户想要关注的内容，需要设计师合理地运用色彩来有效地突出重要信息。

（4）功能的归纳与区分　色彩在人机界面认知过程中的重要功能是信息归纳和区分，人们在使用人机界面的过程中，随着信息量的增多，采用色彩的变化编码可以有效地将信息进行视觉分类。

（5）准确的固定语义　色彩的固定语义指一些特定的色彩本身具有特定的语义信息和提示功能。用户基于客观经验通过对这些特定色彩的色相、明度和纯度的感知，产生相同的语义映射和镜像联想。

（6）环境需求　通常，人机界面的操控主要发生在日常环境中，但在某些特殊行业，也需要面对一些极端的人机操控环境，如无光密闭的操作环境，或者强日光照射的环境。因此，设计师在进行人机界面的色彩设计时，需要充分考虑用户所处的环境。

9.3.5　布局设计中排列和分布的人因分析

人机界面布局设计，即以一定的方式将界面元素进行排列和分布，使其达到某种最优指标。界面布局方式是人机界面的重要组成部分，良好的界面布局有助于用户快速获取界面信息，高效地进行视觉搜索并顺利完成相关操作，强化用户对系统的积极认知，从而减少用户认知负荷，同时适当的视觉信息布局形式能够满足用户的审美需求，提高用户对界面的满意度。

在人机界面各设计要素中，布局是与人的视觉感知原理及认知特性最相关的要素。布

局的认知属性可以从视觉感知规律、视觉流程和关注点三个方面展开介绍。

1. 布局中的视觉感知规律

视觉感知活动由自下而上的过程和自上而下的过程确定。自下而上的过程源自呈现在视网膜上的视觉信息，即在人机界面的信息内容。自上而下的过程可由注意力来描述，它由完成某些目标的需要来驱动，即用户的任务与目标。

2. 布局中的视觉流程

视觉流程是指视线在界面上具有方向性的运动轨迹，它是一个从整体感知到局部感知的过程。不同的视觉流程对应了不同的布局形式，视觉流程主要有如下 3 种形式：

（1）单向视觉流程　单向视觉流程一般有两种形式，即直线和曲线。直线视觉流程表现为横向视觉流程（图 9-22）、竖向视觉流程（图 9-23）和斜向视觉流程。曲线视觉流程最具代表性的是“S”形态的视觉流程，视线从左上向右下运动。根据人的认知规律可以发现，这类单向视觉流程比较符合人的自然视线运动规律，这类布局形式有明显的视觉引导性，能够提高用户认知速度。

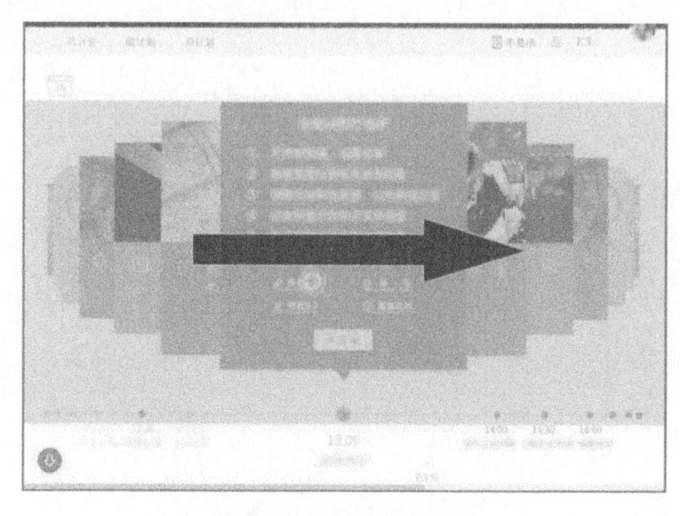

图 9-22　横向视觉流程

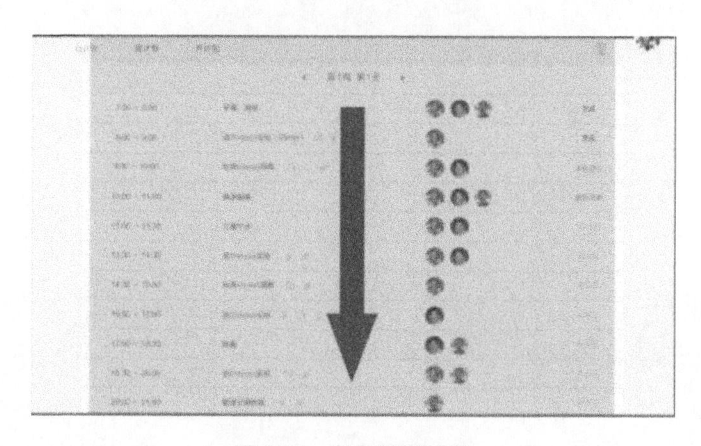

图 9-23　竖向视觉流程

（2）导向视觉流程　导向视觉流程通常在布局中会使用一些视觉诱导符号和导向结构来引导用户视线，如线形结构、环形结构和树形结构等。这些明显的指示性符号赋予了界面视觉元素一定的视觉方向，让用户跟随导向结构进行认知，如图 9-24 所示为导向视觉流程。

（3）焦点视觉流程　如图 9-25 所示为焦点视觉流程，视觉焦点是在详情界面中比较

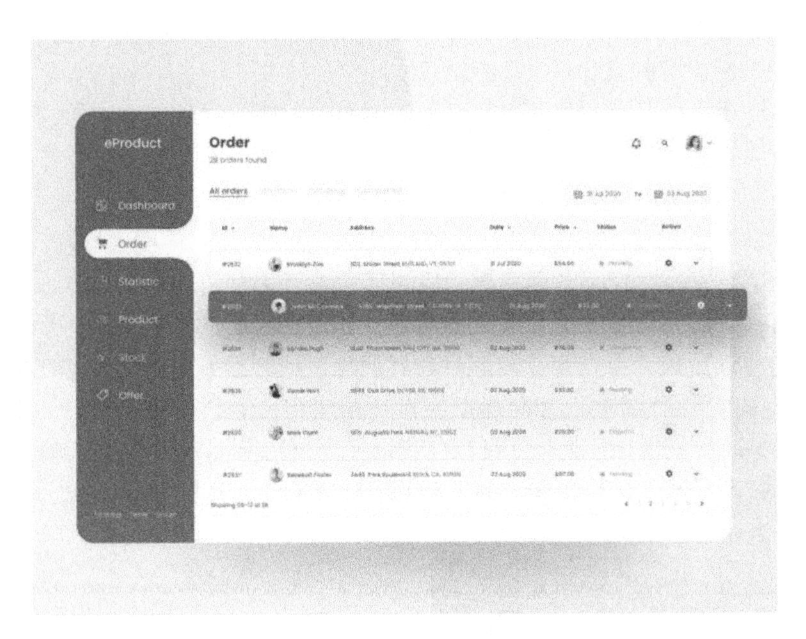

图 9-24　导向视觉流程

常用的布局形式。这类布局通常会放大中心焦点的信息对象，用户在浏览信息时，视线会沿着中心焦点的倾向与力度进行，视线一般从界面中央区域开始向周围扩散。

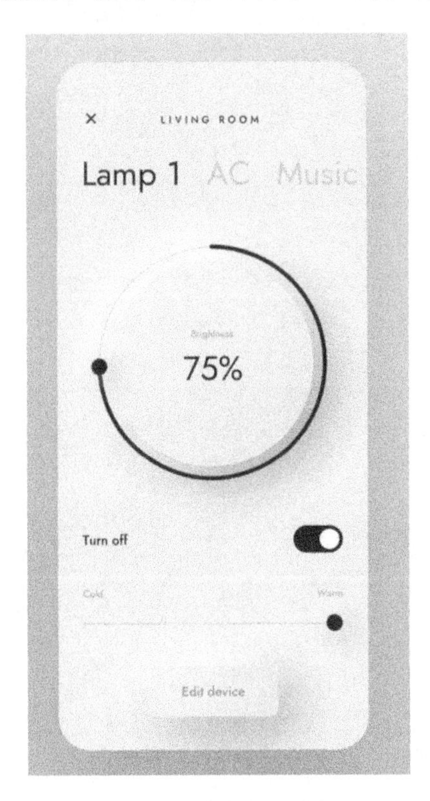

图 9-25　焦点视觉流程

3. 布局中的关注点

当用户集中精力观察界面布局时，会有一个视觉锚点，其所关注的当前内容最多只有一个且具备唯一性，即为关注点。合理的布局形式可以将界面元素的呈现序列与视觉流程相对应，使用户关注点锁定在目标上，从而降低用户认知负荷，提高操作效率。

通过归纳可以得到布局设计中排列和分布的人因需求为以下几点：

1）视觉分布均衡。心理学的研究表明，界面中的用户视觉扫描习惯是从左至右、从上到下，上半部分与左半部分让人感到轻松和自在，下半部分和右半部分则让人感觉稳定和压抑。因此，在设计时需要考虑布局中的视觉均衡，保证布局在视觉上的对称和平衡，以及整体设计风格的一致性。

2）合理的主次分区。布局设计的主次分区应根据信息的重要性和逻辑关联性进行，首先将最重要的元素排布在视觉中心，其次将次重要元素按一定方式放置在适当的位置，如操作频率、使用习惯等，最后将剩余元素进行排布。同时，合理分配布局的最佳视域和有效视域，保证重要任务的优先权，从策略上使得设计者对界面元素进行重新思考，而不仅仅停留在美观和视觉平衡的层面。最终统筹布局内部结构之间的逻辑关系，使之在界面上有序排布、疏密有度，使用户操作起来更高效。

3）优化视觉流程。布局中视觉流程应根据实际的信息呈现需求来选择对应的导向结构，并基于用户的浏览习惯和任务连贯性进行后续的布局设计与优化。合理运用视觉流程中的移动规律和一致性原则，可以有效地引导用户视线自然、舒适地进行流动，保证用户快速、清晰地获取目标信息。

4）基于用户习惯。界面布局的认知加工涉及主体界面与客体用户两个因素，用户作为客体接收信息后，借助自身的知识和经验进行理解和判断。因此，布局设计需要重点考虑用户自身的经验和习惯，适当地保留用户的习惯，将布局中的视觉信息与用户的心理预设进行对应呈现，才能让用户轻松、快速地理解界面的信息分布，避免因习惯不同而引发错误。

9.3.6 布局设计中文本的人因分析

文本由文字组成，对用户来说，文字的语义信息传达是最简单、最直接的。文本除了被用来输入、输出、传达控件语义、辅助说明控件信息等，其编排形式对布局的认知也有一定影响。合理的文本设计能够提升界面整体的美感，有助于布局的信息分布，并且能辅助信息更好地传达。通常，文本在人机界面中的编排主要包括字号、字体、分段与行距几个方面，因此，文本的人因需求也与这几点相关。

（1）层次分明的字号　字号大小可以用多种方式来表示，常见的如磅或像素。在字号的选择上，不同的字号对应了不同布局区域的信息层级和重要性。总体而言，比例适中、层次分明的字号最符合人因需求。

（2）与整体风格一致的字体　布局中字体的选择需要依据字体所处的不同人机界面的主题风格来确定。此外，字体本身具有视觉引导作用，可以采用加黑、变灰、加粗、倾斜等设计，以进一步呈现字体所代表的布局信息之间的重要性层级。

（3）合理的分段、行宽与行距　在设计文本时，合理的分段、行宽与行距不仅可以增强整个界面中的空间层次感，还可以用线条分隔文本，辅助引导用户的视觉轨迹。而过大或过小的分段、行宽与行距会使文本整体变得散漫或过度拥塞，不仅影响文本整体上的连贯性，还会导致用户产生厌烦感，造成不必要的认知负荷。

9.3.7 交互设计的人因分析

交互是人与界面间互动的一种机制。人与界面互动的基本框架是通过用户输入及界面输出而实现的人机对话。人机界面交互设计的目标是通过人机系统交互使得用户可以高效地使用界面，并能够在与界面的互动中得到良好的情感体验，它是用户、界面和环境三者的和谐统一。交互按照其作用可以分为提示类交互、推送类交互与展开类交互。

1）提示类交互：提示类交互包括操作的提示、信息的提示，以及故障、误操作等的系统报警。

2）推送类交互：推送类交互是指对于一些特殊的信息在运用提示方式的基础上，直接推送到屏幕的最前端，方便用户的快速获知。

3）展开类交互：展开类交互主要指的是对话框的弹出、收起等动作，这里自然过渡的过程可以降低用户的认知负荷，缓解用户的疲劳。

人机信息交互过程主要包括界面信息的输入与输出，此类交互首先要考虑信息输入和输出在人生理层面的舒适区范围，并基于用户的视觉舒适区与操作（触控）舒适区展开交互的人因分析。如图 9-26 所示，不合理的视觉显示区域如长时间注视，易产生视觉疲劳。同时，操作（触控）区域布置不合理，会导致任务无法执行，且极易在关键操作或长时间任务操作时产生误操作。

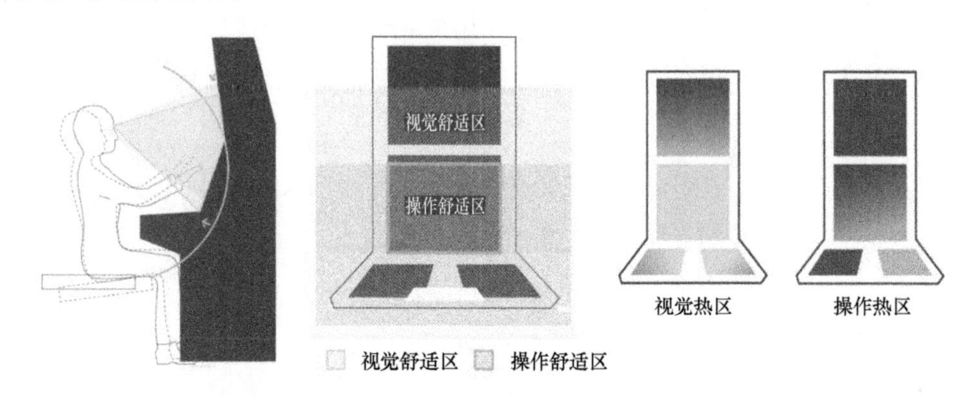

图 9-26　人机交互中的视觉舒适区与操作舒适区

从交互的载体来看，人机界面的信息呈现主要以人的感觉通道为载体，常见的是以视觉、听觉通道为主，其中声音可以表示信息提示、紧急警报和操作反馈等。

从交互的复杂程度来看，可以分为外在复杂度和内在复杂度。

外在复杂度指用户对当前交互方式的执行难度。当用户将注意力集中在某个对象元素，如点击选择或鼠标滑过的过程中，应当给予用户简略的文字说明，便于用户通过关注点获取简单信息，避免了海量图元信息复杂度带来的认知负荷，如图 9-27 所示为鼠标划过时带有信息提示的交互设计。

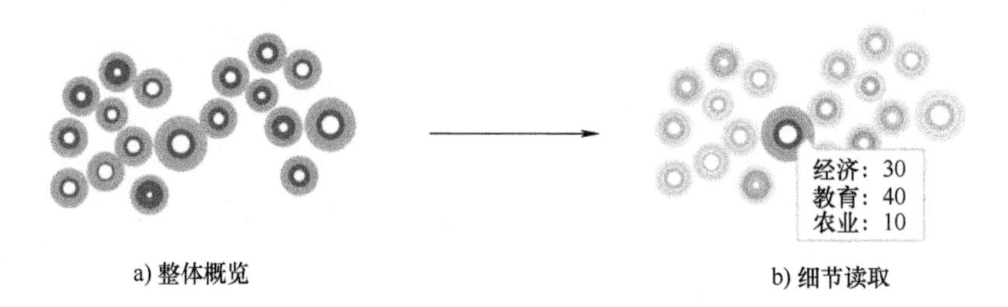

图 9-27　鼠标划过时带有信息提示的交互设计

内在复杂度指交互方式对有效信息的过滤难度。常见的二维交互形式存在很大的局限性，采用用户的视觉角度随着操作进行自由变化的交互方式，可以让用户通过动态旋转等交互实现操作联动，实现多维信息的多层关系完整表达。如图 9-28 所示为可以动态旋转的交互设计，用户从视角①旋转到视角②后，可以看到目标信息的更多维度。

除上述属性之外，交互的目标应包括可用性目标和舒适的用户体验。可用性目标是交

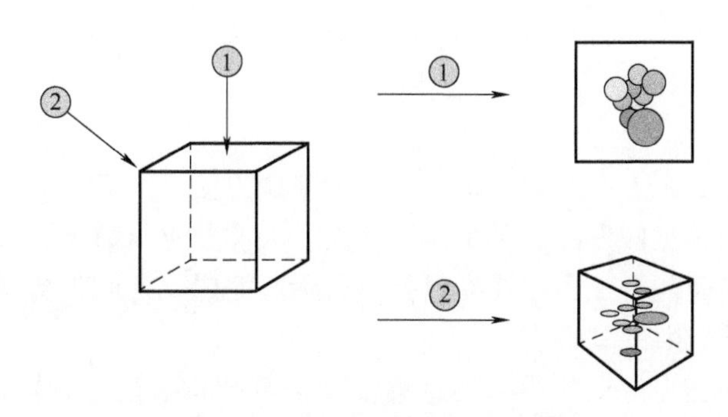

图 9-28 可以动态旋转的交互设计

互设计的核心，通常包含6个子目标：可行性、高效性、安全性、通用性、易学性和易记性。舒适的用户体验指的是用户进行交互时的情绪体验，如愉悦感、舒适感和趣味性等。

通过归纳可以得到交互设计的人因需求为以下几点：

（1）恰到好处的隐喻 隐喻是指交互设计应当符合用户的认知习惯，利用人们在日常生活中积累的经验来识别交互方式中的相似属性，与已知的熟悉事物联系起来，进而快速理解、识别目标对象的交互方式。

（2）高效性与趣味性的权衡 优秀的交互设计应该具有两大特性：高效性和趣味性。在风格场景匹配的前提条件下，设计师要对高效性和趣味性进行权衡，选择最合适的交互动作形式。

（3）自然的多通道交互 自然的多通道交互可以在不影响用户当前操作的基础上，将相关信息通过视觉、听觉、触觉等多通道呈现，打破了人机交互必须专注于屏幕的局限，减轻了用户的视觉认知负荷。因此，将多通道技术与交互方式进行匹配，提供给用户更加友好的界面，让用户在进行交互操作时富有沉浸感，营造自然而然的互动体验，也是交互设计中的重要需求。

（4）必要的容错和恢复机制 在用户出现错误时，交互设计需要考虑必要的容错和恢复机制，通过提醒、反馈、二次确认等方式，降低用户误操作的发生率，以减少误操作带来的影响。

（5）风格场景的匹配与平衡 和图形、色彩的设计一样，人机界面的交互动作设计也要考虑与风格场景的匹配，创造实用、自然和谐的交互形式才是核心目标。如在游戏类软件中可以运用一些炫光、转动的交互动作以增强视觉效果，但是这些动作运用到日常管理类的软件界面中却不适用，会降低用户的操作效率。

（6）必不可少的设计评估 在设计过程中对具体案例中的交互进行科学评估，尽可能发现交互设计的可用性问题，并指导和改进后续设计，是整个交互设计中不可或缺的步骤。

9.4 界面信息架构的人因分析

界面信息架构是进行界面设计的基础，是人和信息交互时所查看到的结构化或者非结构化数据的依托物。当信息系统为复杂信息系统时，界面的信息架构设计尤为重要。本节将从信息架构的概念入手，阐述界面信息架构所依托的不同信息分类方法，并且通过复杂信息系统界面信息架构改良设计的实例来综合阐述信息架构设计和评价的方法。

9.4.1 信息架构概述

进入信息社会之后，人们获取信息的途径越来越方便。人们每天都在使用数字界面获取信息，如网络页面、软件界面和手机应用界面，人们通过与数字界面的交互过程来获取有效的信息。数字界面能否让用户找到想要的目标、完成既定的任务是用户体验是否良好甚至是数字界面设计成败的关键点。

信息通常可以描述为信息片段、信息集合和信息结构。信息片段由信息的基本元素，如文字、图片、图形等构成；信息集合是各种信息聚集在一起形成的；信息结构则是信息聚集起来的方式，三者之间的相互关系如图 9-29 所示。

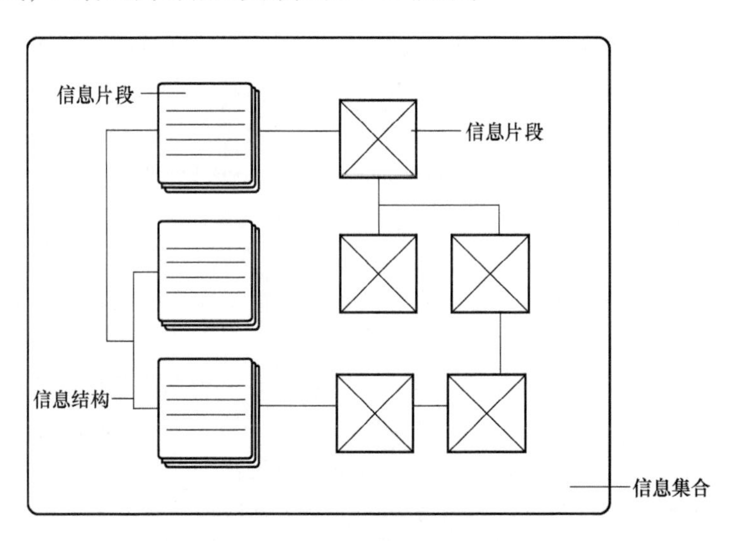

图 9-29　信息片段、信息集合和信息结构

在界面设计中，设计信息结构的基本对象是信息节点，节点可以是一个信息片段，也可以是一个信息集合，小到一个词语，大到一个界面。对于复杂信息系统，不仅要从软件设计的角度思考界面框架、功能按钮等问题，还需兼顾到传统书籍出版中信息呈现、理解等问题。

设计信息结构包含多个方面的含义。从信息的属性来看，可将信息架构设计分为组件信息设计和内容信息设计两部分，其中组件信息包含菜单项、按钮、导航等，内容信息包含如文档、使用说明等，如图 9-30 所示。

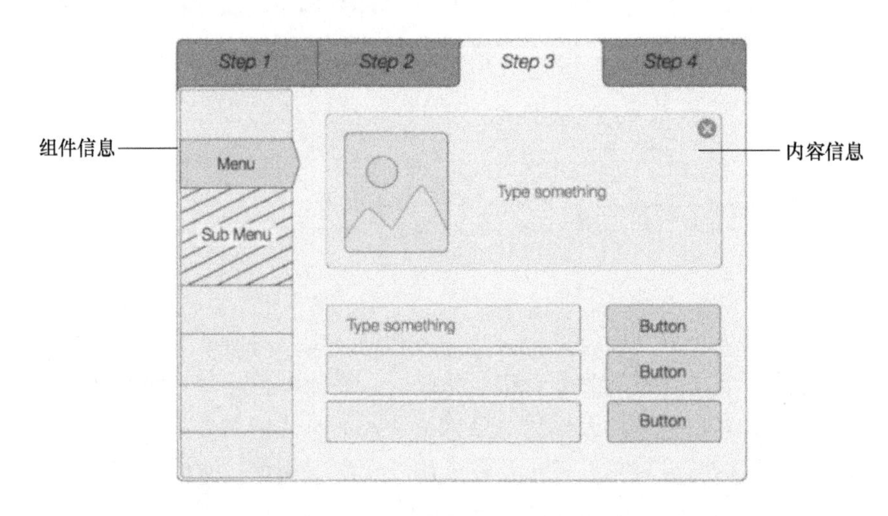

图 9-30　组件信息与内容信息

从信息之间的关系来看，可将信息架构设计分为信息组织方式的设计和信息间连接路径的设计，如图 9-31 所示为信息分组与信息交互设计。信息分组决定如何表达信息内容，包括信息的组织管理、分类、排列顺序，以及内容呈现等。信息交互决定用户如何操作和完成任务，提供给用户路径，描述用户在所有路径中的行为以及用户行为对系统产生的结果，目的都是确定呈现给用户的信息内容和顺序。

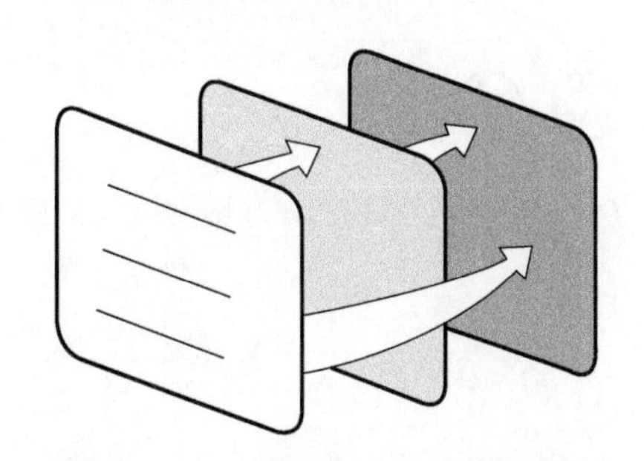

图 9-31　信息分组与信息交互设计

信息架构的类型可以概括为以下 6 种结构：

1. 线性结构

在简单的线性结构中，页面按照一定顺序排列，用户需要完成当前页面的操作才能跳转到下一个页面，如图 9-32 所示。

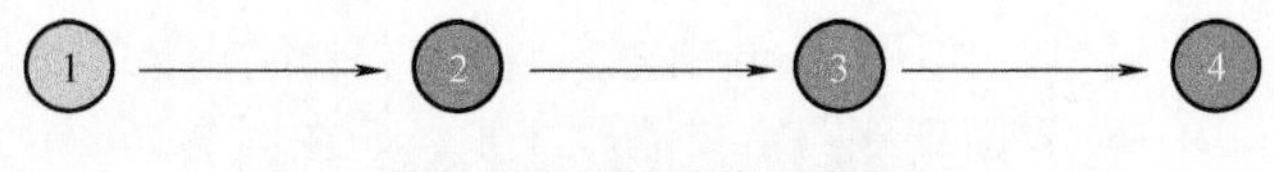

图 9-32　线性结构示意图

另一种线性结构为“中心与辐条结构”，是简单线性结构的扩展，是一组有共同起点的线性结构，从主页出发，可以分别到达其他辐条页面，只需一步“返回”可以到达主页，如图 9-33 所示。

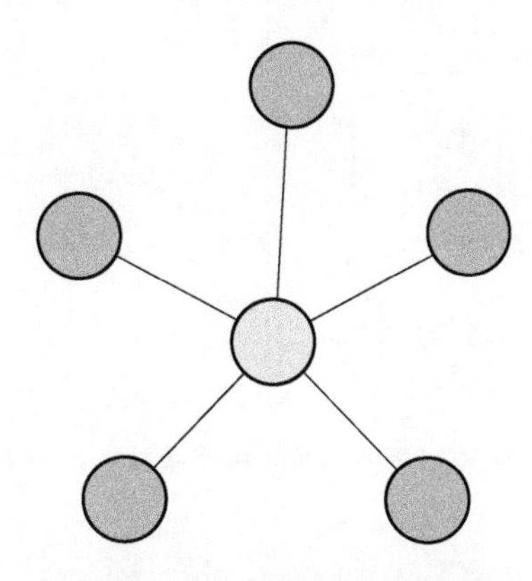

图 9-33　中心与辐条结构示意图

2. 层级结构和多层级结构

层级结构和多层级结构也称为树形结构，如图 9-34 所示，由父级和子级构成，以上下级关系排列信息节点，将较低层的信息元素合并成父级，或将较高层的信息元素分解到子级。这种信息类型用宽度和深度来描述层级结构。

大多数软件界面中的信息都有层级结构的展示方式，如菜单。多层级结构指某个信息节点有多个父节点的情况，可为用户提供多种路径到达同一信息节点，如图 9-35 所示。但是可提供的路径不能过多，太多的情况下会给用户带来记忆负担。

多层级结构是一种重要的信息架构方式，可让同一界面在两个或多个类别中出现。例

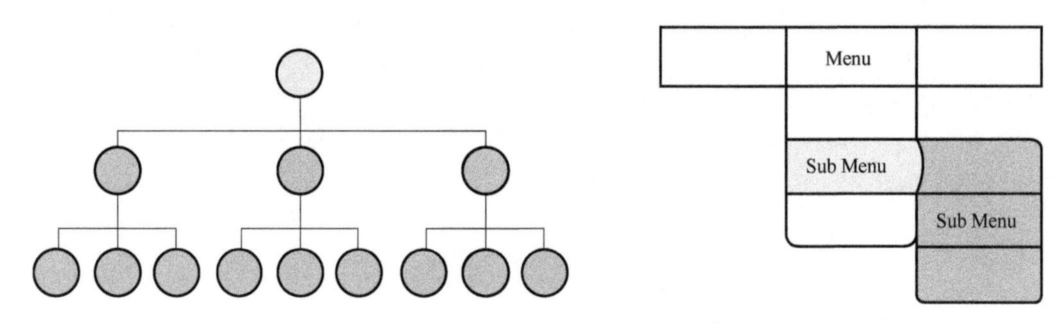

图 9-34　层级结构和多层级结构示意图

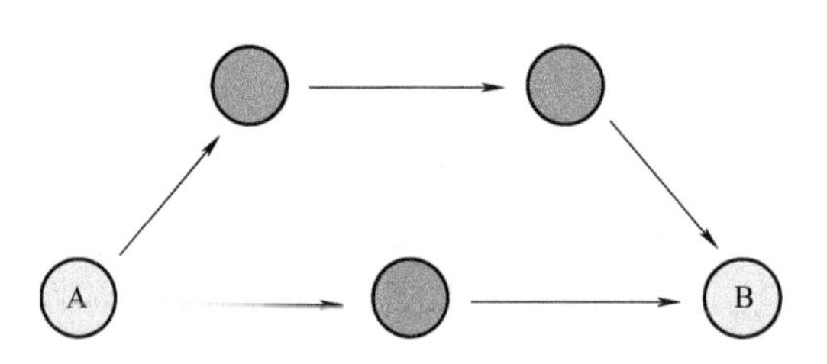

图 9-35　多层级结构示意图

如，某基于地图的监控软件中，用户可以单击菜单栏上的“地图”按钮，弹出下拉菜单，选择“显示地图”选项来打开地图窗口，如图 9-36a 所示；或者直接单击软件界面中的一个快捷按钮来打开地图窗口，如图 9-36b 所示。计算两种不同方式打开地图窗口所需步数，在图 9-36a 中，用户从界面到地图窗口需要 4 步，而在图 9-36b 中，完成相同的任务用户只需要 3 步。

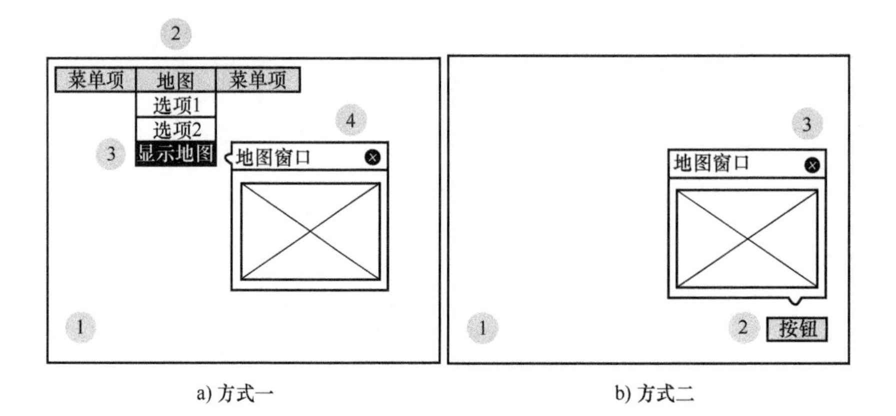

a) 方式一　　b) 方式二

图 9-36　两种不同的多层级结构示意图

3. 网状结构

网状结构中信息节点之间的连接关系复杂多样，没有层级或顺序。信息之间互相交叉引用和链接，没有起点和终点，如图 9-37 所示。用户可以创建信息并链接到其他用户或信息。

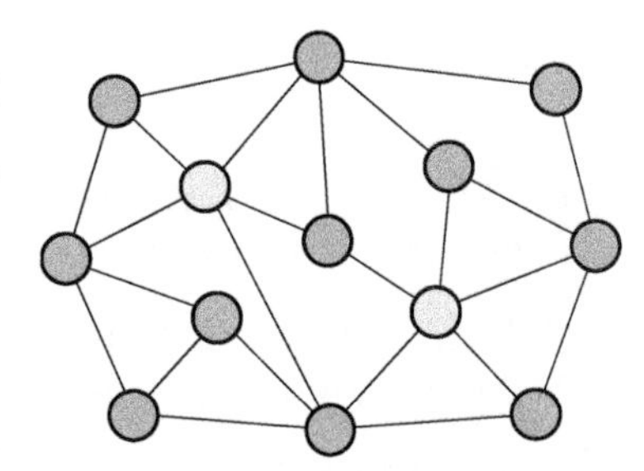

图 9-37　网状结构示意图

4. 分面结构

分面结构提供了一种层级结构的替代方案。在层级结构中，信息节点的位置由其所在层级和分支决定，严格的层级结构使得用户只能按照预设的路径到达目标节点。分面的属性是彼此互斥的类别。每个分面类别下面又有具体的描述。在层级结构中，

信息位置由父级、同级和子级信息给出，在分面结构中，目标信息的位置由信息各属性的子类别共同决定，如图 9-38 所示。

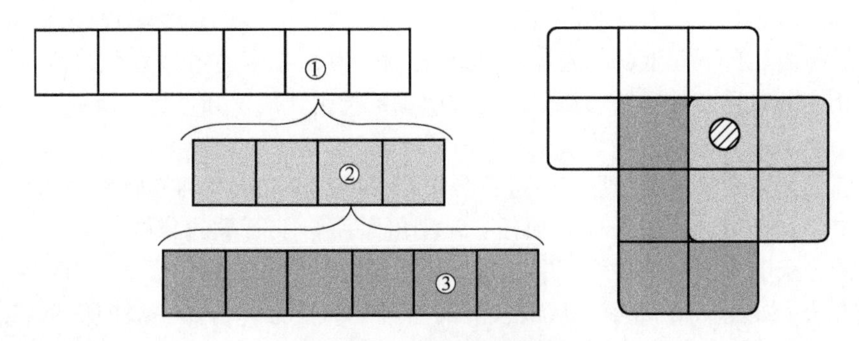

图 9-38　分面结构示意图

5. 综合结构

一般而言，复杂信息系统界面中不会只是采用某一种信息结构形式，大多是几种结构形式的混合，使用什么结构和使用几种结构都要依据具体的功能需求来定。如图 9-39 所示，界面首先采用了线性结构，“*Step*1” 至 “*Step*4” 确定整个任务流程，然后每一步中采用了层级结构和网络结构，如界面左侧的 “Menu” 和 “Sub Menu”，用于选择界面中间操作区的内容。在界面中间的操作区中，各种按钮可以通往不同的界面或窗口，形成网状结构。

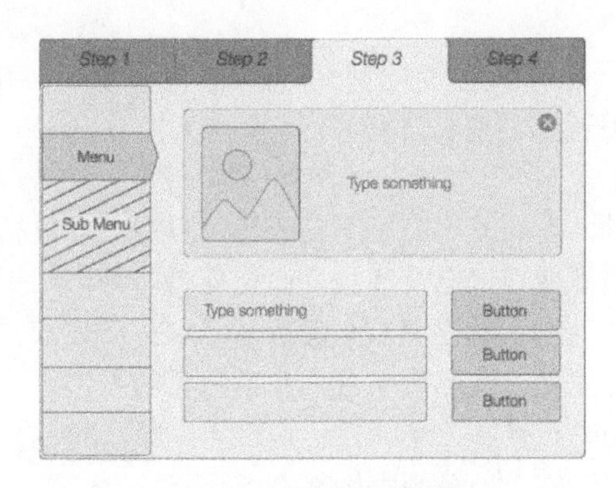

图 9-39　综合结构示意图

6. 自组织结构

这种结构不是事先设计好的，而是自发形成的，自底向上的过程。如维基百科，允许用户添加、编辑和删除信息内容或页面，用户不断地修改内容和添加新的主题，网站的结构有组织地增长。每个参与的用户都决定了信息架构的规模、方向，这种结构建立于某种规则之上，随着用户的不断贡献其规模也不断扩大。

9.4.2　信息分类方法

按照传统分类方法，在已组织的系统中查找信息的常用方法有两种：一种是按目标名称直接搜索的分类查找；一种是按目标的类别逐次查找的分类法，分类法将事物的特征、属性以分类的手段加以描述、记录、整理和存储，从而实现分类查找目标。常见的传统信息分类一般按照信息的主题和形式来划分，如图书馆的图书以学科为分类标准进行分类，用以辅助作者、时间、出版方等分类方式。

还有一种分类方法是自上而下法与自下而上法。

（1）自上而下法　从设计目标和用户需求着手，将任务拆解，信息的分层随着操作步骤而层层深入，每个具体操作也要一步步详细规定。

（2）自下而上法　从最末端的信息逐级上推，将低一级的信息归属到高一级的信息中，直至最高级。自下而上的信息架构很重要，因为用户会通过搜索跳过界面“自上而下”的结构，此时用户处在软件深处，需要明确的指引让用户知道自己所处位置和能到达的地方。

优化信息路径指的是对信息节点进行分层，使得信息层级在拥有较好的用户体验的前提下变得更少。若用户为了完成某项任务，则可采用自上而下的分层方法，如图 9-40 所示，信息的分层随着操作步骤而层层深入；若为了给用户传递某个信息，则可采用自下而上的分层方法，如图 9-41 所示，从最末端的信息逐级上推，将低一级的信息归属到高一级的信息中，从而保证信息的全面性和准确性。

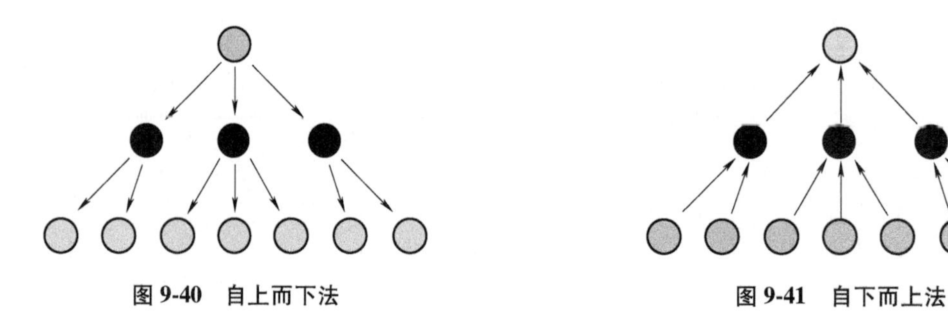

图 9-40　自上而下法　　图 9-41　自下而上法

9.4.3　基于用户知识的信息架构人因设计

在操作和使用界面时，不同的用户有不同的操作习惯。在进行用户划分的时候，将专业知识分为两个维度，即领域知识支持和技术知识支持。领域知识支持是指该用户对一个既定主题非常熟悉，如对生物化学领域非常熟悉的专家；而技术知识支持则是指互联网和界面软件支持，如对各种搜索模式和操作方式非常熟悉的专家。这两个维度上的专业知识都是非常有价值的，当用户兼具这二者时往往可以得到最理想的操作和认知绩效。从这两种经验维度来看，用户可以简单地分为如图 9-42 所示的 4 类。

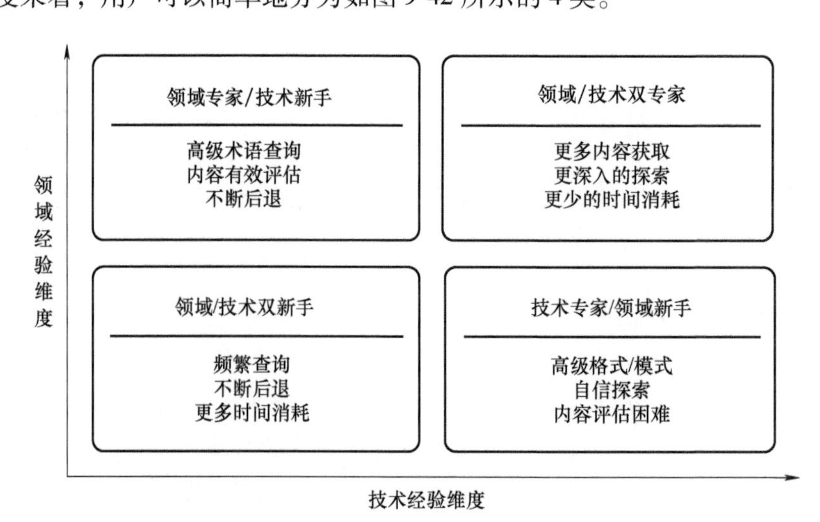

图 9-42　用户分类

9.4.4　基于用户行为的信息架构人因设计

信息架构可以引导人的视觉和操作行为。信息的架构应当以人的任务流程为导向来设计，而不是局限于数据集的结构特征。

1. 视觉行为

视觉行为可以表述为人的视觉流程，包括视线运动的轨迹，在凝视点停留的时间等。人的视线可以定位用户的兴趣区，视觉行为通常通过眼动仪来监测。一般常用的眼动仪可以通过光学追踪系统定位用户瞳孔中心坐标，从而计算出用户在屏幕上的注视点位置。通过眼动追踪技术，可以在无须用户主动触发指令的情况下，锁定用户的兴趣关注点。一个通常的眨眼行为和凝视行为都是百毫秒级事件，因此30Hz以上采样频率的眼动仪就可以大体还原用户的视觉行为。

2. 操控行为

用户通过一些输入设备可以对计算机进行操控，引导界面系统向着任务目标前进。操控行为在鼠控界面中包括鼠标的移动、停留和点击动作，在触控界面中包括手指的移动、单击、双击和多指动作（旋转、缩放等）。在界面的导航任务中主要采用的是鼠标事件，当用户完成一个子任务的思考时，就开始使用鼠标等设备来进行操作。在鼠标事件中，悬停、右键等行为可以查看对象信息，左键双击可以执行图形控件动作，移出则往往对应着取消操作。界面的信息架构可以影响用户的操控行为，例如，一个复杂任务通常由一系列操作完成，而这一系列操作之间的逻辑层次关系、空间位置关系都会决定用户的行为。在信息的逻辑层次架构中，应当将使用频率高的控件放置于较浅的层级上；在信息的空间架构中，应当按照任务的顺序来设计流畅的点击动作。操控行为通常是伴随着视觉行为的。

3. 认知行为

视觉和操控行为都是由人的认知行为所决定的。人的认知行为包括注意、感知、记忆、思维、决策等。在人机界面交互过程中，人的认知行为具有行为顺序的多样性、层次性、策略性、信息流向性、相互依赖性等特点。可以通过监测得到的视觉和操控行为来推断人在进行界面交互中的认知行为。

9.4.5　信息架构实例分析

以某飞机的交互式电子技术手册（Interactive Electronic Technical Manual，IETM）操作界面为例，来解释信息架构对于人的操控和视觉行为的影响。在研究用户行为时，将搜索行为离散是基本的行为要素，用阿拉伯数字编号。如图9-43所示，一个典型的飞机IETM使用界面，当需要进行例如对飞机发动机维护的任务时，我们定位到需要查询的节点目标所需的可能操作路径：①为主页导航，②为侧边栏目录导航选择，③为二级菜单搜索，④为三级菜单搜索，⑤为目标信息查看，⑥为信息名称确认，⑦为信息属性确认。在信息搜索的过程中，首先进入系统主页，在目录区进入维护手册中，但飞机的手册类别中往往包含几百项内容，在目录区需要多次来回滚动才能找到所需对象的对应链接。然后在信息检索区搜索“发电机”查看位置、维护说明、维护步骤和注意事项等。视线再次跳转到内容区了解内容，并且需要在图中所示的③、④、⑤中不断进行视线的移动和相对应的鼠标操作来判断内容是否符合搜索预期。

可以看到，在该例子中不同信息层级出现在同一个显示画面中，信息架构并没有在空间上清晰地展示出来，并且主体页面的呈现区域过小，不方便细节信息的查看。造成这些认知障碍的最根本原因是信息架构的设计依据不适当，其信息不是按照用户的任务流程来

架构，而是依照数据库的便捷性来设计的。

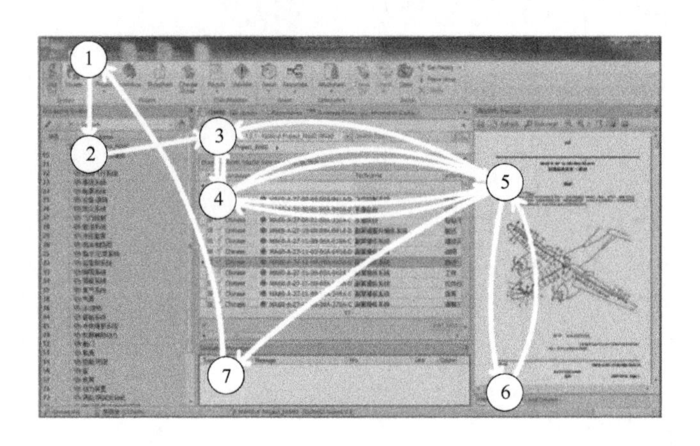

图 9-43　飞机 IETM 查询任务操作流程

因此，基于上面的分析可以得出，基于用户行为的信息架构的人因设计需求为以下2点：

1. 以用户任务流作为信息架构的依据

信息架构应当按照用户使用界面时的任务流来设计，并且任务上的时序性应当和空间上的序列相匹配。这样能够减少冗余操作和冗余的跳视动作，以此达到提高认知绩效的目的。

2. 在任何页面下均应提供清晰的返回路径

无论是专家用户还是新手用户，都会有探索性的界面浏览动作，这就需要界面支持回到前一个页面的导航。缺少返回路径，用户会很容易在使用中产生迷失感，新手用户会更容易产生挫败感或者放弃进一步的探索。因此，信息架构应当允许用户快速、方便、通识地向前、向后跳转。

9.5　界面交互设计中的认知理论

诺曼基于记忆心理学的失误模型和里森的信息处理失误模型成了从心理学角度研究人因失误的基础。斯温和古特曼将人因失误定义为超出系统可接受的界限范围的人的任何一个动作。里森认为人因失误是计划中人的心理和身体行为序列，在执行后没能达到意想中的结果，并且这种失效不能归因于随机触发因素的干扰作用。后来斯特拉特认为人因失误一直存在于工作系统中，它具有引起工作系统处于非期望或者错误状态的特性，它的产生导致系统需求处于没有满足或未能充分满足的状态，个人是工作系统的一个部分，并与工作中的其他部分相互作用，工作系统中的所有组成部分相互依赖、相互影响。

认知可靠性及失误分析方法（Cognitive Reliability and Error Analysis Method，CREAM）是由霍尔纳格尔提出的，他建立了认知模型、行为/原因分类方法和分析技术。

CREAM 采用分类方案，对人因事件的前因和后果之间的关系进行了系统化的归类，定义了后果和可能前因之间的联系，具有追溯和预测的双向分析功能，既可以对人因失误事件的根本原因进行追溯，也可以对人因失误概率进行预测分析，是一种十分有效的人因失误分析方法，如图 9-44 所示。

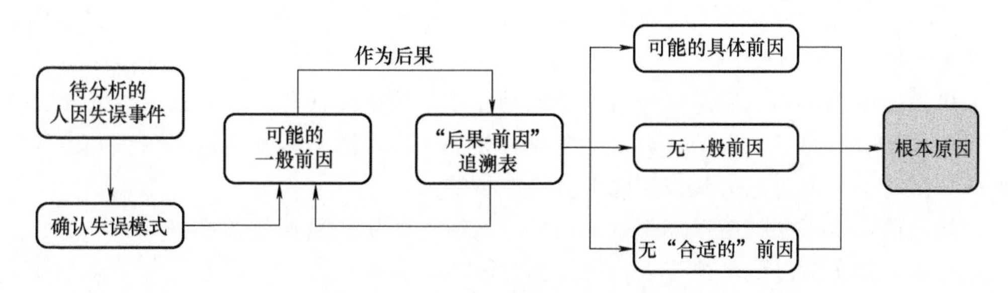

图 9-44　CREAM 追溯分析方法框架

CREAM 是基于认知模型和情景控制模式发展起来的一种方法，主要步骤包括：

1）通过层次任务分析，构建事件序列。

2）分析情境环境。

3）确定认知行为。

4）确定认知功能。

5）确定认知功能失效模式（对应基本的失误概率）。

6）考虑情境环境的影响，修正基本的失误概率。

9.5.1　人机界面的认知摩擦理论

随着集成化和数字化技术的不断发展，人机交互媒介从功能形式到设计理念都发生了巨大的转变，技术的进步逐渐拉开了界面与用户的认知距离，使界面变得缺乏亲近感且难以操控，用户往往迷失于功能繁多的图标组群中而不知所措，这种由于技术的进步而带来的认知困难在设计领域被称为用户与产品间的认知摩擦。

工业化时代强调的设计是需要激发人的注意力，包括视觉、听觉等，而目前产品却带给用户大量的刺激，人和物的关系已经呈现紧张状态，此时的研究方向是应该更多地关注人对信息的承受力，因此，为降低外在认知摩擦可运用可供性理论，解决用户如何感知产品的使用方式、主要功能及使用结果等一系列问题。

内在认知摩擦是指由于界面信息复杂导致用户认知困难及不同水平的用户在面对同样的信息时会产生不同的认知偏差。认知"差异性"是人类特质的表现之一，但是人类在认知事物时具有普遍规律性，复杂信息系统更是不例外，因此，为了能够使用户更好地接收信息，更有效率地认知，设计师首先需要有效地组织信息从而控制差异。其次，为了降低认知差异性，可以探寻人类的认知规律并对其利用，运用认知行为建模工具 ACT-R（Adaptive Control of Thought-Rational）、Cog Tool 揭示人类组织知识、产生行为的思维运动规律，并将其修正以辅助认知决策。最后，由于复杂信息系统数字自身就是产生认知摩擦的载体，因此只要界面存在，无论以何种方式表达，认知摩擦都是存在的，也是消除不去的，但其可以通过各种设计手段进行有效避免的，结合虚拟现实（Virtual Reality，VR）技术，将界面设计过程与用户反馈紧密地结合起来，以反馈结果来改进、修正给用户带来认知阻力的设计要素，提高认知流畅度，从而确保用户在与界面互动的过程中能够消耗较少的认知资源，甚至减少记忆或认知的信息处理过程。

9.5.2　人机界面的认知负荷理论

认知负荷理论（Cognitive Load Theory，CLT）由澳大利亚认知心理学家约翰·斯威勒于1988年首次提出，并将认知负荷定义为人在进行信息处理过程中所需要的"心智能量"

(认知资源)的水平。认知负荷理论的精髓在于工作记忆容量的有限性和工作记忆处理图式能力的无限性。

人机界面中的认知负荷是操作者为了顺利完成某项工作任务，实际投入注意和工作记忆中去的认知资源总量占大脑固有认知资源总量的大小。这个认知资源不仅仅包含工作记忆资源，同时也涉及对记忆起作用的部分注意资源。

认知负荷产生于大脑信息加工处理阶段。人机界面认知负荷经常面临两个状态：认知负荷过载和认知负荷过低。由于人机界面信息输入具有随机性，神经系统各处理阶段在处理能力上具有差异性，当进行信息加工一段时间之后，认知资源的加工、分配的任务还是很多时容易发生认知负荷过载现象，当认知行为单一导致很多认知活动一直处于空闲当中时，容易产生认知负荷过低现象。过高或过低的认知负荷都不会获取最优绩效，只有当用户的认知负荷适中时，用户才能够在获取心理满意度的同时发挥高水平成绩。

视觉层次结构的信息编码是人机界面设计优劣的核心部分，在视觉层次结构层面以均衡认知负荷为目标的人机界面信息编码基本原则包括以下 4 个方面：

1. 信息过滤原则

此原则旨在通过设计改变信息载荷的水平，通过“降低外在认知负荷”来降低认知过程的负载量。设计者可以根据操作者在有限时间或特殊任务环境下的压力特征，控制信息编码量和编码方式，提高用户在紧急情况下更好决策的概率。基于这一原则，人机界面信息编码过程中应尽量避免展示过多信息，通过对辅助信息的弱化和背景信息的隐藏制造“少”的感觉，借助于布局和可视化结构的引导性，减少用户在人机交互过程中的寻找和思考时间。

2. 信息凸显原则

此原则旨在基于视觉注意捕获特征，弱化和去除干扰信息，强化和凸显重要或目标信息。这一原则的核心是“管理内在认知负荷”，通过降低视觉元素之间的相互干扰程度，从而降低视觉分辨信息的困难度。大量的实践研究已经证明，好的人机界面设计能够提高信息的感知显著性。高视觉显著度的感官信号可以确保任务执行的完成，将目标移动到突出的界面位置往往是不够的，信息的特异性也是非常重要的，目标信息不够活跃或不够凸显时，个体获取信息的感觉也会受到影响。

3. 构建视觉感知的结构化和层次化

此原则旨在通过编码元素之间的渐进、渐变关系，创建信息的层次结构，帮助用户分析和判断哪些信息实体或信息的实体属性需要首先被用户理解和访问，哪些次之，哪些信息内容在信息编码中起辅助作用。这一原则的核心是“管理内在认知负荷”。一方面，通过降低视觉对重要信息捕获的困难度，降低视觉理解信息层级和系统层次的困难度；另一方面，利用元素的注意捕获程度差异加强视觉对比，将信息层次和结构从复杂环境中凸显出来。

4. 构建视觉感知的次序化和整体化

此原则旨在建立用户自然的视觉行为模型，以用户熟悉的视觉流向进行界面规划而非改变它，避免让有压力的操作者以新的方式处理信息。首先，通过建立最省力的视觉观看途径给予用户明确的视觉引导，利用熟悉的布局方式和信息常用的位置安置，给予用户方便和个性化的注意力暗示。其次，通过巧用信息可视化结构编码让视觉语言更具针对性，基于可视化结构的构建让图形化语言更加具有表意性和整体性。最后，在人机界面信息的认知加工过程中，通过提供情境暗示等方式，可以使操作者区分相似特征和无关特征，促进长时记忆中图式的高效提取和新图式的有效构建。基于已有的知识规则和结构分布，当类似的结构规则呈现时，通过综合之前的经验学习，人们可以快速找到相应的图式，控制认知负荷。

9.5.3　人机界面的注意捕获理论

人机界面中用户如何通过视觉高效地寻找到目标物是一个非常重要的过程。注意捕获就是指基于注意机制中的刺激驱动注意，某些具有奇异特征的刺激不受当前目标任务的约束而自动吸引注意的现象。

在数字界面的信息设计中，必须注重吸引并合理分配注意，突出目标项，减少干扰项，通过合理的信息“注意”设计，让用户在界面交互中“感觉”到有用和必要的信息。

首先，要把注意引向用户需要的目标信息。某些特征的信息更容易引起优先注意，即注意优先权，是影响视觉搜索结果的关键，也是界面信息设计必须考虑的问题，它关系到能否真正实现把有限的注意资源引向用户需要的目标信息。界面信息设计要保持界面整体的统一性与和谐性，保证信息用户的注意力不会因为过于分散而找不到焦点。

其次，要合理分配注意信息的密度和强度。在数字界面设计中，信息的密度和强度也会对注意的分配产生重要影响。依据信息加工系统模型，选择性注意不仅要对目标刺激信息进行选择，更要对非目标信息（干扰信息）进行筛除。

在界面设计中，我们一方面要注意干扰信息的数量，另一方面要注意干扰信息的强度，谨慎使用过多的差异性特征，“百花齐放”只会导致界面眼花缭乱，消耗和分散用户的注意资源。与之对应的是，要保证注意机制筛选的高效性。避免干扰信息过多占用认知资源的策略有两种：一是弱化背景；二是强化目标。需要说明的是，非目标信息（干扰信息）并非是完全无用的，在绝大多数情况下它们会帮助用户理解目标信息，因此，在特定的场景中可以让它弱化，但却不能让其信息特征绝对消失。

9.5.4　生态学界面设计理论

在复杂工作领域中，操作者需要处理三类不同的事件：熟悉事件、不熟悉但可以预测的事件、不熟悉且不可预测的事件。为了提高复杂社会技术系统的安全性和生产率，帮助人们有效地处理这三类事件，提出了生态学界面设计概念。

生态学界面设计（Ecological Interface Design，EID）是一种在复杂的社会技术系统中用来设计人机界面的理论体系，它以抽象层级以及技术、规则和知识为理论基础。其主要作用是帮助知识型工作者适应变化的环境和新事物，并提高解决问题的能力。生态学界面设计符合了人们获得新信息的要求，并已广泛地应用于一些领域，例如，过程控制、航空、网络管理、软件工程、医学等领域。

生态学界面设计方法有以下 2 种：

1. 结构化显示设计

结构化显示是将与完成某个任务相关的若干个变量或数据，整合在一个结构化的图形中显示出来，不仅告知具体的变量值，还反应变量之间的相互约束关系，以及信息整体的涌现性，即局部图形变量变化带来的整体图形显示的变化。有 3 种常用的方法可以将多个信息整合显示：构建具有突显特征的图形、结构分组、目标整合。

构建具有突显特征图形的典型策略是利用对人的视觉敏感性有显著影响的多边形图形的异常变化，来提高用户对界面信息变化的感知能力。结构分组是基于格式塔接近或邻近原则和相似原则提出的。格式塔心理学研究认为，人类具有不需要学习的组织倾向，使我们能够在视觉环境中组织排列事物的位置，感受和知觉出环境的整体与连续。例如，当对象的形状、大小、颜色、强度等物理属性方面比较相似时，这些对象就容易被组织起来而构成一个整体。利用人们的这些知觉特性，可以将相关的信息通过空间和形态设计整合起来。

2. 动态信息的视觉显示设计

人机界面中许多信息是需要动态显示的，如计量读数、状态变化的观察和检测等定性读数，以及警告提醒等内容，这些动态信息的视觉显示设计需要符合用户的认知习惯。首先，在表征计量读数时，相应的动态显示的运动方向应当与用户的心理模型一致，如在表征的速度加快时，相应的动态显示元素应当向上移动，反之向下。如果一个数量的上下微动很重要，则宜采用针动式的设计。其次，定性读数常常用于将某个参数控制在一定范围内，在该范围内不需要很精确地知道具体的数值。这种读数可以比计量读数更加快速地获取信息。当参数超出某个范围进入下一个阈值时，采用颜色、图形的变化等凸显方式表达更容易引起用户的注意。最后，警告提醒等动态信息往往出现在系统自动检测到了实际的或潜在的危险。一个对象的警示灯原则上只用一个，根据报警信号后果的严重性分别出现警告、提醒和建议 3 个级别的显示，报警区域闪烁代表危急，闪烁频率介于每秒 3~10 次为好，闪烁灯的亮度至少要是邻近背景的两倍，警示的位置要置于用户正常视线的 30°范围内，视角大小不少于 1°。

9.5.5 人机界面的情境认知理论

所谓情境认知实质上是获取关于目标全面的、系统的信息过程，而系统内外环境信息是多方面、多层次的。人机系统交互过程中，用户不仅需要了解人机界面某个页面的信息情况，还要了解人机界面系统的外部环境，知道页面与系统之间的关联趋势、信息集合之间的动态变化关系。

情境假设是解决情境认知问题的核心手段，可以通过提出正确的意见，将复杂问题转化成简单问题进行处理和推算，未雨绸缪各类突发事件，对于复杂信息系统界面是极有价值的设计方法。

根据 Charles 的研究，认为情境假设具有拓展认知、统筹规划和揭示未来 3 种特性。为了充分考虑界面设计问题的复杂性和模糊性，需要依据情境假设的特性制定相应的战略，使其成为提高情境认知的有力工具。

1. 感知阶段——拓展认知

斯特莱特提出情境假设具有拓展认知方式的特性，因此在制定情境的实际过程中，设计者能更深刻地洞察促使变化发生的潜在原因。利用情境假设可以对系统、用户、任务的需求进行多角度的情境表述，根据需求制定界面布局结构的显示方式，从而提高用户感知能力。

2. 理解阶段——统筹规划

博尔斯塔德提出为了准确分析组织可能面对的情境任务，需要依靠情境假设找出哪些要素对于用户起到作用，哪些要素没有起到相应的作用，以及哪些关键信息足以改变情境的驱动因素产生真正影响。利用情境假设对用户操作情况的表述，可以进一步发掘促使用户执行操作的关键因素，根据需求对界面菜单逻辑结构制定操作规划，从而提高用户理解能力。

3. 预测阶段——揭示未来

斯特莱特指出情境假设对未来前景提供了一种可信的描述，而非概率描述。情境假设促使一个更为全面的风险观的形成，可以根据未来的前景做出关键的战略决策，并分析每种情境的潜在结果，发现强有力的推动变化的动因。尤其是对于难以预料的结果而言，制定情境假设过程是最有价值的。情境假设为界面设计提供了危险性最小的方式，展示可供选择的界面构成要素设计，以应对未来的情境中可能出现的错误认知，从而提高用户预测

能力。

利用情境假设可以对复杂信息系统界面针对未来可能发生的情况进行多次的推理演练，避免非预期人为错误的出现。设计情境的目的在于设想未来可能出现的最佳和最坏的情境问题，帮助设计者从用户及系统角度全面考虑问题。

9.5.6 视觉通路理论

最初的视觉通路理论是昂格莱德和米什金在 1982 年提出的，他们提出视觉信息的传递是基于特定的神经系统的，并按照一定的通路进行。其中两个系统分别用于物体识别和空间定位，因此被称为 What 通路和 Where 通路。为了把外部世界的客体知觉为一个整体，需要把散布于不同皮层区的、分散的信息合理地组合在一起，从而形成完整的客体表征，产生认知的“捆绑”效应。

如图 9-45 所示，What 通路是从视网膜开始，沿腹部经过外侧膝状体（LGN）、初级视皮层区域（V1、V2、V4）、下颞叶皮层（IT），最终到达腹外侧额叶前部皮层（VLPFC）。该通路可以对物体的整体特征如形状、颜色、结构等进行加工。大量的行为研究表明，摘除猴的双侧颞下回皮质后，会产生严重的视觉辨认能力障碍，包括对颜色、亮度、二维和三维物体的辨认障碍。更进一步的研究表明颞下回后部损伤主要导致辨认能力出现障碍，而损伤前部则主要影响视觉记忆。

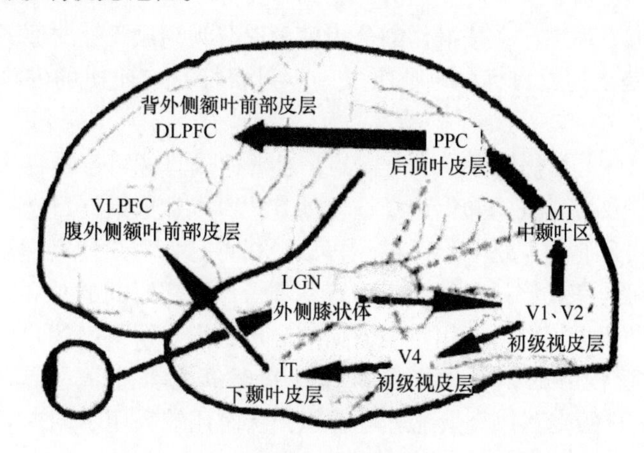

图 9-45 视觉系统中的两条通路（见彩插）

Where 通路从视网膜开始，沿背部流经外侧膝状体（LGN）、初级视皮层区域（V1、V2）、中颞叶区（MT）、后顶叶皮层（PPC），最后到达背外侧额叶前部皮层（DLPFC）。Where 通路与物体的空间知觉有关。损毁猴的后顶叶皮质后，不仅会出现地标作业障碍，而且其他视空间作业能力也会受到损害。后顶叶皮质功能障碍的典型症状是在黑暗中和光亮处均不能到达预定地点，对于对侧的听觉、触觉、视觉刺激无反应，触觉辨别不能。后顶叶皮质包括两个或更多的细胞构筑区，因此可以假设损伤后顶叶皮质后产生的多种障碍是因为损伤了多种脑组织的缘故。

9.6 人机界面系统人因绩效评价方法

人机界面系统的人因绩效评价方法种类较多，从评价指标数量角度，可针对具体对象采取不同数量的指标进行评价；从评价指标性质角度，可采用定性和定量方法进行评价。本节主要采用定量方法，运用GOMS模型、Fitts定律、Hick法则、传统评价方法、眼动测评方法、脑电测评方法，对人机界面系统的人因绩效进行了论述。

9.6.1 GOMS模型

卡德等人于1983年在《人-计算机交互心理学》中提出了GOMS模型，其介绍了关于用户与系统交互时使用的知识和认知过程的模型，该模型可以对某一系统或者界面设计进行（时间）定量和定性的分析，已成为人机交互领域较为成熟且广泛应用的量化评估模型。此后人机界面专家又提出了NGOMSL、KLM、CMN-GOMS和CPM-GOMS 4种变形模型。作为最基础的GOMS模型由目标（Goals）、操作（Operations）、方法（Methods）和选择规则（Selection Rules）组成，该模型表述了用户使用计算机人机交互界面的基本流程，也给出了一种交互量化评估人机交互界面的方法。具体内容如下：

G（Goals）是指用户必须要达成的任务，也就是用户直接希望达成的目标。为了能够更清楚地达成预定的目标，通常可以将目标分解成更小的子目标，这些子目标按一定的层次安排，子目标的完成是总目标完成的基础。当所有子目标达成时则即可完成整体目标。

O（Operators）是指达成目标所必须执行的行动。它可能是认知的、知觉的、运动的或者是它们的组合，正确的操作可使当前的状态离目标更进一步。按动作的可见性，操作可以分为外显操作与心理操作；按操作细分程度可以分为高层操作与原子操作。

M（Methods）是指达成目标的主要方式。如果目标是有层次的安排，则会有相对应操作步骤的方法。

S（Selection Rules）是就目标导向而言的，通常达成目标可以有许多种方式，用户通常以其对状态的了解及所具备的知识选择适合的方式，以达成最终目标。

杰夫·拉斯金认为通过应用GOMS模型可以分析并计算用户使用交互系统完成任务的具体时间，这个时间是完成该任务的各个串行基本操作所需时间的总和。卡德等人通过对大量用户使用数字界面执行任务所用时间数据的分析，得出了一组用户使用键盘和图形输入设备（鼠标）执行任务时，各种细分操作花费时间的典型值，具体见表9-2。因此GOMS模型能够对用户的交互执行情况进行量化，从而比较采用不同交互策略完成任务的时间，通过时间值评价交互界面设计的合理性。例如在某一对话框里敲击一个字母的动作，用户需要完成的基本动作有：指向P，归位H，击键K，完成这一系列动作所需基本时间为1.1+0.4+0.2=1.7s。

表9-2 GOMS基本操作过程

序号	名称和助记	典型值	含义
1	击键K（Keying）	0.2s	敲击键盘或鼠标上的一个键所需的时间
2	指向P（Pointing）	1.1s	用户（用鼠标）指向显示屏上某一位置所需的时间
3	归位H（Homeing）	0.4s	用户将手从键盘移动到鼠标或从鼠标移动到键盘所需的时间
4	心理准备M（Mentally Preparing）	1.35s	用户进入下一步所需的心理准备时间
5	响应R（Responding）	系统	用户等待计算机响应输入的时间

应用GOMS分析执行任务交互操作时间时，K、P和H都容易分析，响应R由系统性能决定。针对用户什么时候会停下来做无意识的心理活动，即心理准备M时间，GOMS模型提供了以下几条规则：

1）候选M的初始插入。在所有击键K之前插入M；所有用于选择命令的指向P之前

插入 M；在用于选择参数的指向 P 之前不能插入 M。

2）预期 M 的删除。如果 M 前面的操作能够完全预期 M 后面的操作，则删除 M。

3）认知单元内 M 的删除。如果一串 MK 属于同一认知单元，则删除第一个以外的所有 M。

4）连续终结符之前 M 的删除。如果 K 是一个认知单元后的多余分隔符，则将之前的 M 删除。

5）作为命令终结符 M 的删除。如果 K 是分隔符，并且后面紧跟一个常量字符串，则将之前的 M 删除；如果 K 是一个命令参数的分隔符，则保留之前的 M。

对上述 5 个子过程的典型值，可通过 Fitts 定律或 Hick 法则来精确地计算出其耗时，以获取更加准确的结果，然而，因为事实上 Fitts 定律或 Hick 法则对于界面任务操作耗时预算的影响是微乎其微的，且预测耗时本身对于误差有较大的包容性，因此利用表 9-2 中的经典值可以大大提高 GOMS 模型的使用效率。

9.6.2　Fitts 定律

Fitts 定律是人机交互领域里一个非常重要的法则，在近 10 年来得到了广泛的应用。Fitts 定律最基本的观点就是任何时候，当一个人用鼠标移动指针时，屏幕上目标的某些特征会使得点击变得轻松或者困难。目标离得越远，到达就越困难；目标越小，就越难点中。这意味着要使目标定位越容易，距离鼠标当前位置就应该越近，目标占用空间也应该越大。保罗·莫里斯·费茨用公式表达出了怎样去测量不同速度、距离、目标尺寸对用户点中目标的影响，对人类操作过程中的运动特征、运动时间、运动范围和运动准确性进行了研究。

Fitts 定律指出，使用指点设备到达一个目标的时间，与当前设备位置和目标位置的距离（D）和目标大小（S）有关，如图 9-46 所示。

1）当前设备位置和目标位置的距离（D）。距离越长，所用时间越长。

2）目标大小（S）。目标越大，所用时间越短。

该定律可用以下公式表示：

$$t=a+b\log_2(D/S+1)$$

式中，a、b 为经验参数，它们依赖于具体指点设备的物理特性，以及操作人员和环境等因素。

显然，指点设备的当前位置和目标位置相距越远，我们就需要越多的时间来移动；而同时，目标的大小又会限制我们移动的速度，因为如果移动得太快，到达目标时就会停不住，因此我们不得不根据目标的大小提前减速，这就会减缓到达目标的速度，延长到达目标的时间。目标越小，就需要越早减速，从而花费的时间就越多。

史密斯等人通过大量的眼动行为研究表明，凝视焦点的移动与手的移动一样也遵循 Fitts 定律，以图 9-47 所示某软件界面的右键菜单为例，既可推算出手操作移动的距离和时间，又可以大致估计出眼睛经过的距离和时间。然而，两者不同之处在于，眼睛焦点比光标的移动速度快得多，加上一般常用界面显示屏幕尺寸又不大，由视线移动距离而带来的时间差可忽略不计，因此，视线移动速度通常可设为一个固定值。

界面屏幕的边和角很适合放置像菜单栏和按钮这样的元素，因为边角是巨大的目标，它们无限高或无限宽，用户不可能用鼠标超过它们。即不管你移动了多远，鼠标最终会停在屏幕的边缘，并定位到按钮或菜单的上面。

如图 9-48 所示，移动端的知乎、Twitter 及 Facebook 内的发帖按钮都放置在了屏幕的右下角处，这样的设计正是运用了 Fitts 定律的原则，使得用户在有限屏幕空间内可以快速找到目标按钮，降低了操作难度和时间成本，有效提升了用户体验。

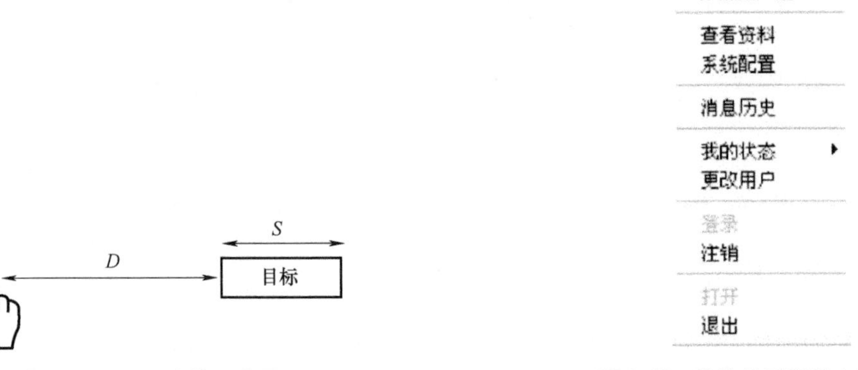

图 9-46　Fitts 定律示意图

图 9-47　某软件界面的右键菜单

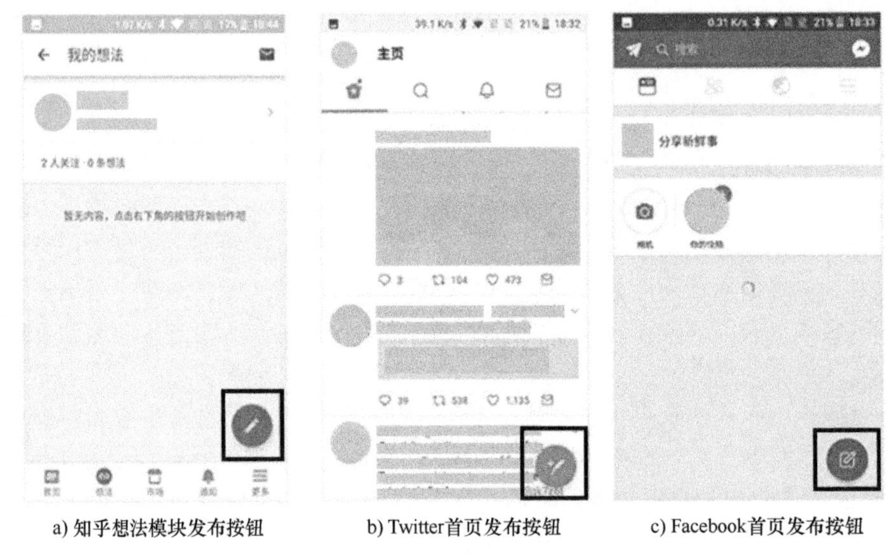

a) 知乎想法模块发布按钮　　b) Twitter首页发布按钮　　c) Facebook首页发布按钮

图 9-48　移动端的知乎、Twitter 及 Facebook 内的发帖按钮

9.6.3　Hick 法则

Hick 法则以英国心理学家埃德蒙命名，该法则表明当选项增加时，用户下决定的时间也增加。该法则可以用来测出，当有多重选择时，需要多少时间能做出决定，适用于简单判断的场景，对需要大量阅读和思考的情景并不适用。

Hick 法则可定量描述为：一个人面临的选择数量（n）越多，所需要的决策反应时间（T）就越长。用数学公式表达为决策反应时间

$$T=a+b\log_2 n$$

式中，a 为与做决定无关的总时间（前期认知和观察时间）；b 为根据对选项认识的处理时间（从经验中得出的常数，对人来说约为 0.155s）；n 为面临的选择数量。

如图 9-49 所示为 Hick 法则曲线图。

Hick 法则对设计的启示：在设计流程、服务或产品过程中，“时间就是关键”，设计师应当把与做决定有关的选项减到最少，以减少所需的反应时间，降低犯错的概率；同时也可以对选项进行同类分组和多层级分布，这样用户使用的效率会更高，时间会更短。

但 Hick 法则只适合于“刺激-回应”类型的简单决定，当任务的复杂性增加时，Hick 法则的适用性就会降低。如果设计包含复杂的互动，单纯用 Hick 法则得出设计结论时，

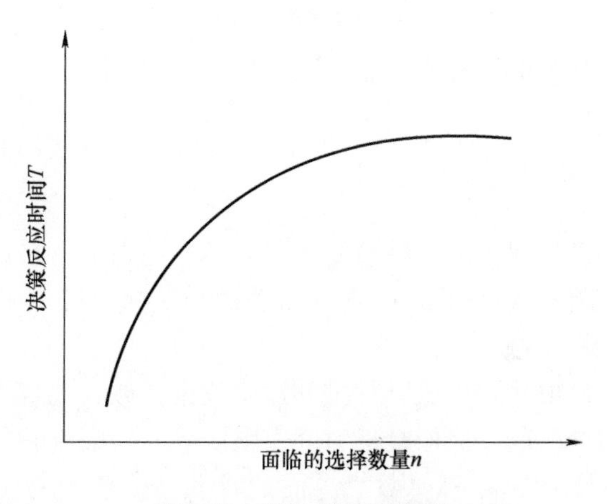

图 9-49 Hick 法则曲线图

其可靠性有待商榷，而应该根据实际的具体情况，在目标群体中测试和分析设计。

9.6.4 数字界面的传统评价方法

数字界面的传统评价方法通常包括：主观知识评价法和数学评价法。传统评价方法已广泛应用于数字界面的可用性评价，且技术十分成熟。

1. 主观知识评价法

主观知识评价法包括基于专家意见的评估方法、李克特量表法，其中基于专家意见的评估方法为主观定性的评价方法，而 Likert 量表法为主观定量的评价方法。

（1）基于专家意见的评估方法 基于专家意见的评估方法是一种检验界面可用性的评估方法，根据尼尔森的研究建议，3~5 名具有数字界面可用性和设计知识背景的评估员，依据相应的界面评估方法和原则，以及对用户背景的分析和研究，提出一些专业的建议和反馈，检测出系统中出现的可用性问题和潜在问题，并试图找出解决的方案。该方法可以应用于数字界面开发生命周期的每一个阶段，对评估成本和所需评估条件的要求都比较低，既不需要一个工作原型也不需要真实用户，其主要优势在于专家决断比较快、使用资源少，可为界面提供综合评价，指导后续设计。

（2）李克特量表法 李克特量表法由关于界面可用性的一组问题或陈述组成，用来表明被调查者对数字界面的观点、想法、评估或意向，通常采用 5 级量表形式，即对量表中每一题目均给出表示态度积极程度等级的 5 种备选评语答案（如“非常差”“很差”“一般”“很好”“非常好”等），并用 1~5 分别为 5 种答案计分。将每一份量表中得分累加后即可得出总分，它反映了被调查者对某事物或主题的综合态度，分数越高说明被调查者对某事物或主题的态度越积极，量表设计通常采用结构问卷形式，以方便定量统计分析。

2. 数学评价法

常见的数学评价法包括：德尔菲法、层次分析法、灰色关联分析法、灰色系统理论法、人工神经网络法、模糊理论法、主成分分析法、聚类分析法、粗糙集属性约简法和集对分析法。不同方法的计算复杂度、优缺点、实际应用范围和解决问题均存在差异，针对数字界面的评估，应采用定性与定量结合的数学评价法，以弥补各方法的缺点，减少主观评价的模糊性和不确定性，以确保高信任度。

在数学评价法的选择上，本书综合使用专家评估法层次分析法、灰色关联分析法和集对分析法，来克服单一方法的不足和缺陷。层次分析法主要用于综合考虑专家知识的评价意见，最终量化评价指标的权重关系，用于确定指标权重，由于层次分析法在权重指标的确定上，易受到专家用户的经验、能力、水平和状态等主观因素的影响，辅以灰色关联分析法后，通过构建专家用户的可靠度矩阵来得到可靠性系数，从而修正评价指标的权重系数，最后运用集对分析法来确定各界面方案的得分。

9.6.5 眼动测评方法

眼动追踪技术是心理学研究的一种重要方法，通过记录用户在观看视觉信息过程中的即时数据，以探测被试者视觉加工的信息选择模式等认知特征。眼动追踪评价具有直接性、自然性、科学性和修正性。

通过眼动追踪仪可获取用户的眼动扫描和追踪数据，如瞳孔直径、首次注视时间、注视时间、注视次数、回视时间、眨眼持续时间、眼跳幅度、眼跳时长等眼动指标，这些数据均可作为界面可用性的评价指标。数字界面的眼动评价模型的质量特征包括资源投入性、易理解性、高效性、复杂性和情感，如图 9-50 所示。

资源投入性的质量子特征主要指界面的认知负荷，在眼动指标中主要用瞳孔直径进行度量。易理解性的质量子特征主要指图形符号表征和布局，在眼动追踪技术中分别用热点图和注视点序列来解释。高效性的质量子特征主要指时间性和正确性，分别用平均注视时间和正确率作为度量标准。复杂性的质量子特征包括信息数量和设计维度，分别运用注视点数目和注视点序列进行度量。情感的质量子特征主要指界面对用户的吸引力，可用兴趣区注视点数进行度量。

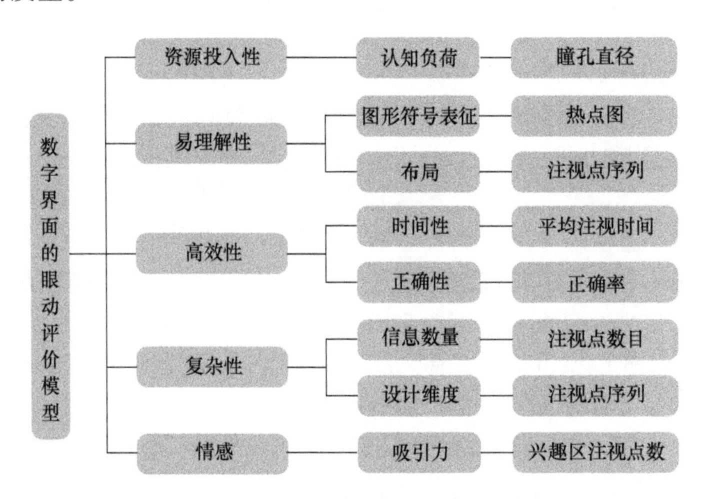

图 9-50 数字界面的眼动评价模型

为研究人眼在获取数字界面信息的运动规律，通过解读平均注视时间、注视次数、瞳孔直径、扫描路径、注视点序列、注视点数目和热点图等眼动指标和参数，对用户的认知行为和心理活动过程进行分析，并对界面进行客观对比和评估，进而优化设计。

基于复杂信息系统任务和眼动追踪技术的人机界面可用性的检测方法如下：

（1）任务信息提取　将界面信息按照信息操控、信息表现和信息显示进行提取，并进行不同任务特征的信息分类。

（2）眼动信息的信号采集　将提取的任务信息输入心理学实验软件中，按照不同分类法进行记忆任务和搜索任务安排。通过计算机向用户依次呈现不同任务的安排，通过眼动追踪仪获取用户的眼动扫描和追踪数据，选取瞳孔直径、首次注视时间、注视时间、注视次数、回视时间、眨眼持续时间、眼跳幅度、眼跳时长等数据。

（3）检测指标计算处理　根据眼动信号采集的眼动指标，计算处理可用性子特征的检测指标。

（4）可用性子特征的质量检测　根据步骤（2）中可用性子特征检测指标的检测值，

分析和计算处理可识别性、易理解性和复杂性的质量值。

(5) 可用性质量检测 通过叠加融合可用性子特征的质量值，检测复杂信息系统人机界面可用性的优劣。

9.6.6 脑电测评方法

心理活动是脑的产物，脑电的产生和变化是脑细胞活动的基本实时表现，因此，从脑电中提取心理活动的信息，从而揭示心理活动的脑机制历来是心理学研究的重要方向，脑电方法历来是心理学的重要研究方法。

随着20世纪80年代认知神经科学的兴起，多种脑功能成像技术已被广泛应用在研究之中，例如，功能性核磁共振成像技术（Functional Magnetic Resonance Imaging，FMRI）、正电子发射断层扫描技术（Positron Emission Tomography，PET）、单一正电子发射计算机断层扫描技术（Single Positron Emission Computerized Tomography，SPECT）、事件相关电位（Event-Related Potential，ERP）、脑电图（Electroencephalograph，EEG）、脑磁图（Magnetoencephalography，MEG）和近红外线光谱分析技术（Near-infrared Spectroscopy，NIRS）等。

和行为测量相比，ERP技术的优点为：行为反应是多个认知过程的综合输出，根据反应时和正确率等指标很难确定和全面解释特定认知过程，ERP可实现刺激与反应的连续测量，最终确定受特定实验操作影响的是哪个阶段。同时，ERP可实现在没有行为反应的情况下对刺激的实时测量，实时信息处理的内隐监测能力成为ERP技术的最大优点之一。ERP技术的缺点为：ERP成分的功能意义和行为数据的功能意义相比，并不是十分清晰和易于解释，需要一系列的假设和推理，而行为测量的结果则更加直接、易于理解。ERP电压非常小，需要多个被试经过大量试次才可以精确测得，ERP实验中每个条件下单个被试需要50~100个试次，而行为实验中每个被试只需20~30个试次就可测得反应时和正确率的差异。因此，E-Prime、Stim、Presentation等刺激呈现软件可通过并口与ERP设备通信，实现刺激事件与脑电设备的同步，在采集行为反应数据的同时采集ERP脑电成分。

与PET、FMRI等常用脑电生理测量手段相比，ERP具有显著的优点，对于探索受刺激影响的神经认知具有非常高的价值，但并不适用于大脑功能空间精确定位和神经解剖的特异性研究。

脑电测评方法与传统评价方法的对比如下：

1. 脑电测评方法的优势

(1) 实验的科学性 脑电测评方法中，实验设计严格依据认知神经科学、认知心理学等实验设计规范，针对设计科学的特点，进行实验范式的改进和优化。

(2) 数据的可靠性 通过实时采集被试的脑电生理数据，可深入揭示被试的内源性认知规律，更加客观和真实。同时，脑电实验针对大样本用户群体，加之实验刺激样本的批量化原则，保证了数据的可靠性。脑电数据为群体性数据，能准确反映某一认知现象的脑机制。

(3) 方便设计后期的检验和验证 传统评价方法往往在设计后期的检验和验证环节，需要花费大量的时间，且验证结果往往存在差异，需要多次迭代和反复操作；而脑电测评方法所得的脑电指标，可直接对设计方案进行检验和验证，设计方案满足脑电指标的阈值和要求，即可完成检验任务，该方法更加快捷、方便。

2. 脑电测评方法的劣势

(1) 实验周期较长 脑电实验周期通常为一个月左右，被试选拔、实验设计、正式实验和数据分析处理等环节，都需要花费大量的人力和物力。

（2）实验设备贵重　传统评价方法对实验设备要求较低，主要以主观评价为主，因此，实验耗费也较少，但脑电实验设备较为贵重，通常 64 导脑电仪要花费 60 万元左右，高精度 128 导脑电仪需要花费 120 万元左右。

（3）实验耗材昂贵　脑电实验中对于导电膏、去角质膏、脱脂棉和钝形注射器等实验耗材，消耗较多，且价格较为昂贵，而传统评价方法基本上不需要耗材。

总之，脑电测评方法在科学高度上具有优越性和前瞻性，但实际应用中，需根据实际条件、经费预算和时间要求，选择合适的评价方法，来完成对设计的评价。

本章小结

本章主要通过运用设计理论、生理及脑成像技术对人机界面系统设计中的人因要素进行分析。围绕人机界面的界面要素、信息结构、设计原则、关键技术的人因设计展开系统分析，给出人机界面的人因工程分析方法和评价体系，对于提高人机界面的人因设计水平与量化评测能力，优化人机界面的人因分析具有指导意义。本章的主要内容有：人的信息处理系统、界面设计要素的人因分析、界面信息架构的人因分析、界面交互设计中的认知理论、人机界面系统人因绩效评价方法，以及多通道自然交互人机界面等。

本章习题

（1）人机界面系统设计中的人因工程有哪些？

（2）人的信息加工过程主要有哪些程序？

（3）交互设计的人因需求有哪些？谈谈你的想法。

（4）脑电测评方法的优缺点具体有哪些？

参考文献

[1] 蔡瑞林，唐朝永，孙伟国. 产品设计创新的内涵、量表开发与检验［J］. 软科学，2019，33（9）：134-139.

[2] 张磊，葛为民，李玲玲，等. 工业设计定义、范畴、方法及发展趋势综述［J］. 机械设计，2013，30（8）：97-101.

[3] 单鸿波. 现代产品设计理论的相关研究现状综述［J］. 东华大学学报（自然科学版），2006，32（5）：118-122，124.

[4] 袁莉，杨随先，韩志甲. 基于全生命周期设计思想的工业设计方法［J］. 包装工程，2005，26（3）：184-186，191.

[5] 彭岳华. 并行工程：面向产品的全生命周期的设计［J］. 中国汽车制造，2007（2）：26-28.

[6] LIEBOWITZ J. 大数据与商业分析［M］. 刘斌，曲文波，林建忠，等译. 北京：清华大学出版社，2015.

[7] 王仁武，蔚海燕，范并思. 商业分析［M］. 上海：华东师范大学出版社，2014.

[8] 刘永红，刘倩. 工业 4.0 视角下工业设计对制造业转型升级的作用［J］. 包装工程，2018，39（8）：113-116.

[9] 余红，张玲玉，胡光忠，等. 浅谈产品设计与品牌形象塑造［C］//中国机械工业教育协会. 2010 年全国高等院校工业设计教育研讨会暨国际学术论坛论文集. 天津：中国机械工业教育协会工作部，2010.

[10] 许灵. 浅谈VI设计对树立企业品牌形象的作用［J］. 山东纺织经济，2012（11）：60-61.

[11] 蔡克中. 基于社会责任感的当代产品设计师的设计方向［J］. 南昌航空大学学报（社会科学版），2012（2）：120-124.

[12] 庞力源，韩尧. 驻厂工业设计师能力素养研究［J］. 数字通信世界，2019（10）：249-250.

[13] 曹新闻，黄海龙. 浅析工业设计师对企业管理的影响［J］. 工业设计，2011，58（5）：189，191.

[14] 杨霖. 产品设计开发计划［M］. 北京：清华大学出版社，2005.

[15] 王生辉，张京红. 基于核心技术的产品平台创新战略［J］. 科学学与科学技术管理，2004，25（2）：87-90.

[16] 盛亚. 企业新产品开发管理［M］. 北京：中国物资出版社，2002.

[17] 魏赛娜. 基于人机要素的可持续性产品功能创新设计研究［D］. 天津：河北工业大学，2015.

[18] 赵磊. 产品平台拓展设计研究［D］. 天津：河北工业大学，2015.

[19] 王毅，袁宇航. 新产品开发中的平台战略研究［J］. 中国软科学，2003（4）：55-58，41.

[20] 甘伟. 企业新产品开发模式探析［J］. 商场现代化，2007（4）：65-66.

[21] 董华，付光辉，邓玉勇. 基于并行工程的新产品开发项目管理模式研究［J］. 青岛科技大学学报（社会科学版），2006，22（3）：55-60.

[22] 佟佳妮. 创新产品与服务开发：基于 iNPD 的交互式 E-Time 系统的研究和设计［J］. 设计，2016（6）：118-120.

[23] 宋明燕. 基于 iNPD 新产品开发方法的产品设计研究［J］. 数码设计，2018，7（14）：94-96.

[24] 陈伟鸿. 儿童用品的仿生造型设计方法研究［D］. 西安：西北工业大学，2007.

[25] 丁渭平. 汽车 CAE 技术［M］. 成都：西南交通大学出版社，2010.

[26] 许智源. 产品设计开发与创新管理策略［D］. 杭州：浙江大学，2007.

[27] 张少平，陈文知. 创业企业管理［M］. 广州：华南理工大学出版社，2016.

[28] 黄成生. 新产品开发项目的前期策划研究［D］. 上海：上海交通大学，2009.

[29] 蒋磊. 中小企业差异化战略的风险分析及控制［J］. 中国中小企业，2022（1）：94-95.

[30] 范保珠. 顾客参与对新产品开发绩效影响的实证研究［D］. 兰州：兰州商学院，2013.

[31] 罗佳，田新民. 组织创新管理：体系构建与最佳实践［M］. 上海：上海交通大学出版社，2012.

[32] 王坤茜. 产品设计方法学 [M]. 3 版. 长沙：湖南大学出版社，2019.
[33] 李隽，刘亮，罗显志，等. 一种基于螺旋式迭代模型的用户需求分析方法：201610554905.2 [P]. 2018-09-14.
[34] 中国社会科学院工业经济研究所课题组，曲永义. 产业链链长的理论内涵及其功能实现 [J]. 中国工业经济，2022 (7)：5-24.
[35] 黄成生. 新产品开发项目的前期策划研究 [D]. 上海：上海交通大学，2009.
[36] 孔婷，孙林岩，冯泰文. 营销-制造整合对新产品开发绩效的影响研究 [J]. 科研管理，2015，36 (9)：1-10.
[37] MALLETT O. Entrepreneurship for the creative and cultural industries [J]. International journal of entrepreneurial behaviour & research，2016，22 (1)：177-179.
[38] 王坤茜. 产品设计方法学 [M]. 长沙：湖南大学出版社，2015.
[39] 柯惠新. 市场调查 [M]. 北京：高等教育出版社，2008.
[40] 彭红，赵音. 产品设计表达 [M]. 北京：北京大学出版社，2015.
[41] 罗伯特. 颠覆式产品创新 [M]. 池静影，译. 北京：电子工业出版社，2019.
[42] 兰图，彭艳芳. 产品设计与手绘表达 [M]. 北京：化学工业出版社，2016.
[43] 孙丽丽，宋魁彦. 人体工学及产品设计实例 [M]. 北京：化学工业出版社，2016.
[44] 白仁飞. 产品设计：创意与方法 [M]. 北京：国防工业出版社，2016.
[45] 贾婷婷. 航空维修中 3D 打印技术的有效应用 [J]. 技术研讨与交流，2019，7：105-107.
[46] 王利，黎志勇. 3D 打印技术在机械产品数字化设计与制造中的应用 [J]. 内燃机与配件，2018 (20)：215-216.
[47] 刘晓东. 3D 打印在家具产品中的应用研究 [J]. 家具与室内装饰，2019 (12)：26-27.
[48] 冯鹏，张汉青，孟鑫淼，等. 3D 打印技术在工程建设中的应用及前景 [J]. 工业建筑，2019，49 (12)：154-165.
[49] 梁国兴. 论 3D 打印技术应用于文物复制与修复的重要性 [J]. 建筑工程技术与设计，2020 (1)：164-165.
[50] 孙冲，刘堂义. 3D 打印技术在医学中的应用 [J]. 中医学，2019，8 (3)：197-202.
[51] 鹿芳芳，朱峰，陈晓旭，等. 3D 打印在汽车行业的应用 [J]. 汽车实用技术，2020，(6)：152-154.
[52] 王晨. 论 3D 打印技术在汽车制造与维修领域的应用 [J]. 湖北农机化，2020 (7)：68.
[53] 周婷. 油泥模型在汽车造型设计中的运用 [J]. 山东工业技术，2019 (4)：3.
[54] 董梦瑶，高增桂，刘丽兰. 基于 AR 技术的设计评价系统研究 [J]. 包装工程，2020，42 (6)，192-197.
[55] 李沛，吴春茂. 基于专家打分法的产品设计评价模型 [J]. 包装工程，2018，39 (20)：207-211.
[56] 潘萍，杨随先. 产品形态设计评价体系与评价方法 [J]. 机械设计与研究，2013，29 (10)：37-41.
[57] 蔡瑞林，杨艳石. 产品设计创新评价指标体系构建研究 [J]. 常熟理工学院学报（哲学社会科学），2020，1 (1)：66-75.
[58] 玄静. 产品设计评价中模糊综合评价法的运用 [J]. 山东工业技术理论研究，2019 (2)：242-243.
[59] 左恒峰. CMF：从哪里来，到哪里去 [J]. 美术与设计，2020，1：97-104.
[60] 左恒峰. CMF 的功能性及设计应用 [J]. 工业工程设计，2020，2 (6)：12-24.
[61] BUSH P M. 工效学基本原理、应用及技术 [M]. 陈善广，周前祥，柳忠起，译. 北京：国防工业出版社，2016.
[62] ABDULKADER S N，ATIA A，MOSTAFA M. Brain computer interfacing：applications and challenges [J]. Egyptian informatics journal，2015，16 (2)：213-230.
[63] HINMAN R. 移动互联：用户体验设计指南 [M]. 熊子川，李满海，译. 北京：清华大学出版社，2013.
[64] 汪海波. 基于认知机理的数字界面信息设计及其评价方法研究 [D]. 南京：东南大学，2015.
[65] 陈巍，薛澄岐. 人机界面设计在网络课件中的应用研究 [J]. 机械制造与自动化，2005，34 (1)：56-58.

[66] 李双. 基于用户思维模型分析的网页可用性设计研究［D］. 无锡：江南大学，2008.

[67] FORSTER，DANNENBERG. GLOMO^{sys}：a systems account of global versus iocal processing［J］. Psychological inquiry，2010，21（3）：175-197.

[68] 郭会娟，汪海波. 基于符号学的产品交互界面设计方法及应用［M］. 南京：东南大学出版社，2017.

[69] 薛澄岐. 复杂信息系统人机交互数字界面设计方法及应用［M］. 南京：东南大学出版社，2015.

[70] 金涛，闫成新，孙峰. 产品设计开发［M］. 2 版. 北京：海洋出版社，2010.

[71] 刘一凡. 浅谈界面色彩设计［J］. 教育教学论坛，2009（3）：158-159.

[72] 苗馨月. 基于界面设计要素的数字界面设计方法与评价研究［D］. 南京：东南大学，2014.

[73] SHNEIDERMAN B. Designing the user interface：strategies for effective human-computer interaction［M］. New York：Pearson Education，2010.

[74] 张伟伟，吴晓莉，华飞. 数字界面用户信息获取的可视化研究综述［J］. 科技视界，2018（33）：32-35.

[75] 魏园. 复杂系统数字界面信息可视化中的交互设计研究［D］. 南京：东南大学，2015.

[76] PIROLLI P，CARD S. Information foraging［J］. Psychological review，1999，106（4）：643.

[77] RUSSELL R T. Designing the search experience［C］//IFIP Conference on Human-computer Interaction，Lisbon，Portugal，September 5-9，2011. Berlin：Springer，2011.

[78] 张继国，SINGH V P. 信息熵：理论与应用［M］. 北京：中国水利水电出版社，2008.

[79] ZHOU X Z，XUE C Q，ZHOU L. An evaluation method of visualization using visual momentum based on eye-tracking data［J］. International journal of pattern recognition and artificial intelligence，2018，32（5）：1-16.

[80] DIAZ-PIEDRA C，RIEIRO H，SUÁREZ J，et al. Fatigue in the military：towards a fatigue detection test based on the saccadic velocity［J］. Physiological measurement，2016，37（9）：62-75.

[81] 吴晓莉，周丰. 设计认知：研究方法与可视化表征［M］. 2 版. 南京：东南大学出版社，2020.

[82] 诺曼. 设计心理学［M］. 梅琼，译. 北京：中信出版社，2003.

[83] 王海燕，陈默，仇荣荣，等. 基于 Cog Tool 的数字界面交互行为认知模型仿真研究［J］. 航天医学与医学工程，2015，28（1）：34-38.

[84] CHEN M，XUE C，WANG H，et al. Study of the product color's image based on the event-related potentials［C］// IEEE International Conference on Systems. San Diego：IEEE，2014.

[85] CHEN M，FADEL G，XUE C，et al. Evaluating the cognitive process of color affordance and attractiveness based on the ERP［J］. Int j interact des manuf，2017，11（3）：471-479.

[86] SMITH J. Applying Fitts' Law to mobile interface design［J］. Design theory，2012（3）：120-128.

[87] 陈刚，石晋阳. 基于 GOMS 模型的科学发现学习认知任务分析［J］. 现代教育技术，2013，23（4）：39-43.

[88] 冯成志. 眼动人机交互［M］. 苏州：苏州大学出版社，2010.